水利水电工程施工技术全书

## 第二卷 土石方工程

## 第一册

# 爆破技术

梅锦煜 郑道明 郑桂斌 等 编著

中国水利水电出版社
www.waterpub.com.cn
·北京·

# 内 容 提 要

　　本书是《水利水电工程施工技术全书》第二卷《土石方工程》中的第一分册。本书系统阐述了与水利水电工程相关的工程爆破技术，紧密结合水电工程施工特点，收集了有代表性的工程实例。主要内容包括：综述、爆破器材、起爆技术、钻孔爆破、水下爆破、拆除爆破、洞室爆破、特殊爆破、爆破安全和爆破测试等。

　　本书可作为水利水电工程施工领域的工程技术人员、工程管理人员和高级技术工人的工具书，也可供从事水利水电工程科研、设计、建设及运行管理和相关企事业单位的工程技术、工程管理人员使用，并可作为大专院校水利水电工程及其他建筑类等专业师生的教学参考书。

## 图书在版编目（CIP）数据

　　爆破技术 / 梅锦煜等编著. -- 北京 : 中国水利水电出版社，2017.7
　　（水利水电工程施工技术全书. 第二卷，土石方工程；第一册）
　　ISBN 978-7-5170-5932-5

　　Ⅰ. ①爆… Ⅱ. ①梅… Ⅲ. ①水利工程－爆破－高等职业教育－教材 Ⅳ. ①TB41

　　中国版本图书馆CIP数据核字(2017)第245022号

| | |
|---|---|
| 书　名 | 水利水电工程施工技术全书<br>**第二卷　土石方工程**<br>**第一册　爆破技术**<br>BAOPO JISHU |
| 作　者 | 梅锦煜　郑道明　郑桂斌　等 编著 |
| 出版发行 | 中国水利水电出版社<br>（北京市海淀区玉渊潭南路1号D座　100038）<br>网址：www.waterpub.com.cn<br>E-mail：sales@waterpub.com.cn<br>电话：(010) 68367658（营销中心） |
| 经　售 | 北京科水图书销售中心（零售）<br>电话：(010) 88383994、63202643、68545874<br>全国各地新华书店和相关出版物销售网点 |
| 排　版 | 中国水利水电出版社微机排版中心 |
| 印　刷 | 北京市密东印刷有限公司 |
| 规　格 | 184mm×260mm　16开本　20.25印张　480千字 |
| 版　次 | 2017年7月第1版　2017年7月第1次印刷 |
| 印　数 | 0001—3000册 |
| 定　价 | **86.00元** |

# 《水利水电工程施工技术全书》
## 编审委员会

# 《水利水电工程施工技术全书》
## 各卷主（组）编单位和主编（审）人员

| 卷序 | 卷名 | 组编单位 | 主编单位 | 主编人 | 主审人 |
|---|---|---|---|---|---|
| 第一卷 | 地基与基础工程 | 中国电力建设集团（股份）有限公司 | 中国电力建设集团（股份）有限公司<br>中国水电基础局有限公司<br>葛洲坝基础公司 | 宗敦峰<br>肖恩尚<br>焦家训 | 谭靖夷<br>夏可风 |
| 第二卷 | 土石方工程 | 中国人民武装警察部队水电指挥部 | 中国人民武装警察部队水电指挥部<br>中国水利水电第十四工程局有限公司<br>中国水利水电第五工程局有限公司 | 梅锦煜<br>和孙文<br>吴高见 | 马洪琪<br>梅锦煜 |
| 第三卷 | 混凝土工程 | 中国电力建设集团（股份）有限公司 | 中国水利水电第四工程局有限公司<br>中国葛洲坝集团有限公司<br>中国水利水电第八工程局有限公司 | 席　浩<br>戴志清<br>涂怀健 | 张超然<br>周厚贵 |
| 第四卷 | 金属结构制作与机电安装工程 | 中国能源建设集团（股份）有限公司 | 中国葛洲坝集团有限公司<br>中国电力建设集团（股份）有限公司<br>中国葛洲坝建设有限公司 | 江小兵<br>付元初<br>张　晔 | 付元初 |
| 第五卷 | 施工导（截）流与度汛工程 | 中国能源建设集团（股份）有限公司 | 中国能源建设集团（股份）有限公司<br>中国葛洲坝集团有限公司<br>中国水利水电第八工程局有限公司 | 周厚贵<br>郭光文<br>涂怀健 | 郑守仁 |

# 《水利水电工程施工技术全书》
## 第二卷《土石方工程》编委会

主　　编：梅锦煜　和孙文　吴高见

主　　审：马洪琪　梅锦煜

委　　员：（以姓氏笔画为序）

王永平　王红军　李虎章　吴国如　陈　茂

陈太为　何小雄　沈溢源　张少华　张永春

张利荣　汤用泉　杨　涛　林友汉　郑道明

黄宗营　温建明

秘 书 长：郑桂斌　徐　萍

# 序 一

水利水电工程建设在我国作为一项基础建设事业，已经走过了近百年的历程，这是一条不平凡而又伟大的创业之路。

新中国成立 66 年来，党和国家领导一直高度重视水利水电工程建设，水电在我国已经成为了一种不可替代的清洁能源。我国已经成为世界上水电装机容量第一位的大国，水利水电工程建设不论是规模还是技术水平，都处于国防领先或先进水平，这是几代水利水电工程建设者长期艰苦奋斗所创造出来的。

改革开放以来，特别是进入 21 世纪以后，我国的水利水电工程建设又进入了一个前所未有的高速发展时期。到 2014 年，我国水电总装机容量突破 3 亿 kW，占全国电力装机容量的 23％。发电量也历史性地突破 31 万亿 kW·h。水电作为我国当前重要的可再生能源，为我国能源电力结构调整、温室气体减排和气候环境改善做出了重大贡献。

我国水利水电工程建设在新技术、新工艺、新材料、新设备等方面都取得了突破性的进展，无论是技术、工艺，还是在材料、设备等方面，都取得了令人瞩目的成就，它不仅推动了技术创新市场的活跃和发展，也推动了水利水电工程建设的前进步伐。

为了对当今水利水电工程施工技术进展进行科学的总结，及时形成我国水利水电工程施工技术的自主知识产权和满足水利水电建设事业的工作需要，全国水利水电施工技术信息网组织编撰了《水利水电工程施工技术全书》。该全书编撰历时 5 年，在编撰过程中组织了一大批长期工作在工程建设一线的中青年技术负责人和技术骨干执笔，并得到了有关领导、知名专家的悉心指导和审定，遵循"简明、实用、求新"的编撰原则，立足于满足广大水利水电工程技术人员的实际工作需要，并注重参考和指导价值。该全书内容涵盖了水利水电工程建设地基与基础工程、土石方工程、混凝土工程、金属结构制作与机电安装工程、施工导（截）流与度汛工程等内容的目标任务、原理方法及工程实例，既有理论阐述，又有实例介绍，重点突出，图文并茂，针对性及可操作性强，对今后的水利水电工程建设施工具有重要指导作用。

《水利水电工程施工技术全书》是对水利水电施工技术实践的总结和理论提炼，是一套具有权威性、实用性的大型工具书，为水利水电工程施工"四新"技术成果的推广、应用、继承、创新提供了一个有效载体。为大力推动水利水电技术进步和创新，推进中国水利水电事业又好又快地发展，具有十分重要的现实意义和深远的科技意义。

水利水电工程是人类文明进步的共同成果，是现代社会发展对保障水资源供给和可再生能源供应的基本需求，水利水电工程施工技术在近代水利水电工程建设中起到了重要的推动作用。人类应对全球气候变化的共识之一是低碳减排，尽可能多地利用绿色能源就成为重要选择，太阳能、风能及水能等成为首选，其中水能蕴藏丰富、可再生性、技术成熟、调度灵活等特点成为最优的绿色能源。随着水利水电工程建设与管理技术的不断发展，水利水电工程，特别是一些高坝大库能有效利用自然条件、降低开发运行成本、提高水库综合效能，高坝大库的（高度、库容）记录不断被刷新。特别是随着三峡、拉西瓦、小湾、溪洛渡、锦屏、向家坝等一批大型、特大型水利水电工程相继建成并投入运行，标志着我国水利水电工程技术已跨入世界领先行列。

近年来，我国水利水电工程施工企业积极实施走出去战略，海外市场开拓业绩突出。目前，我国水利水电工程施工企业在亚洲、非洲、南美洲多个国家承建了上百个水利水电工程项目，如尼罗河上的苏丹麦洛维水电站、号称"东南亚三峡工程"的马来西亚巴贡水电站、巨型碾压混凝土坝泰国科隆泰丹水利工程、位居非洲第一水利枢纽工程的埃塞俄比亚泰克泽水电站等，"中国水电"的品牌价值已被全球业内所认可。

《水利水电工程施工技术全书》对我国水利水电施工技术进行了全面阐述。特别是在众多国内外大型水利水电工程成功建设后，我国水利水电工程施工人员创造出一大批新技术、新工法、新经验，对这些内容及时总结并公开出版，与全体水利水电工作者分享，这不仅能促进我国水利水电行业的快速发展，提高水利水电工程施工质量，保障施工安全，规范水利水电施工行业发展，而且有助于我国水利水电行业走进更多国际市场，展示我国水利水电行业的国际形象和实力，提高我国水利水电行业在国际上的影响力。

　　该全书的出版不仅能提高水利水电工程施工的技术水平，而且有助于提高我国水利水电行业在国内、国际上的影响力，我在此向广大水利水电工程建设者、工程技术人员、勘测设计人员和在校的水利水电专业师生推荐此书。

孙洪水

2015 年 4 月 8 日

# 序 二

　　《水利水电工程施工技术全书》作为我国水利水电工程技术综合性大型工具书之一，与广大读者见面了！

　　这是一套非常好的工具书，它也是在《水利水电工程施工手册》基础上的传承、修订和创新。集中介绍了进入 21 世纪以来我国在水利水电施工领域从施工地基与基础工程、土石方工程、混凝土工程、金属结构制作与机电安装工程、施工导（截）流与度汛工程等方面采用的各类创新技术，如信息化技术的运用：在施工过程模拟仿真技术、混凝土温控防裂技术与工艺智能化等关键技术，应用了数字信息技术、施工仿真技术和云计算技术，实现工程施工全过程实时监控，使现代信息技术与传统筑坝施工技术相结合，提高了混凝土施工质量，简化了施工工艺，降低了施工成本，达到了混凝土坝快速施工的目的；再如碾压混凝土技术在国内大规模运用：节省了水泥，降低了能耗，简化了施工工艺，降低了工程造价和成本；还有，在科研、勘察设计和施工一体化方面，数字化设计研究面向设计施工一体化的三维施工总布置、水工结构、钢筋配置、金属结构设计技术，推广复杂结构三维技施设计技术和前期项目三维枢纽设计技术，形成建筑工程信息模型的协同设计能力，推进建筑工程三维数字化设计移交标准工程化应用，也有了长足的进步。因此，在当前形势下．编撰出一部新的水利水电施工技术大型工具书非常必要和及时。

　　随着水利水电工程施工技术的不断推进，必然会给水利水电施工带来新的发展机遇。同时，也会出现更多值得研究的新课题，相信这些都将对水利水电工程建设事业起到积极的促进作用。该全书是当今反映水利水电工程施工技术最全、最新的系列图书，体现了当前水利水电最先进的施工技术，其中多项工程实例都是曾经创造了水利水电工程的世界纪录。该全书总结的施工技术具有先进性、前瞻性，可读性强。该全书的编者们都是参加过我国大型水利水电工程的建设者，有着非常丰富的各专业施工经验。他们以高度的社会责任感和使命感、饱满的工作热情和扎实的工作作风，大力发展和创新水电科学技术，为推进我国水利水电事业又好又快地发展，做出了新的贡献！

近年来，我国水利水电工程建设快速发展，各类施工技术日臻成熟，相继建成了三峡、龙滩、水布垭等具有代表性的水电工程，又有拉西瓦、小湾、溪洛渡、锦屏、糯扎渡、向家坝等一批大型、特大型水电工程，在施工过程中总结和积累了大量新的施工技术，尤其是混凝土温控防裂的施工方法在三峡水利枢纽工程的成功应用，高寒地区高拱坝冬季施工综合技术在拉西瓦等多座水电站工程中的应用……，其中的多项施工技术获得过国家发明专利，达到了国际领先水平，为今后水利水电工程施工提供了参考与借鉴。

目前，我国水利水电工程施工技术已经走在了世界的前列，该全书的出版，是对我国水利水电工程建设领域的一大贡献，为后续在水利水电开发，例如金沙江上游、长江上游、通天河、黄河上游的水电开发、南水北调西线工程等建设提供借鉴。该全书可作为工具书，为广大工程建设者们提供一个完整的水利水电工程施工理论体系及工程实例，对今后水利水电工程建设具有指导、传承和促进发展的显著作用。

《水利水电工程施工技术全书》的编撰、出版是一项浩繁辛苦的工作，也是一项具有创造性的劳动过程，凝聚了几百位编、审人员近5年的辛勤劳动，克服各种困难。值此该全书出版之际，谨向所有为该全书的编撰给予关心、支持以及为此付出了辛勤劳动的领导、专家和同志们表示衷心的感谢！

2015 年 4 月 18 日

# 前　言

　　由全国水利水电施工技术信息网组织编写的《水利水电工程施工技术全书》第二卷《土石方工程》共分十册，《爆破技术》为第一册，由中国人民武装警察部队水电指挥部与中国水利水电第十工程局有限公司编撰。

　　本书以针对水利水电工程爆破中的爆破器材、起爆技术、钻孔爆破、水下爆破、拆除爆破、洞室爆破、特殊爆破、爆破安全、爆破测试等方面为主线进行编撰，内容系统、全面、准确、实用，重点突出对水利水电工程爆破技术实际工作的指导性。在吸取相关爆破工程经验的基础上，以水利水电工程爆破技术为重点，突出实际施工技术和方法，收集引用了大量国内外最新爆破施工技术和成果，并编入了不少具有代表性的典型工程实例，是一部面向爆破工程施工的技术人员、工程管理人员和高级技术工人的专著。

　　本书在编撰过程中，紧密结合水电工程爆破施工实践，围绕水电工程爆破收集资料，重点突出。书中介绍了水电工程常用爆破器材和起爆技术；钻孔爆破中，以台阶爆破、预裂与光面爆破、基岩保护层爆破及沟槽爆破为重点；水下爆破介绍了岩塞爆破和软基处理爆破；拆除爆破则以围堰拆除爆破为主体；洞室爆破着重叙述洞室爆破开采堆石坝级配料和定向爆破筑坝技术；特殊爆破的主要内容为堰塞湖及分洪爆破、堤坝分洪爆破、冰体及冰冻土爆破、聚能爆破等；同时，还介绍了水利水电行业特色的爆破安全与爆破测试。

　　水利水电工程由挡水建筑物、泄洪建筑物、引水发电系统、厂房及通航建筑物等组成，水工建筑物承受巨大的水压力，需要建立封闭的地基基础防渗系统，必须严格控制爆破对开挖地基的影响。水利水电工程的地下厂房布置有纵横交错的洞室群，其规模及复杂程度是其他行业所罕见的。同时，水利水电工程的基岩保护层爆破、岩塞爆破、定向爆破筑坝、围堰拆除等特殊类型的爆破，更有其独特的爆破要求。针对水利水电工程爆破的特殊性，本书力求编写为具有水利水电工程特色的工程爆破技术书籍，同时对其他行业的工程爆破也有较好的参考价值。

本书的编撰人员长期从事水利水电土石方工程爆破专业的施工、科研工作，既具有理论研究水平，又具有丰富的实际工作经验。本书第 1 章、第 9 章、第 10 章由梅锦煜编撰，第 2 章至第 8 章由郑道明编撰，郑桂斌参与了章节中部分内容的编写。本书由梅锦煜统稿。编写过程中，李超、陈行、周雪琼、陈建平等参与协助整理资料，在此，借本书出版之际对这些同志致以深切的谢意。

本书在编撰过程中，得到了《水利水电工程施工技术全书》编审委员会和有关专家的大力支持，并吸收了他们的许多宝贵经验、意见和建议，还收集了一些单位的测试资料。在此，谨向他们表示衷心的感谢！

由于我们搜集、掌握的资料和专业技术水平有限，加之时间仓促，书中难免存在不妥或错误。在此，恳请广大工程技术人员，尤其是工程爆破专业技术人员提出宝贵意见和建议。

作者

2017 年 6 月

# 目　录

# 1 综　　述

## 1.1　水利水电工程爆破技术历程

中华人民共和国成立前，我国水利水电工程建设十分落后，国内第一座水电站为1912年在云南建成的石龙坝小型水电站，其后也陆续建成了一些规模较小的水电站，截至中华人民共和国成立时，全国水电装机容量仅360MW，其中规模最大的为日本掠夺我国资源在东北修建的丰满水电站。由于小型水电站基岩开挖工程量较小，当时的爆破技术水平较低，主要采用裸露药包、钢钎凿孔爆破和手风镐钻孔爆破等效率很低的爆破方法。

中华人民共和国成立后，国家十分重视水电开发，水电建设迅猛发展，工程规模不断扩大，20世纪50年代开始建设上硐、狮子滩、上犹江、古田溪、新安江、栖溪、新丰江、盐锅峡等水电站；60年代建设刘家峡、丹江口、三门峡等水电站；70年代建设葛洲坝、乌江渡、龚嘴、凤滩、东江、渔子溪一级等水电站。随着这些大中型水电站的建设规模越来越大、大坝坝高也越来越高，基岩开挖工程量越来越多，原来的小规模开挖方式和落后的爆破技术，显然无法满足工程需要，爆破技术也随之得到迅速的提高和发展。

爆破技术的发展离不开爆破器材，爆破器材是采用先进爆破技术的基础；水利水电工程的开挖爆破以钻孔爆破为主体，需要高效先进的钻孔设备；由于水利水电工程的特殊性，水工建筑物承受巨大的水压荷载，既要满足水工结构的强度、刚度及稳定的要求，同时要符合高水头下地基的防渗指标，开挖后的地基基础必须满足设计及规范的要求；为控制爆破的破坏及影响，需要建立一套全面的监测方法，制定合理的爆破安全标准。水利水电工程爆破技术的发展，伴随着引进使用先进的爆破器材、高效的钻孔设备、科学的爆破监测手段，爆破技术，通过精湛的施工工艺和严密的组织管理得以实现。

### 1.1.1　爆破器材

水利水电工程爆破中早期以黑火药为主，逐步引入使用硝铵类炸药和硝化甘油炸药，硝铵类炸药分为岩石硝铵炸药和露天硝铵炸药，相应不同编号的硝铵炸药，性能有所差异，改变炸药成分后，使其具有一定的抗水性，如2号岩石硝铵和2号抗水岩石硝铵炸药等。另有粉状铵油炸药和铵松蜡与铵沥蜡炸药，以提高其爆炸性能和抗水性能。

自20世纪60年代后期，我国开始生产浆状炸药，水利水电工程逐步开始使用具有抗水性能好、威力大、爆轰感度高的水胶炸药，20世纪80年代我国开始研制生产爆炸性能好、威力大、爆轰感度高而机械感度低、抗水性能好，成分中不含有毒物质，成本低、较为安全的乳化炸药，在水利水电工程中推广使用。另有一些专用炸药，如用于光面爆破，配制生产传爆性能优越的低爆速、低密度炸药，用于预裂爆破加工成一定形状的聚能炸药，用于特殊拆除部位的静态破碎剂等。

安全性能好、成本较低、可现场调配炸药配比，先进高效的现场混装炸药车，自20世纪90年代开始用于三峡水利枢纽工程永久船闸爆破开挖，已在水利水电工程中逐步推广应用，可按需要配制铵油炸药、浆状炸药、重铵油炸药、乳化炸药等。

起爆器材的发展是提高爆破技术的关键材料之一，原始阶段的爆破，采用导火索和火雷管，随着新型起爆器材的使用，因安全及劳动保护要求，导火索、火雷管已不再生产使用。目前，水利水电行业主要使用电雷管、塑料导爆管雷管、导爆索，以及电磁雷管、数码电子雷管等，其中雷管为起爆器材，塑料导爆管为传爆材料，导爆索既为传爆材料也是起爆材料。

电雷管由开始的瞬发雷管、秒差延期雷管，进而研制生产了毫秒延期雷管，毫秒延期雷管的使用，可进行分段起爆，实现多孔一段，单孔一段及孔内分段控制单段药量，扩大一次起爆规模，使水利水电工程既可实现大型爆破，又能有效控制爆破影响，特别是高精度数码电子雷管，其精度可达±1ms，且可任意调整确定延期时差，为水利水电工程爆破技术的创新发展打下了基础，为规模巨大的围堰拆除、大型岩塞等有特殊技术要求的爆破提供了技术保障。

### 1.1.2 钻孔设备

人工凿孔效率低下，只能进行小规模的浅孔爆破。水利水电工程的钻孔设备从手持式风动凿岩机开始，包括气腿式、向上式凿岩机，其钻孔孔径为38～50mm，钻孔深度常为3～5m，采用固定式中低压风压站，经管道输送至工作面，小型凿岩机还有电动式和内燃式，不使用供风系统。导轨式的风动凿岩机其钻孔直径最大可达80mm，钻孔深度超过10m，但总体效率不高，机动性差。20世纪50年代末，三门峡水电站采用100型凿岩机进行直径较大的深孔爆破。

20世纪70年代末，葛洲坝水利枢纽开始使用履带式潜孔钻，钻孔直径可达80～150mm，钻孔深度可达15～20m，其YQ系列产品为国产钻机，总体钻爆成本有所降低，得以广泛使用。孔径更大的回转式及牙轮式钻孔机，因其钻孔直径较大，水利水电工程较少使用。

20世纪80年代开始逐步引进了先进的履带式液压钻机，凿岩钻孔直径一般为76～120mm，钻孔深度为10～20m，为水利水电工程深孔台阶爆破的实施提供了条件。这些进口的钻机质量总体良好，钻孔效率高，为加快施工进度提供了条件。进入21世纪，国产化的液压钻机在水利水电工程得以推广应用。

地下洞室开挖中引进了先进的全液压多臂钻机，具有自动化程度高、钻孔速度快的优势。门架式台车配置风动凿岩机的钻孔方式至今仍较普遍采用，相对成本较低，施工组织严密时，既能保证钻孔质量，也能保持较快的施工进度。

### 1.1.3 爆破监测

水利水电工程基础开挖中，总体上属于控制爆破，其爆破影响必须控制在允许范围内，爆破监测成为有效控制手段。水利水电工程爆破监测主要分两个方面：一是爆破时的动态参数测量；二是爆破破坏影响范围的确定。自20世纪70年代开始，在葛洲坝水利枢纽工程进行了较为系统的爆破试验，80年代在万安水电站等工程也进行了专项爆破试验，试验中进行的爆破动态测试项目包括爆破质点振动速度（加速度、位移）、爆破动应变、孔隙动水压力、水击波、动水压力及涌浪，以及空气冲击波和噪声等，其中部分测试传感器埋设于岩体内，测量岩体内部的爆破振动参数。为了减少爆破对保留基岩的影响，分别进行了爆破前后的钻孔声波测试、压水试验、孔内电视，以及岩体表面的宏观调查及巡视检查。通过一系列测试与检查，得出了爆破振动的衰减规律，以综合测试资料判断爆破的破坏及影响范围，为制定爆破安全标准积累了大量珍贵的资料。测试信息的反馈，有效地指导爆破设计，提出了改善爆破效果，控制爆破影响的方法。

在大量监测资料的基础上，2005年制定了水利水电行业的专用爆破监测标准《水电水利工程爆破安全监测规程》（DL/T 5333—2005），规范了水利水电工程爆破监测的内容和方法，提出了爆破安全监测设计的要求，规定了爆破安全允许标准。

水利水电系统已经形成了由科研单位、部分高等院校和施工企业组成的专业爆破测试队伍，对重点工程的爆破进行了有效的监测。

### 1.1.4　爆破技术

随着水利水电工程建设的规模和数量的不断扩大，爆破技术不断创新发展，经试验研究和工程实践，成功实施了深孔台阶爆破、预裂和光面爆破、基岩保护层一次爆除、水工洞室爆破、水工拆除爆破、地下工程爆破、水下工程爆破等具有复杂技术要求的工程爆破，适时制定了相应的标准与规范，指导工程爆破，及时解决工程爆破的难题，有效控制了爆破影响，确保了工程的安全和质量，满足了工程的需要。

（1）深孔台阶爆破。20世纪50年代末和60年代，三门峡水电站和刘家峡水电站开始使用深孔台阶爆破，规模相对较小；70年代在葛洲坝水利枢纽工程，经试验后全面使用了直径超过80mm、高10m左右的深孔台阶爆破。深孔台阶爆破具有两个以上的临空面，采用毫秒延时雷管有利于爆破能量的利用和释放，改善了爆破效果，扩大了爆破规模，提高效率加快了施工进度，有效控制了爆破影响，随即在其他工程中得到推广应用。

（2）预裂和光面爆破。20世纪70—80年代，在葛洲坝水利枢纽、东江水电站、万安水电站等工地进行了专项预裂爆破试验研究，分别针对砾岩、砂岩、花岗岩等不同岩性，以及裂隙发育的破碎岩体进行深孔预裂爆破试验，生产性试验证实，通过调整孔距和装药量，不同的岩体均可取得较为理想的预裂效果。采用预裂爆破有效地利用预裂缝隔离，削减了台阶爆破对保留岩体的爆破振动影响，获得理想的开挖基岩面，预裂爆破同样适用于小孔径的浅孔爆破。

进入21世纪，研究采用了带有双向聚能槽的聚能药包进行预裂爆破，由于聚能药包的定向爆破作用，可以明显加大预裂孔孔距减少钻孔，并获得理想的预裂面。由于预裂爆破的优越性，早已作为水利水电工程的常规爆破技术，适用于垂直、水平及各种角度的斜坡基岩面，只要能钻孔的部位，均可获得理想的预裂面。

光面爆破对临近保留基岩面的钻孔减少装药实施缓冲爆破，最终起爆基岩面钻孔，也可控制爆破影响并获得较好开挖基岩面。光面爆破技术在水利水电工程中也得到推广应用，尤其在地下洞室工程开挖中广泛使用。

预裂和光面爆破技术，可有效控制爆破影响，获得形体良好的开挖基岩面，解决了水利水电工程爆破开挖的难题，在施工中采用导向架等综合技术提高钻孔精度后，所获得的开挖面半孔率接近100％，形同爆破雕刻，这也是水利水电工程率先全面推广预裂和光面爆破的原因。

（3）基岩保护层一次爆除。水利水电工程岩石基础开挖时，为了控制建基面的爆破影响，施工规范规定必须预留保护层，早期的施工规范中对保护层的开挖只允许采用小孔径钻孔逐层爆破，且每层不允许超过层厚的1/2，例如2m的保护层将进行三次爆破后再经撬挖完成，效率低下，费时费工，严重影响施工进度。20世纪70—80年代，经专项试验研究，在万安水电站工地采用孔底设置柔性垫层，进行毫秒延时的小孔径台阶爆破一次爆除保护层；在东江水电站工程采用水平预裂，上部使用浅孔台阶或水平孔台阶爆破一次爆除保护层，均获得成功。同时，还进行了采用水平预裂，控制钻孔直径改变底部装药结构，取消保护层进行深孔台阶爆破至基岩面的施工方法。

保护层一次爆除技术的研究和推广应用，简化了施工工序，明显提高了爆破开挖的效率。在修订的施工规范中，明确规定了实施基岩保护层一次爆除的具体要求，已广泛在水利水电工程中推广应用。

（4）水工洞室爆破。水利水电工程的洞室爆破主要应用于定向爆破筑坝，利用高山峡谷的有利地形，于两岸山体布置洞室，实施抛掷爆破或松动塌落爆破，由爆破堆积体堵塞河道形成大坝，再建造相应的泄洪道和引水发电系统，建成水电站。我国使用定向爆破技术形成了40余座岩土堆积体大坝，坝高为数十米，其中部分大坝坝高近90m。由于配套的发电及泄洪系统规划建设较为困难，堆石坝体有效防渗体难以形成，自20世纪80年代开始已不再实施。

自20世纪90年代，洞室爆破技术开始应用于堆石坝坝体石料的开采，针对合适的岩性及岩体结构，利用有利的地形，选择符合堆石坝设计要求的山体进行洞室爆破。只要洞室布置合理，采用合理的装药结构和炸药品种，就可获得满足大坝设计要求的级配料。由于洞室爆破规模大施工相对简便，可以较快速度获得大量的坝体石料，可满足高强度的大坝填筑要求，已有多个大型堆石坝工程中采用，获得较为理想的综合效益。

（5）水工拆除爆破。水利水电工程拆除爆破主要应用于大型的施工围堰及水工建筑物混凝土大坝或钢筋混凝土结构的局部拆除。由混凝土或岩坎组成的施工围堰规模巨大，大江大河上的大型水电站围堰高达数十米，甚至超过百米。一些围堰距已建的水工建筑物仅数米，爆破防护要求高，有很多水电站围堰拆除时已蓄水发电，大坝及闸门已挡水，机组已运行，围堰承受的水压荷载巨大，只允许一次爆破成功。围堰拆除的石渣需水下清除，爆破块度有相应要求。作为特殊的拆除控制爆破，实施中针对每个围堰的特点，采用钻孔爆破或小型药室装药结构，毫秒延时多段一次起爆，使用预裂爆破、水下气泡帷幕、防浪设施等综合爆破防护技术措施。常规土石围堰一次起爆药量为数吨，三峡水利枢纽工程三期碾压混凝土上游围堰拆除爆破起爆药量达191t，延时近13s。经综合的爆破监测证实，拆除的数十座大型围堰均总体上实现了一次成功拆除，且有效地控制了爆破影响，已形成了一个系统的水工围堰爆破拆除技术。

一些水电站由于改扩建工程的要求，需进行局部拆除，如某水电站对坝顶的原启闭机排架实施一次爆除，大坝混凝土坝体局部爆除等，均取得良好效果。

（6）地下工程爆破。在高山峡谷河道，根据地形及地质条件，兴建了一批高水头引水式水电站，采用地下厂房，抽水蓄能电站也大部分采用地下厂房形式。地下水电站的引水系统由承受高水头压力的引水平洞、斜井、竖井以及调压井与气垫式调压室等组成，其开挖爆破均有特殊的要求。复杂的洞室及地下施工通道的布置，通风排烟系统等，对开挖程序的科学安排，相邻地下洞室相互影响，及时锚固支护，开挖面的变形控制，岩壁吊车梁等部位的特殊开挖要求等，均与地下工程爆破技术密切相关。通过试验研究及工程实践，对大断面地下厂房布置侧向保护层，采用预裂及光面爆破技术；对厂房及引水隧洞交叉部分采用先墙后洞或先洞后墙，先开挖部位进行预锚固处理，有效防止交叉部位的爆破影响；对 Y 形的交叉管道采用特殊的钻孔控制爆破；对相邻洞室采用合理安排爆破施工顺序，减小爆破振动影响；对斜井、竖井采用反井钻机形成导井后正向扩挖；对需承受巨大厂房桥机荷载的岩壁吊车梁，采用精细控制爆破。相应的地下工程爆破开挖已形成了一批国家级或省部级的施工工法，地下工程爆破技术总体上满足了工程的需要，具有特殊的水利水电行业特色。

（7）水下工程爆破。水利水电工程最复杂的水下爆破为岩塞爆破，因为引水、排淤或扩建工程的需求，扩建新的水电机组，设置取水口等，需要在高水头的部位重新开挖引水通道，在下游进行开挖的隧洞完成后，对岩塞实施爆破。爆破的岩渣需要排除或聚集在开挖的集渣坑内，根据不同的岩塞结构和水头压力，常采用排孔爆破、药室爆破、排孔与药室两者结合的爆破方案，岩塞爆破使用泄渣或聚渣方案处理爆渣。从 20世纪 70 年代开始，我国已实施约 30 余个岩塞爆破，均获得成功，并有效控制了爆破影响，首次在抽水蓄能水电站中用岩塞爆破形成取水口。在岩塞爆破中较大的岩塞一次爆破药量达 4.1t。

其他水下爆破如水下钻孔爆破、水下裸露爆破、水下爆破挤淤等，在水利水电工程建设中相对较少。

（8）标准与规范。为了规范水利水电工程的开挖爆破，确保工程的安全和质量，水利水电系统从 20 世纪 60 年代开始制定了相应的施工规范和标准。1963 年由原水利电力部水电建设总局审定颁发了《水工建筑物岩石基础开挖工程施工技术规范》，主要规范手风钻为主的水电爆破开挖要求，1983 年修订为 SDJ 211—83 版本，主要规定了潜孔钻为主的深孔台阶爆破和预裂爆破等要求，国家部委机构调整后，该规范 1994 年由水利部修订颁发了 SL 47—94 版本，2007 年电力行业修订颁发了 DL/T 5389—2007 版本。1983 年制定了《水工建筑物地下开挖工程施工技术规范》（SDJ 212—83）版本，水利部、电力工业部两部调整后，水利部 2007 年修订颁发了 SL 378—2007 版本，电力行业于 1999 年和2011 年二次修订该规范，颁发了 DL/T 5009—1999 和 DL/T 5009—2011 版本。

电力行业水电工程系统于 2001 年制定了《水电水利工程爆破施工技术规范》（DL/T 5135—2001），于 2005 年制定了《水电水利工程爆破安全监测规程》（DL/T 5333—2005）。这些规范规程的制定和修订，是根据水利水电工程爆破技术的创新和发展，及时总结爆破技术，规范爆破施工、爆破监测，制定爆破安全标准，对确保水利水电工程爆破安全和质量，促进水利水电工程爆破技术的发展起了良好的推动作用。

## 1.2 水利水电工程爆破技术展望

### 1.2.1 爆破技术与创新发展

（1）计算机模拟系统爆破设计。采用计算机模拟系统进行爆破设计：根据岩体的物理力学性能，如岩性、岩石强度、岩体密度等已知的基本参数，利用先进的高精度数码成像技术，拍摄已揭示的岩体裂隙，采用专用计算机程序分析岩体裂隙的分布、宽度、裂隙率等各项参数，根据台阶爆破的钻孔条件、炸药特性、台阶几何参数等，采用计算机模拟系统进行台阶爆破设计，确定孔排距、爆破网路、爆破延时、起爆顺序、炸药单耗等设计参数，并预报爆堆形式、块度分布等爆破效果。经理论研究和生产性试验，计算机模拟系统已成功应用于混凝土面板堆石坝堆石级配料及过渡料的台阶爆破开采，取得较好的效果。

采用计算机模拟系统进行爆破设计，增强了爆破设计的针对性，提高了设计精度，加快了设计进度，可减少或取消常规的爆破试验，达到提高总体设计精度、节省人力的目的。

全面了解被爆岩体的岩性和地质构造参数，是进行精准爆破设计的依据，利用已有的设计资料，包括钻孔岩芯描述、孔内电视资料、岩石物理力学性能的室内测试资料等。在工程爆破开挖过程中，进一步利用光学测量、高精度数码摄影技术，测定已被揭露岩体的地质参数，利用先进的具有自动记录功能的钻机工作参数，全面获取岩体参数，经计算机分析后用以指导爆破设计，达到提高设计精度的目的，获得更好的爆破效果。应加快推广应用台阶爆破的计算机模拟爆破设计，并扩大应用于其他爆破设计。

（2）聚能爆破技术。水利水电工程的聚能爆破技术，用于混凝土防渗墙造孔施工中，遇有岩体或孤石时实施聚能爆破，改善爆破效果，减小对槽孔的爆破影响；聚能爆破用于预裂爆破和光面爆破，取得了有效减少钻孔、减少药量、降低爆破影响的效果。需要进一步研究机械化制作各类专用聚能炸药，研制正确定位的装药装置，提高聚能药包装药精度，加大推广应用力度和范围。除预裂和光面爆破、防渗墙处理岩体爆破外，尚可应用于大块石处理，以及有特殊控制要求的爆破。

（3）岩塞爆破技术。近几年岩塞爆破逐渐增多，用于原有水库扩机增容的抽水蓄能电站，引用水库或天然湖泊的水灌溉，邻近水库的相互连通调水，水库冲淤，堰塞湖水位排除险情等。研究利用先进的钻孔设备，实施以排孔为主的岩塞爆破，研究准确确定岩塞体厚度的钻孔探测和封孔技术，库前深孔淤泥扰动技术，采用科学合理的爆破设计方案，使用先进可靠的爆破器材，确保岩塞爆破安全准爆。

（4）地下工程爆破技术。深山峡谷的水电站受建筑物布置的限制常采用地下厂房，抽水蓄能电站主要采用地下厂房，地下水电站主厂房跨度超过30m，高度数十至近百米，长度视机组数量可达数百米，副厂房、主变室、尾闸室、引水发电系统、调压井及尾水系统，外加交通、通风排烟、输出电缆等地下通道，水电站的地下工程规模巨大，纵横交错，结构复杂，布置紧凑，对开挖爆破具有特殊的要求，需要严格控制爆破对建筑物基础岩体的影响，控制爆破对相临结构的影响，控制开挖岩体的变形，确保稳定安全，控制开挖精度，维持正常的通风排烟，创造良好的施工环境。水电站地下厂房的爆破开挖是一个系统工程，其开挖爆破设计中需要优化开挖程序，要综合考虑爆破影响、安全稳定、通风排烟、出渣交通、施工进度等诸多因素。科学合理的开挖程序是实现地下厂房优质高效施工的前提，先进的爆破技术是保证地下厂房开挖质量的关键，其中包括复杂地质条件下的爆破开挖，特殊结构的爆破开挖，岩壁吊车梁，厂房与进水口交叉结构部位，叉管结构，水轮发电机机窝，尾水结构等，爆破设计与钻孔技术是保证特殊部位开挖质量的关键。

（5）抢险救援爆破技术。针对地震、暴雨、泥石流等成灾特点，研究特殊灾情的抢险救援爆破技术。为排除处于深山狭谷的堰塞湖险情，因交通困难无法使用机械施工，需对堰塞体开挖泄水渠。针对各类堆积体实施爆破，如特大块石体的解体爆破，堆积岩体或松散堆积物的加强抛掷爆破，解除边坡危岩的爆破，定向抛掷爆破技术等。应急处置的抢险爆破，现场条件复杂多变，环境恶劣，需快速解除险情，属于特殊的爆破技术，需要研究多种预案，及时解除各类险情。

（6）提高钻孔精度。水利水电工程以钻孔爆破为主要形式，钻孔精度是确保爆破效果的重要因素之一，地下工程爆破中预裂爆破、光面爆破的高精度"套孔"，实现了开挖基础面逐孔相连、平整光滑，拱坝坝肩深孔台阶预裂孔，误差控制达到"爆刻"的效果。钻孔施工中进一步研制精确定位装置，高精度测角器控制钻孔倾角，改进钻机、钻扦、钻头，实施钻孔全过程的精确测量随时纠偏，数字化、自动化，全面提高钻孔的总体精度。根据工程需要，经济合理，确定相应部位的钻孔精度指标。

（7）精细爆破。工程爆破中提出的精细爆破内容包括"量化设计、精心施工、全程监控、科学管理"4个方面，在工程爆破中实施精细化的设计、施工、监控和管理，实现精准爆破，确保工程爆破的安全和质量。针对水利水电工程的爆破特点，诸如水工建筑物的基础岩体爆破，水工建筑物及围堰的拆除爆破，岩塞爆破，复杂交错的地下工程爆破，高陡边坡爆破等，有必要进一步全面研究和实施精细爆破技术。

### 1.2.2 爆破安全与环境保护

（1）爆破安全。水利水电工程和其他工程一样，爆破安全始终是一个重大课题。爆破安全包括爆破施工作业安全和控制爆破危害，确保对建筑物及周围环境的安全两方面。确保爆破施工安全，重在爆破施工中的全面安全管理，严格遵守国家及行业的爆破安全规程，全面掌握各类爆破器材的性能、使用条件、检验方法、起爆技术，工程施工中制订应急预案，及时正确处理各类事故。控制爆破危害，确保周边环境安全，需要了解爆破作用机理和产生危害的原因，科学地进行爆破设计，确定各项爆破参数，选择合理的安全控制标准，采取有效的防护措施。针对水利水电工程的爆破特点，不断创新发展。

水利水电工程爆破需要严格控制对地基基础及建筑物等的爆破影响。水利水电工程爆破常紧临已建的水工建筑物，在水电站发电运行后的爆破需保证各类仪表及机械的正常工作，控制爆破振动影响是关键课题。掌握爆破振动传播规律，深入研究复杂地质条件下对开挖地基基础的影响，研究各种类型建筑物不同部位的爆破振动作用特点、各类建筑物的自振频率与爆破振动响应机理、爆破产生的振动量及振动频率的关系、爆破振动衰减规律等，需要全面总结分析已有的振动测试资料，分析各因素的影响，为正确的爆破设计提供依据。通过试验研究和工程实践制定科学合理的爆破振动安全允许标准。目前，水利水电系统几个不同的规范中，对爆破振动的控制标准有所差异，在修订过程中应予不断完善。

为减小爆破振动的影响,针对需要特殊保护的建筑物或设施,研究设计防护沟槽、隔离墙等有效的防护措施。

研究减小爆破振动的方法,除控制爆破药量外,还要利用高精度延时起爆技术,经精确计算分析,选择合适的段间延时时差,使振动波叠加干扰削减振动峰值。

针对重要的爆破项目,以及典型的爆破工程,遇有需要特殊保护的对象时,均需进行爆破振动监测,全面测量质点振动速度、加速度、位移等振动量及其频率,研究不同振动参数的影响特点。要正确选择匹配的爆破振动监测仪器,合理布置测点,及时分析反馈指导施工。先进的工程测量技术、岩体变形测量、声波测试、压水试验、孔内电视、数码摄像技术等,也是不可缺少的监测系统。

水下爆破及其安全防护是水利水电工程的另一个特点,施工围堰的水下爆破拆除、岩塞爆破、水下结构的拆除等均将对水工建筑物、闸门、甚至水轮机等产生影响。除爆破振动影响外,其水击波、动水压力、涌浪的影响尚需深入研究。由于相关测试资料相对较少,需进一步加强爆破引起的水中动力参数的监测,研究其传播规律和影响特点,确定控制爆破影响的措施和有效的防护方法,制定符合实际的安全允许标准。

(2)环境保护。爆破工程与环境保护、生态平衡密切相关。我国确立的资源节约型、环境友好型社会的重要战略目标,对水利水电工程爆破也不例外。水利水电工程建设中将保护和修复自然生态,防止水土流失作为水利水电工程的爆破设计和施工的原则,采取相应措施控制和约束爆破对环境的破坏和影响。

控制水利水电工程爆破危害效应,在控制爆破振动、飞石、水击波动水压力等方面研究较多,但在控制和减少爆破有害气体、噪声、粉尘等方面尚需加大力度。研究和选择零氧平衡的炸药,从源头上减少爆破有害气体,在地下工程中布置合理有效的通风排烟系统,及时抽排有害气体及粉尘。研究使用水袋覆盖爆破防尘技术,爆破过程中形成水幕抑止粉尘,爆破后采用水幕除尘防尘,改善爆破作业环境。科学设计中,在保证爆破效果的前提下减少炸药用量,研究采用效果良好的爆破堵塞材料和措施,降低爆破冲击波和噪声。研究在水利水电工程的砂石料及坝体堆石料开采中,采用地下开采石料以维持原有山体地形地貌的可行性,在其他行业已有开采建筑石料采用地下采石的先例,取得良好的生态环境效果。采用地下开采方式,增大了开采难度,但可减少剥离覆盖层的工程量,在地质条件允许的情况下,不失为一种较好的形式。

### 1.2.3 先进爆破器材推广应用

爆破器材的质量和品种直接影响爆破作业安全和工程爆破的效果,我国生产的炸药和起爆器材品种和质量均已取得很大进步,一些高质量、多品种、低成本的爆破器材可供选用。

随着我国爆破器材的发展和完善,已淘汰了一些有毒有害的炸药,如铵梯炸药等,禁止使用难以保障安全的导火索、火雷管等起爆器材。水利水电工程使用的炸药要求抗水及抗压性能良好,有较大的密度和威力,如乳化炸药、铵油炸药、重铵油炸药、膨化硝铵炸药等。进入 21 世纪后,在三峡水利枢纽永久船闸工程中率先使用乳胶配送系统的现场装药车以来,已在多个工程推广应用。现场装药车安全性能优越,实现全耦合装药,减少钻孔工程量,可结合工程需要调整炸药配比,根据岩性和爆破设计要求制作不同性能的炸药，在开挖工程量较大的工程和地下工程中有良好技术经济效果。

水利水电工程中自行研制的双聚能预裂和光面爆破炸药，在防渗墙造孔过程中处理孤石使用自行制作的简易聚能药包，均取得良好的工程效果。为了加速在水利水电工程中聚能药包的使用，需研究形成制作定型产品，生产适应工程需要的各类聚能炸药。

为满足控制爆破要求，水利水电工程中常需实行孔间分段，孔内分段以减小单段药量，又因工程量巨大需进行较大规模的爆破，以加快施工进度。一些特殊的工程，如围堰拆除、岩塞爆破等只允许一次爆除，对分段间时差要求严格，不允许出现重段、串段，需选用高精度、抗水、抗压性能良好的雷管。

随着起爆器材的国产化，我国已生产了部分高精度电雷管、高精度非电雷管，研制了高精度数码雷管等，还研制生产了抗外来电干扰能力强的雷管，可根据水利水电工程爆破的需要选用。

随着遥控爆破技术的发展，远距离遥控爆破、水下遥控爆破技术的推广应用，可增大水利水电工程爆破时的安全性。

# 2 爆 破 器 材

## 2.1 炸药的爆炸性能

炸药的爆炸性能是炸药与工程爆破效果相关的基本性能和指标，包括炸药的敏感度、爆力、爆速、猛度、殉爆距离、管道效应、聚能效应等性能指标。

### 2.1.1 敏感度

在外能的作用下，使炸药发生爆炸的难易程度称为敏感度。当炸药起爆所需要的外能小，则该炸药的敏感度高；反之，当炸药起爆所需要的外能大，则该炸药的敏感度低。能够激发炸药发生爆炸反应的能量有热能、电能、光能、机械能、冲击波能等。炸药对于不同形式的外能作用所表现的敏感度是不同的。

（1）炸药的热感度。炸药的热感度是指在热能作用下，炸药发生爆炸的难易程度，通常用爆发点表示。爆发点是在标准容器中放入 0.05g 炸药，在 5min 内受热而发生燃烧或爆炸反应时的最低温度。当炸药爆发点越高，表示炸药的热感度越低。不同炸药有各自的爆发点，硝铵炸药为 280～320℃，黑火药为 290～310℃，雷管为 175～180℃。

（2）炸药的机械感度。炸药的机械感度是指炸药在外力撞击下，生产与运输时产生摩擦等机械作用下发生爆炸的难易程度。一般采用爆炸概率法来测定。几种炸药的撞击感度与摩擦感度见表 2－1。

表 2－1　　　　　　　　　　　几种炸药的撞击感度与摩擦感度表

| 炸药名称 | EL 系列乳化炸药 | 2 号岩石铵梯炸药 | TNT 炸药 | 黑火药 | 黑索金 |
| --- | --- | --- | --- | --- | --- |
| 撞击感度/% | ≤8 | 20 | 4～8 | 50 | 70～75 |
| 摩擦感度/% | 0 | 16～20 | 0 | — | 90 |

**注** 梯恩梯（TNT）；黑索金（RDX）。

（3）炸药的起爆感度。炸药的起爆感度是指在该炸药引爆时，使猛炸药发生爆轰的难易程度。猛炸药对起爆药爆轰的感度，一般用最小起爆药量来表示。在一定试验条件下，使 1g 猛炸药完全爆轰所需的最小起爆药量称为极限起爆药量。在工程爆破中，习惯用雷管感度来区分工业炸药的起爆感度。能用一发 8 号工业雷管可靠起爆的炸药称之为具有雷管感度；凡不能用一发 8 号工业雷管可靠起爆的炸药称其不具有雷管感度。

（4）影响炸药敏感度的几个主要因素。① 温度的影响：炸药随着外界温度的增高，各项感度也随之增加，在高温环境下实施爆破作业应引起高度重视；② 炸药密度的影响：一般情况下，随着装药密度的增加，炸药起爆感度会下降；当粉状铵梯炸药的装药密度大于 1.2g/cm³ 时，容易出现拒爆；③ 炸药颗粒度的影响：炸药的颗粒度主要影响炸药的爆轰感度，炸药颗粒越小，其爆轰感度越大；④ 炸药物理状态和晶体形态的影响：铵梯炸药受潮结块时，感度明显下降；因此，在雨季和潮湿环境下保管和使用铵梯炸药时，应采取有效的防潮措施；硝化甘油炸药在冬季冻结时，晶体形态发生变化，其感度明显提高。

### 2.1.2 爆力

爆力（威力）反映炸药爆轰气体作用于介质内部时，对介质产生压缩、破坏与抛投的做功能力。炸药爆炸后的爆热、爆温愈高，生成的气体体积越多，爆力就越大，对岩石破坏的能量就越大。爆力值大小取决于炸药的爆热、爆温和爆生气体的体积。

炸药厂家采用铅柱扩孔等方法测爆力，炸药的爆力通带用"mL"表示，而工程爆破中采用爆破漏斗类比法来测爆力。可选几组等量的标准炸药（已知其爆力）和所要测试爆力的炸药进行漏斗试验，试验时在均匀的介质中设置炮孔，将一定量的被测试炸药以相同的条件装入炮孔中，并进行堵塞，引爆后形成一个爆破漏斗。然后在地平面沿两个互相垂直的方向测量漏斗的直径，取其平均值，并同时测量漏斗的可见深度，计算其爆破漏斗的容积，由此来推算被测炸药的爆力。引爆后形成一个爆破漏斗，其剖面见图 2-1，爆破漏斗的容积按式（2-1）进行计算：

$$v = \pi r^3 h/3 \tag{2-1}$$

式中　$v$——爆破漏斗容积，m³；

　　　$r$——爆破漏斗平均半径，m；

　　　$h$——爆破漏斗最大可见深度，m。

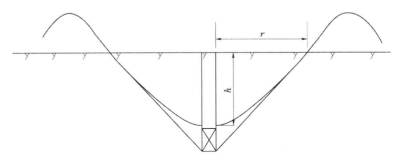

图 2-1　爆破漏斗剖面图

### 2.1.3 爆速

爆轰波在炸药中的传播速度称为爆速，通常用单位 m/s 或 km/s 表示。炸药的爆速与炸药的爆炸化学反应速度是两个本质不同的概念，爆速是爆轰波阵面一层一层地沿药柱传播的速度，而爆炸化学反应速度是指单位时间内完成化学反应的炸药质量，用单位 g/s 表示。在理想的情况下，一种炸药的爆速应是一个常量，在实际使用中，影响爆速的主要因素包括药柱直径、约束条件、炸药的密度和粒度等。一般条件下，直径越大，约束越强，密度越高，粒度越细，爆速越高。当工业炸药的药柱直径一定时，存在使爆速达到最大的密度值，称最佳密度，再继续增大密度会导致爆速下降，下降至临界爆速时，爆轰波将无法稳定传播而导致熄爆。爆速可采用导爆索测定法（道特里什法）、测时仪法和高速摄影法测定，也可通过半经验半理论公式计算。

### 2.1.4 猛度

猛度是指炸药爆炸瞬间爆轰波和爆炸气体产物直接对与之接触的固体介质局部产生破碎的能力。猛度的大小主要取决于爆速的高低，爆速越高，猛度越大。炸药的猛度通常用铅柱压缩法进行测定，铅度压缩法简单易行，生产实际中普遍采用。铅柱压缩测试试验装置见图2-2。测试方法为：在钢板中央放置直径40mm×60mm的铅柱，铅柱上放置一块直径41mm×10mm圆钢片。猛炸药的试验量，一般为50g，猛度大者，如黑索金、太安等，用25g，装入直径为40mm纸筒内，控制其密度为$1g/cm^3$，药面放一中心带孔的厚纸板，从孔中插入雷管，雷管插入深度15mm，将药柱正放在钢片上，用线绷紧。然后引爆，引爆后铅柱被压成蘑菇形，量出铅柱压缩前后的高度差，单位为mm，即可用来表示该炸药在受试密度下的猛度。

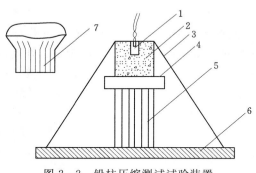

图2-2 铅柱压缩测试试验装置
1—雷管；2—炸药；3—细绳；4—钢片；5—铅柱；
6—钢板；7—爆炸后的铅柱

### 2.1.5 殉爆距离

一个药包（卷）爆炸后，引起与它不相接触的邻近药包（卷）爆炸的现象称为殉爆。殉爆在一定程度上反映了炸药对冲击波的敏感度。在工程爆破中，通常将首先爆炸的药包（卷）称为主爆药包（起爆体），被引爆的药包（卷）称为被爆药包。前者引爆后者的最大距离称为殉爆距离，它也表示该炸药的殉爆能力。在工程爆破中，殉爆距离对确定分段装药的间隔距离、盲炮处理和合理的孔网参数都具有指导意义。同时，在炸药生产厂和炸药库房的设计中，它是确定安全距离的重要依据。

殉爆距离的测试方法：测试时找一块沙土地，先将沙土找平捣实，然后用与药卷直径相同的木棒在沙土上压出一半圆槽，按设计好的殉爆距离将两条药卷放入槽内，两条药卷的中心在一直线上，量好两药卷的距离，将起爆体药卷（主爆药卷）的聚能穴端与被引爆药卷的平面端相对，随后引爆主爆药卷，如果被引爆的药卷完全爆炸，不留有残药和残纸片，则改变两药卷的端部距离，重复试验，直至不殉爆为止。取连续3次不发生殉爆的距离，为该炸药的殉爆距离。殉爆距离用cm表示。炸药殉爆距离的测定方法见图2-3。

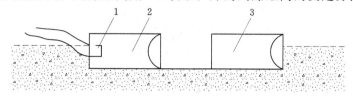

图2-3 炸药殉爆距离的测定方法图
1—雷管；2—主爆药包；3—被爆药包

殉爆距离表示了炸药的殉爆能力，也是炸药质量好坏的主要标志。在炸药品种、药卷直径、药量、约束条件、爆轰传递方向等条件确定后，殉爆距离既反映了被爆药卷的冲击波感度，又反映了主爆药卷的引爆能力。装药时应该注意在炮孔中产生的影响，当两药卷间的介质不是空气，而是其他物质如水、岩粉、碎石、沙土等密实介质时，炸药的殉爆距离将明显下降，所以炮孔中间段药卷间不得有其他密实介质，以避免发生炸药传爆中断而产生拒爆。

## 2.1.6　管道效应

炸药的管道效应也称沟槽效应或间隙效应，是指当药卷与炮孔壁间存在月牙形空间时，爆炸药柱出现能量逐渐衰减后，直至药卷传爆至一定长度后发生拒爆的现象。炸药的管道效应是由于药柱外部炸药爆轰时产生的等离子体造成的，药柱起爆后在爆轰波阵面的前方有一等离子层，等离子层对前方未反应的药柱表层产生压缩作用，抑制该层炸药的完全反应。等离子光波波阵面与爆轰波波阵面分开得越大，或者等离子波越强烈，等离子体对未反应炸药药柱的压缩范围和作用越大，使得爆轰波能量在药柱传播中衰减得越大。随着等离子波作用的进一步增强，就会引起未反应的药卷爆轰熄灭。试验结果证明，等离子光波的速度约为4500m/s。另外解释为爆轰产物压缩药卷和孔隙之间间隙中的空气产生冲击波，它超前于爆轰波并压缩药卷，抑制爆轰，产生拒爆。国内部分炸药的管道效应传爆长度测试值见表2-2。

表2-2　　　　　　　　国内部分炸药的管道效应传爆长度测试值

| 炸药种类 | EL系列乳化炸药 | EM型乳化炸药 | 2号岩石硝铵炸药 |
| --- | --- | --- | --- |
| 管道效应（传爆长度）值/m | >3.0 | >7.4 | >1.9 |
| 试验条件 | 取内径为42~43mm，长3m的聚氯乙烯塑料管（或钢管），然后将直径32mm的试验药卷一节连着一节地放入管中，用一发8号雷管起爆 | | |

在地下工程隧洞开挖爆破过程中，采用直径42mm炮孔，使用直径32mm药卷不耦合装药爆破时，炮孔和炸药有10mm的月牙形空间，在爆破时炮孔内装的炸药很难全部爆轰完全，炸药的管道效应在施工过程中普遍存在，是影响爆破质量的重要因素之一。在实际工程施工中采用下列技术措施可以减少和消除管道效应，改善爆破效果。

（1）堵塞等离子体的传播：①用水或岩屑充填炮孔与药卷之间的月牙形空隙；②每装几条药卷后，装一条能填满炮孔的大直径药卷；③将小于炮孔的药卷套上硬纸或其他材料做成的隔环，隔环外径稍小于炮孔直径。

（2）沿炮孔装药卷全长设置导爆索起爆。

（3）采用散装药技术，使炸药全部充满炮孔不留空隙。

## 2.1.7　聚能效应

炸药爆炸后，其爆轰产物运动方向具有与药包外表面垂直或大体垂直的基本规律，爆破施工中充分利用这一基本规律将药包制成特殊形状，如半球形空穴状、锥形空穴状等，在炸药爆炸时，爆轰能量向空穴的轴线方向汇集，并产生增强破坏作用的现象，称为聚能效应。能形成聚能射流的装药为聚能装药，能形成聚能的装置结构称为聚能装置。

不同装药锥形空穴而出现不同的聚能效果。当普通药柱爆轰后，爆轰产物沿着近似垂直于原药柱表面的方向向四处飞散，而当带有锥形空穴的装药爆炸后，爆轰波传至锥形空穴顶部后，爆轰产物流基本上沿着锥形空穴壁面的法线方向向装药轴线飞散，爆轰后的能量也基本沿着锥形空穴壁面的法线方向向装药轴线飞散，此时各股爆轰能量便相互作用，并在锥形空穴的轴线方向形成能量流体集中，这股能量流体在锥形空穴表面一定距离上聚集的密度最大，速度也达到最大值（1200～1500m/s），形成聚能流的空穴称为聚能穴。

影响聚能效果的因素主要有：使用炸药的密度、爆速、装药量、装药结构、聚能药罩的尺寸和材料。水利水电工程中也常使用聚能爆破，例如在防渗墙造孔遇到孤石时使用小型定向聚能爆破，预裂爆破采用聚能药包时，可减少线装药密度，增大孔距取得明显效果。

## 2.2　工业炸药

工业炸药又称民用炸药或商用炸药，由氧化剂、可燃剂和其他添加剂等配置而成，具有成本低廉，使用方便的特点，是水利水电工程的常用炸药。

### 2.2.1　炸药分类

（1）按化学成分分类，炸药可分为硝铵类炸药、硝化甘油类炸药和芳香族类炸药等。

硝铵类炸药以硝酸铵为主要成分，加上适量的可燃剂、敏化剂及其他添加剂的混合炸药均属此类，这是目前国内用量最大、品种最多的一大类混合炸药。硝化甘油类炸药以硝化甘油或硝化甘油、硝化乙二醇为主要成分的炸药，以其外观状态来说，有粉状和胶质之分。芳香族类炸药主要是苯及其同系物的硝基化合物，如甲苯、二甲苯的硝基化合物以及苯胺、苯酚等硝基化合物，如 TNT、RDX 等，该类炸药在我国工程爆破中用量较少。其他类型炸药，如黑火药和雷管起爆炸药等。

（2）按工业炸药的使用条件可分为三类。第一类：煤矿使用炸药，又称为安全炸药，是允许在有沼气和矿尘爆炸危险环境下使用的炸药，这类炸药爆炸产生的有毒气体不超过安全规程所允许的量，同时不会引起瓦斯和矿尘爆炸；第二类：允许在地下和露天爆破工程中使用的炸药，但不允许在有沼气和矿尘爆炸危险的作业面与矿山使用的炸药；第三类：只允许在露天工程中使用的炸药。第一类炸药爆炸时必须保证不会引起瓦斯或粉尘爆炸，第一类和第二类炸药爆炸时所产生的有毒气体不能超过安全规程所允许的量。

（3）按炸药的应用范围可分为起爆药、猛炸药（含单质猛炸药和混合炸药）、发射药。

### 2.2.2　常用炸药

硝铵类炸药为工程爆破的常用炸药，是目前工程爆破中用量最大、品种最多的一类混合炸药。硝铵炸药的品种很多，这里主要介绍铵梯、铵油、水胶炸药、粉状乳化炸药、乳化炸药、煤矿许用炸药、光面（预裂）爆破专用炸药、单质炸药等几种工程中应用较多的工业炸药。

（1）铵梯炸药。铵梯炸药具有较好的起爆性能，曾经是我国使用量最大的工业炸药。由于铵梯炸药中的 TNT 组分对生产工人的健康有很大危害，生产、储存、使用时对环境污染严重。公安部、国防科学技术工业委员会于 2008 年下发了〔2008〕203 号文，《关于做好淘汰导火索、火雷管、铵梯炸药相关工作的通知》，要求停止生产导火索、火雷管、铵梯炸药，因此，铵梯炸药已是淘汰品种。

（2）铵油炸药。铵油炸药是一种由硝酸铵和燃料油混合而成的粒状或粉状（添加适量木粉）炸药。铵油炸药原料来源丰富，炸药内不含对人体有害的 TNT，既降低了生产成本又改善了生产环境，所以该炸药称为无梯硝铵炸药。铵油炸药分为下列几类。

1）粉状铵油炸药。采用轮碾机热混加工工艺配制，当轻柴油占 4%，木粉占 4% 时，炸药密度最大爆速较高。粉状铵油炸药颗粒越细，含水率越低时，炸药爆炸性能较好。几种粉状铵油炸药的组分及性能指标见表 2-3。

表 2-3　　　　　　　　　　几种粉状铵油炸药的组分及性能指标表

| 成分与性能 | | 1 号铵油炸药 | 2 号铵油炸药 | 3 号铵油炸药 |
|---|---|---|---|---|
| 成分/% | 硝酸铵 | 92±1.5 | 92±1.5 | 94.5±1.5 |
| | 柴油 | 4±1 | 1.8±0.5 | 5.5±1.5 |
| | 木粉 | 4±0.5 | 6.2±1 | — |
| 性能指标 | 药卷密度/(g/cm³) | 0.9～1.0 | 0.8～0.9 | 0.9～1.0 |
| | 水分含量/% | ≤0.25 | ≤0.80 | ≤0.80 |
| | 爆速/(m/s) | ≥3300 | ≥3800 | ≥3800 |
| | 爆力/mL | ≥300 | ≥250 | ≥250 |
| | 猛度/mm | ≥12 | ≥18 | ≥18 |
| | 殉爆距离/cm | ≥5 | | |

2）多孔粒状铵油炸药。该型炸药采用冷混工艺配制，多孔粒状硝酸铵吸油率高，炸药松散性好，不容易结块。多孔粒状铵油炸药成分为多孔粒状硝酸铵与柴油可按 94.5：5.5 混合而成，并采用冷混加工，可以在爆破现场直接配制和用机械装药，最佳装药密度是 0.9～0.95g/cm³，考虑到加工过程中柴油可能有部分挥发和损失，通常加 6% 的柴油，一般采用 6 号、10 号及 20 号轻柴油，严寒地区可用 -10 号柴油。多孔粒状铵油主要加工方法为渗油法。多孔粒状铵油炸药性能指标见表 2-4。

表 2-4　　　　　　　　　　多孔粒状铵油炸药性能指标表

| 项　目 | | 性　能　指　标 | |
|---|---|---|---|
| | | 包装产品 | 混装产品 |
| 水分/% | | ≤0.30 | — |
| 爆速/(m/s) | | ≥2800 | ≥2800 |
| 猛度/mm | | ≥15 | ≥15 |
| 作功能力/mL | | ≥278 | — |
| 使用有效期/d | | 60 | 30 |
| 炸药有效期内 | 爆速/(m/s) | ≥2500 | ≥2500 |
| | 水分/% | ≤0.50 | |

3）重铵油炸药。重铵油炸药具有乳化炸药的抗水性强和铵油炸药成本低的优点，提高了炸药的爆炸性能，降低了炸药成本。国外的重铵油炸药又称 HEF/AN，由 HEF/AN 和多孔粒状铵油炸药混合而成，其中 HEF 为燃料油和盐类氧化剂混合而成的乳化物。

重铵油炸药又称乳化铵油炸药，将 W/O 型乳胶基质按一定的比例掺混到粒状铵油炸药中，形成的乳胶与铵油炸药掺和物，在我国又称为乳胶粒状炸药。乳胶基质的掺入改善了铵油炸药的抗水性能，而且随着掺和物中乳胶基质的质量分数增加，其抗水性能也随之增强。该炸药具有乳化炸药的抗水性和铵油炸药生产成本低的优点，提高了炸药的爆炸性能与操作时的安全性。我国部分重铵油炸药性能见表 2-5。

表 2-5            我国部分重铵油炸药性能表

| 品种<br>炸药 | YZA-A | YZA-B | RJ-A₁ | RJ-A₂ | AR-Y | 粒状乳化岩石炸药 |
|---|---|---|---|---|---|---|
| 密度/(g/cm³) | 1.35 | 1.25 | 1.1～1.35 | 1.1～1.35 | >1 | 0.9～1.0 |
| 爆速/(m/s) | 3200～4100($\phi$100) | 3700～4500($\phi$100) | 3620($\phi$110) | 3620($\phi$110) | 2500～3200($\phi$32) | >1800 |
| 猛度/mm | | 12～15 | | | 11～13 | ≥5 |
| 殉爆/cm | 10 | ≥10 | | · | 4～8 | ≥3 |
| 抗水性 | 良 | 良 | 良 | 良 | 良 | |

注 表（ ）内为药卷直径，mm。

（3）水胶炸药。水胶炸药是在浆状炸药的基础上发展起来第二代抗水硝铵类炸药，由水、氧化剂、可燃物以及敏化剂、交联剂等成分组成。水胶炸药与浆状炸药没有严格的界限，两者的主要区别在于使用不同的敏化剂。浆状炸药的主要敏化剂是非水溶性的炸药成分、金属粉和固体可燃物，而水胶炸药则是采用水溶性甲胺硝酸盐作为敏化剂，克服了浆状炸药起爆感度低的缺点，通常用雷管可以起爆。

水胶炸药的特点是威力大，相当于硝化甘油胶质炸药，抗水性好，优于常用工业炸药；同时，水胶炸药本身基本无毒，爆炸后的呛烟程度远比铵梯炸药轻，有毒气体生成量也较铵梯炸药小；对冲击、摩擦、热感度低，在运输、保管、使用过程中比较安全。常用水胶炸药的组成与性能见表 2-6。

表 2-6            常用水胶炸药的组成与性能表

| 炸药品种 | | SHJ-K | W-20 | 1号 | 3号 |
|---|---|---|---|---|---|
| 组成/% | 硝酸铵（钠） | 53～58 | 71～75 | 55～75 | 48～63 |
| | 水 | 11～12 | 5～6.5 | 8～12 | 8～12 |
| | 硝酸甲铵 | 25～30 | 12.9～13.5 | 30～40 | 25～30 |
| | 铝粉 | 4～3 | | | |
| | 柴油 | | 2.5～3 | | |
| | 胶凝剂 | 2 | 0.6～0.7 | | 0.8～1.2 |
| | 交联剂 | 2 | 0.03～0.09 | 0.4～0.8 | 0.05～0.1 |
| | 密度控制剂 | | 0.3～0.5 | | 0.1～0.2 |
| | 氯酸钾 | | 3～4 | | |
| | 延时剂 | | | | 0.02～0.06 |
| | 稳定剂 | | | | 0.1～0.4 |

| 炸药品种 | | SHJ－K | W－20 | 1号 | 3号 |
|---|---|---|---|---|---|
| 性能 | 爆速/(m/s) | 3500～3900<br>(φ32) | 4100～4600 | 3500～4600 | 3600～4400<br>(φ40) |
| | 猛度/mm | ＞15 | 16～18 | 14～15 | 12～20 |
| | 爆力/mL | ＞340 | 350 | | 330 |
| | 殉爆距离/cm | ＞8 | 6～9 | 7 | 12～25 |
| | 临界直径/mm | | 12～16 | 12 | |
| | 储存期/月 | 6 | 3 | 12 | 12 |

**注** 表（ ）内为药卷直径，单位 mm。

（4）粉状乳化炸药。粉状乳化炸药又称乳化粉状炸药。它以含水较低的氧化剂溶液细微液滴为分散相，特定的碳质燃料与乳化剂组成的油相溶液为连续相，在一定的工艺条件下通过强力剪切形成油包水型乳胶体，通过雾化制粉或旋转闪蒸使胶体雾化脱水，冷却固化后形成具有一定粒度分布的新型粉状硝铵炸药。粉状乳化炸药含水量一般在3%以下。因此，其作功能力大于乳化炸药，由于在制备的过程中颗粒及颗粒间形成许多孔隙，使炸药有较好雷管感度和爆轰感度。这种炸药的颗粒具有 W/O 型特殊的微观结构，因而该炸药具有良好的抗水性能，粉状乳化炸药兼有乳化炸药及粉状炸药的优点，其主要性能指标见表 2－7。

表 2－7　　　　　　　　　　**粉状乳化炸药主要性能指标表**

| 性能指标<br><br>炸药名称 | 药卷密度<br>/(g/cm³) | 殉爆距离<br>/cm | 猛度<br>/mm | 爆速<br>/(km/s) | 做功能力<br>/mL | 炸药爆炸后有毒气体含量<br>/(L/kg) | 可燃气安全度（以半数引火量计）<br>/(L/kg) | 抗爆燃性 | 撞击感度<br>/% | 摩擦感度<br>/% |
|---|---|---|---|---|---|---|---|---|---|---|
| 岩石粉状乳化炸药 | 0.85～1.05 | ≥5 | ≥13.0 | ≥3.4 | ≥300 | ≤80 | | | ≥15 | ≤8 |
| 一级煤矿用粉状乳化炸药 | 0.85～1.05 | ≥5 | ≥10.0 | ≥3.2 | ≥240 | ≤80 | ≥100 | 合格 | ≥15 | ≤8 |
| 二级煤矿许用粉状乳化炸药 | 0.85～1.05 | ≥5 | ≥10.0 | ≥3.0 | ≥230 | ≤80 | ≥180 | 合格 | ≥15 | ≤8 |
| 三级煤矿许用粉状乳化炸药 | 0.85～1.05 | ≥5 | ≥10.0 | ≥2.8 | ≥220 | ≤80 | ≥400 | 合格 | ≥15 | ≤8 |

（5）乳化炸药。乳化炸药是以硝酸铵等氧化剂水溶液为分散相，以不溶于水的可液化的碳质燃料为连续相，借助乳化剂的乳化作用和敏化剂（包括敏化气泡）的敏化作用而制成的一种油包水型的特殊乳化体系，密度一般为 1.05～1.35g/cm³。乳化炸药中的燃料剂同时作为油相材料构成连续相，将氧化剂水容液分隔成分散相，从而保证炸药组成的混合均匀、稳定。

乳化炸药由三种物相（液相、固相、气相）的四种基本成分所组成，即氧化剂水溶液、燃料油、乳化剂和敏化剂。国内生产的乳化炸药主要品种，其组分与性能见表 2－8。

表 2-8                         乳化炸药主要品种的组分与性能表

| 炸药品种 | | EL系列 | CLH系列 | SB系列 | BME系列 | RJ系列 | WR系列 | 岩石型 | 煤矿许用型 |
|---|---|---|---|---|---|---|---|---|---|
| 组成/% | 硝酸铵（钠） | 65～75 | 63～80 | 67～80 | 51～36 | 58～85 | 78～80 | 65～86 | 65～80 |
| | 硝酸甲铵 | | | | | 8～10 | | | |
| | 水 | 8～12 | 5～11 | 8～13 | 9～6 | 8～15 | 10～13 | 8～13 | 8～13 |
| | 乳化剂 | 1～2 | 1～2 | 1～2 | 1.5～1.0 | 1～3 | 0.8～2 | 0.8～1.2 | 0.8～1.2 |
| | 油相材料 | 3～5 | 3～5 | 3.5～6 | 3.5～2.0 | 2～5 | 3～5 | 4～6 | 3～5 |
| | 铝粉 | 2～4 | 2 | | 2～1 | | | | 1～5 |
| | 添加剂 | 2.1～2.2 | 10～15 | 6～9 | 1.5～1.0 | 0.5～2 | 5～6.5 | 1～3 | 5～10 |
| | 密度控制剂 | 0.3～0.5 | | 1.5～3 | | 0.2～1 | | | 另加消焰剂 |
| | 铵油 | | | | 15～40 | | | | |
| 性能 | 爆速/(km/s) | 4～5 | 4.5～5.5 | 4～4.5 | 3.1～3.5 | 4.5～5.4 | 4.7～5.8 | 3.9 | 3.9 |
| | 猛度/mm | 16～19 | | 15～18 | | 16～18 | 18～20 | 12～17 | 12～17 |
| | 殉爆距离/cm | 8～12 | | 7～12 | | >8 | 5～10 | 6～8 | 6～8 |
| | 临界直径/mm | 12～16 | 40 | 12～16 | 40 | 13 | 12～18 | 20～25 | 20～25 |
| | 抗水性 | 极好 | 极好 | 极好 | | 极好 | 极好 | 极好 | 极好 |
| | 储存期/月 | 6 | >8 | >6 | 2～3 | 3 | 3 | 3～4 | 3～4 |

（6）煤矿许用炸药。在地下煤矿开采中时常伴有一些可燃气体和煤尘，国内大部分煤矿开采时都有沼气、甲烷、乙烷、氢气涌出，当有害气体和煤尘达到一定浓度时，受开挖爆破作用的影响，容易引起爆炸。因此，在煤矿爆破作业时需要使用特殊的安全炸药。当在公路、铁路、水电隧洞施工通过煤层地质时，应根据有害气体的等级使用相应的煤矿许用炸药进行爆破作业。这就对煤矿使用炸药提出了一些特殊要求：① 炸药爆破后不引起隧洞（矿井）内大气的局部高温，要求煤矿使用的炸药爆热、爆温、爆压都要相对低一些；② 炸药有较好的起爆感度，能保证使用的安全，又能保证顺利传爆，保证炸药稳定爆轰；③煤矿许用炸药的配比应接近零氧平衡，爆炸后的有害气体应符合国家标准。同时，炸药成分中不含金属粉末。

煤矿许用硝铵炸药的组分与性能见表2-9。

表 2-9                      煤矿许用硝铵炸药的组分与性能表

| 炸药品种 | | 1号煤矿硝铵炸药 | 2号煤矿硝铵炸药 | 3号煤矿硝铵炸药 | 1号抗水煤矿硝铵炸药 | 2号抗水煤矿硝铵炸药 | 3号抗水煤矿硝铵炸药 | 2号煤矿铵油炸药 |
|---|---|---|---|---|---|---|---|---|
| 组成/% | 硝酸铵 | 68±15 | 71±1.5 | 67±1.5 | 68.6±1.5 | 72±1.5 | 67±1.5 | 78.2±1.5 |
| | TNT | 15±0.5 | 10±0.5 | 10±0.5 | 15±0.5 | 10±0.5 | 10±0.5 | |
| | 木粉 | 2±0.5 | 4±0.5 | 3±0.5 | 1±0.5 | 2.2±0.5 | 2.6±0.5 | 3.4±0.5 |
| | 氯化钠 | 15±1.0 | 15±1.0 | 20±1.0 | 15±1.0 | 15±1.0 | 20±1.0 | 15±1.0 |
| | 沥青 | | | | 0.2±0.05 | 0.4±0.1 | 0.2±0.05 | |
| | 石蜡 | | | | 0.2±0.05 | 0.4±0.1 | 0.2±0.05 | |
| | 轻柴油 | | | | | | | 3.4±0.5 |

| 炸药品种 | | 1号煤矿硝铵炸药 | 2号煤矿硝铵炸药 | 3号煤矿硝铵炸药 | 1号抗水煤矿硝铵炸药 | 2号抗水煤矿硝铵炸药 | 3号抗水煤矿硝铵炸药 | 2号煤矿铵油炸药 |
|---|---|---|---|---|---|---|---|---|
| 性能 | 水分/% | ≤0.3 | ≤0.3 | ≤0.3 | ≤0.3 | ≤0.3 | ≤0.3 | ≤0.3 |
| | 密度/(g/cm³) | 0.95~1.1 | 0.95~1.1 | 0.95~1.1 | 0.95~1.1 | 0.95~1.1 | 0.95~1.1 | 0.85~0.95 |
| | 猛度/mm | ≥12 | ≥10 | ≥10 | ≥12 | ≥10 | ≥10 | ≥8 |
| | 爆力/mL | 290 | 250 | 240 | 290 | 250 | 240 | 230 |
| | 殉爆距离/cm 浸水前 | 6 | 5 | 4 | 6 | 4 | 4 | 3 |
| | 浸水后 | | | 4 | 3 | 2 | 2 | |
| | 爆速/(m/s) | 3509 | 3600 | 3262 | 3675 | 3600 | 3397 | 3269 |

煤矿许用炸药的特点是对爆温、爆热、爆炸产生的火焰长度及持续时间、炸药爆炸后产生的有害气体和灼热固体颗粒等都有严格的限制。煤矿许用炸药可分为粉状硝铵类、硝化甘油类、含水类等。常用的煤矿乳化油炸药的技术参数见表2-10。

表2-10　　　　　　　　　　常用的煤矿乳化油炸药的技术参数表

| 炸药品种 | 2级煤矿乳化油炸药 | 3级煤矿乳化油炸药 | 4级煤矿乳化油炸药 |
|---|---|---|---|
| 爆速/(m/s) | ≥3000 | ≥2500 | ≥2500 |
| 猛度/mm | ≥12 | ≥10 | ≥10 |
| 作功能力/mL | ≥280 | ≥240 | ≥200 |
| 殉爆距离/mm | ≥40 | ≥20 | ≥20 |
| 临界直径/mm | 18 | 20 | 20 |
| 耐低温性能 | -15℃用一发8号雷管起爆 | -15℃用一发8号雷管起爆 | -15℃用一发8号雷管起爆 |
| 密度/(g/cm³) | 1.00~1.25 | 1.00~1.25 | 1.00~1.25 |
| 管道效应/m | ≥6 | ≥6 | ≥6 |
| 抗水性 | 水压1kg，2h完全爆轰 | 水压1kg，2h完全爆轰 | 水压1kg，2h完全爆轰 |

（7）光面（预裂）爆破专用炸药。根据光面（预裂）爆破的作用原理，为减弱爆破对孔壁（边坡）围岩的冲击破坏，炸药生产企业研制出各种不同直径、不同爆速、不同密度，传爆性能好的专用炸药。目前，一是国内在工业炸药中添加一些惰性物如木粉、珍珠岩等，从而使炸药的单位体积能量降低，使炸药的爆速、爆压减小，达到爆破时减小对孔壁（围岩）破坏的目的；二是采用中威力工业炸药加工成小直径药卷。同时，在炸药中加入适量的敏化剂，增加炮孔的不耦合装药系数。光面（预裂）爆破专用炸药国外定型品种很多，而国内无论是炸药还是药卷，都与国外同类产品存在一定差距。国内、国外部分光面爆破专用炸药性能分别见表2-11与表2-12。

（8）单质炸药。

1）TNT。（TNT）也称三硝基甲苯，1863年研制成功，从1901年起开始取代苦味酸用于军事。

表 2-11　　　　　　　　　　国内部分光面爆破专用药卷性能表

| 炸药名称 | 药卷规格（直径×长度）/(mm×mm) | 爆速/(m/s) | 密度/(g/cm³) | 线装药密度/(kg/m) |
|---|---|---|---|---|
| 1号岩石硝铵 | 20×(200～600) | 2900～3200 | 0.85～1.05 | 0.35 |
| 2号岩石硝铵 | 20×(200～600) | 2600～3000 | 085～1.05 | 0.35 |
| 3号岩石硝铵 | 25×(200～250) | 3000～3200 | 0.85～1.05 | 0.50 |
| 2号煤矿水胶炸药 | 20×500 | 3650 | | |
| T-1水胶炸药 | 25×1250 | 5800 | | |
| 低爆速炸药 | 20×200 | 1800 | | |

表 2-12　　　　　　　　　　国外部分光面爆破专用炸药性能表

| 国家 | 瑞典 | 加拿大 | 英国 | 日本 | 英国 |
|---|---|---|---|---|---|
| 炸药名称 | 古立特 | NBL-208 | 硝酸醚 | SB新桂牌 | TyimoheI |
| 药卷直径/mm | 11 | 17 | 22 | 22、29 | 20 | 22 |
| 药卷长度/mm | 470 | 460 | 406 | 460 | 500 | 760 |
| 爆速/(m/s) | 3700 | 4000 | | 2500～3000 | 3060 | |

TNT 的分子式为 $C_8H_2(NO_2)_3CH_3$，分子量227。精制 TNT 的熔点为80.7℃，凝固点为80.2℃；工业 TNT 呈淡黄色鳞片状。如果 TNT 中含有杂质，它会使 TNT 的熔点和凝固点都有所降低。

温度对 TNT 有一定影响，当温度在35℃以下时 TNT 很脆，而温度高过35℃以上后炸药就有一定塑性，温度达到50℃时 TNT 则成为可塑体，可充分利用这种可塑性，把 TNT 压制成高密度的药柱。TNT 不溶于水、吸湿性小，撞击时可能发生爆炸，在常温湿度饱和的空气中，其水分含量只有0.05％。但 TNT 易溶于甲苯、丙酮、乙醇等有机溶剂中。TNT 炸药有毒，它的爆破烟尘、蒸汽主要通过皮肤侵入人体内，还可通过呼吸道吸收，长期接触可能中毒。

TNT 主要爆炸性能如下。

爆发点：290～300℃。

撞击感度：4％～8％（锤重10kg，落高25cm，药量0.03g，表面积0.5cm²）。

摩擦感度：摩擦摆试验，10次均未爆炸。

起爆感度：最小起爆药量雷汞0.24g，氮化铅0.16g，二硝基重氮酚0.163g。

作功能力：285～330mL。

猛度：16～17mm（密度1g/cm³ 时）。

爆速：4700m/s（密度1g/cm³ 的粉状 TNT）。

比容：740L/kg。

爆热：992×4.1868kJ/kg。

爆温：2870℃。

2）黑索金。黑索金（RDX）是一种单质猛炸药，分子式为$C_3H_6N_6O_6$，相对分子量为222.12，外观为白色斜方结晶，有一定毒性，是由浓硝酸与乌洛托品进行硝解反应制得的产品。在民用爆炸物品行业称为工业黑索金，主要用作起爆制品（如起爆具、导爆索药芯、工业雷管的二次装药、震源药柱的组分），黑索金的基本特性见表2-13。

表2-13　　　　　　　　　　　　　　黑索金的基本特性表

| 名　　称 | | 特性及参数 |
|---|---|---|
| 理化性质 | 溶解性 | 不吸湿，室温下不挥发，不溶于水及四氯化碳等，微溶于乙醇、乙醚、苯、甲苯、氯仿、二硫化碳和乙酸乙酯等，易溶于丙酮、二甲基甲酰胺、环己酮、环戊酮及溶硫酸 |
| | 熔点/℃ | 204（≥200） |
| | 分解温度/℃ | 180（密闭） |
| | 燃烧热/（kJ/mol） | 2142.4 |
| | 氧平衡/% | −21.61 |
| | 密度/（g/cm³） | 1.816 |
| | 堆积密度/（g/cm³） | 0.7～0.9 |
| | 饱和蒸气压（82℃）/kPa | 0.01 |
| 燃烧爆炸特性 | 危险特性 | 受热，接触明火、高热或受到摩擦振动、撞击时可发生爆炸，日光对黑索金无影响，但与重金属的氧化物混合形成不稳定的化合物 |
| | 燃烧性 | 可燃 |
| | 火灾危险分级 | 爆炸品 |
| | 稳定性 | 稳定 |
| | 爆热/（kJ/kg） | 5145～6322 |
| | 爆速/（m/s） | 5980～8741 |
| | 爆力/mL | 480 |
| | 撞击感度/% | 80 |
| | 燃烧分解产物 | 一氧化碳、二氧化碳、氮氧化物 |
| | 聚合危害 | 无 |
| | 爆温/K | 4150 |
| | 猛度/mm | 24.9 |
| | 爆燃点（5s延滞期）/℃ | 230 |
| | 摩擦感度/% | 76 |
| | 安定性 | 黑索金的安定性很好，在常温下储存20年无变化 |

3）太安。太安（PETN）是一种单质猛炸药，分子式为$C_5H_8N_4O_{12}$，相对分子量为316.17，是由浓硝酸与季戊四醇进行酯化反应生成季戊四醇四硝酸酯，再经丙酮重结晶后制得的产品。在民爆行业用作雷管装药和导爆索芯药等，太安的基本特性见表2-14。

表 2 - 14　　　　　　　　　太安的基本特性表

| 名　称 | | 特性及参数 |
|---|---|---|
| 理化性质 | 外观与性状 | 白色结晶粉末 |
| | 主要用途 | 主要用于高效雷管炸药、导爆索的芯药；军事上用作小口径炮弹、导弹和反坦克的装药；医学上可用作扩张血管剂 |
| | 溶解性 | 不溶于水，微溶于乙醇、醚，溶于丙酮 |
| | 熔点/℃ | 138～140 |
| | 分解温度/℃ | 205～215（爆炸） |
| | 密度/(g/cm³) | 1.773 |
| | 饱和蒸气压（138.8℃）/kPa | 0.00933 |
| 燃烧爆炸特性 | 危险特性 | 受到撞击、摩擦时发生分解性爆炸；接触明火、高热或受到摩擦振动、撞击时可发生爆炸；与氧化剂能发生强烈反应，着火后会转为爆轰 |
| | 燃烧性 | 易燃 |
| | 建规火灾危险分级 | 甲 |
| | 稳定性 | 不稳定 |
| | 爆热/(kJ/kg) | 5895 |
| | 爆燃点（5s延滞期）/℃ | 202 |
| | 燃烧分解产物 | 一氧化碳、二氧化碳、氮氧化物 |
| | 禁忌物 | 强氧化剂 |
| | 聚合危害 | 无 |
| | 爆速/(m/s) | 8400 |
| | 安定性 | 安定性很好，在常温下储存20年无变化 |

### 2.2.3　混装炸药

混装炸药使用炸药原料及半成品，在爆破现场用装药机械混合制成炸药并装入炮孔或药室，这是炸药加工与爆破技术的一个重要突破。在施工现场只需存放非爆炸性原材料或半成品，无需储存炸药，显著提高了装药的安全性；采用机械装药，缩短装药时间，提高装药效率；现场配制的散装炸药装填流畅均匀，实现孔内全耦合装药，可扩大爆破孔网参数，有效减少钻孔数量；可针对围岩地质变化情况在装药过程中调整炸药组分，且可确保错孔情况下的装药质量，有利于提高爆破质量；使用散装材料可节省包装，降低运输成本。混装炸药技术安全、经济、高效、环保，适用于规模较大的工程爆破，在水利水电工程中应加快推广应用。

在现场使用的混装炸药主要有现场混装乳化炸药、混装多孔粒状铵油炸药和混装重铵油炸药。

（1）混装乳化炸药。混装乳化炸药采用配制好的乳胶基质在现场由装药车将乳胶基质与敏化剂均匀混合装入炮孔，乳胶基质与发泡剂在输药软管的端部由静态掺混后进入炮孔，在炮孔中敏化后形成具有起爆感度的乳化炸药。敏化时发泡速度对泡体大小及均匀性有影响，发泡太快则泡体大，爆轰性能差，太慢则达不到密度要求，传爆困难，一般装药 15min 后起爆，可获得较好效果。乳化炸药配方独特，可在装药现场即时敏化，且具有一定流动性，可利用装药车的"水环润滑机构"实现小直径软管内的长距离输送，临界直径小，可装入小直径炮孔，这一特点确保了实施现场装药和装药质量。

现场混装炸药使用的乳胶基质应具有安全和便于运输的性能要求：①常温下易于泵送，乳胶基质为有一定黏稠度的脂膏状物质，其黏稠度取决于油相的组成与状态，且与温度有关；②有较好的纯感，应降低其摩擦、冲击感度，确保在制造、储存、运输及使用时的安全；③敏化后具有合适的爆轰性能，可根据爆破作业条件灵活调整配比，与工程相匹配。

乳化炸药组分选择与配比。乳胶基质一般由氧化剂水溶液、乳化剂、复合油相三部分组成。乳胶基质的组分选择及合理匹配是决定其物理性能及爆炸性能的内在因素，根据现场混装车对乳胶基质的特殊要求，应分别对水相溶液组分、油相组分的选择与匹配，发泡剂、发泡促进剂的选择等进行试验，确定适合于中小直径炮孔现场混装的乳胶基质的配比。乳胶基质的配比见表 2-15。

表 2-15 乳胶基质的配比表

| 组分 | 硝酸盐 | 水 | 乳化剂 | 矿物油 | 蜡 | 添加剂 |
|---|---|---|---|---|---|---|
| 比例/% | 76~83 | 9~13 | 1.5~2.5 | 3~4 | 0.5~2 | 0.4~0.8 |

采用装药车将现场混装的乳化炸药装填于不同直径的 PVC 管中，测试其爆轰性能。现场混装乳化炸药传爆长度、爆轰等性能见表 2-16。

表 2-16 现场混装乳化炸药传爆长度、爆轰等性能表

| 名 称 | 性 能 参 数 |
|---|---|
| 传爆长度/m | ≥1.5（炸药 $\phi$25mm） |
| | ≥3（炸药 $\phi$30mm） |
| | ≥6（炸药 $\phi$40mm） |
| | ≥6（炸药 $\phi$50mm） |
| 密度/(g/cm³) | 0.95~1.25 |
| 猛度/mm | ≥16 |
| 爆速（$\phi$40~50mm）/(m/s) | 3800~4600 |

（2）混装多孔粒状铵油炸药。多孔粒状铵油炸药是由 94.5% 的多孔粒状硝铵和 5.5% 的柴油混合配成，考虑到加工过程中柴油可能有部分挥发和损失，通常掺加 6% 的柴油。柴油一般有 6 号、10 号及 20 号轻柴油，北方严寒地区可用 10 号柴油。

多孔粒状铵油炸药在现场由混装车直接混制并装孔。除现场混装车装药外，多孔粒状铵油炸药还有渗油性，采用人工混拌法和机混法等加工方法。

混装多孔粒状铵油炸药是一种使用安全、经济、爆速低的炸药。混装多孔粒状铵油炸药临界直径大于 70mm，避免直径过小导致爆速过低而影响传爆。混装多孔粒状铵油炸药技术指标见表 2-17。

表 2-17 **混装多孔粒状铵油炸药技术指标表**

| 序号 | 性能名称 | 性能指标 | 序号 | 性能名称 | 性能指标 |
|------|----------|----------|------|----------|----------|
| 1 | 密度/(g/cm³) | 0.90~0.98 | 4 | 撞击感度/% | ≤8 |
| 2 | 爆速/(m/s) | ≥2800 | 5 | 摩擦感度/% | ≤8 |
| 3 | 猛度/mm | ≥15 | 6 | 热感度 | 不燃烧、不爆炸 |

（3）混装重铵油炸药。重铵油炸药又称乳化铵油炸药，是乳胶基质与多孔粒状铵油炸药的物理掺合产品。在掺合过程中，高密度的乳胶基质填充多孔粒状硝酸铵颗粒间的空隙并涂覆于硝酸铵颗粒的表面，这样，既提高了粒状铵油炸药的相对体积威力，又改善了铵油炸药的抗水性能。乳胶基质在重铵油炸药中的比例可由 0～100% 之间变化，炸药的体积威力及抗水能力等性能也随着乳胶含量的变化而变化。重铵油炸药的相对体积威力及临界直径与乳胶含量的关系见图 2-4。

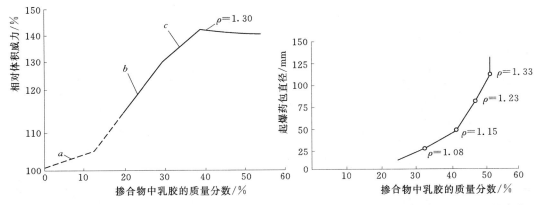

（a）重铵油炸药的体积威力与乳胶含量的关系　　　　（b）重铵油炸药的临界直径与乳胶含量的关系

图 2-4　重铵油炸药的相对体积威力及临界直径与乳胶含量的关系图
a—100%铵油炸药的体积威力；b—含 5%铝粉的铵油炸药的相对威力；
c—含 10%铝粉的铵油炸药的相对体积威力

由图 2-4 可知，随着重铵油炸药中乳胶含量的增加，炸药的临界直径逐渐增大，即炸药的起爆感度降低了。重铵油炸药的组分与性能的关系见表 2-18。

表 2-18　　　　　　　　　　　**重铵油炸药的组分与性能的关系表**

| 项　目 | 组分（质量分数）/% | | | | | | | | | | |
|--------|------|------|------|------|------|------|------|------|------|------|------|
| 乳胶基质 | 0 | 10 | 20 | 30 | 40 | 50 | 60 | 70 | 80 | 90 | 100 |
| ANFO | 100 | 90 | 80 | 70 | 60 | 50 | 40 | 30 | 20 | 10 | 0 |
| 密度/(g/cm³) | 0.85 | 1.0 | 1.10 | 1.22 | 1.31 | 1.42 | 1.37 | 1.35 | 1.32 | 1.31 | 1.30 |
| 爆速（药包直径127mm）/(m/s) | 3800 | 3800 | 3800 | 3900 | 4200 | 4500 | 4700 | 5000 | 5200 | 5500 | 5600 |
| 膨胀功/(4.1819J/g) | 908 | 897 | 886 | 876 | 862 | 846 | 824 | 804 | 784 | 768 | 752 |
| 冲击功/(4.1819J/g) | | | | | | 827 | | | | | 750 |
| 摩尔气体质量/100g | 4.38 | 4.33 | 4.28 | 4.23 | 4.14 | 4.14 | 4.09 | 4.04 | 3.99 | 3.94 | 3.90 |

| 项　　目 | 组分（质量分数）/% | | | | | | | | | | |
|---|---|---|---|---|---|---|---|---|---|---|---|
| 相对重量威力 | 100 | 99 | 98 | 96 | 95 | 93 | 91 | 89 | 86 | 85 | 83 |
| 相对体积威力 | 100 | 116 | 127 | 138 | 146 | 155 | 147 | 171 | 133 | 131 | 127 |
| 抗水性 | 无 | 同一天内可起爆 | | | 在无约束包装下，可保持<br>3d起爆 | | | | 无包装保持3d | | |
| 最小直径/mm | 100 | 100 | 100 | 100 | 100 | 100 | 100 | 100 | 100 | 100 | 100 |

重铵油炸药密度、爆热及体积威力与乳胶含量的关系见图2-5。现场混制的基本过程是先分别制备乳胶基质和铵油炸药，然后将两者按设计比例掺合，所制备的乳胶基质可泵送至储罐中存放，也可用专用罐车运至现场，还可在车上直接制备。多孔粒硝铵与柴油可按94∶6的比例在工厂等固定地点混拌，也可在混装车上混制。

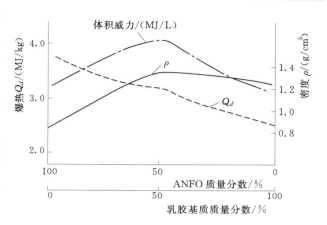

图2-5　重铵油炸药密度、爆热及体积威力与乳胶含量的关系图

### 2.2.4　混装炸药设备

爆破装药机械是使用炸药原料及半成品，在爆破现场混制成炸药并装入炮孔的一种设备，主要用于露天和地下矿山、井巷掘进及其他各种爆破工程中的炮孔或洞室装药。在露天作业中，机械装药使用装药车或混装车。在地下作业中，机械装药使用装药器和地下装药车。由于装药车或装药器的使用，装药密度增大，钻孔利用率更高。

混装炸药车实现了装药机械化，制作装药的原料在车上各个料仓分装，到达爆破现场后才进行炸药的混制及装填，提高了作业安全性，剩余的混制炸药原料可返回料仓避免浪费。混装车还可根据岩石的不同特性，配置不同威力的炸药，提高爆破效率。在地下爆破工程作业，特别是地下矿山向上的中孔、深孔爆破中，采用装药器装药，可节省人力、提高装药效率、改善爆破质量、减轻劳动强度。

目前，国内爆破工作，不论是露天作业，还是地下作业，人工装药占的比例较大，其缺点是装药密实度低、劳动强度大、效率低。要解决这个问题，机械化装药是发展方向。

（1）分类。爆破装药机械按用途，分为地下装药机械和露天装药机械。按装药车生产的炸药种类，可分为混装乳化炸药车、混装多孔粒状铵油炸药车和混装重铵油炸药车等。

露天爆破装药机械，包括现场混装乳化炸药车、现场混装多孔粒状铵油炸药车和现场混装重铵油炸药车三大类。

地下爆破装药机械，包括装药器和装药车两类。装药器又分为传统装填黏性粒状炸药（还有少数矿山装填粉状炸药）的压气装药器和新型现场混装乳化炸药装药器。装药车也分地下压气装药台车和地下现场混装乳化炸药车。压气装药器、压气装药台车的工作动力均为压缩空气。地下现场混装乳化炸药装药器、装药车则为电一液工作系统。

地面站是为现场混装车进行原材料储存、半成品加工等而设置的地面辅助配套设施，地面站有固定式地面站和移动地面站。

（2）主要特点及适用范围。

1）露天爆破装药机械。露天爆破装药机械有现场混装乳化炸药车、现场混装多孔粒状铵油炸药车和现场混装重铵油炸药车。现场混装炸药车具有安全可靠、计量准确、建筑物简单、占地面积小、炸药成本低、爆破效果好、用人少、装药效率高、改善工作环境等优点。

现场混装乳化炸药车（BCRH系列）：主要有汽车底盘、动力输出系统、液压系统、电气控制系统、燃油（油相）系统、乳化系统、水气清洗系统、干料配料系统、水暖系统、微量元素添加系统、备胎装置和软管卷筒装置组成。该车广泛适用于冶金、煤炭、化工、建材、水电、交通等工程的爆破作业，特别适合在金属矿等岩石硬度较高或炮孔内含水量较高的条件下使用。炮孔的直径宜在100mm以上。

现场混装乳化炸药车可现场混制纯乳化炸药和最大加30％干料的两种乳化炸药。水相、油相、敏化剂和配制在地面站进行，而乳胶基质的敏化、干料的混合、敏化在车上进行。炸药主要有水相（硝酸铵溶液）、油相（柴油和乳化剂的混合物）、干料（多孔粒状硝铵或铝粉）和微量元素（发泡剂）四大部分混制而成。

乳化炸药车输药效率200～280kg/min。目前有8t、12t、15t、25t共4个规格。现场混装乳化炸药车具有自动计量功能，计量误差不大于±2％

现场混装多孔粒状铵油炸药车（BCLH系列）：粒状铵油炸药现场混装车主要有汽车底盘、动力输出系统、干料箱、燃油箱、输送螺旋、电器装置等组成，主要在各行业的大型、中型露天爆破中使用，适用于大直径（一般80mm以上）干孔装药。

现场混装多孔粒状铵油炸药车工作前先在地面站装入柴油和多孔粒状硝酸铵。装药车驶到作业现场，由车载系统将多孔粒状硝酸铵与柴油按配比均匀掺混，并装入炮孔。现场混装铵油炸药工艺简单、成本低，但爆炸威力相对较低。

粒状铵油炸药现场混装车输药效率200～450kg/min，目前有4t、6t、8t、12t、15t、25t共6个规格供选择。现场混装多孔粒状铵油炸药车具有自动计量功能，计量误差不大于2％

现场混装重铵油炸药车（BCZH系列）：现场混装重铵油炸药车由汽车底盘、动力输出系统、螺旋输送系统、软管卷筒、干料箱、乳化液箱、电气控制系统、液压控制系统、燃油系统等部件组成。重铵油炸药车混制炸药的各种原料从地面站分别装入车上的各个料仓内，在爆破现场按不同比例将乳胶基质与多孔粒状铵油掺混在一起，制备成不同能量及密度的重铵油炸药，是多功能炸药现场混装车，可混制乳化炸药、多孔粒铵油炸药和重铵油炸药，兼具乳化炸药的高威力和铵油炸药的低成本优点。这种装药车水孔和干孔都适用，可满足不同爆破工程要求。

混装重铵油炸药车输药效率450kg/min，用MONO泵送药效率200～280kg/min，目前有8t、12t、15t、25t共4个规格供选择。现场混装重铵油炸药车具有自动计量功能，计量误差不大于±2％。

2）地下爆破装药机械。

压气装药器：在地下爆破工程作业，特别是地下矿山向上的中深孔爆破中，采用装药器装药，可节省人力、提高装药效率、改善爆破质量、减轻劳动强度。

压气装药台车：将压气装药器系统安装在自行式地下矿山通用底盘上的专用爆破装药作业台车，适用于无轨运输的大型地下矿山和其他地下大型洞室开挖爆破工程。

现场混装乳化炸药装药器：适用于井巷掘进、分段法采矿等空间狭窄的地下工程爆破装药作业。无自行行走底盘，须借助于其他辅助机械，实现不同爆破作业点之间的移动。

现场混装乳化炸药装药车：由现场混装乳化炸药车的上盘系统和低矮汽车或铰接式台车底盘组成，是一种正在发展兴起的地下矿山等地下工程爆破装药机械，显著技术特征是安全性好、作业效率高。

（3）地面站。

1）固定式地面站。固定式地面站是现场混装车的地面配套设施，用于原材料储存、半成品加工等。大型、中型水利水电工程、露天矿山开采等，作业面相对固定、施工期较长的爆破工程，适宜建固定式地面站。当乳胶基质在车上制作时，地面站由水相硝酸铵制备系统、油相制备系统和敏化制备系统组成；当乳胶基质在地面站制作时，在上述三个系统的基础上，再增加一套乳化装置。

2）移动式地面站。公路、铁路等工程爆破作业面分散、工期短，为装药车提供半成品及原料时，适宜设置移动式地面站。移动式地面站移动方便，能适应流动性大、环境复杂的爆破作业，经济效益显著。移动式地面站由制备车、动力车、运输车组成。制备车设有水相制备输送系统、油相输送系统、发泡剂输送系统、乳胶输送系统。动力车设有配电屏、发电机、蒸汽锅炉、地表水处理装置、污水处理装置、浴室、化验室、乳化剂储存保温室等。

（4）装药机械主要技术性能参数。

1）各种炸药车主要技术参数分别见表2-19～表2-26。

表2-19　　　　　BCRH系列露天现场混装乳化炸药车主要技术参数表

| 型号 | BCRH-15B | BCRH-15C | BCRH-15D | BCRH-15E |
|---|---|---|---|---|
| 载药量/kg | 15000 | 15000 | 15000 | 15000 |
| 装药速率/(kg/min) | 200～280 | 200～280 | 200～280 | 200～280 |
| 装填炮孔范围/mm | ≥120，下向孔 | ≥120，下向孔 | ≥120，下向孔 | ≥120，下向孔 |
| 装填炮孔深度/m | 20 | 20 | 20 | 20 |
| 工作动力 | 汽车发动机 | 汽车发动机 | 汽车发动机 | 汽车发动机 |
| 备注 | 装载油、水相热溶液 | 装载油、水相热溶液，可添加20%多孔粒状硝酸铵 | 装载热乳胶基质 | 装载热乳胶基质，可添加20%多孔粒状硝酸铵 |

表2-20　　　　　BCLH系列现场混装多孔粒状铵油炸药车主要技术参数表

| 型号 | BCLH-15 | BCLH-12 | BCLH-8 | BCLH-6 | BCLH-4 |
|---|---|---|---|---|---|
| 载药量/t | 15 | 12 | 8 | 6 | 4 |
| 装药效率/(kg/min) | 450 | 400 | 350 | 300 | 250 |
| 液体箱容积/m³ | 1.06 | 0.86 | 0.55 | 0.40 | 0.27 |
| 硝铵容积/m³ | 14.6 | 13.7 | 9.1 | 6.9 | 4.6 |
| 计量误差/% | 2 | 2 | 2 | 2 | 2 |
| 发动机功率/kW | 206 | 188 | 154 | 118 | 99 |

表 2 - 21　　　　　　　**BCZH - 15 现场混装重铵油炸药车主要技术参数表**

| 适用范围 | 多孔粒状铵油炸药 | 重铵油炸药 | 乳化炸药 |
|---|---|---|---|
| | 直径不小于 90mm 的露天下向炮孔 | 直径不小于 90mm 的露天下向炮孔 | |
| 载药量/t | 15 | | |
| 输药能力/(kg/min) | 450 | 200～450 | 200～280 |
| 计量误差/% | ≪±2 | | |

表 2 - 22　　　　　　　**BC 系列多品种炸药现场混装车主要技术参数表**

| 型号 | BC - 6 | | | BC - 15 | | |
|---|---|---|---|---|---|---|
| 适用范围 | 直径不小于 100mm 的露天下向炮孔 | | | | | |
| 原料 | 多孔粒状硝酸铵，轻柴油，乳胶体，敏化剂 | | | | | |
| 载药量 | 硝酸铵 | 乳胶体 | 敏化剂 | 硝酸铵 | 乳胶体 | 敏化剂 |
| | 2t | 4t | 50L | 8t | 13t | 200L |
| 柴油含量/% | 4.5～6（可调） | | | | | |
| 敏化剂含量/% | 0.1～0.3（可调） | | | | | |
| 输药能力/(kg/min) | 50～125、100～125、100～125 | | | 100～400、150～750、150～750 | | |
| 计量误差/% | ≪±2 | | | | | |
| 机械臂回转角度/(°) | 345 | | | 180 | | |
| 机械臂工作半径/m | 5～6 | | | 5～7.2 | | |
| 汽车底盘 | 红岩 CQ1163B461L | | | 斯泰尔 ZZ1312N4666F | | |
| 外形尺寸（长×宽×高）/(mm×mm×mm) | 8100×2500×3610 | | | 10700×2500×3720 | | |

表 2 - 23　　　　　　　**BC 系列多孔粒状铵油炸药现场混装车主要技术参数表**

| 型号 | BC - 4 | BC - 7 | BC - 12 | BC - 15 |
|---|---|---|---|---|
| 使用范围 | 直径不小于 100mm，残水深不大于 250mm 的露天下向炮孔 | | | |
| 原料 | 多孔粒状硝酸铵，轻柴油 | | | |
| 载药量/t | 4 | 7 | 12 | 15 |
| 柴油含量/% | 4.5～6 | | | |
| 输药能力/(kg/min) | ≥150 | ≥240 | ≥400 | ≥400 |
| 计量误差/% | ≪±2 | | | |
| 机械臂回转范围/(°) | 345 | | | |
| 机械臂工作半径/m | 5 | 5～7.2 | 5～7.6 | 5～8 |
| 汽车底盘 | 解放 CA1070；东风 EQ1071 | ZZ1163N4646F | ZZ1256N3846F | ZZ1317N4667W |
| 外形尺寸（长×宽×高）/(mm×mm×mm) | BC - 4 解放，7250×2500×3400；BC - 4 东风，7250×2500×3400 | 8350×2500×3620 | 9690×2500×3695 | 10700×2500×3810 |

表 2 - 24 　　　　　BCJ - 1 多品种炸药现场混装车主要技术参数表

| 型号 | BCJ - 1 | | |
|---|---|---|---|
| 适用范围 | 多孔粒状铵油炸药 | 重铵油炸药 | 乳化炸药 |
| | 直径不小于 90mm 的露天下向炮孔 | 直径不小于 90mm 的露天下向炮孔 | 直径不小于 32mm 的360°露天炮孔 |
| 装药量/t | 10～15 | | |
| 输药能力/(kg/min) | 200～600 | 200～600 | 60～100 |
| 计量误差/% | ≤±2 | | |
| 装药密度/(g/cm³) | 0.85～0.90 | 0.95～1.25 | 0.95～1.20 |
| 最大行驶速度/(km/h) | 70 | | |
| 外形尺寸（长×宽×高）/(mm×mm×mm) | 9600×2500×3600 | | |

表 2 - 25 　　　　　BCJ - 2 粒状铵油炸药现场混装车主要技术参数表

| 型号 | 载药量/t | 装药速率/(kg/min) | 适合炮孔直径/mm | 装药密度/(g/cm³) | 计量精度/% | 最大行驶速度/(km/h) | 外形尺寸（长×宽×高）/(mm×mm×mm) |
|---|---|---|---|---|---|---|---|
| BCJ - 2 | 10～15 | 200～600 | ≥90 | 0.85～0.90 | ≤±2 | 70 | 9600×2500×3600 |

表 2 - 26 　　　　　BCJ - 3 露天现场混装乳化炸药车主要技术参数表

| 型号 | 载药量/t | 装药速率/(kg/min) | 适合炮孔直径/mm | 装药密度/(g/cm³) | 装填炮孔度/m | 最大行驶速度/(km/h) | 外形尺寸（长×宽×高）/(mm×mm×mm) |
|---|---|---|---|---|---|---|---|
| BCJ - 3 | 10～15 | 80～240 | ≥80，下向孔 | 0.95～1.20 | 5～40 | 70 | 7520×2470×3600 |

2）不同系列地下现场混装炸药车、装药器的技术参数分别见表 2 - 27～表 2 - 31。

表 2 - 27 　　　BCJ - 5、BCJ - 5（M）多品种现场混装炸药车主要技术参数表

| 型号 | BCJ - 5 | BCJ - 5（M） |
|---|---|---|
| 装药量/kg | 100～200 | 100～200 |
| 装药速率/(kg/min) | 15～50 | 15～50 |
| 装填炮孔范围 | （25～70mm）×360° | （25～70mm）×360° |
| 装填炮孔深度/m | 3～40 | 3～40 |
| 成药密度/(g/cm³) | 0.95～1.20 | 0.95～1.20 |
| 行驶速度/(km/h) | 20～30 | 40～60 |
| 工作动力 | 车载电机或汽车发动机 | 汽车发动机 |
| 外形尺寸（长×宽×高）/(mm×mm×mm) | 1200×1200×1000 | 1200×1200×1000 |
| 备注 | 适于非煤地下矿山 | 适于井下煤矿 |

表 2-28　　　　　　BCJ 系列地下现场混装乳化炸药车主要技术参数表

| 型号 | BCJ-1 | BCJ-2 | BCJ-4 | BCJ-65 |
|---|---|---|---|---|
| 载药量/kg | 600～1000 | 600～2000 | 600～2000 | 650 |
| 装药速率/(kg/min) | 15～20 | 15～80 | 15～80 | 15～60 |
| 装填炮孔范围 | (25～50mm)×360° | (25～50mm)×360° | (25～90mm)×360° | (25～32mm)×240° |
| 装填炮孔深度/m | 3～40 | 3～40 | 3～40 | |
| 成药密度/(g/cm³) | 0.95～1.20 | 0.95～1.20 | 0.95～1.20 | |
| 行驶速度/(km/h) | 20～30 | 40～60 | | |
| 工作动力 | 车载电机或汽车发动机 | 汽车发动机 | 车载电机 | |
| 外形尺寸（长×宽×高）/(mm×mm×mm) | 4300×2450×2600 | 7000×2430×3500 | 8900×1850×2500 | |

表 2-29　　　　　　BQF 系列粉状铵油炸药装药器表

| 型号 | BQF-100 | BQF-50 |
|---|---|---|
| 载药量/kg | 100 | 50 |
| 药桶容积/L | 150 | 75 |
| 工作风压/MPa | 0.25～0.4 | 0.25～0.4 |
| 承受最大风压/MPa | 0.7 | 0.7 |
| 输药软管内径/mm | 25 及 32 | 25 及 32 |
| 外形尺寸（长×宽×高）/(mm×mm×mm) | 980×760×1265 | 700×700×1100 |
| 自重/kg | 85 | 66 |

注　有搅拌装药器时，主要用于地下矿山、隧道、洞室爆破。

表 2-30　　　　　　BQ 系列粒状铵油炸药装药器表

| 型号 | BQ-100 | BQ-50 |
|---|---|---|
| 载药量/kg | 100 | 50 |
| 药桶容积/L | 130 | 65 |
| 工作风压/MPa | 0.25～0.4 | 0.25～0.4 |
| 承受最大风压/MPa | 0.7 | 0.7 |
| 输药软管内径/mm | 25 及 32 | 25 及 32 |
| 外形尺寸（长×宽×高）/(mm×mm×mm) | 676×676×1350 | 750×750×1100 |
| 自重/kg | 65 | 55 |

注　无搅拌装药器时，主要用于地下矿山、隧道、洞室爆破。

表 2-31　　　　　　抬 杠 式 装 药 器 表

| 产品型号 | 载药量/kg | 工作压力/MPa | 输药管内径/mm | 适应炮孔直径/mm | 输药能力/(kg/h) | 自重/kg | 装药密度/(g/cm³) |
|---|---|---|---|---|---|---|---|
| Howda-100 | 100 | 0.3～0.4 | 25～32 | 40～70 | 600 | 85 | 0.95～1 |
| Howda-100J | 100 | 0.3～0.4 | 25～32 | 40～70 | 600 | 65 | 0.95～1 |

注　Howda-100 抬杠式为无搅拌装药器，Howda-100J 抬杠式为有搅拌装药器，适用于矿山井下大型洞室中深孔装药。

3）BYD 型移动式地面站和 BD 型固定式地面站主要技术性能参数分别见表 2-32、表 2-33。

表 2-32            BYD 型移动式地面站主要技术性能参数表

| 水相制备罐 /m³ | 水相储存罐 /m³ | 油相制备罐 /m³ | 敏化剂制备罐 /m³ | 溶化效率 /(m³/h) | 制乳装置效率 /(t/h) | 年产 /t |
|---|---|---|---|---|---|---|
| 6.5 | 9 | 2 | 0.3 | 5 | 12~18 | 4000~8000 |

表 2-33            BD 型固定式地面站主要技术性能参数表

| 水相制备 （储存）罐/m³ | 油相制备罐 /m³ | 敏化剂制备罐 /m³ | 制乳装置效率 /(t/h) | 破碎机型号 | 螺旋上料 机型号 | 除尘器型号 |
|---|---|---|---|---|---|---|
| 10、15、25、45 | 2、3、5 | 0.3、0.5 | 12~18 | 400、500、600 | 219、299 | CJ/5、CJ/7 |

注 可组合形成年产 4000~45000t 各种产能的地面站。

（5）工程实例。

1）三峡水利枢纽三期工程上游碾压混凝土围堰爆破拆除混装乳化炸药研制及应用。三峡水利枢纽工程三期上游碾压混凝土围堰平行于大坝布置，围堰轴线位于大坝轴线上游 114m，其右侧与右岸白岩尖山体相接，左侧与混凝土纵向围堰上纵堰内段相连。围堰轴线总长 546.5m；从右至左分为右岸坡段（2~5 号堰块，长 106.5m）、河床段（6~15 号堰块，长 380m）和左接头段（长 60m）。

三峡水利枢纽三期工程碾压混凝土围堰为重力式结构。堰顶宽 8m，堰顶高程 140.00m，堰体最大高度 121m。迎水面高程 70.00m 以上为垂直坡，高程 70.00m 以下为 1:0.3 的边坡；背水面高程 130.00m 以上为垂直坡，高程 130.00~50.00m 为 1:0.75 的台阶边坡，其下为平台。根据水力学模型试验成果，三峡水利枢纽三期工程上游围堰右岸 5 号堰块长 40m，河床段 6~15 号堰块长 380m，左连接段长 60m，要求拆除至高程 110.00m，其中与纵堰交界处拆除至纵堰内坡面。围堰爆破拆除总长度为 480m，总拆除工程量为 18.6 万 m³。

围堰右岸 5 号堰块采取钻孔炸碎法拆除，6~15 号堰块采用预埋药室与预埋断裂孔进行倾倒的爆破方案。施工中配置了 2 台 BCRH-15 型现场混装乳化炸药车，单台载药量 15000kg，装药效率 200~280kg/min。地面站为 BDR4.0 "混装炸药车半成品移动式地面站"，生产效率为单班生产输送半成品大于 20t，按单班制组织生产，年生产能力 4000t。考虑到此次爆破的重要性以及浸水后炸药性能将有所降低，要求的炸药性能参数为：50m 深水下浸泡 7d 后爆速大于 4500m/s、爆力大于 320mL、猛度大于 16mm，一般的炸药性能均难以达到这一要求。通过对混装乳化炸药的配方与生产工艺进行了一系列的研究和计算，在总结过去混装车生产乳化炸药经验的基础上，经过多次室内外试验，研制了具有高爆速、高威力、高抗水、便于远距离多次泵送、综合成本较低等特点的混装乳化炸药。该高威力炸药的主要性能如下：外观银灰色膏状物，有弹性；密度 1.20~1.30g/cm³；爆速 50m 深水下浸泡 7d 后为 5460m/s；猛度 18.6cm；爆力（作功能力）346mL；感度无热感度、摩擦感度与撞击感度。炸药制备与装药工艺见图 2-6。廊道内的药室及排水孔炮孔的装药，由装药车在堰顶通过约 30m 的装药管长距离输送至廊道，再经装药器二次加压后装入；其余深孔由装药车在堰顶通过装药管直接装入。卷状炸药采用人工直接送入炮孔。起爆前，堰前水位降到高程135.00m，堰后充水至高程139.00m，炸药将处于深水下浸泡，最低药室处水深达38m，浸水时间（充水至起爆）约3d，炸药将长时间在深水下浸泡。

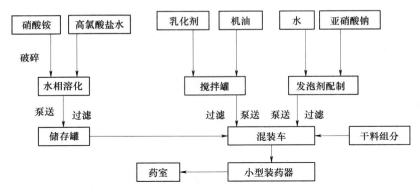

图2-6　炸药制备与装药工艺图

该工程于2006年5月28日开始装药施工，6月2日下午装药结束，装药车共装填高威力混装乳化炸药152.72t，6月6日下午起爆，爆破达到了预期目的，取得了良好效果。

2）水布垭水利枢纽工程混凝土面板堆石坝级配料开采混装乳化炸药车的应用。水布垭水利枢纽为湖北清江干流三个梯级开发的龙头水电站，混凝土面板堆石坝最大坝高233m，是目前世界同类型最高的混凝土面板堆石坝。总填筑量1564万m³，其中：主堆石料（ⅢB）776万m³，过渡料（ⅢA）64.2万m³。面板堆石坝填筑石料有严格的级配要求，主堆石料的主要级配要求为最大粒径800mm、粒径小于1mm的含量小于5%，小于5mm的含量大于4%；过渡料的主要级配要求为最大粒径300mm、粒径小于1mm的含量小于5%、小于5mm的含量大于8%。

该工程要求粒径小于5mm的含量比较高，大坝的石料开采爆破难度较大，要求在获取合格坝料的同时，还应提高爆破开采的规模和效率。为此，在级配料爆破开采过程中，充分发挥混装车装药的技术优势，于2002—2004年累计爆破540余次，最高月爆破强度超过40万m³，级配料合格率100%。

应用混装车技术开采面板堆石坝级配料主要在公山包料场与溢洪道两个部位进行，料场为茅口组厚层至巨厚层坚硬完整灰岩，其爆破技术参数见表2-34。

表2-34　　　　　水布垭水利枢纽工程混装炸药车级配料台阶爆破技术参数表

| 项　　目 | 公山包料场开采 | | 溢洪道开挖 | |
| --- | --- | --- | --- | --- |
| | 主堆石料 | 过渡料 | 主堆石料 | 过渡料 |
| 台阶高度/m | 15 | 15 | 10 | 10 |
| 钻孔直径/mm | 90~115 | 90~115 | 115 | 115 |
| 钻孔角度/(°) | 85~90 | 85~90 | 85~90 | 85~90 |
| 超深/m | 0.8~1.2 | 0.7~1.0 | 0.8~1.2 | 0.7~1.0 |
| 布孔方式 | 梅花形 | 梅花形 | 梅花形 | 梅花形 |

| 项 目 | 公山包料场开采 | | 溢洪道开挖 | |
|---|---|---|---|---|
| | 主堆石料 | 过渡料 | 主堆石料 | 过渡料 |
| 孔距/m | 4.5～5.0 | 3.0～3.5 | 4.5～5.5 | 3.2～3.8 |
| 排距/m | 2.6～3.0 | 2.0～2.3 | 2.8～3.2 | 2.0～2.5 |
| 密集系数（孔距/排距） | 1.2～1.5 | 1.4～1.7 | 1.2～1.5 | 1.4～1.7 |
| 炸药类型 | 混装乳化炸药 | 混装乳化炸药 | 混装乳化炸药 | 混装乳化炸药 |
| 装药结构 | 连续/耦合 | 连续/耦合 | 连续/耦合 | 连续/耦合 |
| 炸药单耗/(kg/m³) | 0.6 | 0.9 | 0.55 | 0.8 |
| 堵塞长度/m | 2.5～3.0 | 2.3～2.8 | 2.5～3.0 | 2.3～2.8 |
| 联网方式 | 孔间有序微差 | 孔间有序微差 | 孔间有序微差 | 孔间有序微差 |
| 单次爆破规模/m³ | 8000～20000 | 4000～8000 | 5000～15000 | 3000～5000 |

　　施工中配置了 2 台 BCRH-15 型现场混装乳化炸药车，单台载药量 15000kg，装药效率 200～280kg/min，所生产的混装乳化炸药密度为 1.15～1.25kg/m³，爆速为 4700～5200m/s。地面站为 BDR4.0 "混装炸药车半成品移动式地面站"，生产效率为单班生产输送半成品大于 20t，按单班制组织生产，年生产能力 4000t。该地面站将现场混装乳化炸药车所需半成品加工设备、加工所需动力源等各种设施，安装在两台标准汽车半拖车底盘上，形成可移动式地面站动力车与制备车，并根据需要选配具有硝酸铵原材料储存功能的箱式运输车。该项移动地面站装置为研制开发的国家定型产品，已通过技术鉴定，并获得国家专利。

　　采用混装乳化炸药车技术开采面板堆石坝级配料，相对采用常规药卷爆破有以下优点：①混装乳化炸药具有密度大、相对体积威力高的特点，采用耦合装药的方式有利于改善级配料的爆破粒径分布，提高了小于 5mm 细料的含量，尤其是过渡料的级配质量明显提高，更能满足级配料开采的质量要求；②混装炸药车比人工药卷装药方式装药效率高，体现在现场制药效率方面，现场装药效率 200～280kg/min；生产的混装乳化炸药流动性好，不存在药卷卡孔等装药问题；混装乳化炸药耐水性强、装药连续性好，水孔装药可直接将输送管插入孔底，装药效率不受水孔因素的影响，有利于级配料爆破规模化施工水平的提高，加快施工进度；③混装车的作业方式有利于提高爆破作业的安全化水平，有利于扩大爆破孔网参数，降低级配料开采成本。综上所述，采用混装乳化炸药车技术开采面板堆石坝级配料是一种值得推广的施工技术。

### 2.2.5　静态破碎剂与高能燃烧剂

　　（1）静态破碎剂。静态破碎剂又称为胀裂剂，它以特殊的硅酸盐、氧化钙为主要原料，配上其他添加剂制成的一种高膨胀性粉状颗粒状材料，加水混合和浸泡后，将破碎剂填充到破碎介质的炮孔中，随即封堵炮孔，孔中的破碎剂随着水化反应的进行，膨胀和硬化同时发生，并产生较大的膨胀压力，膨胀压力达到破坏岩石或混凝土的目的。

　　静态破碎剂的特点：① 静态破碎剂中不含有毒组分，不是危险品，运输、保管、使用均很方便；②破碎剂在进行破碎时无噪声、无振动、无粉尘、无有毒气体产生，施工安全；③破碎剂膨胀力大，能满足不同性能的结构拆除，破碎效果可控性强。

静态破碎剂施工和破碎过程中可以和其他施工配合进行，这样可提高整个工程的作业进度。在使用过程中应注意喷孔、装药时间不能太长，气温对破碎剂效果影响较大等问题。

静态破碎剂广泛应用于建筑物拆除、贵重石材切割、建筑物结构局部拆除，破碎剂不属炸药，但在爆破工程中经常使用。常用静态破碎剂型号见表2-35。

表2-35 常用静态破碎剂型号表

| 产品型号 | 使用季节 | 适用温度/℃ | 适用孔径/mm |
|---|---|---|---|
| SCA-Ⅰ | 夏季 | 20～35 | 30～50 |
| SCA-Ⅱ | 春季 | 10～25 | 30～50 |
| SCA-Ⅲ | 冬季 | 5～15 | 30～50 |
| SCA-Ⅳ | 寒季 | -5～8 | 30～50 |
| HSCA-1 | 夏季 | 25～40 | 30～50 |
| HSCA-2 | 春季 | 10～25 | 30～50 |
| HSCA-3 | 冬季 | 0～15 | 30～50 |
| JC-1-Ⅰ | 夏季 | >25 | 38～50 |
| JC-2-Ⅱ | 春季 | 10～25 | 38～50 |
| JC-3-Ⅲ | 冬季 | 0～10 | 38～50 |
| JC-4-Ⅳ | 寒冬 | <0 | 38～50 |
| 南京-Ⅰ | 夏季 | 10～25 | 38～50 |
| 南京-Ⅱ | 春季 | 5～15 | 38～50 |
| 南京-Ⅲ | 冬季寒冷期 | -5～10 | 38～50 |
| 南京-Ⅳ | 高温期 | 25～35 | 38～50 |
| JB-Ⅰ | 夏季 | >25 | 38～50 |
| JB-Ⅱ | 春季 | 10～25 | 38～50 |
| JB-Ⅲ | 冬季 | 0～10 | 38～50 |
| JB-Ⅳ | 寒冬 | <0 | 38～50 |

（2）高能燃烧剂。高能燃烧剂是由氧化剂、可燃剂和适量添加剂组成的细匀混合物。它通常在封闭的炮孔内用电阻丝通电加热点燃后，生成高温高压气体，对物体产生破碎或切割，其破碎作用介于炸药和静态破碎剂之间。几种高能燃烧剂的配方见表2-36。

表2-36 几种高能燃烧剂的配方表

| 配方 | RDX/% | TNT/% | 铅粉/% | $KClO_4$/% | $KNO_3$/% | 沥青/% |
|---|---|---|---|---|---|---|
| 1 | 10 | | 34 | 52 | | 4 |
| 2 | 15 | | 34 | 47 | | 4 |
| 3 | 18 | | 34 | 10 | 34 | 4 |
| 4 | | 20 | 34 | 42 | | 4 |
| 5 | | 30 | 28 | | 39 | 3 |

## 2.3 起爆器材

在工程爆破施工中需要传爆器材和起爆器材来实施炸药的起爆。在施工中常用的传爆和起爆器材有下列品种：雷管、导火索、导爆索、导爆管、继爆管、起爆药柱、起爆器（火雷管起爆、电雷管起爆、导爆索起爆、高能电磁感应起爆、电磁波起爆、编码程序的起爆器等），以及起爆所需的其他设备。

工程爆破中，应根据工程爆破的目的、要求、环境、规模、技术、经济效果等条件，来确定合理、实用、安全、可靠的起爆方法。工程爆破的常用的起爆方法分为七类：导火索起爆、导爆索起爆、电力起爆、非电导爆管起爆、高能电磁起爆、编码程序起爆和综合起爆等方法。

### 2.3.1 工业雷管

在工程爆破施工中常用的工业雷管有火雷管、电雷管等。电雷管又分有普通电雷管、电磁雷管、数码电子雷管。同时，在普通电雷管中又分有瞬发电雷管、秒延期电雷、毫秒延期电雷管等品种。工业雷管按起爆药性质分为：有起爆药雷管和无起爆药雷管。电磁雷管与数码电子雷管是近几年发展的新产品，也是今后工业雷管的发展方向。

工业雷管按雷管装药量多少又分为 10 个等级，号数越大，雷管内装药量越多，雷管的起爆能力越强。水利水电工程爆破施工中常用 8 号雷管，装药量为 0.8g。

（1）火雷管。在工业雷管中，火雷管是最简单的一种品种。火雷管一般由管壳、加强帽、正起爆药、副起爆药组成。火雷管的管壳材料一般采用铁、铜、铝等金属或纸、塑料制成，壳体应具备一定强度，以减小正、副起爆药在爆炸时的侧向扩散，同时提高雷管的起爆能力，管壳还可避免起爆药直接与空气接触，提高火雷管的防潮能力。火雷管上部开口，用来插接导火索，雷管底端成圆锥形或半球面聚能穴，用以提高雷管在该方向的起爆力，其结构见图 2-7。

火雷管中的正起爆药在导火索火焰作用下起爆，其主要特点是感度高，通常由雷汞、二硝基重氮酚或迭氮化铅制成。副起爆药也称为加强药，在正起爆药的爆轰作用下起爆，并进一步加强了正起爆药的爆炸威力。副起爆药一般比正起爆药感度低，但爆炸威力大，副起爆药由黑索金、特屈儿或者黑索金—TNT 炸药配制成。

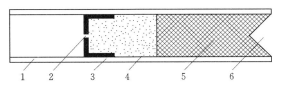

图 2-7　火雷管结构示意图
1—管壳；2—传火孔；3—加强帽；4—正起爆药；
5—副起爆药；6—聚能穴

火雷管按起爆能力分成 10 个等级，工程爆破时常用的是 8 号和 6 号火雷管。

火雷管用导火索来引爆，方法简单灵活，应用范围广，主要用于炮孔数较少的浅眼和裸露药包的爆破中。严禁在有瓦斯或矿尘容易爆炸的矿井中使用。由于火雷管安全性能差，现已和导火索一起停止生产使用。

（2）电雷管。电雷管为采用电流起爆的雷管，主要由电发火装置和一个火雷管（火管）组成，电雷管按点火起爆的时间长短分为瞬发雷管、迟发（包括秒延期和毫秒延期）电雷管，以及用于特殊场地和部位的抗杂散电流的雷管（电磁雷管、无桥丝抗杂毫秒电雷管、数码电子雷管）等。

1）瞬发电雷管。瞬发电雷管又称即发电雷管，通电后即刻发火引爆。工程中常用的是8号瞬发电雷管，其雷管装药部分与火雷管相同，不同之处在于其雷管内装有电点火装置，电点火装置由脚线、桥丝和引火药组成。脚线有铜线和铁线两种，桥丝有康铜丝和镍铬丝两种。因不同厂家及不同批号用的桥丝材质或桥丝直径不同，如果施工中采用相同的电流，可能出现一种桥丝已经烧断而另一种桥丝尚未达到点火温度的现象，所以规程规定不同厂家、不同批号的电雷管严禁在同一爆破网路中使用。根据点火方式的不同，瞬发电雷管可分为直插式和引火头式两种，瞬发电雷管结构见图2-8。

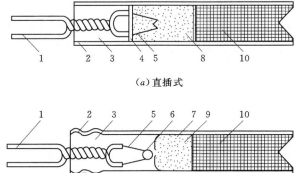

（a）直插式

（b）引火头式

图2-8 瞬发电雷管结构示意图
1—脚线；2—管壳；3—密封塞；4—纸垫；5—桥丝；6—引火头；7—加强帽；8—散装DDNP；9—正起爆药；10—副起爆药

2）秒延期电雷管。秒延期电雷管和瞬发电雷管的区别仅仅是在引火头和加强帽之间加了一段精制导火线或在延期体壳内压入延期药构成，延期时间由延期药的装药长度、药量和配比来调节。雷管在通电后引火头发火，并引起延期装置燃烧，雷管延迟一段时间后爆炸。该雷管主要用于隧洞开挖、采石场采石、土方开挖等爆破作业。秒延期电雷管结构见图2-9。

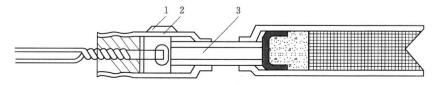

图2-9 秒延期电雷管结构示意图
1—蜡纸；2—排气孔；3—精制导火索

索式结构的延期雷管的管壳上钻有起防潮作用的排气孔，在有瓦斯和煤尘施工工作面上，禁止使用秒延期电雷管。国产秒延期电雷管段别及延期时间见表2-37。

表2-37　　　　　　　　　　　国产秒延期电雷管段别及延期时间表

| 段别 | | 1 | 2 | 3 | 4 | 5 | 6 | 7 | 8 | 9 | 10 |
|---|---|---|---|---|---|---|---|---|---|---|---|
| 延期时间/s | 规格1 | <0.1 | 1.5±0.6 | 3±0.7 | 4.5±0.8 | 6±0.9 | | | | | |
| | 规格2 | <0.1 | 2±0.4 | 4±0.6 | 6±0.8 | 8±0.9 | 10±1.0 | 12±1.1 | | | |
| | 规格3 | <0.1 | 1.0±0.5 | 2.0±0.6 | 3.1±0.7 | 4.3±0.8 | 5.6±0.9 | 7.0+1.0 | | | |
| | 规格4 | <0.1 | 0.5±0.2 | 1.0±0.2 | 1.5±0.2 | 2.0±0.2 | 2.5±0.2 | 3.0±0.2 | 3.5±0.2 | 4.0±0.2 | 4.5±0.2 |

3）毫秒延期电雷管。普通毫秒延期电雷管又称为毫秒电雷管，雷管通电后起爆的延期时间以毫秒数量级计量。它和秒延期电雷管的区别在于将延期精制导火索换成了延期药，其延期药常用磁铁（还原剂）和铅丹（氧化剂）的混合物，并适量掺入硫化锑，以调节药剂的反应速度。延期药装在延期内管中，通过改变延期药的成分、配比、药量及压实密度以控制延期时间。毫秒延期电雷管结构见图 2-10。

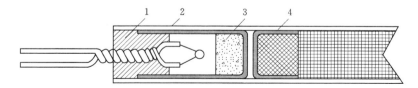

图 2-10　毫秒延期电雷管结构示意图
1—塑料塞；2—延期内管；3—延期药；4—加强帽

毫秒电雷管在使用时，生产厂家可以根据使用单位的特殊需求，对产品规格予以变动。国产高精度毫秒电雷管段别及延期时间见表 2-38。

表 2-38　　　　　　　　国产高精度毫秒电雷管段别及延期时间表　　　　　　　　　单位：ms

| 段别 | 第一系列 | | 第二系列 | | 第三系列 | | G-1系列 | | MG803-A系列 | |
|---|---|---|---|---|---|---|---|---|---|---|
| | 延期时间 | 间隔 | 延期时间 | 间隔 | 延期时间 | 间隔 | 延期时间 | 间隔 | 延期时间 | 间隔 |
| 1 | <13 | | <5 | | $5^{+10}_{-5}$ | | <13 | | <10 | |
| 2 | $25\pm10$ | 12 | $25\pm5$ | 25 | $25\pm10$ | 20 | $25\pm10$ | 25 | $25\pm7.5$ | 15 |
| 3 | $50\pm10$ | 25 | $50\pm5$ | 25 | $45\pm10$ | 20 | $50\pm10$ | 25 | $40\pm7.5$ | 15 |
| 4 | $75^{+15}_{-10}$ | 25 | $75\pm5$ | 25 | $65\pm10$ | 20 | $75\pm10$ | 25 | $55\pm7.5$ | 15 |
| 5 | $110\pm15$ | 35 | $100\pm5$ | 25 | $85\pm10$ | 20 | $100\pm10$ | 25 | $70^{+10}_{-7.5}$ | 15 |
| 6 | $150\pm15$ | 40 | $125\pm7$ | 25 | $105\pm10$ | 20 | $125\pm10$ | 25 | $90\pm10$ | 20 |
| 7 | $200^{+20}_{-25}$ | 50 | $150\pm7$ | 25 | $125\pm10$ | 20 | $150\pm10$ | 25 | $110\pm10$ | 20 |
| 8 | $250\pm25$ | 50 | $175\pm7$ | 25 | $145\pm10$ | 20 | $175\pm10$ | 25 | $130\pm10$ | 20 |
| 9 | $310\pm30$ | 60 | $200\pm7$ | 25 | $165\pm10$ | 20 | $200\pm10$ | 25 | $150\pm10$ | 20 |
| 10 | $380\pm35$ | 70 | $225\pm7$ | 25 | $185\pm10$ | 20 | $225\pm10$ | 25 | $170^{+12.5}_{-10}$ | 20 |
| 11 | $460\pm40$ | 80 | | | $205\pm10$ | 20 | $250\pm10$ | 25 | $195\pm12.5$ | 25 |
| 12 | $550\pm45$ | 90 | | | $225^{+12.5}_{-10}$ | 20 | $275\pm10$ | 25 | $220\pm12.5$ | 25 |
| 13 | $650\pm50$ | 100 | | | $250\pm12.5$ | 25 | $300\pm10$ | 25 | $245\pm12.5$ | 25 |
| 14 | $760\pm55$ | 110 | | | $275\pm12.5$ | 25 | $325\pm10$ | 25 | $270\pm12.5$ | 25 |
| 15 | $880\pm60$ | 120 | | | $300^{+12}_{-12.5}$ | 25 | $350^{+20}_{-10}$ | 25 | $295^{+17.5}_{-12.5}$ | 25 |
| 16 | $1020\pm70$ | 140 | | | $330\pm15$ | 30 | $400\pm20$ | 50 | $330\pm17.5$ | 35 |
| 17 | $1200\pm90$ | 180 | | | $360^{+17.5}_{-15}$ | 30 | $450\pm20$ | 50 | $365\pm17.5$ | 35 |
| 18 | $1400\pm100$ | 200 | | | $395\pm17.5$ | 35 | $500\pm20$ | 50 | $400\pm17.5$ | 35 |
| 19 | $1700\pm130$ | 300 | | | $430^{+20}_{-17.5}$ | 35 | $550\pm20$ | 50 | $435\pm17.5$ | 35 |
| 20 | $2000\pm150$ | 300 | | | $470\pm20$ | 40 | $600\pm20$ | 50 | $470\pm17.5$ | 35 |

| 段别 | 第一系列 | | 第二系列 | | 第三系列 | | G-1系列 | | MG803-A系列 | |
|---|---|---|---|---|---|---|---|---|---|---|
| | 延期时间 | 间隔 | 延期时间 | 间隔 | 延期时间 | 间隔 | 延期时间 | 间隔 | 延期时间 | 间隔 |
| 21 | | | | | $510\pm20$ | 40 | | | $520\pm25$ | 50 |
| 22 | | | | | $550\pm20$ | 40 | | | $570\pm25$ | 50 |
| 23 | | | | | $590\pm20$ | 40 | | | $620\pm25$ | 50 |
| 24 | | | | | $630\pm20$ | 40 | | | $670\pm25$ | 50 |
| 25 | | | | | $670\pm20$ | 40 | | | $720\pm25$ | 50 |
| 26 | | | | | $710\pm20$ | 40 | | | $770\pm25$ | 50 |
| 27 | | | | | $750^{+25}_{-20}$ | 40 | | | $820^{+30}_{-25}$ | 50 |
| 28 | | | | | $800\pm25$ | 50 | | | $880\pm30$ | 60 |
| 29 | | | | | $850\pm25$ | 50 | | | $940\pm30$ | 60 |
| 30 | | | | | $900^{+20}_{-25}$ | 50 | | | $1000\pm30$ | 60 |

目前国内已能生产高精度的毫秒雷管，使用时应以说明书标定的延时时间为准。高精度 DD-1 型毫秒延期电雷管段别及延期时间见表 2-39。

表 2-39　　　　　高精度 DD-1 型毫秒延期电雷管段别及延期时间表

| 段别 | 延期时间/ms | 段别 | 延期时间/ms | 段别 | 延期时间/ms |
|---|---|---|---|---|---|
| 1 | $<13$ | 21 | $1210\pm40$ | 41 | $4350\pm100$ |
| 2 | $50\pm25$ | 22 | $1290\pm40$ | 42 | $4550\pm100$ |
| 3 | $100\pm25$ | 23 | $1370\pm40$ | 43 | $4750\pm100$ |
| 4 | $150\pm25$ | 24 | $1450^{+50}_{-40}$ | 44 | $4950\pm100$ |
| 5 | $200\pm25$ | 25 | $1550^{+75}_{-50}$ | 45 | $5150^{+125}_{-100}$ |
| 6 | $250\pm25$ | 26 | $1700\pm75$ | 46 | $5400\pm125$ |
| 7 | $300\pm25$ | 27 | $1850\pm75$ | 47 | $5650\pm125$ |
| 8 | $350\pm25$ | 28 | $2000\pm75$ | 48 | $5900\pm125$ |
| 9 | $400\pm25$ | 29 | $2150\pm75$ | 49 | $6150\pm125$ |
| 10 | $450\pm25$ | 30 | $2300\pm75$ | 50 | $6400^{+150}_{-125}$ |
| 11 | $500\pm25$ | 31 | $2450\pm75$ | 51 | $6700\pm150$ |
| 12 | $550\pm25$ | 32 | $2600\pm75$ | 52 | $7000\pm150$ |
| 13 | $600\pm25$ | 33 | $2750^{+100}_{-75}$ | 53 | $7300^{+175}_{-150}$ |
| 14 | $650^{+40}_{-25}$ | 34 | $2950\pm100$ | 54 | $7650\pm175$ |
| 15 | $730\pm40$ | 35 | $3150\pm100$ | 55 | $8000\pm175$ |
| 16 | $810\pm40$ | 36 | $3350\pm100$ | 56 | $8350^{+200}_{-175}$ |
| 17 | $890\pm40$ | 37 | $3550\pm100$ | 57 | $8750\pm200$ |
| 18 | $970\pm40$ | 38 | $3750\pm100$ | 58 | $9150\pm200$ |
| 19 | $1050\pm40$ | 39 | $3950\pm100$ | 59 | $9550\pm200$ |
| 20 | $1130\pm40$ | 40 | $4150\pm100$ | 60 | $9950\pm200$ |

4）无桥丝抗杂毫秒电雷管。无桥丝抗杂毫秒电雷管的特点是，取消了桥丝而在引火药中加入乙炔、石墨、炭黑等导电物质，做成具有导电性的引火头。这种引火头的电阻不是固定值，它取决于导电物质的数量和导电物质颗粒的接触状态。当外加电压小于额定值时，其电阻值较大，通过电流小，不能引燃引火药；当外加电压高于额定值时，导电物质颗粒受热膨胀，接触面积增大，电阻值下降，导致点燃引火药。无桥丝抗杂毫秒电雷管结构见图2-11。

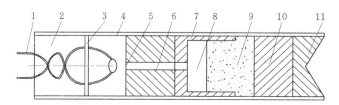

图2-11　无桥丝抗杂毫秒电雷管结构示意图
1—脚线；2—封口；3—纸垫；4—管壳；5—引火头；6—延期装置；7—加强帽；
8—点火药；9—正起爆药；10—副起爆药；11—纯化黑索金

　　无桥丝抗杂毫秒电雷管具有较好的抗杂散电流性能，可保证在5V电压作用下5min不发火。这种雷管不能用动力电源和一般起爆器起爆，要用专门设计的GM-2000型高能脉冲起爆器起爆。由于电阻值较大，不能用一般的电爆网路计算方法进行设计计算。同时，组成的电爆网路在导通时不易发现漏联等问题。

　　无桥丝抗杂电雷管延期时间见表2-40。

表2-40　　　　　　　　　　　　　无桥丝抗杂电雷管延期时间表

| 段别 | 2 | 3 | 4 | 5 | 6 |
|---|---|---|---|---|---|
| 延期时间/ms | $25\pm10$ | $50\pm10$ | $75\pm10$ | $100^{+20}_{-30}$ | $150^{+20}_{-30}$ |
| 段别 | 7 | 8 | 9 | 10 | 11 |
| 延期时间/ms | $200\pm20$ | $250\pm20$ | $310\pm25$ | $390\pm45$ | $490\pm45$ |

　　5）Exel$^R$ SDD毫秒导爆管连接延期雷管。Exel$^R$ SDD连接雷管是一种通过控制爆区地表毫秒延期时间，以实现孔与孔之间按一定顺序起爆的导爆管雷管。Exel$^R$ SDD连接雷管的独特设计使其最多可以引爆5～6根导爆管，因导爆管具有优良的理化性能可保证安全传爆。该连接雷管由一定长度的Exel$^R$ SDD导爆管和低威力延时雷管构成。导爆管的另一端被密封，其上贴有旗标，延时雷管完全被包裹在一个特定颜色的连接块内。

　　Exel$^R$系列高精度导爆管雷管为双层复合导爆管（Exel$^R$管+PE覆层），抗冲击、耐摩擦，抗拉强度高达441N，耐高、低温，在-40～80℃温度条件下保持完好的起爆性能，导爆管强度适中，不缠绕，不打结，管内涂药均匀，管壁不易击穿。同时，抗静电、杂散电流，能避免一切静电危害，其传爆速度稳定（2000m/s），用不同颜色标识。

　　Exel$^R$ SDD连接雷管的标准延期时间见表2-41。

| 延期时间/ms | 17 | 25 | 42 | 65 | 100 |
|---|---|---|---|---|---|
| 标识颜色 | 黄色 | 红色 | 白色 | 蓝色 | 黑色 |

6）Exel® LP 长延期导爆管雷管。Exel® LP 长延时雷管由一枚非电雷管、一段 Exel<sup>R</sup> LP 导爆管组成。雷管的铝制管壳底部装有高能量太安炸药，管腔内含有延期体组分。导爆管是一种高强度、耐磨性能良好的塑料管，起传递起爆信号的作用。导爆管的一端被密封在管壳内；另一端经封尾后能严密防水。连接时通过塑料 J 形钩能快速、安全的将导爆管和导爆索连接在一起。Exel® LP 长延期雷管段别及名义延期时间见表 2－42。

表 2－42　　　　　　　　Exel<sup>R</sup> LP 长延期雷管段别及名义延期时间表

| 段别 | 1 | 2 | 3 | 4 | 5 | 6 | 7 | 8 | 9 | 10 |
|---|---|---|---|---|---|---|---|---|---|---|
| 延期时间/ms | 25 | 100 | 200 | 300 | 400 | 500 | 600 | 700 | 800 | 900 |
| 段别 | 11 | 12 | 13 | 14 | 15 | 16 | 17 | 18 | 19 | 20 |
| 延期时间/ms | 1000 | 1200 | 1400 | 1600 | 1800 | 2100 | 2400 | 2700 | 3000 | 3400 |
| 段别 | 21 | 22 | 23 | 24 | 25 | | | | | |
| 延期时间/ms | 3800 | 4200 | 4600 | 5000 | 5500 | | | | | |

7）高精度导爆管雷管。国内有多家生产厂家在研制、生产高精度导爆管延期雷管，主要包括 25ms、50ms、100ms、200ms、300ms、500ms、1000ms 等多个规格的等间隔导爆管雷管。

高精度导爆管雷管为蓝色复合层导爆管，导爆管外径 3.2mm、抗拉强度不小于 20kg。抗水性能较强，将铜壳雷管放到水深 40m 中，浸泡 120h 后，起爆性能不变。铝合金壳雷管在水深 20m 中浸泡 24h 后，起爆性能不变。耐温耐油性能较好，将雷管放到 75～80℃的 0 号柴油中，让油温自然降温 72h 后，雷管起爆性能不变。将雷管浸泡在 75～80℃的－35 号柴油中，自然降温 24h 后，雷管起爆性能不变。

雷管的延期时间指标在 0～500ms 内 25ms 间隔、在 0～800ms 内 50ms 等间隔、在 0～2000ms 内 100ms 等间隔、在 0～4000ms 内 200ms 等间隔、在 0～5500ms 内 300ms 等间隔、在 0～8000ms 内 500ms 等间隔、在 0～12000ms 内 1000ms 等间隔，可根据工程需要选用。25ms 间隔导爆管延期时间见表 2－43。

表 2－43　　　　　　　　　　25ms 间隔导爆管延期时间表

| 段别 | 1 | 2 | 3 | 4 | 5 | 6 | 7 | 8 | 9 | 10 |
|---|---|---|---|---|---|---|---|---|---|---|
| 延期时间/ms | 25 | 50 | 75 | 100 | 125 | 150 | 175 | 200 | 225 | 250 |
| 段别 | 11 | 12 | 13 | 14 | 15 | 16 | 17 | 18 | 19 | 20 |
| 延期时间/ms | 275 | 300 | 325 | 350 | 375 | 400 | 425 | 450 | 475 | 500 |

8）Exel™超强型毫秒延期雷管。该雷管是由非电延期雷管和深红色的 Exel™超强型导爆管组成，导爆管由特殊的塑料材料制成，具有很强的抗油、抗磨损和抗挤压性能，导爆管的一端卡入雷管管壳中；另一端为防水封尾。根据需要，可以在导爆管尾端加装一个 J 形钩，J 形钩可快捷、安全地将导爆管和导爆索连接在一起。将 Exel™超强型毫秒延期雷管放入 35～40m 深的水中，浸泡 7d 后取出，延期时间精度基本没有变化，说明该型雷管具有很

好的防水、抗水、抗压性能。ExeI™超强型毫秒延期雷管段别及延期时间见表2-44。

表 2-44　　　　　　　　ExeI™超强型毫秒延期雷管段别及延期时间表

| 段别 | 1 | 2 | 3 | 4 | 5 | 6 | 7 | 8 | 9 | 10 | 11 |
|---|---|---|---|---|---|---|---|---|---|---|---|
| 延期时间/ms | 25 | 50 | 75 | 100 | 125 | 150 | 175 | 200 | 225 | 250 | 275 |
| 段别 | 12 | 13 | 14 | 15 | 16 | 17 | 18 | 19 | 20 | 21 | |
| 延期时间/ms | 300 | 325 | 350 | 375 | 400 | 425 | 450 | 475 | 500 | 600 | |

### 2.3.2　导爆索与塑料导爆管

（1）导爆索。导爆索是一种常用起爆器材。导爆索一端用雷管起爆，经导爆索传爆再引爆导爆索另一端的起爆药包或炸药。国内导爆索的药芯以猛炸药黑索金为主，药芯中间有4根药芯线通过，在药芯外边有3层棉线及1层纸条，最外边还有一层聚乙烯塑料防水层。根据不同用途导爆索分为下列几种。

1）普通导爆索。普通导爆索是一种以猛炸药为药芯，用来传递爆轰波的索状火工产品。按部颁标准WJ759的规定，导爆索外径5.8～6.2mm，外表用红白线缠绕或红色塑料管包裹，药芯药量为30g/m，药芯为白色的RDX或太安，其爆速达到6500～7000m/s，有一定抗水性。导爆索在爆轰过程中，产生强烈的火焰，该导爆索只能用于露天爆破和没有瓦斯或矿尘爆炸危险的地下工程爆破。

普通导爆索具有一定的防水性能和耐热性能，在1m深的水中，水的温度为10～25℃下浸泡4h后，塑料导爆索在水压为50kPa，水温为10～25℃静水中，浸泡5h，导爆索的感度和爆炸性能仍能符合要求，在（50±3）℃的条件下保温6h，其外观和传爆性能不变。

2）低能导爆索。低能导爆索的优点之一是导爆索引爆后对炮孔内炸药不会造成动态压死而失效，保证了爆破的可靠性。低能导爆索内装药量较小，一般导爆索药芯药量为6g/m、3.6g/m，现已有1.6g/m的低能导爆索。

3）高能导爆索。导爆索的药芯装药量大于30g/m，光面爆破时可代替光面爆破炸药，多用于石材开采。

普通导爆索主要技术指标见表2-45。

表 2-45　　　　　　　　普通导爆索主要技术指标表

| 名称 | | 主 要 技 术 指 标 |
|---|---|---|
| 普通导爆索 | 组成 | 以RDX或太安炸药为药芯，聚丙烯带及棉纱为包裹物，高压聚乙烯塑料为防潮层 |
| | 直径 | 外径5.8～6.2mm |
| | 爆速 | 不低于6000m/s |
| | 起爆 | 2m长的导爆索能完全起爆200gTNT药块，用8号雷管可正常起爆导爆索 |
| | 耐温 | 在（50±3）℃的气温条件下，存放6h后性能不改变 |
| | 抗水性 | 在0.5m深静水中，浸泡24h，感度和爆炸性能仍能符合要求 |
| | 抗拉性 | 导爆索受490N拉力后，仍保持原有的爆轰性能 |
| | 连接 | 连接方法用串联、并联及簇联均可，连接处与轰爆波方向夹角不大于90° |

（2）塑料导爆管。塑料导爆管是一种管壁内涂敷有混合单质炸药的塑料细管，塑料导爆

管结构见图 2-12。管壁材料采用高压聚乙烯塑料制成，外径（2.95±0.15)mm，内径（1.4±0.1)mm，具有一定抗拉强度。导爆管每米中涂药量 14～16mg，混合炸药中含奥克托金或黑索金 91％、铝粉 9％。当使用枪、工业雷管、导爆索等激发导爆管时，所激发起的冲击波在导爆管内传播，管内炸药发生化学反应，并形成一种特殊的爆轰。爆轰反应释放出的热量不断地补充并沿导爆管内传播爆轰波，使爆轰波能以一个恒定的速度传爆，由于导爆管内壁涂药量很少，形成的爆轰波能量不大，不能直接起爆工业炸药，但能引爆雷管内敏感度较强的正起爆药，从而达到起爆的目的。塑料导爆管的主要特性见表2-46。

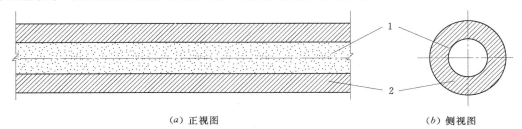

（a）正视图　　　　　　　　　（b）侧视图

图 2-12　塑料导爆管结构图

1—炸药粉末；2—塑料外壳

表 2-46　　　　　　　　　　　塑料导爆管的主要特性表

| 优　点 | 特　性　简　述 |
| --- | --- |
| 传爆性能可靠 | 一个传爆雷管（8 号纸质或金属雷管均可）能可靠地起爆数根导爆管（通过连接块或电工胶布绑扎）实现网路群起爆 |
| 使用安全可靠 | 非电起爆系统在强电场（耐 30kV 以下直流电）、或在杂散电流的场地不起爆，火焰燃烧下不能起爆，受岩石或其他重物冲击时也不会起爆 |
| 具有良好防水性能 | 导爆管具有良好的防水性能，在水深 80m 处浸泡 48h 后，仍能正常起爆 |
| 可作非危险品运输 | 非电导爆管不能直接起爆炸药和引爆导火索，所以，可以作为非危险品运输。其检查项目有外观损伤检查和传爆速度测定 |

塑料导爆管是一种安全型传爆器材，非电起爆的塑料导爆管具有安全、经济、轻便、防水性能好、易于操作等优点，在国内爆破施工中已获得广泛推广应用。非电导爆管构造要求与技术性能见表2-47。

表 2-47　　　　　　　　　　非电导爆管构造要求与技术性能表

| 项　　目 | | 构造要求与技术性能 |
| --- | --- | --- |
| 导爆管构造特点 | 导爆管材 | 采用半透明高压聚乙烯塑料制成 |
| | 外径/mm | 2.95±0.15 |
| | 内径/mm | 1.4±0.10 |
| | 管内壁涂药成分 | 内壁涂有一层很薄的高能炸药，成分为91％奥克托金，9％铝粉，外加0.25％～0.5％的工艺附加物 |
| | 涂药量 | 14～16mg/m |
| | 爆轰波 | 管壁上的薄层炸药，在受到冲击波的作用时，开始爆炸，其爆轰波能以 1950m/s 左右的稳定速度沿管芯传播下去 |
| | 传爆反应 | 导爆管传爆的声响不大，发出闪电似的一道白光。爆轰波过后，管壁无损，对管线通过地段毫无影响，导爆管铺设时不要打结和损坏 |

| 项　　目 | | 构造要求与技术性能 |
|---|---|---|
| 应具备的技术性能 | 抗电性能 | 导爆管中两端相距10cm，外加30kV静电，电容330pF，1min内导爆管不被击穿 |
| | 抗火性能 | 用火焰点燃单根或成捆的导爆管时，它只和塑料一样缓慢燃烧 |
| | 抗冲击性能 | 导爆管受一般的机械冲击不会击发，在卡斯特落锤仪上用10kg落锤从155cm高处自由落下，对导爆管进行侧向冲击，导爆管不会击发 |
| | 起爆传爆性能 | 导爆管可用火帽、雷管、导爆索、引火头等一切能产生冲击波的起爆器材击发。<br>用雷管和导爆索可从侧向击发。一个8号工业雷管可击发50根导爆管。<br>当出现下列情况时，导爆管应能正常传爆：<br>1. 导爆管在数米至数千米传爆时，中间不需要雷管接力；<br>2. 在一定距离上将导爆管拉细，或将导爆管180°对折，导爆管仍能传爆；<br>3. 把导爆管两端密封，放在水中导爆管仍能传爆；<br>4. 导爆管内发生断药时，只要断药长度不超过15cm仍能传爆；<br>5. 导爆管在气温−40～50℃温度范围内仍能正常传爆 |
| | 抗自爆性能 | 导爆管不能直接起爆炸药。用20～30m长的导爆管在外径为17mm、内径为7mm、高19mm的纯化太安炸药卷（7g重）上缠绕三道，使导爆管一端管口紧对太安药卷，导爆管正常传爆，但太安药卷不起爆 |
| | 强度指标 | 导爆管在常温下能承受静态拉力100N，在50℃高温下能承受静态拉力60N，在−40℃的低温下不变脆 |
| | 破坏性能 | 导爆管传爆时，塑料管壁无损伤，周围环境无破坏，手持导爆管击发时仅感到轻微脉动，声响很小 |

（3）继爆管。继爆管是一种专门与导爆索配合使用的有毫秒延期作用的起爆器材。导爆索与继爆管组合的爆破网路，可借助于继爆管的毫秒延期作用，实施毫秒延期爆破。

继爆管是装有毫秒延期元件的火雷管与消爆管的组合体，简单的继爆管是单向继爆，当继爆管一端的导爆索起爆后，爆炸冲击波与爆炸气体通过消爆管和大内管，使压力和温度都有所下降，但仍能可靠的点燃延期药，又不直接引爆正起爆药。通过继爆管中的延期药来引爆正、副起爆药及另一端的导爆索。这样，两根导爆索中间经过一只继爆管的作用，来达到毫秒延期爆破。

同时，继爆管又分为单向继爆管和双向继爆管两种，其结构见图2-13。单向继爆管在使用时必须区别主动端和被动端，如果首尾颠倒则不能传爆。双向继爆管中消爆管的两端都对称装有延期药和起爆药。因此，双向继爆管两个方向均能可靠传爆。

双向继爆管在使用时，无需区别主动端和被动端，方便简单。但它所消耗的元件和原料几乎比单向继爆管多1倍，但效果是一样的。当然，在导爆索双向环形起爆网路中，则一定要用双向继爆管，否则就失去双向保险起爆的作用。

根据爆破延期时间长短，继爆管可分成不同的段别，国产继爆管的各段别延期时间见表2-48。

继爆管是一种专门与导爆索配合使用的有毫秒延期作用的起爆器材，其起爆威力不低于8号雷管，在（40±2）～（−40±2）℃的温度下性能不发生明显变化。当采用浸蜡等防水措施后，也能用于水下爆破。

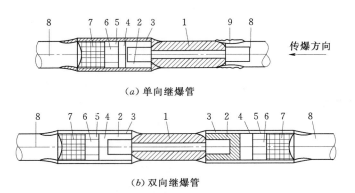

（a）单向继爆管

（b）双向继爆管

图 2-13 继爆管结构示意图

1—消爆管；2—大内管；3—外套管；4—延期药；5—加强帽；6—正起爆药 DDNP；

7—副起爆药 RDX；8—导爆索；9—连接管

表 2-48　　　　　　　　　　　国产继爆管的各段别延期时间表

| 段别 | 延期时间/ms | | 段别 | 延期时间/ms | |
| --- | --- | --- | --- | --- | --- |
| | 单向继爆管 | 双向继爆管 | | 单向继爆管 | 双向继爆管 |
| 1 | 15±6 | 10±3 | 6 | 125±10 | 60±4 |
| 2 | 30±10 | 20±3 | 7 | 155±15 | 70±4 |
| 3 | 50±10 | 30±3 | 8 | | 80±4 |
| 4 | 75±15 | 40±4 | 9 | | 90±4 |
| 5 | 100±10 | 50±4 | 10 | | 100±4 |

　　继爆管具有抵抗杂散电流和静电危险的能力，炮孔装药时可以不停电，继爆管和导爆索组成的起爆网路在矿山和其他爆破中都得到了应用。

　　（4）低能导爆索非电雷管。低能导爆索非电雷管的管体与非电导爆管雷管的管体相同，只是将传导爆轰波的点火元件换成了低能导爆索。

　　国产低能导爆索非电微差雷管产品有 15 段，其延期时间见表 2-49。

表 2-49　　　　　　　　国产低能导爆索非电微差雷管延期时间表

| 段别 | 1 | 2 | 3 | 4 | 5 | 6 | 7 | 8 |
| --- | --- | --- | --- | --- | --- | --- | --- | --- |
| 延期时间/ms | <13 | 25±10 | 50±10 | 75±10 | 100±10 | 150±20 | 200±20 | 250±20 |
| 段别 | 9 | 10 | 11 | 12 | 13 | 14 | 15 | — |
| 延期时间/ms | 315±25 | 390±40 | 490±45 | 600±50 | 720±50 | 840±50 | 990±75 | — |

### 2.3.3　数码电子雷管与电磁雷管

　　（1）数码电子雷管。数码电子雷管是近年来在起爆器材领域里最引人瞩目的新产品。它是用一个微型集成电路块取代电雷管中的化学延时与电点火元件，从而最大限度减少了因引火头能量需求所引起的起爆时间误差。其延时精度比传统雷管的延时精度要高很多，特别是在延期时间较长的情况下，有更多延期时间可供选择，具有使用安全可靠、延时时间精度高、设定灵活等特点。

数码电子雷管起爆系统由电子雷管、编码器和起爆器 3 个部分组成。电子雷管可以实现以 1ms 间隔 0～15000ms 全部编程，总延期时间小于 100ms 时的延期精度在 0.2ms 以内，总延期时间大于 100ms 时，误差小于 0.1％。

编码器的功能是注册、识别、登记和设定每个雷管的延期时间，随时对电子雷管及网路在线检测。编码器可以识别雷管与起爆网路中可能出现的任何错误，如雷管脚线短路、正常雷管和缺陷雷管的身份证号（ID 编码）、雷管与编码器正确连接与否等。编码器在一个固定的安全电压下工作，最大输出电流不足以引爆雷管，并且在设计上其本身也不会产生起爆雷管的指令，从而保证了在布置和检测雷管时不会使雷管误发火。

数码电子管于 20 世纪 80 年代开始研究，目前我国已有数家企业生产，其中，国内自主研发的隆芯-1 电子雷管，具有自主知识产权的高安全、高精度、宽延期范围、可编程的电子雷管，具有两线制双向无极性组网通信、孔内有在线编程能力，可实现宽范围、小间隔延期数据的孔内设定，起爆精确性好。雷管状态可在线检测、延期时间可在线校准、起爆网路可靠性高，雷管内置产品序列号和起爆密码，内嵌抗干扰隔离电路，使用安全、网路设计简单、操作方便。

国产隆芯-1 电子雷管见图 2-14，其技术参数如下。

图 2-14　国产隆芯-1 电子雷管

1）可编程延期范围：0～15000ms。

2）延期编程最小时间间隔：1ms。

3）延期精度：0.1％。

4）电子雷管内置生产企业代码、产品序列号、起爆密码。

5）电子雷管内嵌抗干扰隔离电路，可抗静电 15kV。

6）雷管能抗 AC220V/50Hz、DC50V 交/直流起爆。

7）隆芯-1 电子雷管有较强的防水、耐压、抗冲击振动能力。

8）雷管在 -20～+70℃ 下能正常使用。

9）可在线检测雷管状态，实现无故障可靠起爆。

10）两线制双向无极性组网通信，雷管结构尺寸（管壳）：$\phi 7.3mm \times 73mm$。

由于数码电子雷管是一种新产品，第一次使用该雷管时，应接受制造厂家技术人员的培训。在爆破施工中使用数码电子雷管时，当出现不引爆情况时，由于雷管的电容器中可能有残存电荷，施工人员需要等待 10min 以后才能进入现场处理。

（2）电磁雷管。高精度电磁毫秒雷管是一种新型的起爆器材，主要特点是抗杂散电流、安全可靠、使用方便，能防止因施工漏电引起的意外爆炸。由于电磁雷管在电气上与外界完全绝缘，雷管桥丝呈短路状态，电磁雷管起爆时由高频起爆器输出高频脉冲电流，通过电磁转换器的磁芯，使电雷管的环形脚线中产生感应电压而起爆雷管。该起爆系统是一种蓄电式仪器，这种系统由于带磁环的电雷管只接受起爆器输出的高频脉冲信号，对工频电和其他频率的交流电不发生反应，大大提高了该系统的抗外来电流的安全性，该系统无须外接电源，操作简单，安全可靠。电磁雷管网路简单方便，网路连线时只需将一根 $0.7mm^2$ 的 BV 铜芯聚氯乙烯绝缘软电线穿过电磁雷管的环状磁芯，并将连线两端与起爆母线相接，母线尾端与高频起爆器连接后，准爆条件是主线、母线电阻值之和不大于 5Ω 便可进行起爆。该雷管不需电阻配平，也不需电压、电流值计算，不需要大量的网路脚线布置与连接，简化了爆破网路施工。高性能电磁感应起爆系统还配备了 H‑Z1 型无触点检测仪，提高了该系统的可靠性。

电磁雷管由一个普通电雷管、磁环、连接件和密封胶四部分组成的，有内置式和外置式两种，其结构分别见图 2‑15、图 2‑16。

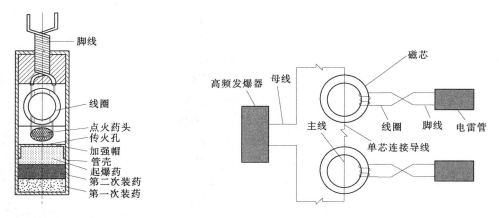

图 2‑15　普通内置电磁雷管结构图　　　图 2‑16　普通外置电磁雷管结构及起爆网路图

电磁雷管的环状磁芯、磁芯上的线圈和通过磁芯的单芯连接导线构成了一个变压器，当高频起爆器输出的高频电流通过单芯连接导线时，在磁芯内产生交变磁通，于是线圈内感应出一个同频率的电动势而使雷管起爆。

电磁雷管需要特定频率、足够大的能量才能起爆，因此电磁雷管对杂散电流、漏电、静电具有良好的保护能力，电磁雷管的抗静电、抗雷电、防射频能力高于普通雷管，也不需进行网路串联设计。

电磁雷管防水性能好。将雷管放入 30m 深的水中，浸泡 7d 后取出进行引爆，雷管全部起爆。雷管适用于有煤层的地下洞室、露天开采、水下爆破、建筑物拆除。电磁毫秒雷管各段延期时间见表 2‑50。

表 2‑50　　　　　　　　　　　　电磁毫秒雷管各段延期时间表

| 段别 | 1 | 2 | 3 | 4 | 5 |
|---|---|---|---|---|---|
| 延期时间/ms | ≤14 | 25±10 | $50^{+8}_{-5}$ | 75±15 | 100±15 |
| 段别 | 6 | 7 | 8 | 9 | 10 |
| 延期时间/ms | 150±20 | 175±25 | 200±25 | 225±25 | 250±35 |

# 3 起 爆 技 术

起爆方法可分为电力起爆法和非电起爆法两大类。电力起爆通过电力引爆电雷管起爆炸药，非电起爆包括导爆索、塑料导爆管起爆的两种方式。爆破工程施工中都是通过群药包的共同爆破作用实现破碎，将多个单药包组合起爆，向多个起爆药包传递起爆能量的系统称为起爆网路。起爆网路根据使用的起爆器材又分为电力起爆网路、导爆索起爆网路、导爆管起爆网路（后两种又称为非电起爆网路），工程爆破施工中常按要求将不同起爆网路组合成混合起爆网路。

## 3.1 电力起爆法

电力起爆的激发源常采用直流或交流电源、蓄电池、移动式发电机等，常用的起爆器为电容式充电器。电力起爆广泛应用于深孔爆破、洞室爆破、拆除爆破等工程中。电力起爆的优点为：起爆前可以用仪表检查电雷管导通状态，保证起爆网路的导通和起爆的可靠，可进行远距离起爆，大大提高了操作人员的安全性。同时，解决了群药包的准爆、齐爆问题，使起爆药包增加，有利于增大爆破规模。电力起爆的缺点是：必须有合适起爆电源，网路设计和计算较复杂，网路连接要求高，当出现雷雨天气、离发射塔与高压线较近、有较强的杂散电流时，电雷管有早爆的危险。

电力起爆的起爆电源要有一定的电压，能克服网路电阻并输出足够的电流。起爆电流必须保证起爆网路中每个电雷管能够获得足够的电流，其流经每个电雷管的电流要求见表3-1。

表3-1 保证网路准爆要求流经每个电雷管的电流要求表

| 爆破方式 | 直流电电流/A | 交流电电流/A |
|---|---|---|
| 一般爆破 | ≥2 | ≥2.5 |
| 洞室爆破 | ≥2.5 | ≥4 |

### 3.1.1 起爆原理及性能

（1）起爆原理。电雷管的起爆是由于电流通过桥丝，使其桥丝灼热而引燃引火头，进而使起爆药发火而引爆。电雷管引火药被点燃的热源是电雷管桥丝通电后所产生的热量。热量按式（3-1）进行计算：

$$E = I^2 Rt \qquad (3-1)$$

式中 $E$——桥丝通电后产生的热量，J；

$I$——电流强度，A；

$R$——桥丝电阻，$\Omega$；

$t$——通电时间，s。

在同一串联网路中，各雷管通过的电流相同，如同一串联网路中各雷管桥丝电阻差别较大，就可能出现电阻大的把引火药点燃后又引爆了雷管，而电阻小的还没有把引火药点着，于是就产生了拒爆。同时，在并联网路中如果电阻不平衡，各支路中通过的电流就不同，也会出现拒爆现象。

为了防止拒爆，用于同一电爆网路中的电雷管除了选用同厂、同批、同型号产品外，其电阻值不要相差太大，对康铜桥丝电雷管，电阻差不得超过 $0.3\Omega$；镍铬桥丝电雷管，电阻差不超过 $0.8\Omega$。各并联支路如果电阻值不等，应当配阻调平，以保证通过各支路电流相同。

（2）电雷管的主要性能参数。电雷管主要性能参数有点燃电流冲量（$U_d$）和雷管的敏感度（$1/U_d$）。点燃电流冲量越小，敏感度越高。$U_d$ 按式（3-2）进行计算：

$$U_d = I^2 t_d \tag{3-2}$$

式中　$I$——电流强度，A。

$t_d$——点燃时间，ms。

1）最低准爆电流。给单发电雷管通恒定直流电 5min，能把 20 发测试雷管全部起爆的最低电流，称为电雷管的最低准爆电流，国产电雷管的最低准爆电流不大于 0.7A。

2）最高安全电流。给单发雷管通恒定直流电 5min，20 发受试雷管均不会起爆的最高电流称为电雷管的最高安全电流。国产康铜桥丝电雷管的最高安全电流为 0.3A，镍铬桥丝电雷管的最高安全电流为 0.125A。该数据是安全规程规定杂散电流不得大于 30mA、量测电雷管仪表的输出电流不得大于 30mA 的依据。

3）引火药点燃时间 $t_d$ 和传导时间 $t_c$。点燃时间 $t_d$ 是桥丝通电到引火药点燃所需的时间；传导时间 $t_c$ 是即发电雷管从引火药点燃到电雷管爆炸所经历的时间。定义 $t_f = t_d + t_c$，$t_f$ 称为即发电雷管的爆炸反应时间。

保证成组电雷管准爆的条件是，敏感度最高的电雷管的反应时间必须大于敏感度最低的电雷管的点燃时间应符合式（3-3）要求，即

$$T_{f敏} \geqslant t_{d钝} \tag{3-3}$$

### 3.1.2　起爆电源

电力起爆常用的起爆电源有三大类，分别为直流电源、交流电源、脉冲电源（起爆器）。

（1）直流电源。当需要起爆的电雷管数量较少，施工工地缺乏固定电源且无起爆器时，可临时采用直流电源（干电池、蓄电池）作为起爆电源。干电池内阻较大，输出电流小，为满足起爆网路的需要，可将数节干电池并联，以增加输出电流并减小内电阻。蓄电池内阻很小，串联后能达到较高的电压和足够的容量。但由于电爆网路起爆后容易出现个别导线或雷管脚线短路状况，极易对蓄电池产生损害，施工中很少使用电池作为起爆电源。

常见的电池有甲、乙两种，新出厂的干电池主要性能见表 3-2。

表 3-2　　　　　　　　　　新出厂的干电池主要性能表

| 电池名称 | 电动势/V | 内电阻/Ω | 保证电流/A | 保证电压/V | 储存期限 |
| --- | --- | --- | --- | --- | --- |
| 45V 乙电池 | 45 | 10 | 2.25 | 22.5 | 半年 |
| 1.5V 甲电池 | 1.5 | 0.1 | 7.5 | 0.75 | 一年 |

（2）交流电源。一般采用 220V 照明电或 380V 的动力电作为起爆电源，交流电源（照明电、动力电、移动式发电机）适合于大量电雷管的并联、串并联爆破网路。交流电源对于起爆线路长、药包多、起爆网路复杂、准爆电流要求高的爆破是理想电源。用动力电源或照明电源起爆时，必须在安全地点设置两个双刀双掷闸刀，并安装在具有锁的起爆箱或起爆室内，闸刀分别作为电源开关和放炮开关。在设计网路时除注意电流、电压外，还应保证有足够的功率供给起爆网路。在有瓦斯或矿尘的危险隧洞中爆破时，不得使用交流动力或照明电源。

（3）脉冲电源。工地上常用的脉冲电源（起爆器）是电容式起爆器，属于直流式起爆电源，分为手摇发电机起爆器和电容式起爆器两种。

1）手摇发电机起爆器。它是由手摇交流发动机、整流器和存储电能的电容器组成，利用活动线圈切割固定磁铁的磁力线产生脉冲电流的发电机原理，由端钮输出直流电起爆电雷管，充电后在起爆前严禁取下摇柄，因取下摇柄后起爆器电压将自动下降。该起爆器的优点是不用电源、操作简单、便于携带。起爆器严禁在有瓦斯或其他易燃气体的地下洞室中使用。

2）电容式起爆器。其工作原理是将干电池或蓄电池输出的低压直流电，经晶体管振荡电路变成高压高频电，通过向电容器充电，把电荷逐渐储存于引爆电容器中，当电容器的电能储存并达到额定数值，电压也达到规定值时，起爆器上的电压表发出指示，这时接通电爆网路，合闭起爆器的开关，电容器蓄积的高压脉冲电能在很短时间内向电爆网路放电，使电雷管起爆。因其所提供的电流不大，一般只用来起爆串联网路。

电容式起爆器有 YJ（冶金）系列起爆器、煤矿用电容式起爆器和其他类型的电容式起爆器。

YJ（冶金）系列起爆器：该种起爆器机壳均采用坚固耐用的工程塑料制造，设备的防尘、防雨和绝缘性能良好，部分电容式 YJ 系列起爆器型号和主要参数见表 3-3。

表 3-3　　　　　　部分电容式 YJ 系列起爆器型号和主要参数表

| 型　　号 | | YJ-新-400 | YJ-新-600 | YJ-新-1000 | YJ-新-1500 | YJ-新-4000 | YJQL-3000 |
| --- | --- | --- | --- | --- | --- | --- | --- |
| 最高脉冲电压/V | | 2000 | 3000 | 1800 | 2700 | 3600 | 2700 |
| 允许最大负载电阻（串联）/Ω | | 1000 | 1350 | 900 | 1350 | 1800 | 1350 |
| 引爆电容器容量/μF | | 11.75 | 7.8 | 37.5 | 25 | 41.25 | 50 |
| 点燃冲量/(A²·ms) | | 23.5 | 26 | 66 | 67.5 | | 135 |
| 准爆能力/发 | 铜脚线 | 400 | 600 | 1000 | 1500 | 4000 | 3000 |
| | 铁脚线 | 200 | 300 | 500 | 759 | 2000 | 1500 |

| 型　　　号 | YJ-新-400 | YJ-新-600 | YJ-新-1000 | YJ-新-1500 | YJ-新-4000 | YJQL-3000 |
|---|---|---|---|---|---|---|
| 充电时间/s | 10 | 15 | 15～20 | 20～25 | 15～30 | 30 |
| 供电电源 | 1号干电池5节，7.5V | | | 1号高能电池9节，13.5V | | |
| 体积/(mm×mm×mm) | | 190×100×225 | 190×100×210 | | 320×180×280 | 265×140×260 |
| 起爆器质量/kg | 1.75 | 1.9 | 2.0 | 2.5 | 7.5 | 4.3 |

　　煤矿用电容式起爆器：该种起爆器主要用于存在甲烷、煤尘等爆炸性混合物的隧洞中，对起爆器的安全供电时间（为防止电雷管引爆后，电爆网路被拉断或重新搭接产生电火花引起甲烷与空气混合物爆炸而允许起爆器的最大供电时间）和引燃冲量（电雷管通电引爆时，镍铬桥丝单位电阻所获得的能量，其值等于通入电流的平方与通电时间的乘积，单位为 $A^2 \cdot ms$）有特殊要求。

　　煤矿用电容式起爆器正常工作条件为温度 $0\sim40℃$，周围空气相对湿度不大于95％（在25℃时），大气压力为 $80\sim106kPa$，储存环境温度为 $-40\sim+60℃$。煤矿用电容式起爆器的技术要求见表3-4。

表3-4　　　　　　　　　　煤矿用电容式起爆器的技术要求表

| 　　　型号<br>性能指标 | FD10 | FD25 | FD50 | FD100 | FD150 | FD200 |
|---|---|---|---|---|---|---|
| 额定引爆雷管数 | 10 | 25 | 50 | 100 | 150 | 200 |
| 额定负载电阻/Ω | 70 | 160 | 320 | 620 | 920 | 1220 |
| 充电时间/s | ≤10 | | | ≤20 | | |

　　煤矿用电容式起爆器还具备以下特性，当起爆器向电爆网路输出引爆冲量时，应通过专用工具操作，如采用机械式开关，其结构应能保证开关的手把在"充电"位置时不能取下且必须转动灵活、可靠地接触和断开，操作手把的插孔应备有防尘帽；如采用电子式开关，应在接到输出引爆冲量指令时，可靠地输出引爆能量，严禁发生意外供电现象。

　　在额定负载条件下，当电压指示装置正常工作时，起爆器的引燃冲量应不小于 $8.7A^2 \cdot ms$，且不大于 $12.0A^2 \cdot ms$。煤矿用电容式起爆器可以设有测量电爆网路状况等的附加电路，在测量时应有显示，且测量回路的电流应不大于30mA。

### 3.1.3　检测仪表

　　电爆网路敷设和连接完成后，必须用专用仪表对网路进行导通，以检测网路的敷设质量，确保网路通电后顺利起爆。用来检测电爆网路和电雷管电阻的导通仪，必须是爆破专用的爆破线路电桥和爆破欧姆表，其输出电流小于电雷管的最高安全电流。不能采用普通的电桥、欧姆表和万用表检测网路与电雷管。部分线路电桥和欧姆表的规格见表3-5。

表 3 - 5　　　　　　　　　　　　部分线路电桥和欧姆表的规格表

| 型号 | 名称 | 量程/Ω | 工作电流/mA | 误操作最大电流/mA |
|---|---|---|---|---|
| 205 | 线路电桥 | 0.2～50、20～5000 | <20 | <30 |
| ZC23 | 欧姆表 | 0～3～9 | <30 | <50 |
| SCZO - 2 | 电爆元件测试仪 | 0～1.1、0～11、0～60 | <10 | <50 |
| 70 - 4 | 爆破欧姆表 | 0～2、2～6、0～8 | <10 | <20 |
| 70 - 3 | 爆破欧姆表 | 0.2～5、0.4～10、4～8 | <8 | <15 |

## 3.1.4　电爆网路

（1）交流电源电爆网路计算。在电爆网路设计时，一般采用简单的电路连接形式，以保证各个雷管通过的电流强度相等。使用动力电源、移动式发电机、蓄电池电源做起爆电源时，常用的电爆网路连接方式有：串联、并联、串并联、并串联以及并串并联。

1）串联电爆网路见图 3 - 1（a）。将所有要起爆的电雷管的两根脚线用导线依次串联连接后再与主线、起爆电源组成一个回路，形成串联电爆网路。在串联网路中，只要有一发电雷管桥丝断路，就会造成整个网路断路。

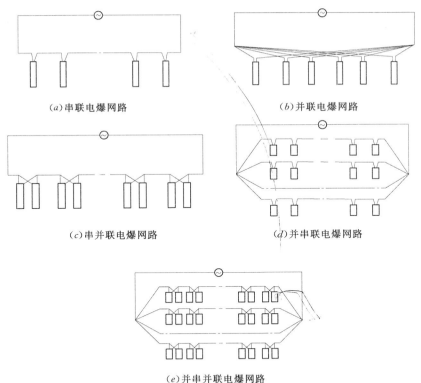

(a) 串联电爆网路　　　　　　　　(b) 并联电爆网路

(c) 串并联电爆网路　　　　　　　(d) 并串联电爆网路

(e) 并串并联电爆网路

图 3 - 1　电爆网路连接

串联网路的总电阻 $R$ 按式（3 - 4）计算：

$$R = R_1 + R_2 + mr \tag{3 - 4}$$

式中 $R$——电爆网路总电阻，Ω；

$R_1$——主线电阻，Ω；

$R_2$——端线、连接线、区域线合电阻，Ω；

$m$——串联电雷管个数；

$r$——每发雷管的电阻（不计差别），Ω。

串联网路中流经每个电雷管的电流 $i$ 按式（3-5）计算：

$$i=I=\frac{U}{r_0+R_1+R_2+mr}\qquad(3-5)$$

式中 $i$——通过每个电雷管的电流，A；

$I$——网路总电流（流经网路主线的电流），A；

$U$——起爆电源的电压，V；

$r_0$——起爆电源内阻，Ω；

其他符号意义同前。

2）并联电爆网路见图3-1（b）。将所有要起爆的电雷管的两根脚线用导线分别连接到主线上，然后与起爆电源组成回路，构成并联电爆网路。

并联网路的总电阻 $R$ 按式（3-6）计算：

$$R=R_1+\frac{R_2+r}{n}\qquad(3-6)$$

式中 $R$——每条并联支路中连接线的合电阻（不计差别），Ω；

$n$——并联电雷管个数。

并联网路中流经每个电雷管的电流 $i$ 按式（3-7）计算：

$$i=\frac{I}{n}=\frac{U}{n(r_0+R)}=\frac{U}{nr_0+nR_1+R_2+r}\qquad(3-7)$$

3）串并联电爆网路见图3-1（c）。将电雷管并联后再串接起来的网路。常用的串并联网路采用2发电雷管并联成一组后再接成串联网路。

串并联网路的总电阻 $R$ 按式（3-8）计算：

$$R=R_1+R_2+\frac{Mr}{n}\qquad(3-8)$$

式中 $n$——并联电雷管个数；

$M$——串联的并联电雷管组数；

其他符号意义同前。

串并联网路中流经每个电雷管的电流 $i$ 按式（3-9）计算：

$$i=\frac{I}{n}=\frac{I}{n(r_0+R)}=\frac{U}{nr_0+nR_1+nR_2+Mr}\qquad(3-9)$$

4）并串联电爆网路见图3-1（d）。将电雷管分成若干组，每组电雷管串联成一条支路，然后将各条支路并联起来组成网路。

并串联网路的总电阻 $R$ 按式（3-10）计算：

$$R=R_1+\frac{1}{N}(R_2+mr)\qquad(3-10)$$

式中　$R_2$——每并联支路中连接线的电阻，$\Omega$；

　　　$m$——每并联支路中串联的电雷管个数（不计差别）；

　　　$N$——并联支路数（不计差别）。

并串联网路中流经每个电雷管的电流 $i$ 按式（3-11）计算：

$$i=\frac{I}{N}=\frac{I}{N(r_0+R)}=\frac{U}{Nr_0+NR_1+R_2+Mr} \qquad (3-11)$$

5）并串并联电爆网路见图 3-1（$e$）。将上两种电爆网路结合在一起，即并串联网路中每一条支路采用串并联连接方式。并串并联网路的总电阻 $R$ 按式（3-12）计算：

$$R=R_1+\frac{1}{N}\left(R_2+\frac{Mr}{n}\right) \qquad (3-12)$$

并串并联网路中流经每个电雷管的电流 $i$ 按式（3-13）计算：

$$i=\frac{I}{Nn}=\frac{I}{Nn(r_0+R)}=\frac{U}{Nnr_0+NnR_1+nR_2+Mr} \qquad (3-13)$$

上述式中符号意义同前。

串联网路在浅孔爆破和二次破碎爆破中应用较广，并联网路由于雷管电阻占网路电阻的比例很小，很难达到可靠起爆，因此很少使用；串并联网路使用时，必须使各支路的总电阻大致相等，并保证每发雷管的电流大于设计的准爆电流，该网路在工程中应用较多；并串联网路和并串并联网路分别在深孔爆破、水下岩塞爆破、围堰拆除爆破、大爆破工程中较多应用。

（2）电容式起爆器网路计算。起爆器输出电流小，一般都用来起爆串联网路、并串网路和串并网路，起爆串并网路时要按起爆器说明书限制并联支路的个数。

母线瞬间最大电流 $I_0$ 和平均电流 $\overline{I}$ 按式（3-14）进行计算。

$$I_0=\frac{U}{R}, \quad \overline{I}=\varphi I_0 \qquad (3-14)$$

式中　$U$——起爆器放电电压，V；

　　　$R$——线路电阻，$\Omega$；

　　　$\varphi$——等效平均电流系数，值大小取决于供电时间和放炮器电容器电容 $C$ 与线路电阻 $R$ 之积 $RC$ 值。

（3）其他起爆电源网路。当施工区域无动力电源和移动发电机时，只能用干电池起爆，这时计算线路电流必须考虑干电池内阻。起爆无桥丝抗杂电雷管、低阻桥丝抗杂电雷管等特殊结构的电雷管时，不按上述计算方法计算和控制单发雷管电流值，具体方法参见雷管产品说明书。

# 3.2　导爆索起爆法

导爆索起爆法利用绑在导爆索一端的雷管起爆导爆索，用导爆索爆炸时产生的能量来引爆药包。由于导爆索本身需要通过雷管引爆，因此在爆破作业时，从装药、堵塞到连线等施工过程中炮孔内无雷管，爆破之前装上雷管用以起爆。从安全性来讲，导爆索起爆法优于其他起爆方法，而且操作简单，易于掌握，节省雷管，可防止雷电、杂散电流等影响，在爆破工程中广泛应用。

### 3.2.1 导爆索连接方法

导爆索与雷管应绑在离导爆索末端 15cm 的部位，雷管的聚能穴必须朝传播方向。导爆索传递爆轰波的能力有一定的方向性，在传播方向上爆轰波强度最大，连接起爆网路时，必须使每一支路的接头迎着传爆方向，夹角应大于 90°。导爆索与导爆索之间的连接，应采用搭接、扭结、水手结、T 形结的连接方式，搭接长度不得小于 15cm，搭接部分用胶布捆扎。几种正确的导爆索连接方法见图 3-2。

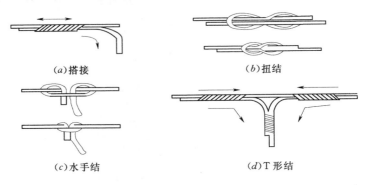

(a)搭接　　　　　　　　　　　　　(b)扭结

(c)水手结　　　　　　　　　　　　(d)T 形结

图 3-2　几种正确的导爆索连接方法图

### 3.2.2 导爆索起爆网路

导爆索起爆网路形式比较简单，只要合理安排起爆顺序即可。在敷设网路时应注意两根导爆索之间的间隔距离应大于 10cm，交叉通过时应有厚度不小于 10cm 的垫块。导爆索采用的网路形式有串联网路、并簇联网路、分段并联网路、双向分段并联网路等。

串联网路是将导爆索依次从各炮孔引出串联在一个网路上，操作简单，但是当有一个药包的导爆索发生拒爆，后面的药包都会拒爆，所以一般很少使用。导爆索起爆网路形式见表 3-6。

表 3-6　　　　　　　　　　　　　　　导爆索起爆网路形式表

| 网路名称 | 网路图示 | 网路连接及特点 |
|---|---|---|
| 并簇联网路 | 导爆索　雷管　药包 | 把从各药包引出的导爆索集中在一起，并捆绑成簇，再和主导爆索连接起来 |
| 分段并联网路 | 雷管　导爆索　药包 | 将各药名中的导爆索引出，分别与率先敷设在地面上的导爆索主线连接。主导爆索起爆后，即将爆炸作用分别传递给各药包 |

| 网路名称 | 网路图示 | 网路连接及特点 |
|---|---|---|
| 双向分段并联网路 | | 为了确保各个药包准时起爆，有时可采用双向分段并联的起爆方法（见左图），用以提高网络准爆的可靠性，这是大量爆破中常用的连接方式之一 |

## 3.3 导爆管起爆法

### 3.3.1 导爆管起爆特点

导爆管雷管起爆靠爆轰波而不是电流，导爆管网路操作简单安全，不需进行复杂的网路计算，不受静电、射频电、感应电、杂散电及有电磁场活动的环境影响，具有良好的安全性能。地下工程使用时不用停电。同时，导爆管不会因受一般机械冲击作用而发生起爆，遇火时导爆管熔融，但不会起爆，导爆管可用于有水工作面。特别是无起爆药的非电雷管的问世，从根本上改善了起爆网路的安全性。

塑料导爆管雷管的缺点是无法用仪器检测网路敷设的质量，在80℃以上高温的硫化矿、石油矿井、煤田开采中应禁止使用。

### 3.3.2 导爆管起爆方式

导爆管的网路连接方法根据不同连接件可分为簇联网路、复式接力起爆网路、复式起爆网路和导爆管闭合起爆网路等方式。

（1）簇联网路。簇联网路是由一个雷管引爆一束（不超过20根）导爆管，每一束导爆管都带有一发引爆雷管。这是导爆管起爆网路中最基本的一种连接方法（见图3-3），将炮孔内引出的导爆管分成若干束，分别把一束导爆管用胶布带绑扎在一发导爆管传爆雷管上，然后将所有导爆管传爆雷管再集束绑扎在又一级传爆雷管上，这样一级一级成几何级数方式不断传爆下去，使整个爆区全部引爆。该方法俗称"一把抓"。

（2）复式接力起爆网路。这是利用捆扎法组成的导爆管接力起爆网路，连接简单，分段较多。缺点是它为顺序式传递网路，由于网路节点多，使网路的可靠度降低，传爆线上任一节点受损，其后所有网路中的导爆管雷管就会拒爆。因此，在爆破施工中传爆线上采用复式网路，可提高爆破

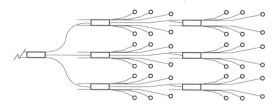

图3-3 导爆管簇连接起爆网路示意图

网路的可靠度。导爆管复式接力起爆网路见图3-4。在一些重要的工程中，多采用为导爆管交叉复式接力起爆网路（见图3-5）。

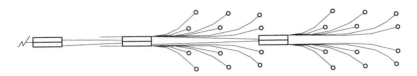

图 3-4 导爆管复式接力起爆网路示意图

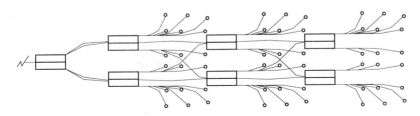

图 3-5 导爆管交叉复式接力起爆网路示意图

在设计导爆管复式接力起爆网路时，点燃阵面不能太大，也不能太小。根据目前国产延期雷管的精度及延期时间离散状况，一般采用 4 排炮孔的点燃阵面较合适，孔内和孔外导爆管雷管段别可按表 3-7 进行组合。

表 3-7　　　　　　　　　接力网路孔内、孔外导爆管雷管段别组合表

| 孔外接力导爆管雷管段别 | 2 | 3 | 4 | 5 |
|---|---|---|---|---|
| 孔内导爆管雷管段别 | 5～6 | 7～8 | 9～11 | 10～13 |

接力网路的可靠度评估。网路设计的可靠度 $R_d$ 可以用网路的准爆率来衡量。设单个导爆管的准爆率为 $P$，则其拒爆的概率为 $(1-P)$。有 $n$ 个导爆管传爆雷管组成的捆连节点其拒爆概率为 $(1-P)^n$，即当捆连雷管数为 $n$ 时，网路的准爆率按式（3-15）进行计算：

$$P_d = 1 - (1-P)^n \tag{3-15}$$

若串联网路中共有 $m$ 个节点，每个节点均由 $n$ 个雷管捆联组成，则此线路中最后一个节点的准爆率定义为该网路的准爆率，用 $P_m$ 表示，可按式（3-16）计算：

$$P_m = P_n^m = [1-(1-P)^n]^m \tag{3-16}$$

当接力网路用的是单发传爆雷管，则 $n=1$；若每个节点由 2 个导爆管雷管捆联组成，即前面提到的导爆管复式捆连接力起爆网路，则 $n=2$。这两种起爆网路在不同节点数时的准爆率 $P_m$ 可按计算式（3-16）进行计算。

（3）复式起爆网路。当爆破区较大，一次起爆药包较多时，为了提高整个网路的可靠度和准爆率，解决网路接力节点过多使可靠度降低和雷管延时起爆误差积累造成跳段的问题，可在接力各支路适当位置增加搭接导爆管，导爆管搭接起爆网路分别见图 3-6、图3-7。这两套网路可以相互独立，为使同步性好也可以互相交叉。

（4）导爆管闭合起爆网路。为保证爆破效果，进一步增强传爆可靠度，常采用导爆管闭合起爆网路，导爆管闭合起爆网路连接见图 3-8。闭合网路与导爆管接力网路不同，它的连接元件是四通传爆接头和导爆管，插接连接为主，并使整个爆区形成一个环形多通

道的起爆网路，每个雷管至少由两根不同方向的导爆管引爆。由于闭合网路是多通道连接，只要一个雷管起爆，整个爆区都能被引爆，确保网路传爆的可靠性。

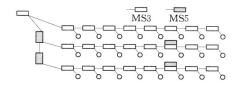
图 3-6　导爆管搭接起爆网路示意图（一）

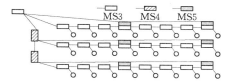
图 3-7　导爆管搭接起爆网路示意图（二）

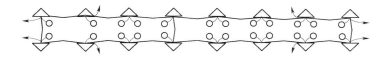
图 3-8　导爆管闭合起爆网路连接示意图

# 3.4　数码电子雷管起爆法

## 3.4.1　结构性能

数码电子雷管的延期时间由电子芯片进行控制，以取代电雷管中的延时药，其延时精度远高于传统电雷管，延时时间可灵活设置，当延期时间较长时，有更多延期时间供选择。电子雷管有一个可编程的数字化的延时芯片，一旦点火信号发出，即可独立工作。雷管内部有一个保护装置，可以高度可靠地保护雷管不被杂散电流、过载电压、静电和电磁辐射干扰。数码电子雷管特性：延期时间为 1～15000ms，以 1ms 为增量单位。数码电子雷管延时可在现场按施工要求设定，在现场对整个爆破系统实施编程，国产铱钵起爆系统可以一次起爆 4000 发雷管的爆破网路。

## 3.4.2　起爆系统

国产的电子雷管铱钵起爆系统由隆芯电子雷管、铱钵表和铱钵起爆器三部分组成。操作方法是将雷管脚线接到铱钵表上，一个铱钵表可带载 1～200 发电子雷管，铱钵起爆器与铱钵表配套使用，一个铱钵表可双线并联连接多发电子雷管，形成一个爆破网路支线，一个铱钵起爆器可组网 1～20 个铱钵表，形成具有多条爆破网路支线的电子雷管起爆系统（见图 3-9）。

数码电子雷管的初始能量来自于外部设备加载在雷管脚线上的能量，电子雷管的操作过程如下：编入延期时间、检测、充电、启动延期等，由外部设备通过加载在脚线上的指令进行控制。

国产隆芯-1电子雷管是国内具有自主知识产权的高

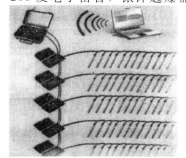
图 3-9　电子雷管起爆系统

安全、高精度、宽延期范围、可编程的电子雷管，具有孔内在线编程能力，可编程延期范围 0～15000ms；延期编程最小时间间隔为 1ms；延期精度达到 0.1‰。雷管状态可在线检测，延期时间可在线校准。系统安全性能好：在铱钵起爆器和电子雷管内设置密码，雷管在铱钵起爆器控制下密码起爆，雷管内嵌抗干扰隔离电路，可抗静电 15kV，可抗交流电 220V/50Hz，抗直流电 50V。电子雷管在铱钵起爆器的控制下，通过铱钵表可实现对隆芯-1 电子雷管的精确、安全、可靠的起爆网路。

### 3.4.3 工程实例

三峡水利枢纽三期工程碾压混凝土围堰是三期工程的重要组成部分，为一级临时建筑物，结构型式为重力式。围堰顶宽 8m，最大底宽 107m，最大堰高 115m。围堰平行于大坝布置，轴线位于大坝轴线上游 114m，围堰轴线总长 580m。拆除混凝土总量达 18.67m³，拆除长度达 480m。拆除范围为自左岸向右岸的 5～15 号堰块及与纵向围堰相接的接头段。围堰右岸 5 号堰块及与纵向围堰接头段采用钻孔炸碎法拆除，6～15 号块使用预留钻孔和药室的断裂孔切割，从右向左依次倾倒的爆破拆除方案。

（1）雷管选择。由于围堰拆除时钻孔、分段数目较多，采用常规导爆管雷管，不可避免存在由于雷管本身的延时误差累计而带来的重段、窜段现象，经研究比较，决定采用数码电子雷管。同时，为保证围堰拆除时起爆网路安全与可靠，所有炮孔和药室均采用数码雷管作为起爆雷管。数码雷管延时在 0～15000ms 内可按爆破要求设置。

（2）爆破延时规划。围堰倾倒部分分为 3 个小型药室，相邻的 1 号药室、2 号药室、3 号药室间，以及断裂孔段间时差为 68ms。切割孔分三段起爆，每排切割孔段间时差为 68ms。最大单段起爆药量 690kg。从 15 号堰块的第一个药室起爆算起，至 6 号堰块的最后一个断裂孔起爆结束，倾倒部分的爆破延期时间为 6103ms，外加钻孔爆破拆除，整个三期碾压混凝土围堰拆除的爆破延期时间为 12888ms。

（3）延期时间的设置与校核。数码雷管在进行延期时间设置前先检测数码雷管的导通与漏电情况。对照数码雷管的尾部标签，在现场用编码器对分区内的每个数码雷管进行延时的设定，现场编码分区为主编码区与辅编码区两部分，由主辅两个起爆器负责各区的起爆，每个编码器负责一个编码区。三峡水利枢纽三期工程碾压混凝土围堰拆除爆破的主编码区包括 10 个编码器，负责 1369 发雷管，辅编码区包括 9 个编码器，负责 1137 发雷管。将联网信息进行输出，核对设置的延期时间与雷管数量是否正确。

（4）爆破网路连接及测试。网路连接各药室（孔）装药时，在数码雷管脚线端部贴上标签，标明药室及钻孔的编号及对应的设计延期时间，并将数码雷管身份证号（ID 编码）进行一对一的登记造册。廊道内对应的 5 个 2 号药室范围内的数码雷管脚线集中为一束，把雷管脚线从廊道内排水孔引至堰顶，切割孔、断裂孔内的数码雷管的脚线也分别集中至堰顶，并将每 120～180 发数码雷管分为一组，用一个 LOGGER 数码雷管控制器逐一输入数码雷管位置编号和对应的延期时间。

（5）爆破效果。2006 年 6 月 6 日，碾压混凝土围堰拆除准时起爆。在 12888ms 以内完成了设计设定的爆破过程，起爆瞬间，左连接段炸碎部分的炮孔首先起爆，并激起较大的水柱，起爆后约从 3s 开始，在堰前有一道水波从 15 号堰块迅速向 6 号堰块方间推进。当布置在两堰块间的切割孔按约 0.9ms 的时间间隔依次起爆时，被切割的堰块按设计起爆顺序依次向上游方向倾倒，同时产生涌浪，围堰拆除爆破成功。

三峡水利枢纽三期工程碾压混凝土围堰拆除工程是国内首次将世界上最先进的数码雷管应用到围堰拆除爆破中。精确控制炸药的起爆时间，实现降震，减小了爆破振动有害效应，确保周围建筑物的安全，创造了围堰爆破拆除工程量大、一次起爆分段数多、起爆时间长等多项新纪录。

# 3.5 电磁雷管起爆法

## 3.5.1 结构性能

电磁雷管的雷管结构与电雷管结构基本一致，只是雷管脚线与绕在环状磁芯上的线圈相连接。电磁雷管根据线圈位置可分为内置式电磁雷管和外置式电磁雷管。由于电磁雷管在电气上与外界完全绝缘，对直流电和工频交流电而言，电磁雷管桥丝成回路状态，它只接受起爆器输出的一定频率电流，对其他频率电流不发生作用。因此，电磁雷管抗干扰能力强，220V 直流电与电磁雷管接通不能引爆雷管。

电磁雷管简化了原电雷管复杂电压、电流的计算和复杂的并—串—并网路形式。电磁雷管的爆破网路只要用一根主线：其规格为 $0.75mm^2$ 的绝缘软线穿过电磁雷管的环状磁芯，并将主线两端与母线相接，母线尾端于高频起爆器连接便可进行起爆。

在正常使用时，电磁雷管完全绝缘，起爆电流不会从爆破网路中泄漏出来。电磁雷管爆破网路阻抗低，雷管桥丝回路相互独立，脚线两端电压低，漏电阻抗一般都远大于单个雷管的桥丝阻抗，防漏电性能较普通电雷管有显著提高。

电磁雷管检测仪可检测雷管桥丝的电阻值与毫秒量，装药现场用 IT－3 型电雷管参数测量仪对雷管进行测试与检查。同时，又能在线检测雷管导通状况，确保爆破时的准确性和可爆性。

电磁雷管是一种安全、可靠的新型起爆器材，它的主要优点是安全可靠、使用方便、网路简单、能防止杂散电流引起的意外爆炸，适合使用于有煤和煤尘的隧洞、环境复杂的水工隧洞、露天开采、拆除和水下爆破工程中。

## 3.5.2 起爆系统

高频起爆器是电磁雷管起爆时的专用配套系统。电磁雷管利用高频起爆器起爆，该设备与电容式起爆器一样，只是多一组振荡器，该振荡器振动频率为 1.5 万次。用直流电流给仪器充电，电容器电压达到额定值时，指示灯亮，再拨动毫秒开关，将储存的电能与振荡器接通，接通后向母线输出高频脉冲电流，电流通过电磁转换器的磁芯，使电雷管的环形脚线中产生感应电压而引爆电磁雷管。该起爆器主要指标是两路输出的同步性和输出电流的一致性，在额定负载情况下，可以保证规定数量的串联电磁雷管全部爆炸。

电磁雷管只接受起爆器输出的一定频率电流，对其他频率电流不发生作用，抗干扰能力强，保密性好。同时，高频起爆感应起爆系统（QB－Ⅰ型）可以在水中和外电干扰较重的场合下使用，是一种很有前途的起爆系统，该系统还配备了 H－Z1 型无触点检测仪，大大提高了该系统的可靠性。

### 3.5.3 工程实例

响洪甸抽水蓄能电站发电引水隧洞进水口采用洞室与排孔相结合的水下岩塞爆破，水深30m，总爆破方量为1350m³，爆破时炸药采用MRB加强型岩石乳化炸药，经考察、测试与试验，首次在岩塞爆破中采用电磁毫秒电雷管起爆网路。

（1）网路形式。国内水下岩塞爆破工程均采用混合连接电爆网路形式，即采用复式并串并联连接形式。而采用电磁毫秒电雷管时，为全部串联起爆形式。考虑到水下岩塞爆破工程特殊性，为防止个别药包的拒爆，以及主爆破线在集渣坑充水后电阻发生变化，影响爆破效果，实施中采用重复的两套电磁雷管串联网路，两条穿磁环支路线在高频起爆器处并联，由起爆器内电子开关控制并同时引爆。

（2）药包起爆分段编排。岩塞爆破时表层2个集中药包为一段，中部集中药包和各圈排孔各为一段，共分6段，其中周边预裂孔每9个孔为一组，设一个引爆体，引爆体和每个主爆孔各设4发电磁雷管，4发分两组，每组2发，分别与集中药包起爆体中的5发电磁雷管组成雷管束，并形成正、副两路串联网路，每路网路各引爆140发电磁雷管。

（3）双路电磁雷管起爆装置——高频起爆器。岩塞爆破采用复式串联电爆网路，为保证两路雷管同时起爆，使用双路电磁雷管起爆装置——高频起爆器，该起爆器具有独立起爆两套爆破网路的电磁雷管起爆系统。由于两路输出的同步性和输出电流的一致性。可保证规定数量的串联电磁雷管全部爆炸。起爆器技术指标为：两路输出的时间差不大于$0.1\mu s$，两路输出的电流差不大于200mA，每路额定引爆雷管140发，冲能不大于$8.7A^2 \cdot ms$。

280发电磁雷管串联时，在母线和雷管桥丝与脚线的电阻各为3Ω，雷管中得到的电流总时间为11.6ms，流过雷管的平均电流有效值为1.34A，雷管得到的冲能为$20.8A^2 \cdot ms$。

（4）电磁毫秒电雷管作用时间检测。电磁毫秒电雷管是爆破系统的关键部位，在爆破施工前，对电磁雷管进行秒量检测，通过抽样测量，了解爆破时使用的电磁雷管的质量，各段雷管作用时间的离散情况及其规律性。各段电磁毫秒电雷管作用时间检测统计见表3-8。

表3-8　　　　　　　　各段电磁毫秒电雷管作用时间检测统计表　　　　　　　单位：ms

| 段号 | 标准时间 | 均值 | 均值时间距 | 波动时间范围 | 段间最小时间 | 极差值 | 标准差值 |
|---|---|---|---|---|---|---|---|
| 1 | <10 | 5.3 | | 6.4～4.9 | | 1.5 | 0.55 |
| 3 | 50±7 | 48.6 | 43.3 | 53～41 | 34.6 | 12 | 14.49 |
| 5 | 110±10 | 119.1 | 70.5 | 128～111 | 58.0 | 17 | 15.00 |
| 6 | 150±10 | 158.4 | 39.3 | 166～150 | 31.0 | 8 | 7.13 |
| 8 | 200±10 | 199.7 | 41.3 | 207～188 | 22.0 | 19 | 35.03 |
| 10 | 250±10 | 251.7 | 52.0 | 274～249 | 42.0 | 29 | 127.79 |

注　表中极差、标准差数据表明，随着段号的增加，其离散幅变相应增大，极差和标准差规律基本一致。

（5）联网起爆。岩塞爆破联网施工基本按试验操作方法进行，联网时，将两根单芯连接导线CBV铜芯聚氯乙烯绝缘软电线分别穿过两路每发雷管的环状磁芯，形成两个串联网路后，量测穿磁环后的电阻，正常无误后，将两路导线的两端并联与爆破母线相连接，并量测两线路总电阻。起爆开关处电阻分别为 $3.0\Omega$ 和 $2.3\Omega$，网路正常，符合起爆要求，联网施工结束。起爆后，水库水面产生涌浪、浓烟、火光，石渣冲出，而后出现一个个漩涡，响洪甸抽水蓄能电站进水口水下岩塞爆破一次爆通，电磁雷管在抽水蓄能电站取水口岩塞爆破中应用获得成功。

# 3.6  其他起爆方法

### 3.6.1  中继药包起爆法

中继药包又称为起爆药柱或起爆弹，在起爆没有雷管感度的炸药中（如浆状炸药、铵油炸药等）使用。起爆弹也可用于二次破碎。中继药包由猛炸药混合而成，有良好的爆轰感度和较高的爆速，性能稳定，有良好的耐水性，适应温度$-40\sim+50$℃。中继药包的性能见表 3-9。

表 3-9　　　　　　　　　　中 继 药 包 的 性 能 表

| 型　　号 | 药量/g | 直径/mm | 高度/mm | 炸药比例 | 密度/(g/cm³) | 威力（TNT当量）/% | 爆速/(m/s) |
|---|---|---|---|---|---|---|---|
| BCR－I22Q（BCR－8A） | 200 | 62 | 114 | RDX/TNT，20/80 | 1.56～1.6 | 106 | 7100 |
| BCR－I2.32Q（BCR－9A） | 230 | 53 | 131 | RDX/TNT，30/70 | 1.56～1.6 | 108 | 7100 |
| BCR－I32Q（BCR－6A） | 300 | 72 | 140 | RDX/TNT，20/80 | 1.56～1.6 | 106 | 7100 |
| BCR－51P（BCR－10） | 500① | 90 | 163 | 8701，100% | 1.69 | 153 | 8343 |
| BCR－I52Q（BCR－10A） | 500 | 90 | 180 | 8701，100% | 1.69 | 153 | 8343 |
| BCR－I54Q（BCR－2A） | 500 | 87 | 80 | RDX/TNT，50/50 | 1.62 | 120 | 7500 |
| BCR－Ⅱ52Q（BCR－4A） | 500 | 94 | 160 | RDX/TNT，100% | 1.56 | 100 | 6800 |
| BCR－I64Q（BCR－14A） | 600 | 90 | 84 | RDX/TNT，50/50 | 1.62 | 120 | 7500 |
| BCR－I82Q（BCR－5A） | 800 | 86 | 90 | 8321，100% | 1.69 | 134 | 8300 |
| BCR－I301P | 3000① | | | RDX/TNT，20/80 | 1.56～1.6 | 106 | 7100 |

①　二次破碎用聚能弹，500g 者能破 $3m^3$ 的大块石，3000g 者能破 $7m^3$ 的大块石。

### 3.6.2  电磁波起爆法

电磁波起爆法常用于实施水下遥控爆破，由振荡器、环形天线、接收线圈和起爆元件组成，电磁波起爆法原理见图 3-10。振荡器和环形天线连在一起，用浮子悬浮在爆区水面。采用 550Hz 发射机，接收线圈和起爆元件装成一体，设在炮孔口。接通振荡器后，其 550Hz 的交流电流经环形天线形成交变电磁场，接收线圈产生感应电动势，产生交流电流，历经整流器整流后变成直流电向电容器充电。当电容器充电达到额定值时，电容器停止充电，电子开关闭合，将电容器与电雷管接通，引爆雷管和炸药。

电磁波起爆装置可引爆水下 100m 处的电雷管。电磁波的缺点是接收线圈抗干扰能力差，水下存在强电场时，可能发生误爆，施工也比较复杂。

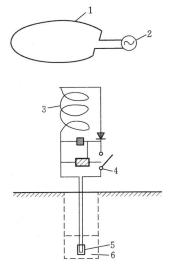

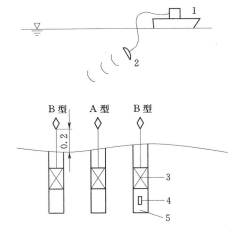

图 3-10　电磁波起爆法原理图
1—环形天线；2—振荡器；3—接收线圈；
4—电子开关；5—电雷管；6—炸药

图 3-11　水下超声波起爆装置原理图（单位：m）
1—声波发射器；2—送波器；3—起爆装置；
4—电雷管；5—药包

### 3.6.3　水下超声波起爆法

水下超声波起爆装置原理见图 3-11。将声波发射器安装在船上通过深入水中的送波器向水下发射超声波，水下炮孔的 A 型起爆元件接到超声波信号后，接通内藏电池与电雷管的桥丝，与 A 型起爆原件相连的电雷管起爆炮孔中的药包，药包起爆后在水中产生冲击波，当冲击波压力超过 10MPa 时，水下炮孔的 B 型起爆装置的受波器工作，接通与其相连的内藏电源和电雷管桥丝，引爆药包，又带动相邻的 B 型元件相连的药包起爆，直至整个水下炮孔全被引爆。

水下超声波系统可引爆水下 100m 深的炮孔，遥控距离达 1～2km，抗干扰能力强，能避免误爆，且发射装置体积小，便于携带，所以现代水下爆破倾向于超声波起爆。该系统的缺点是发射器和接收装置构造复杂，成本较高。

## 3.7　起爆网路

### 3.7.1　常规起爆网路

钻孔爆破是水利水电工程中使用最多的基本爆破方式，钻孔起爆方式应根据施工现场具体地形、地质条件、爆破规模、爆破区域的周边环境、爆破器材种类、设计要求等因素，全面综合评定爆破环境安全，选择合适的起爆网路，以获得良好的爆破破碎及堆积效果。为了改善爆破效果，减小爆破振动及其他危害影响，工程中常采用两个以上临空面的台阶爆破，对于多排炮孔分段，进行毫秒延时爆破，多排炮孔布设分为方形、矩形、梅花形（三角形）三种，多排台阶爆破可增大爆破规模，改善爆破质量，满足高强度工程开挖的要求。施工中常用的台阶爆破起爆方式有下列几种。

（1）排间顺序微差起爆。该起爆方式施工简便，爆堆较整齐均匀，由于每排炮孔作为一段雷管同时起爆，地震效应相对较大，对邻近建筑物产生一定的振动影响。排间顺序微差起爆见图 3-12。

（2）奇偶式微差起爆方式。在施工中按每排炮孔中的奇数孔和偶数孔分成两组起爆，由前排向后排逐步推进，这种孔间微差爆破方法增加了自由面，爆破时前、后起爆的岩石相互在空中撞击，使岩石块度均匀。该起爆方式为单孔单段起爆，有较好的减振效果，适用于只有 3~4 排炮孔的爆区。奇偶式微差起爆见图 3-13。

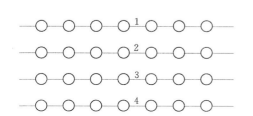

图 3-12　排间顺序微差起爆图
1~4—起爆顺序

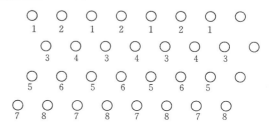

图 3-13　奇偶式微差起爆图
1~8—起爆顺序

（3）波浪式微差起爆方式。这种波浪式微差起爆方式是将相邻两排炮孔的奇数孔与偶数孔联成同段起爆，爆破顺序好似波浪。这种起爆方式前排给后排创造临空面，起爆推力较大，爆破的破碎效果好。波浪式微差起爆见图 3-14。

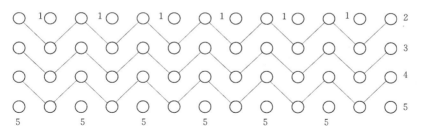

（a）小波浪式

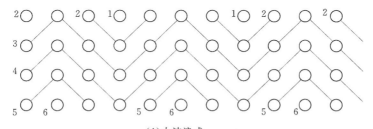

（b）大波浪式

图 3-14　波浪式微差起爆图
1~6—起爆顺序

（4）V 形微差起爆。V 形微差起爆是先从爆破区中间起爆，然后呈 V 形向两侧爆破扩延。该爆破方式爆破振动小、爆碴均匀、堆渣集中、破碎块度好。它适用于 4 排以上的爆区，也常用于沟槽开挖。V形微差起爆见图3-15。

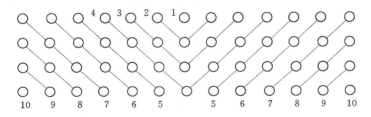

图3-15　V形微差起爆图
1～10—起爆顺序

（5）梯形微差起爆。将前排、后排同排起爆炮孔联成梯形，爆破时岩石相互碰撞挤压效果好，爆破后爆渣集中，适合于路堑开挖等。梯形微差起爆见图3-16。

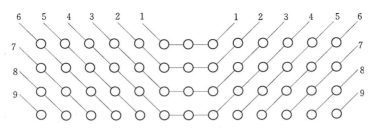

图3-16　梯形微差起爆图
1～9—起爆顺序

（6）对角线微差起爆。对角线起爆方法，将排间起爆扭转了一个方向，改变了爆破临空面方向，由于起爆方向的变化，可减小后冲方向的爆破振动，改变了爆渣抛掷堆积方向。对角线微差起爆见图3-17。

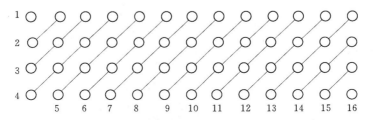

图3-17　对角线微差起爆图
1～16—起爆顺序

### 3.7.2　混合起爆网路

在工程爆破中，为了提高起爆系统的可靠性和安全性，根据起爆材料的不同特性和工程的实际情况，经常将两种以上的起爆方法结合使用，取长补短，采用混合网路，广泛应用于各种起爆可靠性要求较高的工程爆破中。

（1）电力—导爆管混合起爆网路。这种起爆网路集电雷管、导爆管的优点于一体。在大量炮孔采用导爆管网路起爆时，为了增加起爆网路的可靠性，实现微差起爆，往往采用电力—导爆管起爆网路，电力起爆可多点激发导爆管网路，实现孔外微差，当各爆区距离较大时，使用导线将各区的激发电雷管连接起来，构成串联或串并联起爆网路。

导爆管与电雷管联合引爆的复式闭合环导爆管起爆网路（见图3-18），该网路中将导爆管雷管分别用四通连成两个独立的分片回路，每个分片连成复式闭合环，平行的两环间用四通多点搭桥连接，形成导爆管复式多重闭合环网路；在闭合环网路中留下多个起爆点，采用主干线并串联电雷管起爆。这样，只要有一个起爆点、一根传爆导爆管有效爆轰，就会使整个网路可靠起爆。

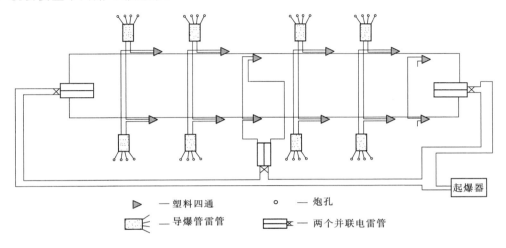

▷ —塑料四通　　　　　o —炮孔

▭ —导爆管雷管　　　▭ —两个并联电雷管

图3-18　导爆管与电雷管联合起爆网路图

（2）导爆管—导爆索混合起爆网路。由于导爆管使用方便，又有抗外来电干扰的特点，可用导爆管代替电雷管构成导爆管和导爆索混联网路。该网路广泛应用于光面爆破或预裂爆破工程中，在深孔光面爆破时要求光爆孔各药包同时起爆，常采用导爆索网路，主炮孔考虑毫秒延时采用导爆管网路，这种综合网路安全可靠。

在路堑石方开挖中，为保持边坡的稳定，主炮孔往往采用导爆管起爆网路，边坡预裂孔采用导爆索同时起爆，导爆索可用非电导爆管雷管引爆。在洞室爆破中，为保持边坡的稳定性，可结合使用深孔预裂爆破一次起爆，洞室爆破主爆孔采用非电导爆管雷管—导爆索起爆，预裂炮孔采用导爆索起爆，从而构成了导爆管—导爆索混合起爆网路。

（3）电力—导爆索起爆网路。电力—导爆索起爆网路，通常在深孔爆破或洞室爆破中需要采用光面和预裂爆破的情况下使用。在该网路中，利用导爆索能够直接起爆炸药、传爆速度高的特点，使整个药包同时可靠地起爆，而在药包外部或其他药包采用电雷管起爆。

在条形药包洞室爆破中，由于药包长度很大，往往采用不耦合装药，这时需要用导爆索沿整个药包敷设，并连接一定数量的导爆索结；而在药室外部采用电雷管网路引爆导爆索，利用导爆索传爆性能好的优点使整个药室同时起爆。同时，装药堵塞施工时由于没雷管，作业比较安全，又发挥电力起爆网路使用仪表检查等优点，从而构成安全可靠的起爆网路。

# 4 钻 孔 爆 破

## 4.1 工程地质对爆破影响

爆破工程地质，是指与爆破工程有关的地质因素的综合，它包括地形地貌、岩体结构类型，以及工程地质特征、水文地质条件、物理地质现象等。其中，地形地貌、岩体结构类型及工程地质特征，是影响爆破作用和效果的最主要因素。在爆破设计时应对爆区内地形地貌作调查，地形地貌是爆破工程最基本的边界条件，直接关系到爆破作用和效果；同时应对爆区内的岩石进行全面分析和评价，一般岩石容重越大，其坚固性也越高，单位耗药量也随之增加；岩体不是理想的均匀介质，被节理、裂隙、断层等地质结构面所切割呈现各种异性，表现出复杂的物理力学特性，对爆破作用有很大影响。

岩体结构是指在各历史时期由于各种内外动力作用在地壳上留下的地质运动的构造痕迹。与爆破有密切关系的地质构造是岩体的层理、褶皱、断层、节理、裂隙及其相互间的空间关系。岩体结构面的产状即为岩体结构面在空间的位置状态，通常用走向、倾向、倾角来表示，称为岩体产状三要素。

由于岩体结构的差异，工程中对爆破的整体效果或局部产生影响，也可引起不同的爆破危害效应，岩体结构的影响在工程爆破中应给予足够的重视。

### 4.1.1 岩石的爆破特性

衡量岩石爆破性能的主要指标是单位耗药量，通常为在水平地面条件下，爆破形成标准抛掷漏斗时，爆破单位体积岩石所需的炸药用量。岩石的坚固性与岩石容重和爆破有密切关系，一般是岩石容重越大，其坚固性也越高，岩石单位耗药量也随之增加。岩石的节理、裂隙、孔隙、断层等地质结构对爆破作用也有很大影响。

爆破施工中岩体自由面的大小及数量对爆破效果也带来较大影响，当爆破自由面越小和越少时，爆破受到的夹制作用越大，使爆破破碎效果差，炸药单耗增大。此外，爆破时炸药与岩石的耦合状态、炸药直径、堵塞质量、装药结构、爆破方式都会不同程度影响爆破效果。在爆破施工中要合理选择炸药的类型，选择炸药的波阻抗与岩石波阻抗相匹配，使其匹配系数尽可能接近1，以达到最大限度地破碎岩石、提高炸药能量利用率、改善爆破效果的目的。爆破各种岩石的单位耗药量，应考虑各种综合因素，由现场试验确定，以达到良好的工程爆破效果，有效控制爆破影响，以优质、高效、安全为准则。各类不同岩体特征及坚固系数的岩土，相应的抛掷爆破和松动爆破的单位耗药量不同（见表 4-1）。

表 4-1

**按各类岩体特征及坚固系数 $f$ 查单位耗药量**

| 岩石名称 | 岩体特征 | 坚固性系数 $f$ | 单位耗药量 $q/(\text{kg/m}^3)$ | |
|---|---|---|---|---|
| | | | 抛掷 | 松动 |
| 各种土 | 较松软 | <1 | 1~1.1 | 0.3~0.4 |
| | 坚实 | 1~2 | 1.1~1.2 | 0.4~0.5 |
| 土夹石 | 密实 | 1~4 | 1.2~1.4 | 0.4~0.6 |
| 页岩、千枚岩 | 风化 | 2~6 | 1~1.2 | 0.4~0.5 |
| | 破碎完整 | 4~6 | 1.2~1.3 | 0.5~0.6 |
| 板岩、泥灰岩 | 较破碎的面层，面层张开 | 3~5 | 1.1~1.3 | 0.4~0.6 |
| | 薄层较完整，层面闭合 | 5~8 | 1.2~1.4 | 0.5~0.7 |
| 砂岩 | 泥质胶结，中薄层、风化、破碎钙质胶结 | 4~6 | 1.1~1.2 | 0.4~0.5 |
| | 中层厚，中细粒结构，缝隙不甚发育 | 7~8 | 1.3~1.4 | 0.5~0.6 |
| | 硅质胶结，石英质砂岩，厚层，缝隙不发育 | 9~14 | 1.4~1.7 | 0.6~0.7 |
| 砾岩 | 胶结较差，以砂为主 | 5~8 | 1.2~1.4 | 0.5~0.6 |
| | 胶结较好，以砾石为 | 9~12 | 1.4~1.6 | 0.6~0.7 |
| 白云岩、大理岩 | 较破碎，裂隙频率大于 4 条/m | 5~8 | 1.2~1.4 | 0.5~0.6 |
| | 完整，原岩 | 9~12 | 1.5~1.6 | 0.6~0.7 |
| 石灰岩 | 中薄层，含泥质，裂隙较发育 | 6~8 | 1.2~1.4 | 0.5~0.6 |
| | 厚层，完整，含硅质，致密状 | 9~15 | 1.4~1.6 | 0.6~0.7 |
| 花岗岩 | 风化严重，节理裂隙发育，多组节理交割，裂隙频率大于 5 条/m | 4~6 | 1.1~1.3 | 0.4~0.6 |
| | 风化较轻，节理不甚发育，细粒结构 | 7~12 | 1.3~1.6 | 0.6~0.7 |
| | 未风化，细粒结构，致密岩体 | 12~20 | 1.6~1.8 | 0.7~0.8 |
| 流纹岩、粗面岩、蛇纹岩 | 较破碎 | 6~8 | 1.2~1.4 | 0.5~0.7 |
| | 岩石完整 | 9~12 | 1.5~1.7 | 0.7~0.8 |
| 片麻岩 | 片理或节理裂隙发育，整体性差 | 5~8 | 1.2~1.4 | 0.5~0.7 |
| | 岩石完整、坚硬、致密 | 9~14 | 1.4~1.7 | 0.6~0.8 |
| 正长岩、闪长岩 | 中等风化，裂隙较发育，整体性较差 | 8~12 | 1.3~1.5 | 0.5~0.7 |
| | 岩石风化严重，裂隙频率大于 5 条/m | 5~7 | 1.1~1.3 | 0.5~0.6 |
| | 岩石未风化，完整致密 | 12~18 | 1.6~1.8 | 0.7~0.8 |
| 石英岩 | 岩石风化破碎，裂隙频率大于 5 条/m | 5~7 | 1.1~1.3 | 0.5~0.6 |
| | 岩石中等坚硬，较完整 | 8~14 | 1.4~1.6 | 0.6~0.7 |
| | 岩石很坚硬，完整致密 | 14~20 | 1.7~2.0 | 0.7~0.8 |
| 安山岩、玄武岩 | 岩石裂隙、节理较发育 | 7~12 | 1.3~1.5 | 0.6~0.7 |
| | 岩石完整、致密 | 12~20 | 1.6~2.0 | 0.7~0.8 |
| 辉长岩、辉绿岩、橄榄岩 | 岩石裂隙、节理较发育 | 8~14 | 1.4~1.7 | 0.6~0.7 |
| | 岩石完整、致密 | 14~25 | 1.8~2.1 | 0.8~0.9 |

**注** 1. 在工程爆破实践中，除单位耗药量 $q$ 值的选取之外，还有许多参数及有关计算都应根据岩石性质和具体条件确定，经试爆验证后再确定。

2. 本表以用国产 2 号岩石铵梯炸药为准，其他炸药须经换算。

#### 4.1.2 岩性及结构对爆破的影响

（1）岩性对爆破的影响。岩石的基本性质决定了岩石的可钻性和可爆性，也影响爆破参数的选择。爆破设计中，计算参数的选取与岩性有密切关系：①炸药品种的选择；②岩石单位体积炸药耗药量的确定；③进行爆破漏斗及方量计算时的压缩圈系数、上破裂线系数、预留保护层厚度系数、药包间排距；④岩石的爆破松散系数，抛掷堆积计算的抛距系数和塌散系数；⑤爆破安全计算中的不逸出半径、地表破坏圈范围，以及爆破振动计算中的有关系数等。各种岩土爆破抛落后松散系数见表4-2。

表4-2　　　　　　　　　各种岩土爆破抛落后松散系数表

| 岩石名称 | 松散系数 | 岩石名称 | 松散系数 |
|---|---|---|---|
| 砂土、砾石 | 1.1～1.2 | 软泥岩石 | 1.3～1.37 |
| 腐殖土 | 1.2～1.3 | 黏质页岩、比较软的岩石 | 1.35～1.45 |
| 砂质黏土、大块漂石 | 1.2～1.25 | 中等硬度的岩石 | 1.4～1.6 |
| 重壤土 | 1.24～1.3 | 硬及非常硬的岩石 | 1.45～1.8 |

（2）岩体结构对爆破的影响。严重影响爆破效果和爆破设计参数的地质构造，主要是岩层层理、软弱带（面）、断层、节理、不整合面、沉积间断面、岩浆岩与围岩的接触面等，这些地质构造几乎到处存在。因此，在爆破施工时应充分摸清爆破地段内岩体构造的分布、产状等特征，认真研究它们对爆破效果的影响，并设法利用其有利条件得到理想的爆破效果。工程中遇到最多和对爆破影响较大的是岩层层理和层理裂隙，特别在石灰岩、板岩、片岩等不同种类岩石相间的岩层中尤为突出。

1）岩层走向对爆破影响。岩层走向与爆破作用方向之间的关系：爆破作用（最小抵抗线 $W$）方向与岩层走向，决定着沿纵向发展的爆破漏斗的大小、形状和破坏的扩张方向。最小抵抗线与岩层走向相交时，该侧岩体即被破坏、切断，另一侧基本上沿装药附近岩层滑出；当最小抵抗线与岩层走向平行时，药包两侧岩体将难以破坏和切断，洞室爆破时基本上沿药室洞壁或在 $1\sim2m$ 内的岩层滑出，可能形成极其狭窄的纵向槽型爆破漏斗，使药包间留下隔墙。

岩层走向对爆破效果的影响：当爆破作用方向与岩层层理垂直时，爆破方量较正常情况增加，与层理方向平行时，爆破方量减小，而岩石被抛出的距离增大。当相互斜交时，则对岩石的抛掷方向略有影响。爆破地段有效厚的覆盖层，下部基岩层理与边坡倾角相近时，爆破后漏斗内覆盖层虽大量抛出，但上边坡土石可能滑塌填满漏斗，使有效的抛掷率减少，当山坡较高，覆盖层较厚时，爆破后往往引起整个覆盖层沿基岩面滑动，使爆破破裂线向上延伸至数十米，造成大量塌方的恶果。

2）软弱层带对爆破影响。泄能作用：当软弱围岩带或软弱围岩面穿过爆源通向临空面、或者爆源到临空面间软弱带或软弱面的长度小于药包最小抵抗线 $W$ 时，炸药的能量便可能以"冲炮"或其他形式泄出，使爆破效果明显降低。

应力波的反射作用：由于软弱带内部介质的密度、弹性模量和纵波速度均比两侧岩石的值小，当爆炸波传至界面处发生反射、折射等，使软弱等迎波一侧岩石的破坏加剧。对于张开的软弱面,这种作用更为明显。

楔入作用:由于炸药爆炸后高温高压气体的膨胀,沿岩体软弱带高速侵入,使岩体沿软弱面发生楔形块裂破坏。

3)节理裂隙对爆破的影响。当岩体内有几组节理裂隙较发育,将岩体分割成"半散体"结构时,爆破后岩体基本沿原裂隙解体,爆堆大块率较高,如增加爆破药量而大块石不减少,反而容易产生飞石。通过分析结构面对爆破过程的作用,在爆破施工中选择相关爆破参数时,应充分利用结构面的有利作用,避开不利作用,才能获得满意的爆破效果。

4)结构面对爆破的影响。围岩中的爆破裂隙往往沿围岩中原有的控制性结构面而产生,其发展规模(宽度与长度)和一次起爆的药量、药包与结构面的距离、围岩的破碎程度及结构面的规模有关。当一次起爆的药量较大,围岩结构破碎疏松,结构面规模较大时,药包距结构面越近,爆破后裂隙规模越大。如果药包布置在结构面中,爆破时会沿结构面产生冲炮与泄能作用,同时,也会使爆破高温高压气体进入相交的结构面中,造成结构面扩大开裂,形成较大的爆破裂隙。也可切穿多个岩层,与地下含水层或地表水贯通,产生突水、渗漏等灾害,因此禁止将药包布置在结构面中。

(3)岩石的物理力学性质对凿岩爆破的影响。

1)硬度。岩石抵抗工具侵入的性能;岩石硬度越大,凿岩造孔速度越慢。

2)强度。岩石抵抗压缩、拉伸及剪切作用的性能。岩石一般抗压强度最大,抗拉力为抗压强度的 $1/50 \sim 1/10$,而抗剪强度约为抗压强度的 $1/12 \sim 1/8$。其中抗压强度是决定岩石等级的主要指标之一。

3)弹性、塑性。弹性为岩石受力变形,当外力除去后,恢复其原来形状和体积的性能。塑性是外力除去后,岩石不能恢复其原来形状或体积的性质。因为岩石在弹塑性变形过程中,要消耗大量的能量,对开挖爆破有不良影响。

4)韧性。岩石抵抗被外力作用分裂成碎块的性能。它取决于岩石颗粒彼此之间以及颗粒与胶结物之间的凝聚力的大小。韧性大的岩石,开挖爆破较困难,不易破碎。

5)脆性。岩石不经过显著的残余变形而破坏的性能,脆性岩石变形过程中能量损失小,容易破碎。

6)密度。岩石的密度影响爆破破坏过程、爆破冲击波在岩体内的传播速度,以及在不同密度岩层中的应力分布。

7)容重。岩石容重是决定单位耗药量 $K$ 值的主要指标之一。

## 4.1.3 岩石爆破与炸药选型

(1)炸药选型因素。在开挖岩石时要取得良好爆破效果,炸药的正确选型十分重要。根据炸药和岩石的波阻抗值匹配理论,炸药的波阻抗值($\rho_e v_e$ 为炸药密度与爆速乘积)与岩体的波阻抗值($\rho_\gamma v_\gamma$ 为岩体密度与纵波速乘积)相等时,有利于炸药爆炸波能量传入岩体内,能量利用率最大,从而最大限度地破碎岩石,使爆破效果最佳。然而实际爆破中难以实现炸药和岩石波阻抗值的完全匹配,特别在硬岩爆破中更难实现。坚硬岩石一般波速高、密度大,如秦岭隧洞的混合花岗片麻岩,岩石密度达到 $2750kg/m^3$,波速为 $5500 \sim$

6000m/s，则波阻抗值 $\rho_\gamma v_\gamma > 1.5 \times 10^7 kg/(m^2 \cdot s)$。而炸药的密度通常为1100～1300kg/$m^3$，若要使炸药爆轰波阻抗与硬岩波阻抗完全匹配，炸药爆速要达到10000m/s以上，这显然不可能。常规炸药中爆速最高的胶质炸药也只能达到7000m/s，所以在炸药选型时不能过于强调波阻抗匹配系数，而应综合考虑多方面因素。

为此，提出以下几条硬岩爆破时炸药选择原则：①遵循炸药和岩石波阻抗匹配理论，在硬岩爆破时宜选择高爆速、高密度、高威力的炸药品种；②应考虑各种炸药的性能及价格比，选择优质价廉的炸药，较高的爆速和合理价格；③在长距离隧洞中采用独头通风时，因通风困难，宜选择爆破后炮烟少，有毒有害气体含量低的炸药。

（2）炸药和岩石匹配。可以提高装药密度来提高炸药的波阻抗，尽量使炸药的波阻抗接近岩石波阻抗。同时，应充分利用应力波的作用和使爆破气体在岩石孔内作用时间延长，使爆破能量在岩石中有效、完全利用。衡量炸药和岩石的合理匹配方法是：①对于弹性模量高，泊松比小的致密坚硬岩石，选用爆速和爆压较高的炸药；②对于中等坚固性岩石，选用爆速和威力居中的炸药；由于围岩裂隙发育，围岩内部难以积蓄大量弹性能，爆破初始应力波不易起到破碎作用，这样宜选用爆压中等偏低的炸药；③对于软岩、塑性变形大的岩石，爆破应力波大部分消耗在空腔的形成，当围岩本身弹性模量低，这时宜选用爆压较低、爆热较高的铵油炸药。

# 4.2　台阶爆破

## 4.2.1　台阶爆破特点

台阶爆破（也称梯段爆破）是工作面以台阶形式推进的爆破方法。按孔径、孔深的不同，分为深孔台阶爆破和浅孔台阶爆破，其中深孔台阶爆破使用更广。通常孔径大于50mm、孔深大于5m时称为深孔台阶爆破，反之称为浅孔台阶爆破。台阶爆破有一个作业平台，有利于机械化作业，作业条件稳定，安全可靠，生产效率高，可调整各项爆破参数，控制爆破块度及爆堆形态，且可实施规格化施工，以满足工程需要。台阶爆破至少有两个自由面，可布置多排炮孔，采用毫秒延期起爆，具有破碎效果好、振动影响小、一次爆破方量大等优点，具有安全、经济、高效的特点，得以广泛应用，是水利水电工程建筑物基础开挖、边坡开挖、石料开采及地下洞室开挖等主要爆破方式。由于浅孔台阶爆破台阶低，作业频繁，生产效率低，单耗有所增加，常在必要的控制爆破中应用，如小型沟槽开挖、保护层一次爆除、地下洞室开挖、沟渠桥涵基础开挖等。

深孔台阶形式根据坝基、坝肩、料场设计要求而定。其台阶的高度是根据围岩的岩性和围岩节理的发育情况、钻孔机具、爆破方式、装运设备、爆破工程量、工程特点等因素，并结合基岩的开挖几何尺寸来确定；台阶的宽度则是根据爆破方量、安全因素、围岩地质条件、钻机性能、装运设备的能力而定；台阶的长度由现场地形、地质条件，以及爆破施工的工程量来控制。

水利水电工程的深孔台阶爆破应控制爆破石渣块度和爆堆，应能适合装载机与挖掘机械作业，如爆渣需要利用，其爆破块度和级配应符合设计的有关要求。爆破时应控制保留边坡围岩的破坏范围，应采取措施减小爆破振动、空气冲击波、爆破飞石等有害效应。

深孔台阶爆破一般采用毫秒延时爆破法，按其起爆顺序和方式的不同又分为多种爆破方法，如同排齐发爆破、同排毫秒微差爆破、同排与不同排按一定顺序起爆的毫秒微差有序爆破、小抵抗线宽孔距微差爆破、微差压渣爆破等。

（1）同排齐发爆破。同排炮孔之间用导爆索连接，排间导爆索用不同段毫秒雷管进行引爆，称为排间齐发爆破法。该爆破方法操作简单，不容易发生连接错误。但用导爆索自上而下引爆炸药，易造成堵塞段不密实，有爆破气体泄漏，减少气体在炮孔内的做功时间，不利于对岩石的破裂，该方法在水利水电施工中应用已逐渐减少。

（2）同排毫秒微差爆破。同排炮孔中装入同一段毫秒延期雷管，不同排使用不同段雷管的起爆方法称为同排毫秒微差爆破。同段毫秒延期雷管间存在误差，它们不能像齐发爆破那样相邻炮孔起爆时差较小，而是大于1ms，乃至数十毫秒。同排雷管先响与后响，无法预测。这种利用雷管自身误差达到微差目的的爆破，对岩石破碎有利，一般在孔数、排数不是特别多的情况下使用。

（3）毫秒微差有序爆破。同排或多排炮孔按设计规定的顺序起爆方法，称为微差有序爆破法。该方法常采用塑料导爆管雷管起爆系统，当每个炮孔内再分段时，可构成孔间、孔内微差有序爆破。爆破时每一孔均处于三个自由面较好条件，使岩石在爆破中得到充分破碎。在较多炮孔爆破时更加显示其优越性，这是一种比较先进的起爆方法。

（4）小抵抗线宽孔距微差爆破。这是瑞典人 U. Langefors（兰格福斯）等提出的爆破方法。其实质是在一个钻孔所能担负面积的条件下，间排距乘积相等时孔、排距有多种组合，以其间距等于2～8倍抵抗线（排距）取得较好效果。我国台阶爆破施工中孔距是抵抗线的2～4倍者采用较多，使用该爆破方法能获得比较均匀的岩石块度。孔距与抵抗线（排距）的比值也称为炮孔密集系数。

（5）微差压渣爆破。在台阶前还存有未清完的爆渣条件下进行的深孔台阶爆破，该方法称为微差压渣爆破。国内水电建设中，坝体石料开采常采用微差压渣爆破法。微差压渣爆破法也存在以下缺陷：①当台阶前留有底坎，压渣无法清除时，会使后续台阶爆破不能炸到设计的高程，造成台阶根部的爬高；②由于台阶底部留有底坎，使底坎和堆渣造成抵抗线过大，爆炸能量向台阶后延伸，造成台阶后部严重拉裂，会给后续台阶钻孔带来困难；③爆破后爆堆增高，炸药单耗增大，增大了爆破振动影响。

### 4.2.2 台阶要素

多排垂直孔与倾斜孔台阶要素见图4-1，分为台阶参数、钻孔参数和装药参数三类。

（1）台阶参数。包括台阶高度 $H(m)$、台阶坡面倾斜角 $\alpha(°)$，前排钻孔的底盘抵抗线 $W_1(m)$、爆区宽度与长度、在台阶面上从首排钻孔中心至坡顶线的安全距离 $B(m)$。

（2）钻孔参数。包括钻孔深度 $L(m)$、钻孔倾斜角 $\beta(°)$、超钻深度 $\Delta h(m)$、钻孔直径 $d(mm)$、孔距 $a(m)$、排距 $b(m)$。

（3）装药参数。包括药卷直径 $d_{药}(mm)$、装药长度 $l(m)$、堵塞长度 $h(m)$、线装药量

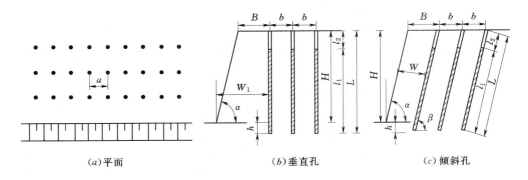

图 4-1 多排垂直孔与倾斜孔台阶要素图

$H$—台阶高度，m；$W_1$—前排钻孔的底盘抵抗线，m；$L$—钻孔深度，m；$l_1$—装药长度，m；
$l_2$—堵塞长度，m；$h$—超深，m；$\alpha$—台阶坡面角，(°)；$\beta$—炮孔倾角，(°)；$a$—孔距，m；
$b$—排距，m；$B$—在台阶面上从钻孔中心至坡顶线的安全距离，m

$q_线$（kg/m）、单孔装药量 $Q_孔$（kg）、单位炸药消耗量 $q$（kg/m³）、总装药量等。

### 4.2.3 台阶爆破设计程序

台阶爆破设计时首先应考虑以下因素：岩石性质及地质构造、台阶高度、爆破规模、爆破效率、钻孔与石料装运方法、钻孔爆破成本、环境安全措施等。对以上 7 个因素进行详细分析后，再确定爆破方法与选择相关爆破参数，选择钻孔设备与装运机械。爆破实施前应进行爆破试验，选择适合施工的爆破参数。

台阶爆破的设计程序有多种，应根据工程开挖爆破的设计要求确定，这里选择一种工程中应用较多的设计顺序。

（1）选定台阶高度。在工程招标文件及设计文件中，一般都规定了台阶爆破的台阶高度。即便没有做出规定的工程，在规划设计中也会先定出台阶高度，可根据工程实测地形和开挖断面作适当调整。

（2）确定钻孔直径和钻孔角度。根据工程量和台阶高度，结合设备性能特点，确定钻孔直径。同时，结合地形特点确定是采用垂直钻孔还是倾斜钻孔。

（3）确定爆破参数。计算抵抗线、确定炸药单耗、炮孔装药密度、孔内装药长度等参数。

1）根据工程地质情况选定炸药单耗和炮孔装药密度。确定采用耦合装药还是不耦合装药，这与开挖的部位有关，一般接近保护层部位，或需要降低爆破振动的部位，宜采用不耦合装药。采石料场及水工建筑物的次要部位宜用耦合装药，以改变钻爆比，减少钻孔量。

2）确定超钻深度，并根据确定的台阶高度及超钻深度算出实际孔深。

3）计算抵抗线（或选定抵抗线），应注意调整好第一排孔的抵抗线。如选用 U. 兰格福斯的计算法，必须计算出最大抵抗线，它主要用于计算底部装药量。但实际选用时不宜直接用最大抵抗线，要考虑钻孔偏差及爆破的其他要求，选用合适的抵抗线值。

4）在考虑装药结构的同时，确定炮孔的装药长度和堵塞长度。

（4）确定孔网参数。确定孔网参数（孔距、排距、炮孔密集系数）有两种方法。

第一种方法，首先算出一个炮孔承担的面积，根据算出的面积和台阶高度计算每个炮孔的爆破方量，然后乘以炸药单耗得出每个炮孔的装药量。根据该药量核算炮孔在装药段内能否装下炸药，若炮孔装药段有富余空间，可计算采用不耦合装药能否满足设计要求，若不能满足设计要求，可另行设定每孔承担面积，再重新核算，直至满意为止。在选定的炮孔承担面积后，再根据设计对爆破效果的要求和计算（选定）的抵抗线，确定钻孔间距，必要时也可再调整抵抗线。但是，炮孔间距与抵抗线的乘积应等于该面积。然后，再确定装药结构。

第二种方法，根据装药密度、钻孔直径和装药长度，算出单孔装药量；然后除以炸药单耗，得出单孔爆破方量；将该方量再除以台阶高度后即得单孔承担面积；依据该面积和抵抗线再计算钻孔间距，也可再调整抵抗线和间距以满足爆破效果和设计要求。该方法使用耦合装药时最有效。

（5）确定起爆顺序及间隔时间，参照爆破振动控制参数，确定最大单段药量，计算毫秒延时分段数量，设计起爆网路。

（6）爆破设计应包括以下内容。

1）确定爆破方案。

2）选择合理的台阶要素。

3）选择钻孔形式，钻机类型，布孔方式。

4）爆破参数设计，包括：孔径、孔深、超深、底盘抵抗线、堵塞长度；孔网参数（孔距、排距、炮孔密集系数）；装药结构；单位炸药消耗量、单孔装药量及总装药量；起爆网路设计等。

5）爆破安全计算和校核，安全防护措施。

6）确定安全警戒范围。

7）施工组织设计。

8）技术经济分析。

9）主要附图，包括爆区平面图、台阶断面图、起爆网路图、安全警戒范围图等。

## 4.2.4　台阶爆破设计

台阶爆破参数包括：炮孔布置、孔径、孔深、底盘抵抗线、孔距、排距、堵塞长度、单位炸药消耗量等。采用合理的台阶参数对于改善爆破效果、降低工程成本有着重要作用。

（1）炮孔布置。台阶爆破一般采用垂直炮孔与倾斜炮孔（见图4-1），个别情况下采用水平炮孔形式。垂直炮孔与倾斜炮孔，两者在作用原理和施工工艺上均有一定的差别，其比较见表4-3。随着钻孔机具的改进，倾斜孔的使用逐渐增多。

台阶爆破布孔方式（见图4-2）主要有单排布孔和多排布孔两种。多排布孔又分正方形、矩形和梅花形。多排孔中钻孔的孔距可作相应调整，如梅花形钻孔可加大孔距改变钻孔密集系数。

| 表 4-3 | 垂直钻孔爆破与倾斜钻孔爆破比较表 | |
|---|---|---|
| 项目 | 垂 直 钻 孔 | 倾 斜 钻 孔 |
| 钻孔施工 | 钻孔施工方便，塌孔率低 | 钻孔难度稍大，塌孔率稍高 |
| | 钻孔角度易控制，偏差小 | 钻孔角度较难控制，偏差大 |
| 爆破效果 | 爆破块度不易保证，大块率高 | 爆破块度易控制，大块率低 |
| | 底部与上部抵抗线不同，底部抵抗线大，爆后易留底坎 | 抵抗线均匀，底部不易留底坎 |
| | 爆炸能量利用率不如倾斜孔爆破，因底部阻力大，要求加大底部药量 | 爆炸能量利用率优于垂直孔爆破，底部增加的药量也低于垂直孔爆破 |
| 爆破影响 | 爆破振动较大，台阶后冲方向拉裂范围较大，对后一循环第一排钻孔不利 | 爆破振动较小，台阶后冲方向拉裂较小 |

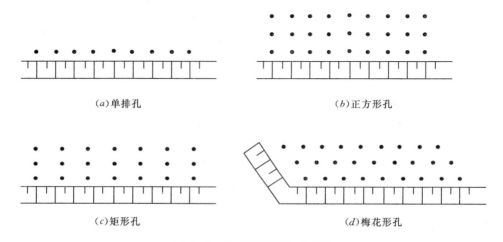

(a)单排孔　　　　　　　　　　　　　　(b)正方形孔

(c)矩形孔　　　　　　　　　　　　　　(d)梅花形孔

图 4-2　台阶爆破布孔方式图

从炮孔施工方面考虑，矩形布孔更易于准确定位，钻机的移动次数较少。但是从能量均匀分布的特性来看，采用梅花形布孔更为理想，梅花形布孔对台阶两端不易获得均匀整齐的岩面，常常需要进行补孔来解决该问题。在台阶爆破施工中采用何种布孔形式，应根据台阶爆破作业要求、岩体性质以及工作面具体情况等因素综合考虑。

（2）钻孔直径。钻孔直径与最小抵抗线及孔距密切相关，也与炸药性能、爆破效果、爆破规模、钻孔效率有关。根据现场的生产规模、开挖工程量、台阶大小、台阶高度、钻孔成本等来选择钻机及钻头直径。

由于施工条件、爆破对象、钻孔机械的不同，所采用的孔径大小不一，按《水工建筑物岩石基础开挖工程技术规范》（DL/T 5389）的规定，钻孔直径：台阶爆破不宜大于 150mm，紧临保护层的台阶爆破及预裂爆破、光面爆破不宜大于 110mm，保护层爆破不宜大于 50mm；按《水工建筑物地下开挖工程施工技术规范》（DL/T 5099）的规定，地下工程开挖钻孔直径宜小于 110mm，地下工程施工中，除大断面的地下厂房大直径洞室外，均采用小台阶爆破，钻孔直径宜小于 50mm，较小的钻孔直径有利于控制爆破影响。目前，国产的各类钻机已可基本满足工程的需要，部分国产潜孔钻机的主要性能见表 4-4。

表 4-4　　　　　　　　　　部分国产潜孔钻机的主要性能表

| 型号 | 钻孔直径 /mm | 钻孔深度 /m | 钻孔方向 /(°) | 适应岩种 | 回转速度 /(r/min) | 爬坡能力 /(°) | 最大功率 /kW | 使用风压 /MPa | 耗气量 /(m³/min) |
|------|------|------|------|------|------|------|------|------|------|
| KQD-80 | 80～120 | 向下 20 水平 30 | 横向 30～90 纵向 0～90 | 各种矿岩 | 45.67 77.115 | 20 | 33 | 0.5～0.7 | 12 |
| KQN-90 | 95 | 20 | 向下 60～90 | 各种岩石 | 50 | 14 | 18.5 | 0.5～0.7 | 9 |
| KQL100B | 95 | 30 | 向下 45～90 | 各种岩石 | 90 | | | 0.5～0.7 | 12 |
| CQ-100 | 95 | 10 | 90 | 各种岩石 | 89 | | | 0.5～0.7 | 9 |
| QZJ100B/D | 100 | 60 | 90 | 各种岩石 | 90 | | | 0.5～0.7 | 12 |
| KQG-100 | 115 | 向下 30 水平 40 | 横向 30～90 纵向 0～90 | | 38.6 | 20 | 33 | 1.1～1.2 | 12 |
| KQX-120 | 120 | 44 | 向下 60～90 | | 0～115 | 14 | 88.5 | 0.5～0.7 | 10 |
| KQL/G120 | 120 | 60 | 90 | 各种岩石 | 50 | 25 | | 0.5～1.6 | 18 |
| KQ-150 | 150、170、150 | 17.5 18 | 60、75 90、60～90 | 各种岩石 | 24.9、33.2 49.8 | 14 | 68.5 | 0.5～0.7 | 17.5 |

确定钻孔直径时还应考虑使用的炸药，在深孔台阶爆破时，炮孔内装填的药卷直径应小于炮孔直径，在坝基开挖中，一般采用药径小于孔径的不耦合装药方式，减弱爆破对保留基岩的破坏影响，孔径宜与所使用的药卷直径相匹配。

对于水工建筑物次要部位和料场的开挖，为了提高爆破效率，宜采用和炮孔直径相接近的炸药（即耦合装药）。

（3）台阶高度。台阶高度的确定除与地形条件和设计开挖高程有关外，还应考虑地质情况、钻孔精度、爆堆高度与装载设备匹配的影响等因素，综合分析确定。一般按施工现场现有的钻机、装载设备、现场开挖条件来确定台阶高度。对岩体较差的部位，台阶高度不宜设置过高，避免边坡开挖后失稳；设计对边坡开挖要求较高时，台阶高度也不宜设置过高，以避免影响边坡开挖后的效果。此外，台阶高度还应与挖装机械相匹配，控制爆堆高度一般为挖掘机高度的 2 倍左右，以增加开挖效率。水利水电工程开挖中，深孔台阶爆破开挖的台阶高度一般为 8～15m。

（4）钻孔深度。钻孔深度为台阶内的钻孔与底部超钻孔深之和，超深钻孔可降低装药中心的位置，以便克服台阶底部阻力，避免或减少留根底，以形成较平整的底部。炮孔超深与岩石的构造和岩性有关，当台阶底部的岩石呈水平层面或有较大的水平节理构造时可不设超深；当岩石软弱或节理裂隙发育时宜超深较小；当岩石较坚硬时应超深较大。一般情况下，台阶高度越高，坡面角越小，这时底盘抵抗线越大，需要的超深越大。超深值一般为 0.5～3.6m，后排孔的超深值一般比前排小 0.5m 左右。

根据工程实践经验，超深 $h$ 可按式（4-1）～式（4-3）计算。

1）按底盘抵抗线 $W_1$ 确定：

$$h=(0.15～0.35)W_1 \tag{4-1}$$

2）按台阶高度 $H$ 确定（此式未考虑孔径因素，误差较大）：

$$h=(0.12\sim0.25)H \qquad (4-2)$$

3）按孔径计算：

$$h=(8\sim12)d \qquad (4-3)$$

以上三式中　$h$——超深，m；

　　　　　　$W_1$——底盘抵抗线，m；

　　　　　　$H$——台阶高度，m；

　　　　　　$d$——孔径，m。

以上公式中，当岩石松软时，$h$ 取较小值；当岩石坚固时，$h$ 取大值。对于要求特别保护的底部，超深 $h$ 可取零或负值。

垂直孔孔深 $L$ 由台阶高度和超深按式（4-4）计算：

$$L=H+h \qquad (4-4)$$

倾斜孔的孔深按式（4-5）计算：

$$L=H/\sin\beta+h \qquad (4-5)$$

以上两式中　$L$——孔深，m；

　　　　　　$h$——超深，m；

　　　　　　$\beta$——炮孔倾角，（°）。

（5）底盘抵抗线。底盘抵抗线 $W_1$ 是指台阶坡脚至第一排钻孔的最短距离。底盘抵抗线是影响深孔台阶爆破效果的重要参数，底盘抵抗线过大，造成残留根底多、大块率高、爆破振动增大、后冲和侧冲力大；过小的底盘抵抗线，将增大钻孔工作量，浪费炸药，使爆渣堆集分散、产生飞石、增大空气冲击波和噪声等有害效应。底盘抵抗线与炸药威力、岩石可爆性、岩石破碎块度要求、炮孔直径、台阶高度、坡面角度等多种因素有关，在台阶爆破设计中可由经验公式计算，并在施工过程中不断修改和调整，由此获得最佳爆破效果。

1）根据钻孔作业的安全条件，底盘抵抗线可按式（4-6）计算（垂直孔）：

$$W_1\geqslant H\cos\alpha+B \qquad (4-6)$$

式中　$W_1$——底盘抵抗线，m；

　　　$\alpha$——台阶坡面角，角度一般为 $60°\sim75°$；

　　　$H$——台阶高度，m；

　　　$B$——炮孔中心至坡顶线的安全距离，对大型钻机，$B\geqslant2.0\sim3.0$m。

2）按台阶高度和孔径计算底盘抵抗线，可按式（4-7）计算（此式未考虑孔径因素，误差较大）：

$$W_1=(0.6\sim0.9)H \text{ 或 } W_1=kd \qquad (4-7)$$

式中　$k$——系数，一般取 $25\sim45$。

3）按每孔装药条件，可按（巴隆）式（4-8）进行计算：

$$W_1=d\sqrt{\frac{7.85\Delta\tau}{mq}} \qquad (4-8)$$

式中　$d$——孔径，m；

　　　$\Delta$——装药密度，$kg/m^3$；

　　　$\tau$——装药长度系数，一般取 $\tau=0.35\sim0.65$；

$q$——单位炸药消耗量，kg/m³；

$m$——炮孔密集系数（即孔距与排距之比），$m$ 值通常大于1.0。在宽孔距、小抵抗线爆破中，$m＝3～4$ 或更大，但是第一排炮孔往往底盘抵抗线过大，应选用较小的密集系数，以克服台阶底盘的阻力。

以上说明，底盘抵抗线受许多因素影响，变化范围较大，除了要考虑上述因素外，控制台阶坡面角大小也是调整底盘抵抗线的一个有效途径。

（6）孔距和排距。孔距与抵抗线的乘积，表示一个钻孔所负担的面积，而抵抗线和孔距的比值称为间距系数。在台阶爆破中，孔距一般不小于抵抗线。孔距取值大小既与爆破后岩石的块度有关，也与爆破后形成的下一个台阶坡面形状有关。同时，孔距 $a$ 是指同一排炮孔中相邻两炮孔中心线间的距离。孔距可按式（4-9）计算：

$$a＝mW_1 \qquad (4-9)$$

式中 $m$——炮孔密集系数，为孔距 $a$ 与排距 $b$ 之比值，$a/b$；

$W_1$——底盘抵抗线长度，m。

排距与孔网参数和起爆顺序等因素有关。当采用等边三角形布孔时，排距 $b$ 与孔距按式（4-10）计算：

$$b＝a\sin60°＝0.866a \qquad (4-10)$$

当台阶爆破采用多排孔爆破时，在确定孔径条件下，每个孔都有一个合理的负担面积，负担面积按式（4-11）计算进行。当合理的炮孔负担面积 $S$ 和炮孔密集系数 $m$ 已知时，即可求出炮孔排距 $b$：

$$S＝ab \qquad (4-11)$$

式中 $S$——炮孔负担面积，m²。

台阶爆破中，由于起爆方式或顺序的改变，使炮孔的孔、排距发生相对变化。如方形布孔，采用V形起爆，炮孔密集系数改变，这也是实现宽孔距爆破的一种方式。

（7）堵塞长度。堵塞长度应以控制爆炸气体不过早逸出和减少或不造成岩石飞散为原则，为获得较好的爆破效果，改善堵塞方式。研究表明，将爆炸气体在孔内的作用时间延长并超过9ms会使岩石的破碎效果更佳。

确定合理的堵塞长度 $l_2$ 和保证堵塞质量，对改善爆破效果和提高炸药能量利用率具有重要作用。堵塞长度过大时，将会降低延米爆破量，且可造成台阶上部岩石破碎效果不佳；当堵塞长度过短时，则会造成炸药爆破能量的损失，并产生较强的空气冲击波、噪声，产生个别飞石的危害，影响炮孔下部岩石破碎效果。

堵塞长度考虑抵抗线长度 $W_1$ 可按式（4-12）计算：

$$l_2＝(0.7～1.0)W_1 \qquad (4-12)$$

对于垂直深孔，取 $l_2＝(0.7～0.8)W_1$；倾斜深孔，取 $l_2＝(0.9～1.0)W_1$。

考虑炮孔直径可按式（4-13）计算：

$$l_2＝(20～30)d \qquad (4-13)$$

式中 $l_2$——堵塞长度，m；

$W_1$——抵抗线长度，m；

$d$——炮孔直径，m。

堵塞长度与堵塞材料、堵塞质量有关，当堵塞材料密度大和堵塞质量好时，可适当减小堵塞长度。国内台阶爆破时，多采用钻屑作为堵塞材料，国外则用 4～9mm 的砂和砾石作为堵塞材料。

（8）单位炸药消耗量和单孔药量。单位体积炸药消耗量 $q$ 值根据岩石爆破块度尺寸要求、岩石的坚固性、炸药种类、自由面条件、施工技术等因素综合确定。设计时可以参照类似工程的实际炸药单耗值选取，也可参照表 4-5 选取。合理的单位炸药消耗量一般先根据经验选取几组数据，再通过现场爆破试验来确定。

表 4-5 单位炸药消耗量 $q$ 值

| 岩石坚固性系数 $f$ | 0.8～2 | 3～4 | 5 | 6 | 8 | 10 | 12 | 14 | 16 | 20 |
|---|---|---|---|---|---|---|---|---|---|---|
| $q$/（kg/m³） | 0.40 | 0.45 | 0.50 | 0.55 | 0.61 | 0.67 | 0.74 | 0.81 | 0.88 | 0.98 |

单孔装药量的计算，当单排孔爆破或多排孔爆破时的第一排孔的单孔装药量按式（4-14）计算：

$$Q = qaW_1H \qquad (4-14)$$

多排孔爆破时，从第二排炮孔起，以后各排孔的每孔装药量按式（4-15）计算：

$$Q = kqabH \qquad (4-15)$$

以上两式中　　$Q$——单孔装药量，kg；

　　　　　　　$q$——单位炸药消耗量，kg/m³；

　　　　　　　$a$——孔距，m；

　　　　　　　$b$——排距，m；

　　　　　　　$W_1$——抵抗线长度，m；

　　　　　　　$H$——台阶高度，m；

　　　　　　　$k$——考虑受前面各排孔的岩石阻力作用的增加系数，一般 $k=1.1～1.2$。

国内部分水利水电工程深孔爆破参数见表 4-6。

表 4-6 国内部分水利水电工程深孔爆破参数表

| 工程名称 | | 岩性 | 台阶高度/m | 孔深/m | 底盘抵抗线/m | 孔距/m | 排距/m | 孔斜/(°) | 孔径/mm | 炸药直径/mm | 堵塞长度/m | 炸药单耗/(kg/m³) |
|---|---|---|---|---|---|---|---|---|---|---|---|---|
| 三峡水利枢纽 | 左岸大坝二期厂房 | 花岗岩 | 7～10 | 10 | 2.5 | 3.5 | 2.5 | | 105 | 80 | 3 | 0.77 |
| | 右岸基础开挖 | | 10～13 | | 2.0～2.6 | 2.5～3.5 | 2.0～2.6 | | 89/105 | 70/80 | | |
| 葛洲坝水利枢纽 | 爆破试验 | 砂岩、黏土、砂岩 | 6 | 6.2 | 4.25 | 3.5 | 4.25 | | 170 | 130 | | 0.39 |
| | 掏槽爆破 | | 4～8 | 4～8 | 中心线掏槽 | 2 | 1.5～2.6 | 60、75、90 | 170 | 90 | | 1.4 |
| | 坝端掏槽 | | 5.5 | 6.0 | 端头掏槽 | 2～2.5 | 1.5 | 75 | 170 | 55 | | 0.53 |

| 工程名称 | 岩性 | 台阶高度/m | 孔深/m | 底盘抵抗线/m | 孔距/m | 排距/m | 孔斜/(°) | 孔径/mm | 炸药直径/mm | 堵塞长度/m | 炸药单耗/(kg/m³) |
|---|---|---|---|---|---|---|---|---|---|---|---|
| 东江水电站边坡开挖 | 花岗岩 | 10 | 10 | / | 2.5 | 3 | 60、75、80 | 100 | 100 | | 0.31~0.45 |
| 乌江渡水电站边坡开挖 | 灰岩 | 30 | 30 | 3.5~4.0 | 3.5 | 3.5 | 73 | 91~100 | 80~85 | | 0.35 |
| 龙羊峡水电站边坡开挖 | 花岗岩 | 8.0 | 8.5 | 3.0 | 3.0 | 3.0 | 75 | 150 | 100 | | 0.6 |
| 东风水电站坝肩开挖 | 白云岩、灰岩 | 10 | 10~12 | 3.0 | 3.0 | 2.5 | 80 | 115 | | 2.5 | 0.7 |
| 水布垭水电站溢洪道开挖 | 灰岩 | 10 | 11 | 2.5~3.5 | 5.0 | 3.5 | 85 | | | 3.8 | 0.45 |
| 小湾水电站边坡开挖 | 片麻岩 | 15 | 15 | 3.0~3.5 | 2.0~2.5 | 3.0~2.5 | 75 | 89/105 | 70、60/90 | 1.4~3.4 | 0.50~0.60 |
| 溪洛渡水电站边坡开挖 | 玄武岩 | 10~15 | 10~15 | 3.0 | 4.0 | | 75 | 90 | 70 | 2.0~3.0 | 0.40~0.50 |
| | | | | | | | | 105 | 80 | | |
| 拉西瓦水电站边坡开挖 | 花岗岩 | 15 | 15 | 2.0~2.5 | 3.0~4.0 | 2.0~2.5 | | 89 | 70 | 2.0~2.5 | 0.50~0.65 |
| | | | | | | | | 120 | 80 | | |

### 4.2.5 装药结构

炸药的状态与包装形式相关，有卷筒状和散状，钻孔爆破中以卷筒状最多。炸药形状不同，装药的方法也不同。台阶的单孔装药量确定后，应对装药结构进行设计，确定装药方法。

（1）装药结构型式。装药结构分为以下三种类型，分别按药卷与炮孔的密实程度、药卷直径与炸药位置进行划分。

1）根据药卷和炮孔之间的密实程度装药分为耦合装药和不耦合装药。用以表示耦合装药和不耦合装药特征的参数是不耦合系数 $m$。

耦合装药炸药充满炮孔的整个空间。不耦合装药可分为径向和轴向两种，当径向采用不耦合装药时，不耦合系数为 $m_1 = d_b/d_c$，其中 $d_b$ 为炮孔直径；$d_c$ 为药卷直径；当装药采用轴向不耦合装药时，不耦合系数为 $m_2 = L_b/L_c$，其中 $L_b$ 为炮孔长度；$L_c$ 为装药长度。

2）根据炸药的药卷直径分类可分为同直径药卷装药结构和变直径药卷装药结构。同直径药卷装药结构沿着炮孔轴线装相同直径的炸药，这种装药结构施工操作简单，在抵抗线相差不大的炮孔中常用这种装药方式。对于抵抗线变化较大的深孔台阶爆破，这种装药方式可因炮孔底部受夹制作用而使台阶底部留坎，上部岩体过度破碎造成爆炸能量浪费。

变直径药卷装药结构在炮孔轴线不同深度装不同直径炸药。在有倾斜临孔面的台阶爆破中，炮孔底部的抵抗线一般都大于上部抵抗线，底部受夹制作用大于上部。因此，采用底部装大直径药卷，上部装小直径药卷的装药方式较为合理。当遇有断层破碎带等地质构造时，可在该部位装较小直径的炸药。

药卷直径宜小于孔径 20mm，才能保证顺利装药。当孔径为 110mm 时可装 90mm 直径的药卷；当钻孔直径为 100mm 时可装 80mm 直径的药卷；当钻孔直径为 50mm 以下时可装 32mm 或 25mm 直径的药卷等。

3）根据炮孔内炸药位置分为连续装药结构、间隔装药结构、孔底间隔装药结构及混合装药结构。

连续装药结构见图 4-3（a）。炸药从孔底装起，装完设计药量之后再进行堵塞。这种沿着炮孔轴向连续装药，施工方法简单，但由于设计装药量一般药柱位置偏低，存在炮孔上部不装药段（堵塞段）较长的现象，使爆破后上部岩体出现大块体的比例加大。连续装药结构适用于台阶高度较低，上部岩石比较破碎或风化严重，上部抵抗线较小的深孔爆破。

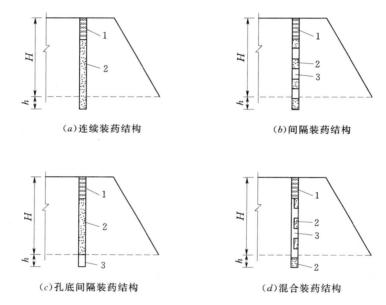

图 4-3　装药结构图
1—堵塞；2—炸药；3—空气

间隔装药结构见图 4-3（b）。将深孔中的药卷分为若干段装入炮孔，每段药卷之间用空气、石渣、水等隔开，也可将炸药捆绑在竹条等进行分隔，使炸药能量在岩石中比较均匀地分布。这种装药方式是提高了装药高度，使炸药能量分布更为均匀，减小了孔口部位大块率的产生，但施工工艺比较复杂。

孔底间隔装药结构见图 4-3（c）。为了保证在爆破后底部岩石不受破坏，在炮孔底部留出一段长度不装炸药，以柔性材料、空气柱等作为间隔，爆破时减弱爆破能量对底部岩石的破坏。

混合装药结构见图 4-3（d）。混合装药结构是指在同一炮孔内装入不同直径或不同种类的炸药，即在炮孔底部大直径或高威力炸药，炮孔上部装药卷直径小或威力较低的炸药。采用混合装药结构的目的是充分发挥底部高威力炸药的作用，减小台阶底部的根坎问题，缺点是施工工艺复杂。

应当指出的是，在分段装药和孔底间隔装药结构的应用中，应合理确定分段和间隔长度、间隔位置以及应用条件。

（2）起爆雷管设置。在深孔台阶爆破时，起爆雷管根据在炮孔内装药段的不同位置，分为正向起爆、中部起爆和反向起爆。

1）正向起爆。将雷管放在炮孔装药段的顶部雷管聚能穴向下，由于雷管在上部，雷管脚线或塑料导爆管也在孔的上部，施工中有利于保护脚线，正向起爆时对炮孔堵塞段的岩石破碎有利，但爆破使堵塞物过早破坏造成漏气，不利于下部岩石的破碎。

2）中部起爆。将雷管放在炮孔装药段的中部，使炮孔内的炸药轰双向传爆时间缩短，中部起爆时间为正向或反向起爆时的一半。在炮孔内只放一个雷管时，使用中部起爆较多。

3）反向起爆。将雷管放在炮孔底部，雷管的聚能穴朝向孔口，反向起爆后爆破能量在孔内充分做功，对炮孔下部岩石破碎十分有利。在国内水利水电施工中，在炮孔内采用两个起爆点时，同时采用正向与反向起爆居多。

#### 4.2.6　起爆网路

爆破网路是一个关键工序，起爆网路有电爆网路、导爆管起爆网路、导爆索网路。其中导爆管起爆网路应用比较广泛。在起爆网路连接时应由有丰富施工经验的爆破员操作，要求网路连接人员必须了解整个爆破工程的设计意图、起爆顺序，并能够识别不同段别的起爆器材。

台阶爆破通常采用多排孔毫秒延期起爆，起爆顺序可分为排间、孔间和孔内延期等。多排孔毫秒延期起爆的原理是：①相邻孔的应力波相互叠加，增强岩石的破碎效果；②先爆孔为后爆孔创造新的自由面；③爆落岩石之间相互碰撞增强破碎；④减小单段药量控制爆破振动。

（1）起爆顺序。台阶爆破的多排孔布孔方式只有方形、矩形和三角形，但是它起爆顺序却千变万化，归纳起来有很多类型。

排间顺序起爆：排间顺序起爆也称为逐排起爆，炮孔布置以一个临空自由面的首排，依次按照爆破网路设计的起爆时差安排顺序爆破，该起爆顺序又分为排间全区顺序起爆和排间分区顺序起爆。其特点是设计、施工简便，爆破后爆堆分布比较均匀整齐。

爆破网路还有排间奇偶式顺序起爆、波浪式顺序起爆、V形顺序起爆、梯形顺序起爆、对角线顺序起爆等，在常用起爆网路形式中已作详细介绍。

为了控制单段起爆药量，减少爆破振动影响，水利水电工程中的深孔台阶爆破，常采用单孔毫秒延时或孔内毫秒延时，实施孔间有序微差爆破，既控制了单段起爆药量，同时也取得良好的爆破效果。

根据孔间顺序延时起爆的特点，在水利水电工程中有推广应用价值。适用于多种爆破型式：①大坝、厂房基础等部位的开挖，可减少预留保护层的厚度；②保护层一次爆除，常采用单孔连续爆破；③周围有重要建筑物部位的爆破，可以大大减少单段起爆药量，从而有效地降低地震强度，保证建筑物安全，如水工建筑物围堰拆除、坝体局部拆除等等；④用于高边坡部位的开挖，有利于保护边坡岩体的完整性和边坡的稳定性；⑤在地下厂房及洞群组成的地下工程开挖中，有利于保护洞与洞、洞与厂房之间岩体的完整性，对减少塌方有一定的作用。

某工程进行了4组台阶爆破试验，试验爆破参数及爆破效果参数见表4-7。主要试验结论如下。

1）爆堆与大块率。由表4-7中可看出，对于相同的炸药单耗值，爆堆形状没有太大变化。炸药单耗增大，爆堆高度与台阶高度比值（$h/H$）有少量减小。爆堆形状与爆破方式关系较小，齐发爆破的大块率明显偏大。

2）爆破振动影响。排间顺序起爆（排孔齐发爆破）采用5个段别分5排起爆，总延时约300ms，主振频率在32～80Hz之间，幅值较大。孔间有序微差爆破地震波的持续时间明显加长，约为1s。波幅较小，幅度变化不大，没有明显的突峰出现，形成一种平稳的随机振动。

3）炮孔底部破坏范围。两种爆破方式炮孔底部的破坏范围的观测，采用爆破前后声波速度变化做出判断。判定标准为爆后比爆前声波速度减少10%以上被视为破坏。孔间有序微差爆破的最大破坏深度为1.8m，大约是排间微差起爆的一半。

表4-7　　　　　　　　　　　　试验爆破参数及爆破效果参数表

| 爆破方式<br><br>参数 | 排间顺序起爆<br>（每排一发延期<br>时间雷管） | 排间有序微差爆破<br>（通排起爆同排每孔<br>装一同段雷管） | 孔间有序微差起爆<br>（每孔逐段延期<br>时间起爆） | 孔间、孔内有序微差爆破<br>（孔间、孔内均<br>分段延期时间起爆） |
|---|---|---|---|---|
| 台阶高度/m | 11.3 | 13.0 | 11.0 | 13.5 |
| 斜孔角度/(°) | 75 | 75 | 75 | 75 |
| 孔深/m | 12.2～13.6 | 14.4～15.1 | 12 | 11～14.7 |
| 超钻/m | 0.8 | 0.8 | 0.6 | 1.0 |
| 孔距/m | 2.5～3.0 | 3.0 | 3.0 | 3.0 |
| 排距/m | 2.5～2.7 | 2.5～2.8 | 2.5～2.8 | 2.5～2.8 |
| 堵塞长度/m | 1.6～2.5 | ≥1.6 | 1.5 | 2.0 |
| 爆区面积/(m×m) | 16×15 | 17×18 | 15.5×20 | 11×24 |
| 炮孔排数/排 | 5 | 5 | 5 | 4 |
| 炮孔数目/个 | 31 | 33 | 40 | 36 |
| 总装药量/kg | 1113.3 | 1802.5 | 1489.8 | 1452 |
| 爆破方量/m³ | 2450 | 3659 | 3555 | 2935 |
| 设计炸药单耗/(kg/m³) | 0.50 | 0.50 | 0.50 | 0.55 |
| 实际炸药单耗/(kg/m³) | 0.45 | 0.49 | 0.42 | 0.50 |
| 爆堆长度与宽度比（$L/B$） | 1.64 | 1.78 | 1.40 | 1.45 |
| 爆堆高度与台阶高度比（$h/H$） | 0.95 | 0.92 | 0.96 | 0.71 |
| 大块率（4m³电铲）/% | 6.60 | 0.50 | 0.26 | 0.69 |
| 大块率（$H_{55}$油铲）/% | 3.30 | 0.44 | 0.17 | 0.58 |

（2）毫秒延期间隔时间。确定合理的爆破毫秒延期间隔时间，是优化爆破效果的关键。毫秒延期间隔时间的选择主要与岩石性质、抵抗线、岩体移动速度，以及对破碎效果和减振的要求等因素有关。选择合理的毫秒延期间隔时间，应能得到良好的爆破破碎效果和最大限度地降低爆破振动效应，还应保证先爆孔不破坏后爆孔及其网路。毫秒延期时间的确定，大多采用经验方法。

1）考虑抵抗线、岩体性质及爆破破碎过程等因素，可按经验式（4-16）计算：

$$\Delta t=\frac{2W}{v_p}+K_1\frac{W}{C_p}+\frac{S}{v} \tag{4-16}$$

式中　$\Delta t$——合理时差，s；

$W$——抵抗线长度，m；

$v_p$——岩体中弹性纵波速度，m/s；

$K_1$——系数，表示岩体受高压气体作用后在抵抗线方向裂缝发展的过程，一般可取 2～3；

$C_p$——裂缝扩展速度，与岩石性质、炸药特性以及爆破方式等因素有关，坚硬岩石约为 2000m/s，中硬岩石约为 1000～1500m/s，软岩石约为 1000m/s；

$S$——破裂面移动距离，一般取 0.1～0.3m；

$v$——破裂体运动的平均速度，m/s，对于松动爆破而言，其值约为 10～20m/s。

2）U. 兰格福斯经验法，兰格福斯提出合理微差间隔时间采用式（4-17）计算：

$$\Delta t=KW \tag{4-17}$$

式中　$\Delta t$——合理时差，ms；

$K$——经验系数，一般为 3～5ms/m，软岩取大值，硬岩取小值；

$W$——底盘抵抗线长度，m。

3）考虑岩石性质和底盘抵抗线按式（4-18）计算：

$$\Delta t=K_1W(24-f) \tag{4-18}$$

式中　$\Delta t$——延期时间，ms；

$K_1$——岩石裂隙系数，对于裂隙少的岩石，取 0.5；中等裂隙岩石取 0.75；对于裂隙发育的岩石取 0.9；

$W$——底盘抵抗线长度，m；

$f$——岩石坚固性系数。

一般深孔台阶爆破的排间间隔时间可适当增加，以保证岩石破碎质量、改善爆堆挖掘条件，以及减少飞石和后冲作用。同时随着一次起爆排数的增加，排间间隔时间依次加长。多排孔挤压台阶爆破排间间隔时间通常取 50ms 以上；孔间毫秒延期间隔时间宜为 15～75ms（大多用 25～50ms），孔内毫秒延期时间以 10～15ms 为宜；当使用威力较低的铵油炸药时，孔内毫秒延期间隔时间多选用 10～25ms。

采用塑料导爆雷管或数码电子雷管等起爆技术，从理论上讲分段数量可以是无限的，毫秒延时时间也可以任意选择，段间的时差精度高，也可选为固定的时差。在规模较大的爆破中，根据设计意图，达到控制爆破影响、改善爆破效果的目的。

孔内毫秒延期爆破方式有自上而下延时起爆、自下而上延时起爆的两种方式。孔内毫秒延期起爆方式见图 4-4，而两种起爆方式各有优缺点。

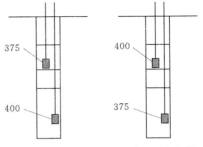

（a）自上而下起爆　　（b）自下而上起爆

图 4-4　孔内毫秒延期起爆方式图
（单位：ms）

孔内自上而下延时起爆时，台阶上部的岩石首先爆破，上部岩石由于爆破后脱离下部岩体，向自由面（向前、向上）抛掷，同时，为下部起爆药包创造出新的自由面。该起爆方式的优点是爆破振动小、爆堆松散，缺点是爆堆下部松散较差。孔内自下而上延时起爆时，先爆段药柱的上方没有自由面，爆破时仅靠前方的自由面为其提供破碎空间，爆破能量在被爆岩体内充分释放，使岩石破碎较充分，松散度也较好。下部先起爆的药包为台阶上部的爆破创建了一个新的自由面，上部后起爆药包爆破时，共有三个自由面。采用这种方式起爆时，炮孔上部的堵塞长度可适当减少，自下而上的延时爆破方式将加强下段药柱对台阶底部的破坏作用，可使底板更平整，由此可适当减少炮孔超深，与自上而下的起爆方式相比，爆破振动偏大。炮孔中间的堵塞长度可适当增加。

### 4.2.7 浅孔台阶爆破

浅孔台阶爆破孔径不超过于 50mm、孔深小于 5m。露天浅孔台阶爆破与深孔台阶爆破，两者的基本原理相同，工作面都是以台阶的形式向前推进，不同点仅仅是孔径、孔深、爆破规模较小。在特殊情况下，由于设备的限制，浅孔台阶爆破也可以采用较大的炮孔直径，但不宜超过 70mm。浅孔台阶爆破的适用范围较广，它既有一定的优势，但也有不足之处。浅孔台阶爆破适用范围与优缺点见表 4-8，浅孔台阶爆破常用爆破参数见表 4-9。

表 4-8　　　　　　　　　　浅孔台阶爆破适用范围与优缺点表

| 适 用 范 围 | 优 点 | 缺 点 |
|---|---|---|
| 1. 小台阶爆破沟槽开挖；<br>2. 探矿巷掘进、各种隧洞掘进；<br>3. 地下洞室开挖；<br>4. 露天深孔台阶爆破的施工平台整理；<br>5. 沟渠及桥涵基础开挖中的石方爆破；<br>6. 岩石边坡和处理孤石、危石 | 1. 施工操作简单，组织容易，设备使用灵活方便；<br>2. 适用性强；<br>3. 易通过调整炮孔位置和装药量的方法控制爆破岩石的块度、控制围岩的破坏范围 | 1. 机械化程度不高；<br>2. 工人劳动强度大；<br>3. 劳动生产率低；<br>4. 爆破作业频繁，安全管理工作量大；<br>5. 台阶低，超钻加大，单耗增加 |

表 4-9　　　　　　　　　　浅孔台阶爆破常用爆破参数表

| 爆破参数 | 经验公式 | 备 注 |
|---|---|---|
| 孔径/mm | $38\sim50$ | 由所使用的钻孔机械决定 |
| 钻孔深度 $L$/m | $L=(1.1\sim1.5)H$<br>$L=(0.8\sim0.95)H$<br>$L=H+\Delta h$ | 用于坚硬岩石；<br>用于松软、破碎岩石；<br>用于中硬岩石 |
| 超钻孔深 $\Delta h$/m | $\Delta h=(0.1\sim0.15)H$ | 克服坚硬岩石台阶底部的阻力 |
| 孔距 $a$/m | $a=(1.0\sim2.0)W_1$ 或 $a=(0.5\sim1.0)L$ |  |
| 排距 $b$/m | $b=(0.8\sim1.0)a$ | 可梅花形布置 |
| 底盘抵抗线长度 $W_1$/m | $W_1=(0.4\sim1.0)H$ | 较高台阶或坚硬完整岩石取偏小值 |
| 炮孔装药量 $Q$/kg | $Q=(0.6\sim0.7)qW_1aH$ | 因为台阶爆破至少有两个临空 |
| 单位炸药消耗量 $q$/(kg/m³) | $0.2\sim0.6$ | $q$ 值与岩性、台阶高度、炸药种类及孔径等因素有关 |

# 4.3 预裂与光面爆破

## 4.3.1 预裂与光面爆破特点

预裂爆破与光面爆破都是控制轮廓成形的爆破方法，并通过控制能量释放，控制破裂方向和破坏范围，使开挖面稳定平整，有效地控制开挖面的超欠挖。两种爆破工艺的主要特点表现如下：①预裂爆破是在主爆区爆破之前进行起爆预裂，而光面爆破则在主爆区爆破后光爆孔最后起爆；②预裂爆破是在一个自由面条件下的爆破，爆破时所受夹制作用较大，对岩体有所影响，爆破装药量比光面爆破略高；光面爆破则是在两个自由面条件下的爆破，受夹制作用较小，且光面爆破装药量远比主炮区炮孔小，爆破时振动影响较小，对保留围岩的破坏较轻微；③预裂爆破形成的裂缝有效地削减主爆孔对保留岩体的影响，光面爆破在主爆区爆破后再起爆，其防振及防裂缝伸入到保留区的能力较预裂爆破差。

光面爆破最早多用于隧洞及地下厂房等地下工程施工中，采用光面爆破使洞室岩壁面平整，减少了裂隙和危石，施工的安全性及围岩稳定性得到提高，有效减少了支护工程量，节省工程费用。鉴于光面爆破的作用和效果，已在明挖工程中推广应用。

采用预裂爆破控制轮廓和边坡质量，确保预裂爆破成缝是关键。预裂时裂缝宽度应在1cm以上，这样预裂缝才能成为隔断的人造断层面，才能有效对爆破破坏起到阻断作用，减弱爆破对轮廓和建基面岩体的影响。要做到这一点，应重视以下两个方面：①保证预裂孔的钻孔质量和精度：当台阶高度为10m时，要求预裂孔孔口定位，孔口偏差不超过5cm，钻孔方向角与倾角偏差不超过1°；当预裂孔深度超过10m以上时，钻孔精度还应进一步提高，这样才能保证预裂孔按设计要求布置在一个平面上，形成良好的预裂面；②预裂孔起爆顺序：预裂爆破先于主爆孔起爆的时间差应确保预裂缝的形成，在保证主爆孔药包网路安全前提下，预裂与主药包的间隔时间越大，预裂缝形成效果越好，其边坡的成型效果越好，预裂爆破一般宜先于主爆孔100～150ms起爆。当台阶爆破范围较大需要实施多次爆破时，也可预先单独进行预裂爆破形成裂缝，以有效隔振。

## 4.3.2 预裂爆破

（1）钻孔布置。预裂孔应沿设计开挖边界线布置，炮孔倾斜角度应与设计边坡坡度一致。预裂爆破时，预裂面的超欠挖和不平整度主要取决于钻孔精度，以确保钻孔精度为前提，采用合理的爆破参数即可获得理想的预裂面。控制钻孔质量是预裂爆破施工中成败的关键。预裂孔的放样、定位和钻孔施工中角度的控制决定着钻孔质量。

预裂爆破的钻孔直径应与台阶爆破的台阶高度 $H$ 相匹配，台阶高度 $H=5\sim15\mathrm{m}$ 时，预裂孔 $d=60\sim100\mathrm{mm}$；当台阶高度 $H=2\sim4\mathrm{m}$ 时，预裂孔 $d\leqslant40\mathrm{mm}$。

预裂爆破孔与主爆区炮孔应符合下列关系：

1）预裂缝形成后，紧靠预裂缝孔外的一排主炮孔，既要将沿抵抗线方向的岩体破碎爆除，又要破碎预裂缝前的岩体，同时不破坏预裂后的岩石面。因此，紧邻预裂面的一排或两排主爆孔，应采用缓冲爆破，即减小抵抗线、减小装药量。缓冲孔应减小孔距、排距（见图 4-5）。预裂孔与相邻主炮孔之间的距离宜为主爆孔最小抵抗线的 0.3～0.5 倍。该距离与主炮孔药包直径及单段最大起爆药量有关，缓冲孔的药量可为主爆孔的 1/2～2/3。

2）预裂爆破时，预裂孔轴线端的布孔界限应超出主体爆破区，宜向主体爆破区两侧各延伸 $L=5～10m$，以确保预裂缝的减振效果，预裂孔应有一定的超深（$\Delta h$）。

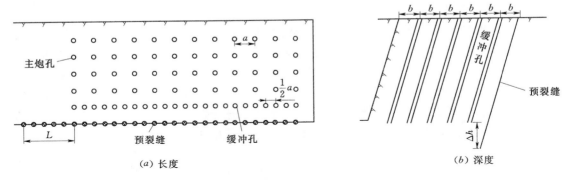

图 4-5　预裂孔的示意图

（2）爆破参数。正确选择预裂爆破参数是爆破成功的关键，合理的爆破参数能获得最佳爆破效果，满足工程要求。影响预裂爆破参数选择的因素较多，如钻孔直径、炮孔间距、装药量、装药结构、炸药性能、炸药直径、地质构造、岩石力学强度等。预裂爆破参数选择一般采取理论计算法、经验公式法和工程类比法，但有时误差较大，效果不理想。因此，在全面考虑各影响因素的前提下，以理论计算为依据，以工程类比为参考，通过现场试验综合确定爆破参数。

1）钻孔直径 $d$。钻孔直径根据台阶高度和钻机性能来确定，一般边坡台阶爆破时，预裂孔钻孔直径以 80～110mm 为宜，当边坡开挖质量要求较高时，钻孔直径宜适当减小。

2）钻孔间距 $a$。预裂爆破的钻孔间距与钻孔直径有关，孔距与孔径之比 $a=(7～10)d$，一般为 0.5～1.0m，预裂爆破质量要求高、岩石软弱破碎、裂隙发育者取小值，岩石坚硬完整时取大值。

3）不耦合系数 $K_d$。预裂爆破一般采用不耦合装药，$K_d$ 值大时，炸药直径与孔壁之间的间隙大，爆破后对孔壁的破坏小，相反对孔壁的破坏大。一般不耦合系数取 $K_d=2～4$，当 $K_d \geqslant 2$ 时，只要药包不紧贴孔壁，孔壁就不会受到损伤。如果 $K_d < 2$ 时，炮孔孔壁质量很难保证。

4）预裂炮孔的超钻深度 $\Delta h$。超钻孔深 $\Delta h$ 可在 0.5～2.0m 之间取值，以不留根底和不破坏坡后岩体为原则。钻孔深直径大或岩石坚硬完整时超钻孔深取大值，当钻孔浅直径小或岩石较软弱时超钻孔深取小值。

（3）药量计算。

1）理论计算法。理论计算中多采用苏联 A.A. 费先柯和 B.C. 艾里斯托夫提出的计算方法。主要包括预裂爆破需满足的应力条件、装药密度计算及炮孔间距计算三项公式。

预裂爆破应满足的条件：预裂孔同时起爆时，需满足式（4-19）力学方程的要求：

$$\sigma_r \leqslant \sigma_压，\sigma_T \leqslant \sigma_拉 \tag{4-19}$$

式中 $\sigma_r$——预裂孔壁受到的最大径向压应力，MPa；

$\sigma_T$——预裂孔连心线上岩体受到的切向最大拉应方，MPa；

$\sigma_压$——岩石的极限抗压强度，MPa；

$\sigma_拉$——岩石的极限抗拉强度，MPa。

装药密度计算：根据炮孔内冲击应力波的作用理论，在保证孔壁岩体不被压碎的条件下，可求得最佳的装药密度，可按式（4-20）计算：

$$\Delta = \sigma_压 / 10 [2.5 + \sqrt{6.25 + 1400/(\sigma_压/10)}]/100Q \tag{4-20}$$

式中 $\Delta$——最佳装药密度，$g/cm^3$；

$\sigma_压$——岩石的极限抗压强度，kPa；

$Q$——炸药的爆热，kJ/kg。

炮孔间距按式（4-21）计算：

$$a = 1.6[(\sigma_压/\sigma_拉)\mu/(1-\mu)]^{2/3}d \tag{4-21}$$

式中 $a$——炮孔间距，cm；

$\sigma_压$——岩石的极限抗压强度，kPa；

$\sigma_拉$——岩石的极限抗拉强度，kPa；

$\mu$——岩石的泊松比；

$d$——炮孔直径，mm。

2）经验公式计算法。预裂爆破经验计算可按式（4-22）～式（4-25）计算。

预裂爆破线装药密度计算通式（4-22）为：

$$q_线 = K(\sigma_压)^\alpha a^\beta d^\gamma \tag{4-22}$$

式中 $q_线$——炮孔的线装药密度，kg/m；

$\sigma_压$——岩石的极限抗压强度，MPa；

$a$——炮孔间距，m；

$d$——炮孔直径，mm；

$K$、$\alpha$、$\beta$、$\gamma$——系数。

以下选取了相关单位推荐的预裂爆破计算经验公式，部分公式中取消了式（4-24）通式中的 $a^\beta$ 项。

$$q_线 = 0.034(\sigma_压)^{0.63}d^{0.67} \tag{4-23}$$

$$q_线 = 0.367(\sigma_压)^{0.5}d^{0.36} \tag{4-24}$$

$$q_线 = 0.127(\sigma_压)^{0.5}a^{0.84}(d/2)^{0.24} \tag{4-25}$$

3）工程类比法。由于预裂爆破装药量的理论计算存在一些参数很难确定的缺陷，因此可以根据已完成类似工程的资料，并结合地形、地质条件、钻孔设备、爆破要求及爆破规模等进行工程类比选择。根据岩性不同，预裂爆破的线装药密度一般为 100～700g/m，预裂爆破参数经验数据见表4-10。不同品种的炸药的密度、爆速、爆力、猛度等均有差异，爆破效果也不一样，应根据施工现场实际使用的炸药品种进行必要的换算。

表 4-10                                                预裂爆破参数经验数据表

| 岩石性质 | 岩石抗压强度/MPa | 钻孔直径/mm | 钻孔间距/cm | 线装药量/(g/m) |
|---|---|---|---|---|
| 软弱岩石 | <50 | 80～100 | 0.6～0.8<br>0.8～1.0 | 100～180<br>150～250 |
| 中硬岩石 | 50～80 | 80～100 | 0.6～0.8<br>0.8～1.0 | 180～300<br>250～350 |
| 次坚石 | 80～120 | 90～100 | 0.8～0.9<br>0.8～1.0 | 250～400<br>300～450 |
| 坚石 | >120 | 90～100 | 0.8～1.0 | 300～700 |

（4）预裂孔起爆延时。预裂爆破和主体爆破同次起爆时，预裂爆破的炮孔应在主体爆破前起爆，对于软岩宜不少于 150ms，硬岩宜不少于 75ms，使其在主爆孔起爆前形成预裂缝面。在主爆区需进行多次爆破时，预裂爆破也可事先起爆。预裂孔可采用齐发爆破，也可数孔或单孔毫秒延时起爆，以控制预裂爆破的振动影响。

（5）装药结构与堵塞。

1）装药结构。严格做好药包、药串加工，装药量、装药结构和堵塞质量均应符合设计要求，这是搞好预裂爆破的重要技术措施。预裂爆破常采用不耦合装药，其装药结构见图 4-6，分为连续装药、均匀等距离装药和分段装药三种形式。采用分段装药时，底部为加强装药段、中部为正常装药段、顶部为减弱装药段和堵塞段。一般情况下各段与孔深的关系为加强装药段长度 $L_3 = 0.2L$，中部正常装药段长度 $L_2 = 0.5L$，顶部减弱装药和堵塞段 $L_1 = 0.3L$。

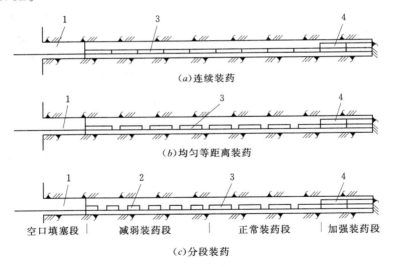

（a）连续装药

（b）均匀等距离装药

空口填塞段｜　　减弱装药段　　｜　　正常装药段　　｜　加强装药段

（c）分段装药

图 4-6　预裂孔装药结构示意图
1—堵塞段；2—顶部减弱装药段；3—正常装药段；4—底部增强装药段

不管何种装药结构，预裂孔底部 0.5～1.5m 处均为加强装药段，装药量应比计算线装药密度加强，光面（预裂）炮孔底部加强装药段药量增加见表 4-11。

**表 4 - 11** 光面（预裂）炮孔底部加强装药段药量增加表

| 炮孔深度 $L$/m | <3 | 3～5 | 5～10 | 10～15 | 15～20 |
|---|---|---|---|---|---|
| $L_1$/m | 0.2～0.5 | 0.5～1.0 | 1.0～1.5 | 1.5～2.0 | 2.0～2.5 |
| $q_{y1}/q_y$ | 1.0～2.0 | 2.0～3.0 | 3.0～4.0 | 4.0～5.0 | 5.0～6.0 |
| $q_{R1}/q_R$ | 1.0～1.5 | 1.5～2.5 | 2.5～3.0 | 3.0～4.0 | 4.0～5.0 |

注 $L_1$ 为底部加强装药段长度；$q_{y1}$ 为预裂爆破孔加强装药段线装药密度，g/m；$q_y$ 为预裂爆破孔正常装药段线装药密度，g/m；$q_{R1}$ 为光面爆破孔加强装药段线装药密度，g/m；$q_R$ 为光面爆破孔正常装药段线装药密度，g/m。

2）堵塞。堵塞良好可使炸药的爆炸能量得到充分利用，同时减少爆破有害效应，堵塞长度和炮孔直径有关，一般取炮孔直径的 10～20 倍，常为 0.6～2.0m，可用砂子、泥土或石粉等材料逐层捣实，确保堵塞质量。

炮孔装药前，应将炮孔内的石渣和积水吹净，无法排干积水的炮孔应有防水措施。应严格按设计药量及装药结构制作药串，将加工好的药串按孔位编号，装药时按药串的编号送入相应的炮孔内。预裂爆破通常采用人工装药，将加工好的药串抬起，慢慢地放到孔内，当药串放到位后，应牢靠固定，再进行孔口堵塞。用竹片条绑扎的药串，放入炮孔内时可使竹片贴靠在保留区的孔壁部位。在炮孔堵塞过程中，应注意保护好导爆索和雷管脚线。

（6）工程实例。锦屏一级水电站大坝坝高 305m，为世界已建最高拱坝。大坝左岸坝基地质条件复杂，坝肩槽最大开挖高度 305m，在高程 1885.00～1730.00m 之间为灰色粉砂质板岩夹变质砂岩，其中在高程 1833.00～1798.00m 段出露宽度约 4.4～6.5m 的岩性为深灰色板岩，高程 1730.00～1580.00m 段地层为三叠系中上统杂谷脑组第二段大理石。边坡中有 13 条主要断层和 11 组层间挤压带。岩石卸荷作用强烈，卸荷裂隙发育。

开挖时爆破振动要求严，振动控制标准为：坝基和坝肩槽边坡质点振动速度不大于 10m/s，新施工的锚索、锚杆 0～3d 龄期质点速度不大于 1m/s。开挖中，锦屏水电站左岸坝肩预裂爆破主要参数见表 4 - 12。开挖质量符合设计要求，达到预期效果。

**表 4 - 12** 锦屏水电站左岸坝肩预裂爆破主要参数表（2 号岩石乳化炸药）

| 爆破参数 | 高程 1885.00～1730.00m | 高程 1730.00～1650.00m | 高程 1650.00～1580.00m |
|---|---|---|---|
| 钻孔机具 | XZ - 30 型潜孔钻 | XZ - 30 型潜孔钻 | XZ - 30 或 YQ - 100 型潜孔钻 |
| 孔径/mm | 90 | 90 | 90 |
| 孔距/cm | 60～80 | 60 | 60 |
| 孔深/m | 7.5～15 | 10 | 10 |
| 线装药密度/(g/m) | 240～300 | 280～320 | 260～300 |
| 药卷直径/mm | 32～25 | 32 | 32～25 |
| 装药结构 | 导爆索串联间隔不耦合装药 | | |
| 孔口堵塞长度/m | 0.8～1.5 | 1.2～1.5 | 1.5 |
| 最大单响药量/kg | 12～25 | 12～25 | 12 |

### 4.3.3 光面爆破

光面爆破沿设计开挖边界布设间距较小的炮孔，其炮孔间距小于抵抗线，采用不耦合装药或装填低威力炸药，在开挖主爆区爆破之后最后一段起爆，形成平整的开挖轮廓面，光面爆破见图4-7。光爆孔与其相邻的主爆孔间的爆区称为光爆层，光爆层抵抗线应小于主爆区抵抗线，靠光爆层的主爆孔称缓冲孔，缓冲孔孔距与装药量均宜适当减小。

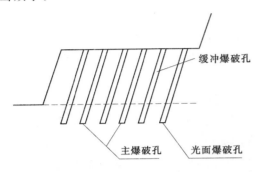

缓冲爆破孔

主爆破孔　光面爆破孔

图 4-7　光面爆破示意图

光面爆破与预裂爆破很相似，也是利用间距较为密集的炮孔，装填少量的炸药，起爆后沿孔面开裂，形成平整的壁面。但光面爆破有侧向自由面，爆破应力波传到自由面后产生反射拉伸波，使爆破的应力波和爆生气体的能量向抵抗线方向转移，减弱了应力波和爆生气体对保留岩体的破坏作用。由于钻孔间距较小，爆破时这种能量的转移不会阻碍裂缝的形成，光面爆破时，相邻孔不论是同时起爆还是短时差的毫秒延时分段起爆，光面爆破孔滞后主爆孔150～200ms起爆，爆破应力波的作用均可使相邻炮孔间岩体形成裂缝，并随爆炸气体的作用进一步延长裂缝，使孔间裂缝贯通，形成平整的轮廓面。

在破碎岩体开挖时应采用光面爆破，以避免预裂爆破时产生较大的爆破振动对围岩的影响，必要时，可在光面爆破前的一定距离先进行一次施工预裂，以控制主爆区的爆破影响。构造发育的围岩中采用光面爆破时半孔率很低，从表面上看效果不明显，但是，在破碎岩石中进行光面爆破时，可减轻爆破对围岩破坏，减少超挖以及防止冒顶等，并获得较为理想的爆破效果。

（1）爆破参数。

1）钻孔直径 $D$。根据工程特点及机械设备情况选择，通常与台阶爆破钻孔相同，对深孔光面爆破的钻孔直径 $D$ 宜为80～100mm，浅孔光面爆破，炮孔直径宜为40～50mm。

2）台阶高度 $H$。合理的台阶高度应视岩体开挖设计要求、机械的钻孔能力、施工技术水平综合考虑。台阶高度 $H$ 与主体石方爆破台阶相同。

3）最小抵抗线 $W_光$。最小的抵抗线为光爆层厚度。光面爆破效果的好坏，除了受边界炮孔间距和装药结构、炸药用量的影响外，更主要的受光爆层厚度的影响。光爆层的厚度过大不仅影响边界孔与孔间贯穿裂隙的形成，还影响围岩的稳定。因此，确定出合理的光爆层厚度，对提高施工时光爆效果有特别重要的作用，光爆层厚度可按经验式（4-26）或式（4-27）计算：

$$W_光 = KD \tag{4-26}$$

$$W_光 = K_1 a_光 \tag{4-27}$$

以上两式中　$W_光$——光面爆破最小抵抗线长度，m；

　　　　　　$D$——炮孔直径，mm；

　　　　　　$K$——计算系数，一般取 $K=15\sim25$，软岩取大值，硬岩取小值；

$K_1$——计算系数，一般取 $K_1=1.5\sim2.0$，孔径大取小值，孔径小取大值；

$a_光$——光面爆破孔孔距，m。

4）光面爆破孔孔距 $a_光$。光爆孔的间距跟围岩硬度及破碎程度等有关，光爆孔间距应比主爆孔小。围岩软弱、破碎时孔距可适当调大，岩石坚硬完整时，光爆孔可适当调小，确保岩石爆裂贯穿，光爆孔孔距过大，难以爆出平整的光面；孔距过小，会增加开挖费用。光爆孔的孔距可按式（4-28）计算：

$$a_光=mW_光 \tag{4-28}$$

式中　$m$——炮孔密集系数，一般取 $m=0.6\sim0.8$；

其余符号意义同前。

5）炮孔长度 $L$，可按式（4-29）计算：

$$L=（H+h）/\sin\alpha \tag{4-29}$$

式中　$L$——炮孔长度，m；

$h$——炮孔超钻深度，m；

$\alpha$——钻孔角度。

6）超钻长度 $h$。深孔台阶爆破的超钻深度 $h$ 取值为 $0.5\sim1.5$m，孔深和岩石坚硬完整者取大值，反之取小值。

7）缓冲爆破。在光面爆破时，光爆孔和主爆孔之间应布置缓冲孔，其孔距应比主爆孔缩小 $30\%\sim50\%$，单孔耗药量减少约 $50\%$，并实行间隔装药、增加堵塞长度，以减少爆破时对边坡的影响。

（2）药量计算。单孔装药量 $Q_光$ 按式（4-30）计算：

$$Q_光=qL \tag{4-30}$$

式中　$Q_光$——光面爆破的单孔装药量，kg；

$q$——光面爆破的炸药单耗，约为 $0.15\sim0.25$kg/m³；软岩取小值，硬岩取大值，或按表 4-13 所示取值；

$L$——光面爆破孔单孔爆破量，m³，为光爆孔孔深与相邻孔距与缓冲孔孔距之乘积。

光面爆破底部加强装药，底部线装药密度与岩性孔深、孔径光爆面厚度等因素有关，浅孔台阶爆破时可为计算线装药密度的 $1\sim2$ 倍，深孔台阶爆破时可为 $2\sim4$ 倍，岩石坚硬完整，超钻深度 $h\geqslant0.8$ 时取高值，否则取小值。各类岩石光面爆破与预裂爆破炸药单耗见表4-13。

表 4-13　　　　　各类岩石光面爆破与预裂爆破炸药单耗表

| 岩石名称 | 岩石特征 | 岩石坚固性系数 $f$ 值 | 炮孔松动爆破 $K_松$/(g/m³) | 光面爆破 $K_光$/(g/m³) | 预裂爆破 $K_预$/(g/m³) |
|---|---|---|---|---|---|
| 页岩 | 风化破碎 | 2～4 | 330～480 | 140～280 | 270～400 |
| 千枚岩 | 完整、微风化 | 4～6 | 400～520 | 150～310 | 300～460 |
| 板岩 | 泥质、薄层、层面张开、较破碎 | 3～5 | 370～520 | 150～300 | 300～450 |
| 泥灰岩 | 较完整、层面闭合 | 5～8 | 400～560 | 160～320 | 320～480 |

| 岩石名称 | 岩 石 特 征 | 岩石坚固性系数 $f$ 值 | 炮孔松动爆破 $K_松$/(g/m³) | 光面爆破 $K_光$/(g/m³) | 预裂爆破 $K_预$/(g/m³) |
|---|---|---|---|---|---|
| 砂岩 | 泥质胶结、中薄层或风化破碎 | 4～6 | 330～480 | 130～270 | 270～400 |
| | 钙质胶结、中厚层、中细粒结构、裂隙不甚发育 | 7～8 | 430～560 | 160～330 | 330～500 |
| | 硅质胶结、石英质砂岩、厚层裂隙不发育未风化 | 9～14 | 470～680 | 190～390 | 380～580 |
| 砾岩 | 胶结性差、砾石以砂岩或较不坚硬岩石为主 | 5～8 | 400～560 | 160～320 | 320～480 |
| | 胶结好、以较坚硬的岩石组成、未风化 | 9～12 | 470～640 | 180～370 | 370～550 |
| 白云岩 大理岩 | 节理发育、较疏松破碎裂隙频率大于4条/m | 5～8 | 400～560 | 160～320 | 320～480 |
| | 完整、坚硬的 | 9～12 | 500～640 | 190～380 | 380～570 |
| 石灰岩 | 中薄层或含泥质竹叶状结构的及裂隙较发育 | 6～8 | 430～560 | 160～330 | 330～500 |
| | 厚层、完整或含硅质、致密 | 9～15 | 470～680 | 190～380 | 380～580 |
| 花岗岩 | 风化严重、节理裂隙很发育、多组节理交割、裂隙频率大于5条/m | 4～6 | 370～520 | 150～300 | 300～450 |
| | 风化较轻节理不甚发育或未风化的伟晶粗晶结构 | 7～12 | 430～640 | 180～360 | 360～540 |
| | 细晶均质结构、未风化完整致密 | 12～20 | 530～720 | 210～420 | 420～630 |
| 流纹岩粗面岩蛇纹岩 | 较破碎的 | 6～8 | 400～560 | 160～320 | 320～480 |
| | 完整的 | 9～12 | 500～680 | 200～400 | 400～590 |
| 片麻岩 | 片理或节理发育 | 5～8 | 400～560 | 160～320 | 320～480 |
| | 完整坚硬 | 9～14 | 500～680 | 200～400 | 400～590 |
| 正长岩 闪长岩 | 较风化、整体性较差的 | 8～12 | 430～600 | 170～340 | 340～520 |
| | 未风化、完整致密的 | 12～18 | 530～700 | 200～410 | 410～620 |
| 石英岩 | 风化破碎、裂隙频率大于5条/m | 5～7 | 370～520 | 150～300 | 300～450 |
| | 中等坚硬、较完整的 | 8～14 | 470～640 | 190～370 | 370～560 |
| | 很坚硬完整、致密的 | 14～20 | 570～800 | 230～460 | 460～690 |
| 安山岩 玄武岩 | 受节理裂隙切割 | 7～12 | 430～600 | 170～340 | 340～520 |
| | 完整坚硬致密的 | 12～20 | 530～800 | 220～440 | 440～650 |
| 辉长岩 辉绿岩 橄榄岩 | 受节理切割的 | 8～14 | 470～680 | 190～380 | 380～520 |
| | 很完整、很坚硬致密的 | 14～25 | 600～840 | 240～480 | 480～720 |

装药不耦合系数 $k$ 按式（4-31）计算：

装药不偶合系数取

$$k = \frac{D}{d} \tag{4-31}$$

式中  $D$——钻孔直径，m;

92

$d$——药包直径，m。

光面爆破宜采用导爆索起爆网路，当光面爆破规模大时，可以采用分段起爆。在同一段内采用导爆索起爆，各段之间分别用毫秒雷管引爆，其起爆网路如图4-8所示。

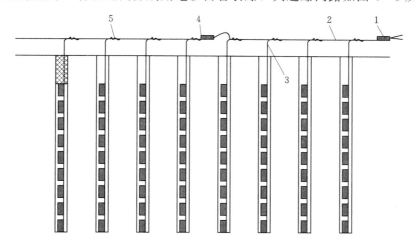

图4-8　光面（预裂）爆破导爆索连接起爆网路图

1—引爆雷管；2—敷设于地面的导爆索主线；3—由孔内药串引出的导爆索；
4—孔外接力分段雷管；5—孔内引出的导爆索与地面导爆索主线的连接点

台阶爆破、常规隧洞表面爆破以及部分水工隧洞开挖的光面爆破参数分别见表4-14～表4-16。

表 4-14　　　　　　　　　　台阶爆破常用光面爆破参数表

| 岩石强度系数 $f$ | 孔深 $h$/m | 孔距 $a$/m | 最小抵抗线 $W$/m | 线装药密度 $q$ /(kg/m) | 加强装药 | | 不装药长度 /m | 堵塞长度 /m |
|---|---|---|---|---|---|---|---|---|
| | | | | | 长度/m | 倍数 | | |
| $f>6$ | $h>8$ | 0.8～1.5 | 1.2～2.5 | 0.6～0.9 | >2.0 | >3.5 | 1.0 | 1.5 |
| | $8>h\geqslant3$ | 0.8～1.3 | 1.2～2.2 | 0.4～0.7 | 0.5～2.0 | 1.5～3.5 | 0.5～1.0 | 1.2～1.5 |
| $6>f\geqslant3$ | $h>8$ | 0.7～1.0 | 1.5～2.5 | 0.3～0.6 | >1.5 | >3.0 | 1.5 | 1.5 |
| | $8>h\geqslant3$ | 0.6～1.0 | 1.5～2.5 | 0.3～0.5 | 0.5～1.5 | 1.5～2.5 | 0.5～1.5 | 1.2 |
| $3>f\geqslant2$ | $h>8$ | 0.6～0.8 | 1.8～2.5 | 0.1～0.3 | >1.5 | >1.2 | 2.0 | 1.0 |
| | $8>h\geqslant3$ | 0.5～0.7 | 1.8～2.5 | 0.1～0.3 | >0.3 | >1.2 | 0.5～2.0 | 1.0 |

表 4-15　　　　　　　　　　常规隧洞光面爆破参数表

| 岩石性质 | 炸药单耗 /(kg/m³) | 炮孔直径 /mm | 光爆层厚度 /cm | 密集系数 $a/W$ | 炮孔间距 /cm | 线装药密度 /(kg/m) |
|---|---|---|---|---|---|---|
| 硬砂岩 $f=8\sim10$ | 0.8 | 38～42 | 45～50 | 0.9～1.0 | 35～50 | 0.16～0.26 |
| 中硬岩 $f=6\sim8$ | 0.6～0.8 | 38～42 | 50～60 | 0.8～1.0 | 40～50 | 0.12～0.18 |
| 砂页岩 $f<6$ | 0.4～0.6 | 38～42 | 50～60 | 0.7～0.9 | 40～60 | 0.10～0.16 |

表 4 - 16 　　　　　　　　部分水工隧洞开挖的光面爆破参数

| 工 程 名 称 | 岩性 | 不耦合系数 | 炮孔直径 /mm | 线装药密度 q/(g/m) | 炮孔间距 a/cm | 最小抵抗线 W/cm | 密集系数 |
|---|---|---|---|---|---|---|---|
| 水布垭水电站地下厂房Ⅰ层光面爆破 | 灰岩 | 1.68 | 42 | 200 | 50 | 80～100 | 0.63～0.5 |
| 毛尔盖水电站引水隧洞 | 变质石英砂岩、绢云母千枚岩 | 1.68 | 42 | 170 | 55 | 80 | 0.68 |
| 引大入秦 39 号引水隧洞 | 砂砾岩夹薄层砂岩、千枚岩 | 1.68 | 42 | 200 | 60 | 70～80 | 0.75～0.86 |
| 武都引水工程唐家山引水隧洞 | 砂岩、泥质粉砂岩、 | 1.68 | 42 | 120 | 50 | 80 | 0.63 |
| 鲁布革水电站引水隧洞 | 石灰岩、白云岩 | 2.0 | 50 | 425 | 60 | 100 | 0.6 |
| 天生桥一级水电站引水隧洞 | 泥岩、砂岩 | 1.56 | 38 | 250～300 | 40～50 | 50～60 | 0.67～0.83 |
| 三峡茅坪溪泄水隧洞 | 花岗岩 | 2.25 | 45 | 300 | 50 | 70 | 0.71 |
| 东江水电站导流洞 | 花岗岩 | 2.0 | 40 | 485 | 56 | 70 | 0.8 |
| 隔河岩水电站引水隧洞 | 石灰岩页岩 | 2.25 | 45 | 150～200（石灰岩）50～100（页岩） | 40～50 | 60～70 | 0.65～0.75 |
| 广州抽水蓄能电站引水隧洞 | 花岗岩片麻岩 | 1.92 | 38 | 289 | 60 | 70 | 0.86 |
| 龙头石水电站导流洞及泄洪洞 | 花岗岩 | 2.0 | 50 | 200～250 | 45～50 | 70～80 | 0.74～0.56 |
| 彭水水电站尾水洞 | 灰岩 | 1.68 | 42 | 200～250 | 55～60 | 70 | 0.8 |
| 锦屏一级水电站公路洞 | 大理岩 | 1.68 | 40 | 200～220 | 50 | 70 | 0.7 |
| 漫湾水电站导流洞 | 流纹岩 | 2.0 | 50 | 250～275 | 60 | 80 | 0.75 |

### 4.3.4　预裂与光面复合爆破

预裂爆破实施时对预留岩体有一定损伤，这种损伤通常并不危及围岩的稳定，在设计允许范围内。但是，在建筑物要求特别严格的部位，不允许对保留围岩产生破坏时，必须采取更加严格的爆破施工方法。

（1）两次预裂爆破法。主爆破孔起爆前或起爆时，在距开挖轮廓线一定位置的爆破区内，先进行一次预裂爆破，即施工预裂爆破，预裂爆破的孔间距可适当加大，约为孔径的 $15\sim20$ 倍。施工预裂与主爆区的爆破同时进行时，预裂爆破时间宜早于主爆孔 100ms 以上。随后再沿开挖轮廓线布置正常的预裂孔，与保留的岩体爆破时进行第二次预裂爆破。因有第一次预裂爆破形成的裂缝吸引爆炸能量，可有效减轻主爆区爆破对保留围岩的破坏。采用两次预裂方法较正常预裂爆破方法更有利于减小主爆破区的爆破影响，使保留围岩获得较好的开挖爆破效果。

（2）预裂—光面爆破法。在主爆区内进行施工预裂形成预裂缝后，沿设计开挖轮廓线打光面爆破孔，在主爆区炮孔爆破后再进行光面爆破的施工方法，即为预裂—光面爆破法。该方法由于爆区内预裂缝的隔振作用，主爆破区爆破完成后再进行的侧向保护层岩体爆破有了更理想的临空面，可有效地控制爆破影响。该工艺可在中硬以上、裂隙发育程度中等的围岩中采用，能获得良好的效果。三峡水利枢纽永久船闸宽37m的闸室开挖时采用的预裂—光面爆破法（见图4-9），有效地控制了主爆区岩体破坏的影响，保证了高68.5m的直立边坡开挖质量。

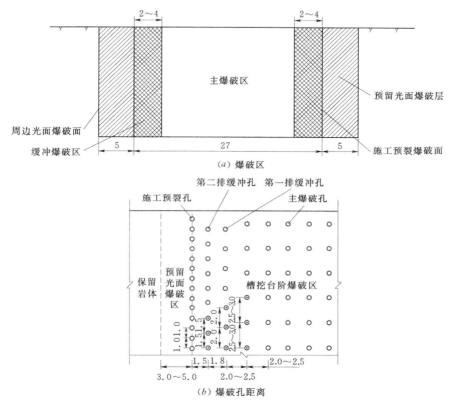

图4-9　三峡水利枢纽永久船闸预裂—光面爆破开挖示意图（单位：m）

# 4.4　基岩保护层爆破

## 4.4.1　基岩保护层爆破要求

水工建筑物承受巨大的水压荷载，必须修建在坚硬、完整的基岩上，建基面应具备足够的承载能力和良好的稳定性、防渗性。为了控制爆破对建筑物基岩面的爆破破坏影响，并获得较为平整的基础面，水工建筑物基础开挖中，在紧临建基面设置一定厚度的岩体保护层，采用小直径钻孔和小药卷控制爆破，确保建基面的爆破影响符合设计及规范要求，形成了在水利水电工程中富有特色的基岩保护层爆破技术。

根据《水工建筑物岩石基础开挖工程施工技术规范》（DL/T 5389）的规定，保护层的厚度宜为上一层台阶爆破药卷直径 $d$ 的 $25\sim40$ 倍，与岩体特性有关，保护层厚度取值可按表 4-17 确定；部分水利水电工程的深孔台阶爆破对底部岩体的破坏影响深度（见表 4-18），可为确定预留保护层厚度时参考。

表 4-17　　　　　　　　　　　　　保 护 层 厚 度 取 值

| 岩石特性 | 节理裂隙不发育和坚硬的岩石 | 节理裂隙较发育和中等坚硬的岩石 | 节理裂隙极发育和软弱的岩石 |
|---|---|---|---|
| $h/d$ | 25 | 30 | 40 |

表 4-18　　　　　　　　　　部分工程炮孔底部岩体破坏影响深度表

| 工程名称 | 基 岩 性 状 | 炮孔底部破坏深度（$d$ 为炮孔直径）/mm |
|---|---|---|
| 葛洲坝水利枢纽 | 缓倾角砾岩、砂岩、黏土质粉砂岩与黏土岩 | $40d$ |
| 万安水电站 | 粉砂岩和砂质页岩，裂隙发育、岩石破碎 | $(20\sim30)d$ |
| 东江水电站 | 微风化花岗岩 | $(8\sim15)d$ |
| 安康水电站 | 千枚岩、裂隙断层发育 | $30d$ |
| 鲁布革水电站 | 白云岩、石灰岩，裂隙发育 | $30d$ |
| 飞来峡水电站 | 中细粒花岗岩弱风化带 | $(31\sim37)d$ |
| 三峡水利枢纽 | 闪云斜长花岗岩弱风化中限 | $(20\sim27)d$ |
| 白山水电站 | 混合岩 | $31d$ |
| 大化水电站 | 泥岩和灰岩瓦层 | $20d$ |

水工建筑的基岩开挖，只允许采用台阶爆破技术，在紧邻建基面处，根据施工规范要求，预留包括水平建基面、垂直建基面及边坡、斜坡建基面等部位的保护层，即水平保护层和侧向保护层。由于工程施工中对光面爆破、预裂爆破技术的成功应用，有效控制了爆破振动影响，使得边坡的侧向保留基岩的完整性及质量得到大幅提高，已能满足开挖要求，一般情况下，不再预留边坡保护层在需要严格控制的部位，可采用设置施工预裂缝的预裂—光面爆破技术，有效控制爆破影响。预留保护层的部位主要在底部水平基建面，这里的保护层爆破技术，专指水平建基面的保护层爆破技术。

《水工建筑物岩石基础开挖工程施工技术规范》（DL/T 5389）自 1963 年制定以来，分别于 1983 年、1994 年做出修订，均对基岩保护层的开挖爆破做出了规定，主要采用小直径钻孔、小药卷分层开挖爆破技术。随着新型起爆器材的使用和炸药性能的改善，经大量的工程爆破试验，出现了多种基岩保护层爆破技术。2007 年再次修订该规范时（DL/T 5389—2007）版，有关紧邻水平建基面的爆破，即水平保护层爆破做出了新的规定。

修订的新规范中推荐紧邻水平建基面的保护层宜选用下列一次爆破法予以挖除：①沿建基面采取水平预裂爆破，上部采用水平孔台阶或浅孔台阶爆破法；②沿建基面进行水平光面爆破，上部采用浅孔台阶爆破法；③孔底无水时，可采用垂直（或倾斜）浅孔，孔底加柔性或复合材料垫层的台阶爆破法，以上任一种爆破方法均应经过试验证明可行后才可实施。

规范中同时规定，经爆破试验证明可行，水平建基面也可采用深孔台阶一次爆破法，该方法应采取以下措施：①水平建基面，应采用水平预裂爆破方法；②台阶爆破的爆破孔底与水平预裂面应有合适距离。规范中保留了紧邻水平建基面的保护层也可采用分层爆破。

根据以上的规定，随着爆破器材和爆破技术的不断发展，目前的基岩保护层爆破的主要方法为：①传统的分层爆破技术；②小台阶一次爆除；③水平预裂小台阶一次爆除；④水平预裂或光面爆破的水平孔一次爆除；⑤不留保护层的深孔台阶爆破法。

### 4.4.2 分层爆破

预留的水平建基面上的保护层岩体厚度为上层台阶爆破钻孔直径的 25～40 倍，约为 2～4m，根据规定需分 3 层，实施逐层爆破。第 1 层，炮孔不得穿入距水平建基层 1.5m 的范围，炮孔装药直径应不大于 40mm，应采用台阶爆破法。第 2 层，对节理裂隙不发育、较发育、发育和坚硬的岩体，炮孔不得穿入距水平建基面 0.5m，对节理裂隙极发育和软弱的岩体，炮孔不得穿入距水平基面 0.7m 的范围。炮孔与水平建基面的夹角应大于 60°，炮孔装药直径不应大于 32mm，应采用单孔起爆法。第 3 层，对节理裂隙不发育、较发育、发育和坚硬、中等坚硬的岩体，炮孔不得穿入水平建基面，对节理裂隙极发育和软弱的岩体，炮孔不得穿入水平建基面的 0.2m 以上的范围，剩余厚 0.2m 的岩体应进行撬挖。炮孔角度、装药直径和起爆方法均同第 2 层。

由于分层爆破法费时费工、效率低下、严重影响工程进度，且实施单孔爆破时因缺乏良好的侧向临空面，对底部岩体有一定的影响，目前这种爆破方法已较少使用。

### 4.4.3 小台阶一次爆除

水平建基面保护层小台阶一次爆除时，采用有临空面的小台阶爆破，钻孔直径 40mm 左右，孔距 1.0～2.0m，排距 0.8～1.5m，可采用梅花形布置，钻孔密集系数取 1.5 左右，可采用垂直孔或倾斜孔，炮孔钻孔角度应一致，炮孔的孔底控制在同一平面上。为控制爆破影响，克服根底，改善爆破效果，中等以上的岩体可超深 0.2m，超深钻孔部位设置柔性垫层。炸药单耗根据岩体情况选择，可取 0.45kg/m³ 左右，并根据试验确定。为了方便施工，可采用简单的排间毫秒延时爆破网路，需控制药量时，也可数孔或单孔延时分段起爆。

20 世纪 80 年代初，万安水电站船闸下闸首进行了 4 组粉砂岩、砂页岩保护层垂直孔小台阶一次爆除专项试验，采用小孔径小药卷孔底加设塑料袋装锯屑柔性垫层的垂直孔小台阶一次爆除技术，建基面平整，符合设计要求，并有效控制了爆破影响，取得突破性进展。在随后的水利水电工程中，如六都寨、板桥、凌津滩、东风、汾河二库、飞来峡等水电站工程中，得到了应用和进一步发展。

保护层小台阶一次性爆除技术中，孔底柔性垫层减震是重要的工程技术措施，设置一定高度柔性垫层，可以改善爆破效果，缓冲爆破振动对孔底以下岩体的破坏。柔性垫层可用松散的土砂混合材料、锯屑等低密度高孔隙率材料、保留竹节的竹筒、塑料泡沫垫层、两头封堵的硬塑料管等制作。

从装药结构来讲，设置柔性垫层即为孔底径向不耦合装药。孔内药包爆炸生成的高温高压气体，作用于孔壁产生径向及环向裂缝的同时，通过柔性垫层的可压缩性及对空气冲击波的阻滞作用，使炮孔底部岩石所受爆生气体的峰压及比冲量均明显减小，从而减少了爆破振动对孔底以下岩石的破坏，延长了爆破作用时间，有利于改善破岩效果克服根底。由于水的不可压缩性，可对爆破振动产生不利影响，孔内积水应及时排除。

保护层小台阶一次爆破参数与岩体特性、保护层厚度等因素有关。不同岩性保护层小台阶一次爆破参数见表 4-19，部分水利水电工程保护层小台阶一次爆破参数及效果见表 4-20。

表 4-19　　　　　　　　　不留岩性保护层小台阶一次爆破参数表

| 岩性 | 台阶高度/m | 孔深/m | 超深/m | 孔径/mm | 孔距/m | 排距/m | 药卷直径/mm | 炸药单耗/(kg/m³) | 装药长度/m | 空气柱缓冲层厚度/m | 堵塞长度/m |
|---|---|---|---|---|---|---|---|---|---|---|---|
| 坚硬花岗岩 | 1.6 | 1.9 | 0.3 | 64/76 | 1.3 | 1.0 | 32 | 0.52 | 1.3 | 0.20 | 0.40 |
| 普通花岗岩 | 1.4 | 1.6 | 0.2 | 64/76 | 1.5 | 1.1 | 32 | 0.45 | 0.95 | 0.25 | 0.40 |
| 角岩 | 1.3 | 1.5 | 0.25 | 64/76 | 1.7 | 1.2 | 32 | 0.40 | 0.80 | 0.30 | 0.40 |

表 4-20　　　　　　　部分水利水电工程保护层小台阶一次爆破参数及效果表

| 工程名称 | 台阶 | 孔径/mm | 孔深/m | 孔距/m | 排距/m | 炸药直径/mm | 炸药单耗/(kg/m³) | 垫层高度/mm | 爆破效果 |
|---|---|---|---|---|---|---|---|---|---|
| 万安水电站建基面保护层一次性爆除开挖 | 1.5~2.0 | 40 | 1.5~2.0 | 1.0~1.8 | 0.6~0.75 | 32 | 0.35~0.47 | 0.18 木屑 | 破坏深度控制在0.3m以内，平均残留根底2.9%，工期缩短近一半 |
| 东风水电站保护层一次性爆徐开挖 | 2.4 | 40 | 2.6 | 1.0 | 1.0 | 32 | 0.56 | 0.20 塑料袋装木屑 | 破坏深度小于0.4m，爆渣集中，块度均匀，爆破效果良好 |
| 飞来峡水利枢纽溢流坝保护层一次性爆除 | 2.5~3.0 | 42 | 2.5~3.0 | 1.7 | 1.5 | 32 | 0.46 | 0.45 | 破坏深度控制在0.1~0.2m，经济效益良好，简化分层开挖工序 |
| 汾河二库坝基保护层一次性爆除开挖 | 1.2~2.0 | 42 | 1.2~2.0 | 1.0~1.3 | 1.0 | 32 | 0.30~0.35 | 0.15~0.20 中空两头封堵硬塑料管 | 爆破前后波速变化率不大于10%提高了工效，缩短工期 |
| 高坝洲水电站保护层一次性爆除开挖 | 2.0~4.0 | 42、80 | 2.0~4.0 | 1.2~1.4 1.8~2.0 | 0.8~1.0 1.4~1.5 | 32~50 | 0.44~0.48 | 0.2~0.3 | 爆除效果良好，达到设计要求 |

　　万安水电站在中厚层中粗粒长石石英砂岩，局部有粉砂岩及砂质页岩的微风化岩体中对 1.5~2.0m 保护层岩体进行了垂直孔和 75°倾斜孔小台阶一次爆除试验，钻孔直径 $\phi$40mm，孔距 1.0~1.8m，排距 0.6~0.75m，梅花形布孔，排间分段起爆，时差 25~50ms，炮孔超深 0.18m，设置塑料袋装锯屑柔性垫层。在试验中为了解爆破对底部建基面的影响程度，进行了爆破前、爆破后同一部位的声波测量，底部埋设质点振动速度传感器和应变传感器，测试底部深度的质点振动速度和动应变变化规律，孔内电视观测孔壁裂隙变化等综合测试，获得了丰富的测试成果。

　　爆后对底部建基面岩体进行了第二阶段试验，其声波测试成果及地质鉴定结论分别见

表 4-21、表 4-22，基岩保护层小台阶一次爆除与分层爆破法相比，可节省费用一半，且明显加快了施工进度。

表 4-21 第二阶段试验声波测试成果表

| 编号 | 保Ⅱ-1 | 保Ⅱ-2 | 保Ⅱ-3 | 保Ⅱ-4A区 | 保Ⅱ-4B区 |
|---|---|---|---|---|---|
| 爆破破坏影响范围 | 一般影响深度为0.1~0.5m，声波变化率为4%~11% | 一般影响深度为0~0.4m，声波变化率为5.1%~6.8% | 一般影响深度为0~0.3m，声波变化率为3.8%~10.8% | 一般影响深度为0~0.5m，声波变化率为2.85%~6.4% | 一般影响深度为0.4~1.0m，声波变化率较大 |
| 综合影响深度/m | 0.2~0.3 | 0.25 | 0.2~0.3 | 0.3 | 0.7 |

表 4-22 地质鉴定结论表

| 试验组编号 | 建基面地质鉴定结论 |
|---|---|
| 保Ⅱ-1 | 爆破对炮孔底部岩体破坏较小，将松动岩块撬挖并将断层及少量裂隙表面的弱风化"皮"清除，可达到终验标准，一般可作为建基面的基础 |
| 保Ⅱ-2 | 爆破对底面产生了一定影响，但不很大。大的松动岩块少，除局部欠挖和沿断层略有超挖外，一般地面起伏在0.5m以内，只要将沿断层面和部分炮窝附近爆破张开裂隙适当撬挖整修，即可作建筑物的基础 |
| 保Ⅱ-3 | 该组保护层开挖经撬挖整修后，爆破对建基面的影响较小。除左侧边缘中游、上游段宽0.8m长5m范围内网状、放射状裂隙较多外，其余部位未见松动岩块，虽有裂隙张开和炮窝，均系局部影响，只要将夹层上的炭质消除并适当打毛，即可基本达到终验标准 |
| 保Ⅱ-4 | 实测构造裂隙81条，爆破有开裂现象的39条，绝大多数为局部开裂，多在炮根附近，实测层面裂隙6条，爆后有抬动现象的3条，抬动宽度1~3mm，抬动影响深度40cm左右，区内炮孔176个，爆后可见爆破裂隙的有76条，爆破影响半径一般小于30cm，裂隙一般开度1~3mm。总体看，爆破对地面岩石破坏较小，经过撬挖整修后一般能满足建筑物基础的要求，沿部分断层的薄弱片状构造岩经清除后可达到终验标准 |

高坝洲水电站大坝基础为薄层致密含泥质白云岩、夹少量薄层泥灰岩，前者裂隙较发育为弱风化下限，后者层面裂隙发育为弱风化上限。试验区还有中厚层钙质砂岩夹薄层泥质白云岩和岩溶角砾岩。进行了基岩保护层垂直孔小台阶一次爆破专项试验。

保护层一次爆除进行了设置垫层与不设置垫层两种试验，均采取浅孔台阶、孔间微差有序一次爆破技术。药包底部垂直影响深度和保护层一次爆除爆破参数分别见表 4-23、表 4-24。在表 4-23中不设置柔性垫层的爆破影响深度约为设置柔性垫层的1倍，可见柔性垫层的重要作用。

表 4-23 药包底部垂直影响深度表

| 台阶高度/m | 岩性 | 孔径/mm | 药径/mm | 垫层设置长度/cm | 垂直影响深度/m | 药包直径倍数 |
|---|---|---|---|---|---|---|
| 2.0 | 灰岩 | 42 | 32 | 10~15 | 0.18~0.3 | 5.6~9.4 |
| | | | | 无 | 0.25~0.5 | 7.8~15.6 |
| 2.0 | 岩溶角砾岩 | 42 | 32 | 18 | 0.15~0.3 | 4.7~9.4 |
| | | | | 无 | 0.3~0.6 | 9.4~18.7 |
| 2.0 | 灰岩 | 80 | 56 | 18 | 1.15~1.25 | 20.5~22.3 |

| 表 4-24 | 保护层一次爆除爆破参数表 | | |
|---|---|---|---|
| 项目 | 爆 破 参 数 | | |
| 岩性 | 灰岩 | | 岩溶角砾岩 |
| 台阶高度/m | 2.0 | 4.0 | 2.0 |
| 孔深/m | 2.0 | 4.0 | 2.0 |
| 孔径/mm | 42 | 80 | 42 |
| 孔距/m | 1.2～1.4 | 1.8～2.0 | 1.1～1.4 |
| 排距/m | 0.8～1.0 | 1.4～1.5 | 0.7～0.9 |
| 布孔形式 | 梅花形 | 梅花形 | 梅花形 |
| 钻孔倾角/(°) | 90 或 75 | 90 或 75 | 90 或 75 |
| 炸药单耗/(kg/m³) | 0.44～0.46 | 0.45～0.48 | 0.43～0.47 |
| 炸药品种 | 乳化炸药 | 乳化炸药 | 乳化炸药 |
| 药卷直径/mm | 32 | 50 | 32 |
| 孔口堵塞长度/m | 0.8～1.1 | 1.2～1.5 | 0.7～1.0 |
| 最大单响药量/kg | 20 | 20 | 20 |
| 起爆方式 | 孔间微差 | 孔间微差 | 孔间微差 |
| 孔底减震措施 | 孔底设 20cm 垫层或孔底距建基面 30cm 终孔 | 孔底距建基面 20cm 终孔，且孔底设 30cm 垫层 | 孔底设 20cm 垫层或孔底距建基面 30cm 终孔 |

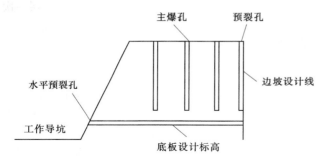

图 4-10 水平预裂垂直孔台阶一次爆破示意图

### 4.4.4 水平预裂小台阶一次爆除

沿建基面进行水平预裂爆破，保护层采用小台阶与水平预裂一次爆除，也称"浅孔水平预裂"一次爆除法。水平预裂孔与小台阶爆破孔的起爆间隔时间宜为 75～100ms，使建基面上形成一条水平预裂缝，然后用毫秒延期雷管分段有序起爆保护层上的钻孔，当垂直面与水平面都有预裂孔时，宜先起爆水平预裂孔。水平预裂垂直孔台阶一次爆破见图 4-10。水平预裂施工前应先进行导坑工作面施工，以形成导坑，给水平预裂钻孔创造条件。

水平预裂孔孔径 40mm 时，孔距可为 0.4～0.5m，孔径为 70～90mm 时，孔距可为 0.7～0.9m，可采用 32～25mm 小直径炸药。孔口堵塞长度取孔距的 1.0～1.5 倍。当整个预裂爆破不允许一次起爆时，可采用毫秒雷管顺序分段起爆。

保护层上部台阶炮孔底部距水平预裂孔预留不少于炸药的殉爆距离 $2.5S_m$（$S_m$ 为炸药的殉爆距离），宜采用直径 40mm 钻孔，台阶较高时也可采用较大直径的钻孔。当台阶高度为 4.0m 时，其孔深宜控制在 3.5m 左右，孔底距预裂面 50cm，通常采用梅花形布孔。

可采用塑料导爆管微差起爆网路，并严格控制水平预裂与台阶炮孔单段起爆最大药量。水平预裂保护层爆破技术参数见表 4-25。

表 4 - 25　　　　　　　　　　水平预裂保护层爆破技术参数表

| 岩性 | 水平预裂孔 | | | | 小台阶钻孔 | | | |
| --- | --- | --- | --- | --- | --- | --- | --- | --- |
| | 孔径/mm | 孔距/m | 孔深/m | $q_线$ /(kg/m) | 孔径 /mm | 孔距 /m | 排距 /m | 炸药单耗 /(kg/m) |
| 坚硬 | 42 | 0.5 | 2.5~3.5 | 0.45 | 42 | 1.5 | 1.0 | 0.50~0.60 |
| 松软 | 42 | 0.4 | 3.5~4.5 | 0.30 | 42 | 1.5 | 1.5 | 0.35~0.50 |

三峡水利枢纽工程泄洪坝段为闪云斜长花岗岩，基岩保护层采用水平预裂小台阶一次爆破技术，预留保护层厚 3.0m，垂直爆破孔底与水平预裂面之间的距离 1.0m，爆破孔孔深 $L = 2m$，孔排距为 1.5m、1.0m，孔径 76mm，抵抗线 1.0m，用乳化炸药，单耗 0.4kg/m³。水平预裂孔钻孔孔径 $d = 90mm$，孔距为 80cm。采用一级岩石乳化炸药，直径 32mm，不耦合系数为 2.8。水平预裂孔线装药密度为 480g/m，孔底 1m 段装药量适当增大。预裂孔先于垂直爆破孔 75ms 起爆。采用间隔装药方式，用导爆索串联引爆。

保护层爆破后，水平预裂孔半孔率达 95% 以上，建基面平整度满足设计轮廓尺寸，未见爆破对建基面造成明显破坏，建基面地质描述表明，预裂面较平整，爆破裂隙不发育，残留半孔率高，效果好。

## 4.4.5　水平预裂（光面）水平孔一次爆除

在水平建基面保护层岩体内布置数层水平钻孔，实施预裂爆破后，上部水平孔自上而下依次起爆；也可将建基面水平钻孔作为光爆孔，自上而下依次起爆，将基岩保护层一次爆除。水平预裂基岩保护层一次爆除见图 4-11。

水平孔钻孔直径可为 40mm，也可采用较大直径 60~80mm，预裂孔、光爆孔，孔距分别为 60~80cm 及 40~50cm，上部水平孔孔距可适当增大，但相邻建基面的钻孔孔距不宜增大，宜根据缓冲要求，采用缓冲爆破，预裂爆破时起爆时间应不小于主爆区 75ms。炸药单耗根据岩体特性选取，爆破参数可经试验确定。随着钻孔技术的不断提高，这也是一种合适的保护层一次爆除技术。

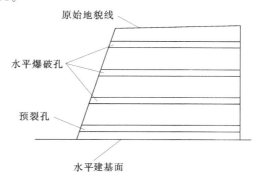

图 4-11　水平预裂基岩保护层一次爆除示意图

三峡水利枢纽工程采用保护层 2.5~3.0m 时，采用三排水平孔，底部建基面为光爆孔，上部为主爆孔，中部为缓冲孔，钻孔孔深 5m，缓冲孔孔距 1.0~1.2m，抵抗线 0.8~1.0m，乳化炸药单耗 0.55~0.60kg/m³，单响药量小于 20kg。实施水平孔光面爆破保护层一次爆破技术，有效控制了爆破影响，基础面平整误差小，效果良好。

## 4.4.6　不留保护层深孔台阶爆破

对于节理裂隙不发育整体性较好的岩体，或爆破性能优越影响较小的岩体，也可采用相对较小高度的深孔台阶爆破，不设保护层一次爆破至水平建基面的爆破方式。

不设保护层的深孔台阶爆破，有水平预裂台阶爆破和炮孔设置柔性垫层的台阶爆破两种形式，只要适当控制台阶高度，采用相对较小的钻孔直径（60～90mm），合适的炸药直径（40～60mm），根据岩体特性调整爆破参数，在合适的岩体内也是一种可行的爆破方式。

三峡水利枢纽工程花岗岩坝基采用了建基面水平预裂不设保护层的深孔台阶爆破技术，台阶高度5m，钻孔直径89mm，孔深4.5m，孔排距为2.5m和1.5m，矩形布孔，乳化炸药采用直径50mm的单耗0.55～0.65kg/m³。水平预裂孔径89mm，孔深8～12m，孔距80cm，采用直径25mm的乳化炸药，线装药密度450g/m，孔底1m加强装药药量1.2kg。采用塑料导爆管微差网路，控制水平预裂单段药量小于30kg，台阶爆破单段药量小于70kg。爆破后预裂面半孔率超过90%，爆破影响深度40cm，总体平整度良好，符合设计要求。

隔河岩水利枢纽工程为石龙洞灰岩，岩性为中厚层白云质灰岩和粗粒状灰岩，采用较小高度的深孔台阶爆破孔底设置柔性垫层的不设保护层爆破技术，孔径100～150mm，台阶高4.0～4.5m，孔排距为2.5m、1.5m，药包直径73mm，孔底垫层长0.3m，炸药单耗0.49～0.64kg/m³，采用塑料导爆管与导爆索混合网路，逐排起爆。爆后破坏影响深度为0.1～0.7m。局部影响深度较大的原因，与炸药直径偏大有关。如采用较小钻孔直径和减小炸药直径后，爆破影响可进一步缩小，爆破总体符合设计要求。

## 4.5 沟槽爆破

### 4.5.1 沟槽爆破特点

沟槽是指从基岩面向下开挖宽度较窄、形成较大长度的凹槽，沟槽的深度通常大于宽度。水电站地下厂房开挖时需对岩锚梁和厂房边墙进行保护，一般采用中部拉槽方式形成侧向临空面，拉槽时先对两侧进行预裂爆破，预裂后进行中间部位拉槽开挖；在建基面水平预裂施工中，施工前应先拉槽，给水平预裂孔钻孔施工创造工作面；输水明渠、排水沟的明挖，为敷设管线的明挖沟槽等。水利水电工程中会经常遇到沟槽开挖，三峡水利枢纽永久船闸的闸室宽为37m直立边坡，最大深度68.5m，属特大型"沟槽"，需采用特殊的开挖爆破方式法。沟槽按断面形状可分为矩形槽、梯形槽和混合槽等3种，常见沟槽断面形状见图4-12。

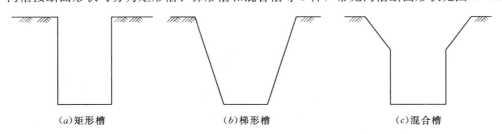

（a）矩形槽　　　　（b）梯形槽　　　　（c）混合槽

图4-12　常见沟槽断面形状示意图

沟槽爆破是台阶爆破的另一种形式，但它有着不同于一般台阶爆破的特点：①沟槽狭窄，沟槽深度往往比宽度大，一般仅有向上的临空面，也可在一端先创造一个临空面，爆破时，岩石受到的夹制作用特别明显，使炸药不能充分发挥作用，炸药单耗增加；②爆破区延伸长，随着沟槽开挖的延长，地质条件变化大，爆破施工中应根据地形、地质条件的变化随时调整爆破参数；③爆破质量控制难度大，由于沟槽宽度窄，爆破时炸药单耗较高，爆破后很难使槽壁达到平整，难以获得理想的爆破效果，应采取预裂和光面爆破等技术措施。

《水工建筑物岩石基础开挖工程施工技术规范》（DL/T 5389）中对沟槽爆破做了如下规定："沟槽爆破应采用以下措施：①宜采用小直径炮孔分层爆破开挖，周边应采用光面爆破或预裂爆破；②对于宽度小于 4m 的沟槽，炮孔直径应小于 50mm，炮孔深度宜小于1.5m；③沟槽两侧的预裂爆破不应同时起爆，如两侧的预裂爆破在同一网路起爆，其中一侧应至少滞后 100ms。"

### 4.5.2 沟槽爆破开挖方法

沟槽爆破通常采用浅孔爆破法，可分为渐进式爆破开挖法（或浅孔台阶爆破法）和一次成型爆破法。对于水利水电施工中宽度、深度较大的沟槽，也可采用中深孔一次成型爆破法。

（1）渐进式爆破开挖法。由拉槽一端或两端为起点，逐渐向另一端或中部钻爆开挖，每次起爆数排炮孔。由于它有一个端头临空面，能相对减弱岩层的夹制作用，获得较好的爆破效果。该方法进度慢，一次爆破的范围受到限制，施工中应对钻孔、爆破、出渣进行合理安排。

（2）一次成型爆破法。将整个沟槽的全部炮孔钻完后一次起爆，或者根据爆破规模的大小、长度，将沟槽分成若干段进行分段钻孔、分段一次爆破成型，每段长度一般不小于沟宽的 4～5 倍。这种开挖方法夹制作用大，相当于隧洞开挖的掏槽方式，炸药单耗较高。

渐进式拉槽爆破施工中，沟槽开挖断面较小时，炮孔可布置 3 排，中心孔布置在沟槽中心线上，略向前 30～40cm，左边孔、右边孔与中心孔相离 30～40cm。采用毫秒间隔顺序起爆，中间孔先起爆，边孔后起爆，采用炮孔底部集中装药方式，用以克服爆破夹制作用，可采用垂直钻孔或倾斜钻孔。渐进式拉槽爆破布孔及起爆顺序见图 4-13。

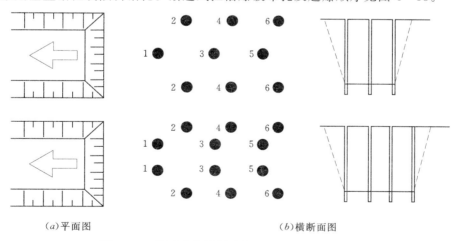

(a)平面图  (b)横断面图

图 4-13　渐进式拉槽爆破布孔及起爆顺序示意图
1～6—起爆顺序

对于较宽和深度大的沟槽，应采用分层台阶爆破法，上层中间为垂直孔，沟槽两侧为倾斜钻孔，沟槽分层台阶爆破布孔见图 4-14。由于下部沟壁的阻碍，下层沿沟边钻倾斜孔较为困难，可布置垂直孔。为了控制沟槽边帮质量，应减小沟边的炮孔孔距，使药量相应分散。对于特殊部位的建筑物，可沿沟壁深度进行预裂爆破，然后再进行分层、分段开挖。

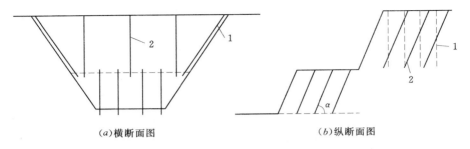

(a)横断面图　　　　　　　　　(b)纵断面图

图 4-14　沟槽分层台阶爆破布孔示意图
1、2—线条序号

大型渠道、船闸、地下厂房爆破开挖中，边坡、边墙的开挖基岩面要求高，在地下厂房高边墙和Ⅱ层、Ⅲ层部位设置有岩锚梁，需严格控制爆破影响，开挖爆破时为保证岩锚梁和厂房边墙不受破坏，开挖前可在预留保护层 3~5m 外布置 1~2 层施工预裂缝，预裂后再进行拉槽台阶爆破，最后进行侧向台阶光面爆破。龙滩水电站地下厂房上部开挖宽度为 30.7m，岩锚梁以下开挖宽度为 28.9m，厂房长 388.5m，总开挖高度为 77.4m，总开挖方量 131 万 $m^3$，地下厂房中部拉槽与开挖分区见图 4-15。

Ⅰ层为厂房顶层开挖，Ⅱ~Ⅵ层为大体积槽挖，Ⅶ~Ⅸ层为机坑槽挖。Ⅱ~Ⅵ层开挖采用中间拉槽两侧保护层跟进的开挖方法，槽挖两侧的施工预裂与台阶爆破同步实施，孔距 60~80cm，线装药密度为 300~350g/m。

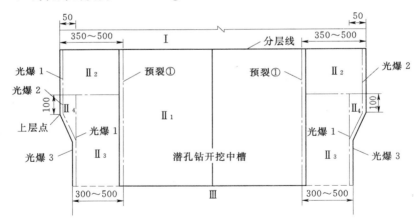

图 4-15　地下厂房中部拉槽与开挖分区图（单位：cm）

中部拉槽台阶爆破严格控制单响药量，需满足设计高边墙质点振动速度 $v_s \leqslant 7cm/s$ 的要求，采用单孔单段孔间顺序微差爆破技术，单段药量小于 24kg，一次起爆总药量不超过 350kg。为保证爆破质点振动速度不叠加，每段爆破延时不小于 50ms。

充分利用地下厂房比较长的特点，实施开挖超前、支护跟进和上层支护与下层开挖错距平行交叉作业，在分层施工中采用层间搭接，增加单层开挖支护有效时段，当厂房内保护层较薄时，一侧剥离并支护好一定距离后，下一层中间拉槽开始施工。

一次成型法沟槽爆破布孔见图4-16。在开挖2m宽的沟槽时，每排布3～6个直径42mm倾斜孔，采用毫秒延时中心掏槽爆破法。图中几种布孔方式分别在不同情况下使用，图4-16（$a$）为一般沟槽爆破均可使用；图4-16（$b$）、（$c$）适合于较狭窄的沟槽爆破；图4-16（$d$）适合于V形沟槽爆破；图4-16（$e$）适合于较宽的沟槽爆破。常规沟槽爆破参数见表4-26，采用乳化炸药，单耗可根据岩体特点调整。

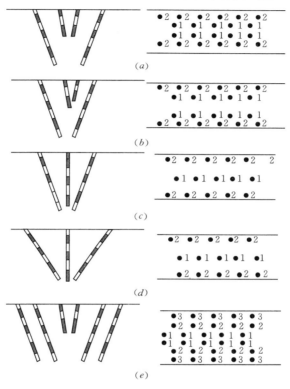

图4-16　一次成型沟槽爆破布孔示意图
1～3—起爆顺序

表4-26　　　　　　　　　　　　常规沟槽爆破参数表

| 沟槽深 $H$/m | | 1.0 | 1.5 | 2.0 | 2.5 | 3.0 | 3.5 | 4.0 |
|---|---|---|---|---|---|---|---|---|
| 炮孔深 $J$/m | | 1.6 | 2.1 | 2.6 | 3.1 | 3.7 | 4.2 | 4.7 |
| 抵抗线长度 $W$/m | | 0.9 | 1.0 | 1.0 | 1.0 | 0.9 | 0.9 | 0.9 |
| 底部装药 | 装药集中度/(kg/m) | 0.9 | 0.9 | 0.9 | 0.9 | 0.8 | 0.8 | 0.7 |
| | 高度/m | 0.3 | 0.5 | 0.5 | 0.6 | 0.8 | 0.9 | 0.9 |
| | 药量/kg | 0.3 | 0.5 | 0.5 | 0.6 | 0.6 | 0.7 | 0.6 |
| 上部装药 | 装药集中度/(kg/m) | 0.3 | 0.3 | 0.3 | 0.3 | 0.3 | 0.3 | 0.3 |
| | 高度/m | 0.4 | 0.6 | 1.1 | 1.6 | 2.0 | 2.4 | 2.9 |
| | 药量/kg | 0.1 | 0.2 | 0.3 | 0.5 | 0.6 | 0.7 | 0.9 |
| 单孔药量/kg | | 0.4 | 0.7 | 0.8 | 1.1 | 1.2 | 1.4 | 1.5 |
| 堵塞长度/m | | 0.9 | 1.0 | 1.0 | 0.9 | 0.9 | 0.9 | 0.9 |
| 平均单耗/(kg/m³) | | 0.9 | 0.8 | 0.8 | 0.8 | 0.9 | 0.9 | 0.9 |

当沟槽施工环境允许产生抛掷，对爆破振动控制相对宽松时，可选用较大的孔径，适当加大最小抵抗线和孔间距，炸药单耗采用最大值，以提高沟槽的开挖速度。某工程的小型沟槽采用 50mm 孔径，孔斜为 3：1，按表 4－27 的钻爆参数进行施工。

表 4－27 　　　　　　　　直径为 50mm 炮孔的钻爆参数表

| 序号 | 沟槽深度 /m | 炮孔深度 /m | 抵抗线长度/m | | 炮孔底部装药量/(kg/孔) | | 上部装药量/(kg/孔) (装药集中度约为 0.40kg/m) |
|---|---|---|---|---|---|---|---|
| | | | 最大 | 一般 | 底宽 1.0m 横向布 3 孔 | 底宽 1.5~2.0m 横向布 3 孔 | |
| 1 | 0.6 | 0.9 | 0.6 | 0.6 | 0.15 | 0.20 | — |
| 2 | 1.0 | 1.4 | 0.8 | 0.8 | 0.20 | 0.25 | 0.20 |
| 3 | 1.5 | 2.0 | 1.4 | 1.1 | 0.30 | 0.40 | 0.35 |
| 4 | 2.0 | 2.5 | 1.4 | 1.1 | 0.40 | 0.55 | 0.50 |
| 5 | 2.5 | 3.1 | 1.4 | 1.1 | 0.50 | 0.65 | 0.75 |
| 6 | 3.0 | 3.6 | 1.4 | 1.1 | 0.60 | 0.75 | 0.90 |
| 7 | 3.5 | 4.1 | 1.4 | 1.1 | 0.75 | 0.95 | 1.10 |
| 8 | 4.0 | 4.6 | 1.4 | 1.1 | 0.90 | 1.15 | 1.30 |

某工程在开挖宽度 3.0m，深度为 2.0~5.0m 沟槽中，采用孔径 64mm 炮孔，铵油炸药，非电导爆管和导爆索起爆系统，每排 4 个炮孔，钻孔斜度 3：1（采用 70.5°）。高效沟槽爆破参数见表 4－28。由于良好的施工组织，其日进尺达 3km。

表 4－28 　　　　　　　　高效沟槽爆破参数表

| 槽深/m | 2.0 | 2.5 | 3.0 | 3.5 | 4.0 | 4.5 | 5.0 |
|---|---|---|---|---|---|---|---|
| 孔深/m | 2.6 | 3.2 | 3.7 | 4.2 | 4.7 | 5.3 | 5.8 |
| 抵抗线/m | 1.6 | 1.6 | 1.6 | 1.6 | 1.5 | 1.5 | 1.5 |
| 装药集中度/(kg/m) | 2.6 | 2.6 | 2.6 | 2.6 | 2.6 | 2.6 | 2.6 |
| 装药高度/m | 0.6 | 1.2 | 1.7 | 2.2 | 2.7 | 3.3 | 3.8 |
| ANFO 装药质量/kg | 1.55 | 3.10 | 4.40 | 5.70 | 7.00 | 8.60 | 9.90 |
| 起爆药/kg | 1.25 | 1.25 | 1.25 | 1.25 | 1.25 | 1.25 | 1.25 |
| 堵塞长度/m | 1.5 | 1.5 | 1.5 | 1.5 | 1.5 | 1.5 | 1.5 |
| 平均单耗/(kg/m³) | 1.2 | 1.2 | 1.6 | 1.6 | 1.8 | 1.8 | 1.8 |

### 4.5.3 沟槽爆破参数

沟槽爆破由于夹制作用比较大，孔网参数一般取较小值，炸药单耗则应适当增加，这是沟槽爆破的一个显著特点。沟槽爆破的参数可用公式计算，再根据现场爆破试验确定。

沟槽爆破类似露天台阶爆破，当沟槽纵向开挖出临空面后，即可根据类似于台阶爆破的方法来确定爆破参数。以下介绍一小型沟槽爆破参数设计计算方法。

炮孔孔径 $d$：小型沟槽爆破通常采用风钻钻孔，钻孔直径一般为 38~42mm。

最小抵抗线 $W$（m）：　　　　　　　$W=0.4~0.8$

孔距 $a$（m）：　　　　　　　$a=(1.0~1.2)W$

排距 $b$（m）：$\qquad b=0.85a$ 或 $b=(0.85\sim1.0)W$

钻孔超深：$\qquad \Delta h=0.2\sim0.5\text{m}$

单孔装药量按式（4-32）计算：

$$Q=qHaW \text{ 或 } Q=qHab \qquad (4-32)$$

式中　$q$——单位用药量系数，取 $0.4\sim0.8\text{kg/m}^3$，对于边孔，$q$ 取较小值；

　　　$H$——沟槽深度（台阶高度），m；

　　　$h$——孔深，$h$ 按式（4-33）及式（4-34）计算。

对垂直钻孔：$\qquad h=H+\Delta h \qquad (4-33)$

对倾斜钻孔：$\qquad h=(H+\Delta h)/\sin\alpha \qquad (4-34)$

钻孔角度：$\qquad \alpha=60°\sim70°$

沟槽爆破通常采用非电导爆管毫秒雷管网路或毫秒电雷管网路。使用非电导爆管毫秒雷管，可采用接力网路，通常孔内采用高段位雷管，孔外接力采用低段位雷管。

沟槽爆破起爆顺序的原则：先起爆的药包，要为后续炮孔的爆破创造出临空面与岩石破碎的膨胀空间；对只有向上临空面的沟槽爆破时，掏槽炮孔应先起爆，为后续炮孔创造临空面；当沟槽爆破有侧向临空面时，应充分利用侧向临空面，合理设计起爆顺序；布置在中间部位的炮孔要先于边帮的炮孔起爆，为边帮炮孔提供临空面，确保沟槽边帮的平整；采用孔内分段装药结构时，孔内段与段之间用惰性材料分开，然后按照一定间隔时间自上而下顺序起爆，孔内分段装药结构可改变孔内炸药爆炸能量的分配，改善沟槽爆破效果。

# 5 水 下 爆 破

## 5.1 水下岩塞爆破

### 5.1.1 岩塞爆破的特点与类型

（1）岩塞爆破特点。岩塞爆破是水下爆破的一种方式。在修建好的水库或天然湖泊中修建隧洞用以引水发电、灌溉、供水或泄洪排淤，隧洞的进水口在水库或湖泊较深水位处，如采用围堰方式修建进口时，因受水位的影响，围堰工程量巨大，防渗条件差，技术复杂，工期长，拆除困难，当水位很高时，将无法建造围堰。为解决这一工程难题，在隧洞进口处预留一定厚度的岩体，即岩塞，待从下游施工的隧洞内所有工程完成验收后，最后用爆破方法一次爆除预留岩塞，满足工程要求。实践证明，岩塞显然是经济合理的方案，被国内外所普遍采用。

采用岩塞爆破方案不受库水位与季节条件影响，可免除围堰修筑与拆除，缩短工期，节约大量材料、设备与资金，提高工效，且不影响水库或湖泊的正常使用，与施工互不干扰。岩塞一面临水，一面临空，施工条件特殊，需特别注意涌水及漏水处理。岩塞爆破紧邻已完成的隧洞混凝土、进水口闸门井、闸门等水工建筑物，需要采取有效的防护措施，岩塞体的爆渣需要妥善处理不留后患。岩塞爆破只允许一次爆破成功，没有第二次机会，显然，岩塞爆破是一种特殊的控制爆破。

岩塞爆破起源于挪威，并实施了近300例。我国1969年开始在青河水库进行第一例岩塞爆破工程研究，实施岩塞爆破的工程有30余个，其中以丰满水库岩塞爆破规模最大。近年来，岩塞爆破工程有所增加，我国部分工程岩塞爆破参数见表5-1。

表5-1 我国部分工程岩塞爆破参数表

| 序号 | 地点 | 工程名称 | 作用 | 地质条件 | 爆破水深/m | 岩塞尺寸/m 直径 | 岩塞尺寸/m 厚度 | 爆破方式 | 起爆年份 |
|---|---|---|---|---|---|---|---|---|---|
| 1 | 辽宁省 | 青河水库 | 供水 | 花岗岩麻岩 | 24 | 6 | 7.5 | 洞室 | 1971 |
| 2 | 江西省 | 七一水库 | 发电灌溉 | 泥质页岩 | 18 | 3.5 | 4.2 | 洞室 | 1972 |
| 3 | 黑龙江省 | 310工程 | 引水 | 闪长岩 | 23 | 8.5 | 8 | 洞室 | 1975 |
| 4 | 河南省 | 香山水库 | 泄洪 | 花岗岩 | 30 | 3.5 | 4.52 | 排孔 | 1979 |
| 5 | 吉林省 | 丰满水库 | 泄水 | 变质砾岩 | 19.8 | 11 | 15 | 洞室 | 1979 |
| 6 | 北京市 | 密云水库（1） | 泄水 | 花岗片麻岩 | 34 | 5.5 | 5 | 排孔 | 1979 |

| 序号 | 地点 | 工程名称 | 作用 | 地质条件 | 爆破水深/m | 岩塞尺寸/m 直径 | 岩塞尺寸/m 厚度 | 爆破方式 | 起爆年份 |
|---|---|---|---|---|---|---|---|---|---|
| 7 | 湖北省 | 梅铺水库 | 泄水 | 灰岩 | 10.3 | 2.6 | 3.6 | 排孔 | 1979 |
| 8 | 浙江省 | 横棉水库 | 泄洪 | 流纹岩 | 26 | 6 | 9 | 洞室＋排孔 | 1984 |
| 9 | 云南省 | 水槽子 | 冲砂 | 玄武岩 | 30 | 4.5 | 3.4 | 排孔 | 1988 |
| 10 | 北京市 | 密云水库（2） | 供水 | 花岗片麻岩 | 36 | 4 | 4.5 | 排孔 | 1994 |
| 11 | 山西省 | 汾河水库 | 泄洪 | 角闪片岩 | 24 | 8 | 9.05 | 洞室＋排孔 | 1995 |
| 12 | 浙江省 | 黄椒遇 | 引水 | 角砾凝灰岩 | 18 | 3.0 | 3.3 | 排孔 | 1995 |
| 13 | 贵州省 | 印江 | 泄洪 | 灰岩 | 25.5 | 6 | 6.2 | 排孔 | 1997 |
| 14 | 安徽省 | 响洪甸抽水蓄能 | 发电、抽水 | 火山角砾岩 | 35 | 9 | 11 | 洞室＋排孔 | 1999 |
| 15 | 浙江省 | 小子溪 | 引水发电 | 凝灰岩 | 8.7 | 2.2 | 3.35 | 排孔 | 1978 |
| 16 | 温州市 | 龙湾燃机电厂 | 取水 | 凝灰岩 | | 5.2 | 4.2 | 排孔 | 2000 |
| 17 | 贵州省 | 塘寨 | 取水口 | 灰岩 | 20 | 3.5 | 4.1 | 排孔 | 2012 |
| 18 | 辽宁省 | 长甸 | 发电 | 斜长片麻岩 | 51 | 10 | 12.5 | 排孔 | 2014 |
| 19 | 甘肃省 | 刘家峡 | 排沙洞 | 石英云母片岩 云母石英片岩 | 50 | 外径21 内径10 | 12.3 | 洞室 | 2015 |

（2）岩塞爆破类型。岩塞爆破有洞室爆破、排孔爆破、洞室和排孔相结合的三种爆破方法。

洞室爆破为集中药包，作用比较明确，起爆网路简单。药室施工难度较大、时间长，药室装药集中，爆破振动大、爆破岩块不均匀、进水口成型较差、施工安全性较差。

排孔爆破施工简单、速度快、药量分散、震动较小、进水口成型好、爆破后石块均匀，施工安全性较好。缺点是采用一般电雷管时，电爆网路较复杂，排孔爆破适用于较小尺寸的岩塞体，我国采用全排孔岩塞爆破的岩塞厚度一般不超过6m。

洞室和排孔相结合的爆破方式，兼有上述两种方案的优点，如果采用一般电雷管，电爆网路较为复杂，有洞室开挖，又有钻孔施工时，增加了施工设备和工序。

根据岩塞爆破集渣类型，岩塞爆破又分为有集渣坑爆破和无集渣坑爆破，集渣型和冲渣型岩塞爆破见图5-1。有集渣坑的岩塞爆破中，又分为集渣坑堵洞爆破和敞洞爆破，堵洞爆破时在隧洞进水口闸门后某一位置实施封堵，使石渣全部进入集渣坑，主要是用于引水发电隧洞，下游厂房已经修建好，隧洞内不允许石渣通过，封堵式爆破时，应确保堵头稳定可靠，爆后再下闸拆除堵头。集渣坑敞洞爆破时，石渣大部分进入集渣坑，爆破后允许部分石渣通过洞身段流入下游河床。无集渣坑的泄渣爆破，石渣全部通过隧洞下泄排出，爆破后与运行期均允许石渣通过洞身。

我国于20世纪70年代实施岩塞爆破，早期从小型洞室爆破为主体，逐步过渡至以排孔爆破为主体，也有洞室、排孔相结合的形式。由于岩塞洞室爆破其药室较小，施工极其困难，当岩体破碎时存在较大风险，随着先进钻孔的应用，以及爆破器材的发展，设计时倾向于使用排孔方案，以精确的大直径钻孔，集成药室，取得类似洞室布药效果。当岩塞

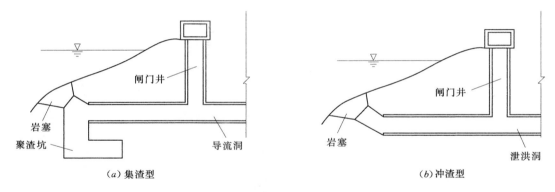

图 5-1　集渣型和冲渣型岩塞爆破示意图

断面较大，岩体完好时，也可在岩塞内部预开挖一定长度和直径的洞室后，再实施排孔爆破。

各类型岩塞爆破特点与要求以及适用范围分别见表 5-2、表 5-3。

表 5-2　　　　　　　　　　各类型岩塞爆破特点与要求表

| 岩塞爆破方法 | 适用条件 | 优　点 | 缺　点 |
|---|---|---|---|
| 排孔岩塞爆破 | 小于 6m 中小型岩塞爆破 | 施工简单，速度快，药量分散，振动小，岩石块体均匀成型好，安全性好 | 采用一般电雷管时，电爆网路较复杂 |
| 洞室岩塞爆破 | 大于 6m 大、中型岩塞爆破 | 作用比较明确，起爆网路简单准确 | 施工时间长，难度大，爆破振动大，岩石块体不均匀，成型较差 |
| 洞室与排孔相结合的岩塞爆破 | 4～8m 中型岩塞爆破 | 兼有上述两种方案的优点，成型好，安全性好 | 采用一般电雷管，爆破网路更为复杂。有洞室开挖，又有钻孔施工，增加施工设备和工序 |

表 5-3　　　　　　　　　　各类型岩塞爆破适用范围表

| 有无集渣坑 | 药室类型 | 堵室类型 | 适　用　范　围 |
|---|---|---|---|
| 有集渣坑 | 洞室爆破 | 堵塞爆破 | 岩塞断面较大，爆破和运行时不允许石渣通过洞身段 |
| | | 敞洞爆破 | 岩塞断面较大，爆破时允许石渣通过洞身 |
| | 排孔爆破 | 堵塞爆破 | 岩塞断面中等和较小，爆破和运行时不允许石渣通过洞身段 |
| | | 敞洞爆破 | 岩塞断面中等和较小，爆破时允许石渣通过洞身 |
| | 洞室与排孔爆破 | 堵塞加气垫爆破 | 岩塞断面较大，爆破和运行时不允许石渣流入洞内 |
| | | 敞洞爆破 | 岩塞断面较大，爆破后石渣经洞身排出 |
| 无集渣坑 | 洞室爆破 | 敞洞爆破 | 岩塞断面较大，爆破和运行时允许石渣通过洞身 |
| | 排孔爆破 | 敞洞爆破 | 岩塞断面中等和较小，爆破和运行时允许石渣通过洞身 |
| | 洞室与排孔爆破 | 敞洞爆破 | 岩塞断面较大，爆破和运行时允许石渣通过洞身 |

（3）岩塞爆破工程要求。岩塞爆破在水下隧洞内进行施工，形成的进水口长期处于深水下运行，很难进行检修，这些特殊运行条件，需确保岩塞爆通成型、安全稳定。

1）一次爆通成型。工程实施时，一定要查明岩塞部位的地形和地质条件，采用正确的技术措施，确保一次爆通。

2）进水口成型良好。开口尺寸应满足进水流态的要求，爆破形成的进水口力求完整，具有良好的水力学条件，以保证进水口具有良好的过水能力和长期运行的稳定性。岩塞口及附近的岩体应安全稳定，不发生坍塌或滑坡。

3）确保附近水工建筑物的安全。在岩塞附近常有大坝、厂房、闸门井、闸门、引水隧洞等水工建筑物，必要时需采用可靠的技术措施以确保这些建筑物在爆破时的安全。

4）岩塞厚度应满足施工过程中岩塞体在高水压力作用下的稳定，保证在隧洞开挖爆破和岩塞体钻孔与药室开挖施工时的安全。

5）岩塞体底部的集渣坑应满足爆落石渣堆放或顺畅下泄，可在岩塞隧洞内充水并设置气垫，确保石渣进入在集渣坑内，不发生喷井现象。

6）泄渣爆破时，石渣对隧洞结构产生撞击和磨损，应控制爆破石渣块径，减轻对洞壁衬砌混凝土的撞击和磨损，在易磨损部位应采取适当的防护措施。

### 5.1.2 岩塞体设计

每个岩塞爆破都有不同的特点和要求，爆破设计重点及要解决的技术问题也各有侧重。爆破设计工作大体可分以下几方面：①根据工程的需要确定合理的布置形式：查明地形、地质情况，正确选择岩塞的位置，确定岩塞口直径、厚度、倾角，以及总体布置方案；②选择爆破方案：确定爆破参数、爆破药量、爆破程序，以及爆破后石渣的处理方式；③研究岩塞爆破时爆破对建筑物的影响：对各种破坏因素进行分析，采取相应的防护措施；④确保岩塞施工的安全：由于岩塞厚度较薄，药室和钻孔施工中将会影响岩塞体的稳定。为防止渗漏和坍方，需要采取相应的施工安全措施。

（1）岩塞位置。岩塞位置需考虑多种因素确定。整体枢纽布置确定后，进水口位置的大致范围已定。根据地形、地质条件和附近建筑物位置，比较工程量、施工难度、爆破影响、投资等因素，确定岩塞口的位置。

岩塞口宜选取地形较缓整体稳定的山体，应避免山沟或陡崖。山沟地形围岩风化较深、覆盖层较厚，可能出现断层等不利地质条件，对岩塞口后期运行围岩稳定不利。陡崖峭壁可能局部坍方，威胁进水口的安全运行，而且加固处理难度大。岩塞口宜选取岩体完整、岩性单一、地质构造比较简单、没有大的断层通过、覆盖层比较薄、顺坡节理不发育的地段。

（2）岩塞体尺寸。

1）岩塞断面。为了使爆破进水口满足过流量的要求，必须有足够的过水断面面积。过水断面按式（5-1）计算：

$$F = K \frac{Q}{[v]} \qquad (5-1)$$

式中　$F$——过流断面，m²；

　　　$K$——安全系数，取值 1.2～1.5；

　　　$Q$——设计最大过流量，m³/s；

　　　$[v]$——爆破岩塞口围岩的允许不刷流速，即抗冲流速，m/s。

允许抗冲流速 $[v]$ 可通过试验选取或用工程类比法选定。在可能的情况下应该尽量加大底流速，缩小爆破口的尺寸。考虑围岩的完整性、稳定性以及岩塞口爆破成型质量，确定抗冲流速。对于水平推移质各类岩体的最大允许抗冲流速见表 5-4。

表 5-4　　　　　　　　　　　　岩体的最大允许抗冲流速表

| 序号 | 基岩岩性 | 抗冲流速/(m/s) |
|---|---|---|
| 1 | 砾岩、泥灰岩、页岩 | 2~3.5 |
| 2 | 石灰岩、致密的砾岩、砂岩、白云白灰岩 | 3~4.5 |
| 3 | 白云砂岩、致密的石灰岩、硅质石灰岩、大理岩 | 4~6 |
| 4 | 花岗岩、辉绿岩、玄武岩、安山岩、石英岩、斑岩 | 15~22 |

用于引水发电的岩塞爆破，要求控制允许通过水轮机组的岩块粒径，控制粒径 $d$ 可按式（5-2）计算：

$$d \leqslant \frac{D}{30} \qquad (5-2)$$

式中　$d$——水轮机（或其他水工设备）控制的石块粒径，mm；

　　　$D$——水轮机转轮直径，mm。

确定出 $d$ 值以后，抗冲流速 $[v]$ 可根据水力学式（5-3）估算：

$$[v] = 4.6 d^{\frac{1}{3}} t^{\frac{1}{6}} \qquad (5-3)$$

式中　$d$——石子平均粒径，m；

　　　$t$——水深，m。

对于泄洪隧洞，可以通过较大直径的石块，不受上述条件的限制，只受围岩的抗冲流速的限制。

2）岩塞倾角。岩塞开口尺寸确定后，再确定岩塞轴线的倾角。为使水流平顺，进口与引水洞应连接圆滑，减小水头损失，减轻对洞口的磨损，倾角不宜太大。同时，还需要考虑在岩塞爆破完成后，洞脸上有局部不稳定或坍塌岩体，往往迟后于爆破漏斗内的石渣滑落，大部分以滑坡的形式下滑，一般块度较大，应该让其滚落到集渣坑内。这时岩塞进口轴线倾角须大于水下石块的堆积安息角，倾角应大一点有利，集渣坑的石渣堆积安息角一般为 40°左右，因此岩塞轴线倾角以 40°~60°为宜。

3）岩塞厚度。岩塞的厚度关系到施工的安全和岩塞爆破的难易程度，同时对岩塞口以及爆破后洞脸的稳定有一定影响，施工过程中必须确保岩塞部位的稳定。爆破后洞脸的稳定主要取决于洞脸的形状和地形、地质条件，并应考虑岩塞爆破产生的影响，这需要进行专项计算分析。

岩塞的厚度主要取决于地质条件、岩塞的直径、倾角、外水压力、渗漏情况、岩塞爆破方法等因素。在确保岩塞稳定情况下，应尽量减薄岩塞体的厚度，以减少开挖方量，缩小岩塞口不衬砌的长度，降低爆破振动影响，有利于洞口和洞脸的稳定，也可降低成本。

岩塞体厚度的选择常用三种方法：参考类似工程实践做工程类比、理论计算、现场试验。一般情况下，首先根据地质、地形条件、施工方案等因素初步确定一个岩塞的大致尺寸，然后再根据计算分析进行修正，结合地质条件进行稳定分析，通常取岩塞厚度与岩塞下口直径之比大于1.0。

考虑岩塞承受外水压力和自重作用，岩塞处于上游水库或河湖内的地表山坡，岩体的初始应力一般可以忽略不计。可对岩塞四周的节理、裂隙或断层作为破坏面，进行抗剪破坏分析。岩塞体通常为迎水面直径较大的倒圆锥体，倾角 $\theta$ 一般为40°～60°。岩塞体稳定分析时，应对影响稳定的最不利破坏面进行计算，岩塞体下口直径（内径）沿岩塞倾角的圆柱体，可为控制岩塞稳定的计算体，按式（5-4）计算。由于倒圆锥体的楔入作用，沿倒圆锥体的切割面相对稳定。当岩塞体部位存在明显的层面或断层等特殊地质构造时，还应对这些地质构造的切割体进行稳定分析，核算岩塞厚度：

$$K = \frac{cS}{P_{水压} + G} \qquad (5-4)$$

$$G = P_{岩体} \sin\theta \qquad (5-5)$$

式中　$c$——岩塞稳定计算体周边滑动面上单位抗剪断指标，$t/m^2$；

　　　$S$——岩塞稳定计算体的周边有效面积，$m^2$；

　$P_{水压}$——岩塞稳定计算体承受外水与淤泥的总压力，t；

　　　$G$——岩塞稳定计算体自重引起轴线（岩塞体倾角 $\theta$）方向的压力，tf（$1tf = 9.8 \times 10^3 N$）；

　$P_{岩体}$——岩塞稳定计算体的岩体自重，以岩石饱和密度计，tf（$1tf = 9.8 \times 10^3 N$）；

　　　$K$——安全系数，安全系数应大于5.0。

式（5-4）中岩塞稳定计算体周边有效面积 $S$ 表达为式（5-6）：

$$S = D\pi H \qquad (5-6)$$

式中　$S$——岩塞稳定计算体周边有效面积，$m^2$；

　　　$D$——岩塞稳定计算体直径（倒圆锥岩塞体下口直径），m；

　　　$\pi$——圆周率；

　　　$H$——岩塞体的厚度，m。

由式（5-4）～式（5-6）可推求得岩塞体的厚度 $H$，计算为

$$H = K(P_{水压} + G)/D\pi c \qquad (5-7)$$

式中符号意义同前。

一些文献推荐了有关岩塞体厚度的其他计算公式。由于理论计算时，岩体的力学参数如岩塞体周边滑动面上单位抗剪断指标等，很难准确选取，计算误差较大。当岩塞体地质条件复杂，岩体破碎时，宜通过现场试验取得测试资料进行计算。当隧洞开挖误差较大时，应以实测岩塞体下口断面进行稳定分析。确定岩塞体厚度以保证岩塞体稳定为前提，理论计算作为依据之一。

根据国内已建工程经验，岩塞厚度与岩塞下口直径之比（$H/D$），国内一般取值多在1.0～1.4之间，国外大多取值在1.0～1.5之间，个别的也有在2.0之上的。由于过去工程实践中多为药室爆破方案，在岩塞体内开挖导洞和药室具有一定危险性，为了施工安全，所选的 $H$ 值较大。当岩塞采用排孔爆破时，施工相对安全，$H$ 值可以适当减小，排孔爆破岩塞厚度 $H$ 与岩塞直径（或跨度）$D$ 之比小于1.0的情况也不少。当岩塞采用洞室爆破或上游水深较大与围岩破碎时，其比值宜取较大者。

### 5.1.3 岩塞爆破设计

(1) 炸药单耗和爆破作用指数。

1) 单位耗药量计算。影响岩石单位耗药量的因素较多，主要包括：地质条件、岩石强度、容重、岩性及爆破方法等。工程中选择单位耗药量常用的经验方法有下面几种。

根据岩石的容重按经验式 (5-8) 计算：

$$K = 0.4 + \left(\frac{\gamma}{2450}\right)^2 \qquad (5-8)$$

式中　　$K$——单位耗药量，$kg/m^3$；

　　　　$\gamma$——岩石容重，$kg/m^3$。

根据岩石级别参照经验式 (5-9) 计算：

$$K = 0.8 + 0.085N \qquad (5-9)$$

式中　　$N$——岩石级别（按 16 级分级）。

也可在类似的岩体中进行标准抛掷爆破漏斗试验确定。

根据岩石抗压强度，确定岩石级别的单位耗药量 $K$ 值（见表 5-5）。

表 5-5　　　　　　　　　　　**单位耗药量 K 值**　　　　　　　　　　单位：$kg/m^3$

| 岩石名称 | 岩石级别 | 松动药包 | 抛投药包 |
|---|---|---|---|
| 砂 | Ⅰ | — | 1.8～2.0 |
| 密实的或潮湿的砂 | — | — | 1.4～1.5 |
| 重砂黏土 | Ⅲ | 0.4～0.45 | 1.2～1.35 |
| 坚实黏土 | Ⅳ | 0.4～0.5 | 1.2～1.5 |
| 黄土 | Ⅳ～Ⅴ | 0.3～0.35 | 1.1～1.5 |
| 白垩土 | Ⅴ | 0.3～0.35 | 0.9～1.1 |
| 石膏、泥灰岩、蛋白石 | Ⅴ～Ⅵ | 0.4～0.5 | 1.2～1.5 |
| 裂纹的喷出岩、重质浮石 | Ⅵ | 0.5～0.6 | 1.5～1.8 |
| 贝壳石灰岩 | Ⅵ～Ⅶ | 0.6～0.7 | 1.8～2.1 |
| 砾岩和钙质砾岩 | Ⅵ～Ⅶ | 0.45～0.55 | 1.35～1.65 |
| 砂质砂岩、层状砂岩、泥灰岩 | Ⅶ～Ⅷ | 0.45～0.55 | 1.35～1.65 |
| 钙质砂岩、白云岩、镁质岩 | Ⅷ～Ⅹ | 0.5～0.65 | 1.5～1.95 |
| 石灰岩、砂岩 | Ⅷ～Ⅻ | 0.5～0.8 | 1.5～2.4 |
| 花岗岩 | Ⅸ～ⅩⅤ | 0.6～0.85 | 1.8～2.55 |
| 玄武岩 | Ⅻ～ⅩⅥ | 0.7～0.9 | 2.1～2.7 |
| 石英岩 | ⅩⅣ | 0.6～0.7 | 1.8～2.1 |
| 斑岩 | ⅩⅣ～ⅩⅤ | 0.8～0.85 | 2.4～2.55 |

2) 爆破作用指数 $n$。爆破作用指数是爆破设计的主要参数之一，它不仅关系到爆破范围的大小、抛掷方量的多少，而且对抛掷距离的远近以及爆破漏斗的可见深度等都有影响。水下岩塞爆破在特殊条件下，对于中部集中药包 $n$ 值的选择，可以按岩塞地表坡度和进口地表开口尺寸的要求而确定；而下部只要满足加强松动爆破，即 $n > 0.75$ 即可；对于周边扩大集中药包，主要应根据药包的作用性质按 $n = 0.75～1.0$ 来选择。

3）计算修正。为了克服岩塞爆破的水压及淤泥荷载影响，顺利爆通岩塞，应修正炸药单耗和爆破作用指数。

炸药单耗和爆破作用指数可采用以下经验公式进行修正计算。

水利系统常按式（5-10）计算修正：

$$q_水 = q_陆 + 0.01H_水 + 0.02H_{介质} + 0.03H_{台阶} \tag{5-10}$$

式中　$q_水$——水下爆破的炸药单耗，$kg/m^3$；

　　　$q_陆$——相同介质的陆地爆破炸药单耗，$kg/m^3$；

　　　$H_水$——水深，m；

　　　$H_{介质}$——岩塞上方覆盖层厚度，m；

　　　$H_{台阶}$——钻孔爆破的台阶高度，m。

瑞典的单耗修正按式（5-11）计算，计算式和国内水利系统使用公式相近。

$$q = q_1 + q_2 + q_3 + q_4 \tag{5-11}$$

式中　$q_1$——基本装药量，一般是陆地台阶爆破的2倍；对水下爆破，再增加10%；

　　　$q_2$——爆区上方水压增加量，$q_2 = 0.01h_2$，$h_2$为水深；

　　　$q_3$——爆区上方覆盖层增量，$q_3 = 0.02h_3$，$h_3$为覆盖层厚度；

　　　$q_4$——岩石膨胀增量，$q_4 = 0.02h_4$，$h_4$为台阶高度。

爆破作用指数单耗修正法按式（5-12）～式（5-14）计算：

$$q_水 = qW^3 f(n_水) \tag{5-12}$$

$$n_水 = 1.028 \left( \frac{H_水}{10} + \frac{2H_淤}{10} \right)^{0.108} n_陆 \tag{5-13}$$

$$f = 0.4 + 0.6n_水^3 \tag{5-14}$$

式中　$W$——最小抵抗线长度，m；

　　　$H_水$——水深，m；

　　　$H_淤$——覆盖层厚度，m；

　　　$q$——陆地岩石单位炸药消耗量，$kg/m^3$；

　　$f(n_水)$——爆破作用指数函数。

为克服水及淤泥荷载影响，可通过上述各公式计算，并经过综合分析比较，选用修正爆破作用指数法进行药量计算。

镜泊湖岩塞爆破的炸药单耗 $q$ 值，按表5-6所示进行了多种方法的计算比较，确定选用2号岩石炸药，单耗 $1.8kg/m^3$。

表5-6　　　　　　　　　　　镜泊湖岩塞爆破炸药单耗选择表

| 序号 | 计算选择方法 | 主　要　指　标 | $K$ 值/$(kg/m^3)$ |
|---|---|---|---|
| 1 | 岩石抗压强度 | 100MPa | 1.8～2.1 |
| 2 | 岩石容重 | $\gamma = 2830kg/m^3$，$K = 0.4 + \left( \dfrac{\gamma}{2450} \right)^2$ | 1.71 |
| 3 | 岩石级别 | $N = 10～12$ 级，$K = 0.8 + 0.085N$ | 1.65～1.87 |
| 4 | 单位耗药量试验 | $Q = 50kg$，2号岩石炸药 | 1.8 |
| 5 | 水下岩塞爆破试验 | 2号岩石炸药 | 1.8 |

国内几个水下岩塞爆破工程的设计单位耗药量、炸药总量、爆破方量及实际单位耗药量，其指标情况见表5-7。

表5-7                                        部分岩塞爆破工程耗药量指标情况表

| 工程名称 | 设计单位耗药量 $q$ 值/(kg/m³) | 药量 /kg | 爆破方量 /m³ | 实际单位耗药量 /(kg/m³) |
|---|---|---|---|---|
| 清河水库 | 1.5 | 1190.4 | 800 | 1.49 |
| 丰满水库 | 1.6 | 4075.6 | 4419 | 0.92 |
| 镜泊湖水库 | 1.8 | 1230 | 1112 | 1.10 |
| 香山水库 | 1.8 | 256 | 247 | 1.04 |
| 汾河水库 | 1.67 | 2908 | 1744 | 1.66 |
| 印江水库抢险 | 2.33 | 1282 | 721 | 1.78 |
| 密云水库 | 1.65 | 738.2 | 546 | 1.35 |
| 响洪甸抽水蓄能电站 | 2.0 | 1958 | 1350 | 1.45 |

（2）洞室岩塞爆破参数。

1）洞室药包布置方式。在岩塞爆破中，岩塞直径和厚度大于8.0m时，可考虑采用两层或者三层药室的小型洞室爆破方案。由于小型药室施工特别困难，岩塞在中等直径、厚度较小时，可用单层药室。洞室药包布置见图5-2。洞室爆破时，除集中药包外，为保证岩塞成型良好，减少爆破对围岩振动破坏，需在岩塞体周边进行预裂爆破。

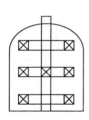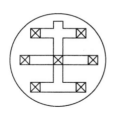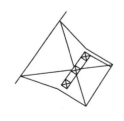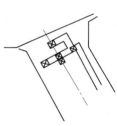

（a）三层王字形药室                              （b）单层三字形药室

图5-2  洞室药包布置示意图

2）洞室爆破药量计算。根据选择的药包布置形式，逐个计算药包的用药量，药包药量可按式（5-15）计算：

$$Q = kW^3 f(n) \tag{5-15}$$

式中   $Q$——标准炸药用量，kg；

　　　$k$——标准抛掷爆破单位耗药量，kg/m³；

　　　$W$——最小抵抗线长度，m；

　　$f(n)$——爆破作用指数函数，$f(n)=0.4+0.6n^3$；

　　　$n$——爆破作用指数。

对上部药包 $n$ 值，应考虑水压影响、岩塞的地形条件和爆破漏斗开口尺寸要求等选取，$n$ 值一般取1.5～1.8；对下部药包，只需满足岩塞底部开口尺寸，$n$ 值一般取0.75～

0.85；周边药包可根据不同作用性质，$n$ 值取 $0.85 \sim 1.0$。

用式（5-15）计算出的药量没有考虑水荷载影响，有些工程将上部药包的炸药量再增加 $20\% \sim 30\%$，以考虑水荷载对爆破的影响。

3）爆破压缩圈半径 $R_1$ 按式（5-16）计算：

$$R_1 = 0.62 \sqrt[3]{\frac{Q}{\Delta} \mu} \qquad (5-16)$$

式中　$R_1$——爆破压缩圈半径，m；

　　　$Q$——炸药用量，t；

　　　$\Delta$——炸药密度，$t/m^3$；袋装铵梯炸药为 0.80，袋装散装炸药为 0.85，散装炸药为 0.90；

　　　$\mu$——压缩系数，可参照表 5-8 取值。

表 5-8　　　　　　　　　　压 缩 系 数 $\mu$ 值 表

| 岩石等级 | 土岩性质 | $\mu$ 值 |
|---|---|---|
| Ⅲ | 黏土 | 250 |
| Ⅳ | 坚硬土 | 150 |
| Ⅴ～Ⅵ | 松软岩石 | 50 |
| Ⅵ～Ⅷ | 中等坚硬岩石 | 20 |
| Ⅸ～ⅩⅥ | 坚硬岩石 | 10 |

4）斜坡地形爆破漏斗的上、下破裂半径 $R'$、$R$，分别按式（5-17）与式（5-18）计算：

上破裂半径 $R'(m)$：

$$R' = W \sqrt{1 + \beta n^2} \qquad (5-17)$$

下破裂半径 $R(m)$：

$$R = W \sqrt{1 + n^2} \qquad (5-18)$$

式中　$W$——最小抵抗线长度，m；

　　　$\beta$——根据地形坡度和土岩性质而定的破坏系数，可按表 5-9 选择。

表 5-9　　　　　　　　　　破 坏 系 数 $\beta$ 值 表

| 地面坡度/(°) | 土质、软石、次坚石 | 坚硬岩石及完整岩体 |
|---|---|---|
| 20～30 | 2.3～3.0 | 1.5～2.0 |
| 30～50 | 4.0～6.0 | 2.0～3.0 |
| 50～65 | 6.0～7.0 | 3.0～4.0 |

5）药包间距。岩塞爆破的药包间距常以间距系数表示。在水下岩塞爆破时，为确保爆通和考虑下部岩石的夹制作用，在药包间采用较小的间距系数，药包间距 $a(m)$ 可按式（5-19）计算：

$$a = W_{cp} \sqrt[3]{f(n_{cp})} \qquad (5-19)$$

式中 $a$——药包间距，m；

$W_{cp}$——相邻药包的平均最小抵抗线长度，m；

$f(n_{cp})$——相邻药包的平均爆破指数函数。

6）中部集中药包位置。中部集中药包以上的自由面有水覆盖，以下为已经开挖的临空面，而在这两个方向上的岩石强度、节理裂隙及地质构造等都存在着明显的差别，要准确计算其位置较困难。以药包上下两个最小抵抗及爆破参数分别计算药量，并使之平衡为原则，计算两个抵抗线的比值并以此来近似地确定其中部药包位置。中部药包按式（5-20）计算：

$$\frac{W_2}{W_1} = \sqrt[3]{\frac{K_1 f(n_1)}{K_2 f(n_2)}} \tag{5-20}$$

式中 $W_1$、$W_2$——药包上、下最小抵抗线长度，m；

$n_1$、$n_2$——药包上、下的爆破作用指数；

$f(n_1)$、$f(n_2)$——药包上、下的爆破指数函数；

$K_1$、$K_2$——药包上、下的岩石单位耗药量，kg/m³。

施工中应根据工程的具体条件确定 $W_2/W_1$，可在 1.1～1.3 范围内选取。

7）预留保护层厚度 $\rho$。岩塞爆破时为了减小集中药包对岩塞周边围岩的破坏影响，应在岩塞周边采用预裂措施，药包与岩塞预裂边线间留有一定的保护层厚度，此厚度可按式（5-21）计算：

$$\rho = R_1 + 0.7B \tag{5-21}$$

式中 $\rho$——保护层厚度，m；

$R_1$——药包压缩圈半径，m

$B$——药室宽度，m。

8）岩塞爆破总药量。洞室岩塞爆破的总药量可按式（5-22）计算：

$$Q = \sum Q_i + Q_r \tag{5-22}$$

式中 $Q$——岩塞爆破总药量，kg；

$\sum Q_i$——各集中药包总药量，kg；

$Q_r$——预裂爆破用药量，kg。

（3）排孔岩塞爆破参数。在岩塞直径为 2～6m 的小断面岩塞爆破中，由于受到断面的限制，难以在岩塞中开挖药室。因此，以大孔径柱状排孔掏槽药包代替中部集中药包。为了使排孔起到集中药包的作用，常采用药包的直径和长度的比值为 1：6 左右的短粗柱状药包，以获得与集中药包相同的爆破效果。由于钻孔直径有限，所以只能采用多个大孔径群孔药包来替代揭顶掏槽药包，群孔揭顶掏槽药包可用洞室爆破的公式进行计算。排孔岩塞爆破炮孔布置见图 5-3，主要有揭顶掏槽孔、扩大孔（岩塞直径较大时布置内外二圈）、周边预裂孔等爆破孔，以及中心空孔等。

为了使岩塞体充分破碎，避免爆破时产生过多的大块径岩石，应控制排孔爆破系数 $\eta$，$\eta$ 系主爆孔总孔深与岩塞体体积之比，宜取 0.5～0.65，需布置足够的钻孔才能确保排孔岩塞爆破的质和量。

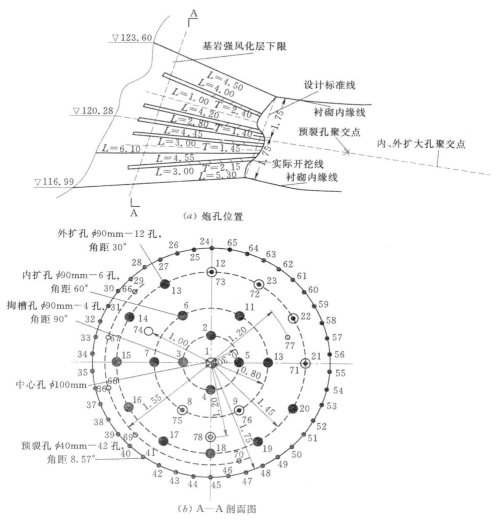

图 5-3 排孔岩塞爆破炮孔布置示意图（单位：cm）

L—炮孔长度；T—堵塞长度；1～78—编号

1）揭顶掏槽药包计算。排孔揭顶掏槽药包的药量可按式（5-15）计算；爆破漏斗上、下破裂半径 $R'$、$R$，按式（5-17）与式（5-18）计算。

排孔深度：排孔深度取决于岩塞体的厚度、排孔直径与地质条件，孔底距岩面要留一定厚度，确保造孔时不产生涌水，保证爆破后不留岩垠。部分工程排孔爆破岩塞孔孔径及孔底距岩面距离见表 5-10。

表 5-10　　　　　　部分工程排孔爆破岩塞孔孔径及孔底距岩面距离表

| 工 程 名 称 | 密云水库 | 香山水库 | 印江水库 | 小子溪水库 | 龙湾燃机电厂 | 塘寨水库 |
|---|---|---|---|---|---|---|
| 岩塞厚度/m | 5.0 | 5.0 | 6.0 | 3.35 | 4.2 | 4.1 |
| 钻孔直径/mm | 40～90～100 | 100 | 50～107 | 40～50 | 40～90～110 | 40～90～100 |
| 孔底距岩面距离/m | 0.7 | 1.03～1.58 | 0.8～1.2 | 0.5 | 0.56 | 0.5～1.0 |

2）扩大钻孔药包计算。每个扩大排孔药量可按式（5-23）计算：

$$q_{孔}=KWal \qquad (5-23)$$

$$a=(0.6\sim0.8)W \qquad (5-24)$$

$$l=\left(\frac{1}{3}\sim\frac{2}{3}\right)L \qquad (5-25)$$

上三式中　$q_{孔}$——每孔装药量，kg；

　　　　　$K$——炸药单耗，kg/m³；

　　　　　$W$——扩大孔最小抵抗线长度，m，第一排 $W$ 取最大值，第二、第三排 $W$ 取平均值；

　　　　　$a$——钻孔间距，m；

　　　　　$l$——每孔装药长度，m，可根据岩塞下部漏斗深度决定；

　　　　　$L$——钻孔深度，m。

　　根据计算出的单孔药量，计算药包直径，每米装药量和药包直径关系，按式（5-26）计算。

$$q'=\frac{\pi}{4}d^2\Delta \qquad (5-26)$$

式中　$q'$——装药量，kg/m；

　　　$d$——药包直径，m；

　　　$\Delta$——装药密度，kg/m³。

　　由不同药包直径、装药密度按式（5-27）计算出炮孔装药量见表5-11。此表也可作为选择钻孔直径时的参考。

表 5-11　　　　　　　　　　炮孔装药量（$q'$）表　　　　　　　　　单位：kg/m

| $d$/mm ＼ $\Delta$/(kg/m³) | $1.2\times10^3$ | $1.3\times10^3$ | $1.4\times10^3$ | $1.5\times10^3$ | $1.6\times10^3$ | $1.7\times10^3$ |
|---|---|---|---|---|---|---|
| 42 | 1.66 | 1.80 | 1.94 | 2.08 | 2.22 | 2.35 |
| 50 | 2.36 | 2.55 | 2.75 | 2.94 | 3.14 | 3.34 |
| 75 | 5.30 | 5.74 | 6.18 | 6.62 | 7.07 | 7.51 |
| 100 | 9.42 | 10.21 | 10.99 | 11.78 | 12.56 | 13.35 |
| 150 | 21.20 | 22.96 | 24.73 | 26.49 | 28.26 | 30.00 |
| 200 | 37.68 | 40.82 | 43.96 | 47.10 | 50.24 | 53.38 |
| 250 | 58.88 | 63.78 | 68.69 | 73.59 | 78.50 | 83.40 |

　　3）周边预裂爆破。岩塞爆破的预裂孔直径应经比较而选定，小直径的预裂孔，孔距较密爆破成型效果较好；大直径的预裂孔，预裂缝较宽，减震效果较好。岩塞爆破中根据岩塞直径选择预裂孔，一般常用预裂孔为 $\phi40\sim60$mm，也有采用 $\phi70$mm 的预裂孔。预裂孔线装药量为 $270\sim300$g/m，不偶合系数为 $2\sim5$。孔距选用 $30\sim45$cm，孔距与孔径之比为 $8\sim11$。预裂孔直径小，钻孔孔底到岩塞体表面的距离可以小一些，孔深应比主爆孔超前，加深 $0.3\sim0.5$m。

　　预裂孔的药量计算：有关预裂孔的药量计算公式较多，均有一定的局限性。可参照本书预裂爆破装药量计算选择，也可参考《水工建筑物地下工程开挖施工技术规范》（DL/

T 5099—2011）中的预裂孔线装药密度按式（5-27）进行估算：

$$\Delta L = 0.042 R^{0.5} a^{0.6}$$

（5-27）

式中　$\Delta L$——线装药密度，kg/m；

　　　$R$——岩石极限抗压强度，MPa；

　　　$a$——预裂孔孔距，m。

预裂孔爆破参数见表5-12。

表 5-12　　　　　　　　　　预 裂 孔 爆 破 参 数 表

| 钻孔直径 $d$/mm | 孔距 $a$/m | 线装药密度 $\Delta L$/(kg/m) |
| --- | --- | --- |
| 50 | 0.45～0.70 | 0.25 |
| 62 | 0.55～0.80 | 0.35 |
| 75 | 0.60～0.90 | 0.50 |
| 87 | 0.70～1.00 | 0.70 |

预裂孔装药结构：为了防止预裂孔表面岩体形成爆破漏斗，在预裂孔的孔口留一段不装药段，不装药段长度可取预裂孔深的1/10作为堵塞段。在不装药段的下部一定孔深作为减弱装药段，其线装药密度可减少$\frac{1}{3}$～$\frac{1}{2}$。中部为正常装药段，孔底约1～1.5m处的线装药密度应比孔中间的线装药密度增加1～5倍。当预裂孔为向上倾斜孔时，为保证装药质量，加快装药速度，可以采用PVC塑料管连同炸药、导爆索、雷管一起加工好装在管内，并采取防水措施后，到现场按孔位编号将加工好的药管装入孔内。

（4）洞室与排孔爆破参数。采用洞室集中药包及排孔爆破相结合的方案时，集中药包的作用是将岩塞上部爆通，形成较完整的爆破漏斗，然后，采用扩大排孔将集中药包爆通后的岩塞周边剩余部分岩体爆除。其中洞室设计及药室计算可参考洞室岩塞爆破相关要求及公式确定。扩大排孔每孔装药量按式（5-23）计算。岩塞集中药包（药室）与排孔爆破见图5-4。扩大孔的钻孔直径可参考表5-10确定。

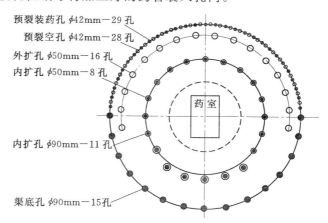

预裂装药孔 $\phi42mm$—29孔
预裂空孔 $\phi42mm$—28孔
外扩孔 $\phi50mm$—16孔
内扩孔 $\phi50mm$—8孔
药室
内扩孔 $\phi90mm$—11孔
渠底孔 $\phi90mm$—15孔

图5-4　岩塞洞室集中药包与排孔爆破图

（5）起爆时间间隔的选择。岩塞爆破距水工建筑物较近，特别是大坝和洞内混凝土衬砌结构，以及闸门等结构，紧挨着岩塞附近。为减轻爆破振动影响，设计中要注意药包布置，合理选择爆破参数，以尽量减少炸药用量。应采用毫秒延时爆破技术，以减少单段起爆药量，削弱岩塞爆破时的地震强度。合理的时间间隔不仅可以起减振作用，还可以提高炸药的能量利用率，有效地破碎岩石。

1）理论间隔时间计算。按流体力学爆破理论，推导的形成爆破漏斗，在破裂线 $R$ 方向的时间可按式（5-28）近似计算：

$$t_1 = 0.0037W(1+n^2)^{1/2} \tag{5-28}$$

式中　$t_1$——形成爆破漏斗的时间，s；

　　　$W$——最小抵抗线长度，m；

　　　$n$——爆破作用指数。

　　在 $W$ 抵抗线方向的时间可按式（5-29）近似计算：

$$t = 0.0037W \tag{5-29}$$

式中　$t$——在抵抗方向岩石开始移动的时间，s。

　　2）按经验式（5-30）估算：

$$t = kW \tag{5-30}$$

式中　$t$——间隔时间，ms；

　　　$k$——抵抗线移动所需要的时间，ms/m，坚硬岩石 $k=3$，松散岩石 $k=6$；

　　　$W$——抵抗线长度，m。

　　按以上各公式计算后，结合毫秒雷管规格，可选择较合理的毫秒时间间隔。如丰满水电站岩塞爆破，爆源与重点建筑物的距离 $S=280\text{m}$，最小抵抗线 $W=8.1\text{m}$，按式（5-29）和式（5-30）计算的时间分别为 30.0ms 和 24.3ms，其时间间隔选为 25.0ms。

　　(6) 岩塞体前淤泥层处理。

　　1）淤泥孔布置。在岩塞爆破时为确保一次成功爆通，爆破时应对岩塞体前的淤泥覆盖层采取扰动措施，可利用地质钻机在淤泥层中钻爆破孔，爆破孔应在岩塞体进水口轴线上方和左、右两侧布置。应根据淤泥厚度、扰动范围和淤泥性质布置钻孔，钻孔直径宜为100~120mm，钻孔间距宜为 1.5~2.0m，排距宜为 1.0~1.5m，梅花形布孔，孔内间隔装药，分段起爆淤泥爆破孔线装药密度可约为 5kg/m。

　　2）淤泥爆破装药量计算。淤泥爆破线装药量采用爆破成井控制爆破，按式（5-31）计算：

$$Q^l = bD^2 \tag{5-31}$$

式中　$Q^l$——线装药密度，kg/m；

　　　$b$——介质压缩系数，当采用 2 号岩石炸药时，取 $b=1.3~3.7$，并结合现场试验确定，当淤积物为黄土类砂黏土、湿土时 $b=1.5$；

　　　$D$——爆扩成井的井直径，m；扩井的井直径 $D$ 在计算时可初选一个值代入计算式中，进行计算比较。

　　3）淤泥孔装药与起爆方式。在深水厚淤泥岩塞爆破中，淤泥扰动爆破成为关键的问题之一，应引起足够的重视。如刘家峡水电站对深达 27m 的淤泥进行的扰动爆破，共布置了 12 个孔。淤泥装药爆破时，可采用水封堵。当岩塞爆破时，淤泥扰动炮孔应与岩塞在同一时段爆破，使岩塞口附近淤泥被扰动，当岩塞爆通后，被扰动后的淤泥在水力冲刷下，随着涌水将淤积泥沙排走。厚淤泥爆破为使爆破达到扰动效果，也可采用间隔装药，每段中间用 1.0m 的砂进行隔离，最下段药包和岩塞一起爆，上部药包滞后 10~15ms 起爆，以起到扰动中部、上部淤泥作用，使排淤效果更佳。

### 5.1.4　岩塞爆破施工

　　岩塞爆破是一个特殊的爆破项目，岩塞形态特殊，为有一定倾角的倒置圆锥体，地下洞室施工场地狭窄，施工条件差；上游侧承受巨大的水头和淤泥等覆盖层的压力荷载，岩塞地质条件复杂多变施工安全风险大；紧邻混凝土隧洞、闸门井、闸门，以及厂房、大坝等水工建筑物，爆破防护要求高；炸药、起爆器材需要承受较大水压，爆破网络复杂，爆破安全要求严；爆后泥水石渣涌入，需按要求妥善处置。岩塞爆破必须一次成功，技术要求高，质量控制严，施工难度大。

岩塞爆破首先要准确测定上游侧水下岩塞部位的地形，以及覆盖层厚度及覆盖物性质。汾河二库岩塞爆破时，对上游覆盖层进行了网格式钻探，准确探清水下地形地质状态。应利用隧洞开挖提示岩塞部位岩体的有利条件，准确描述岩塞内部壁面的地质状态，为爆破设计和施工提供依据。

岩塞爆破采用排孔方案时，其主炮孔直径一般采用 $90 \sim 100mm$，炮孔直径应满足装药量要求，并适应潜孔钻等钻孔，钻孔孔底至岩塞体上游面的距离一般为 $0.5 \sim 1.0m$。

为保证岩塞体施工安全，在岩塞体掘进施工中必须进行超前钻探，以探明岩塞体的真实厚度，当隧洞开挖接近岩塞体时，应先钻探后掘进。在岩塞直径为 $2 \sim 6m$ 时，贯通前 $8 \sim 10m$ 应暂停掘进施工，岩塞直径为 $7 \sim 10m$ 时，贯通前 $10 \sim 13m$ 时应暂停掘进施工，开始进行岩塞探孔施工，以确定岩塞厚度的准确性，每个岩塞根据直径大、小可布置探孔 $5 \sim 6$ 个，有必要时应增加探孔，探孔要求打穿整个岩塞体，探孔是查明岩塞与水的分界面、岩塞体岩石的不同部位的实际厚度，以确保施工安全和准确确定爆破参数。探孔应逐个施工，按钻探一个封堵一个的原则进行，探孔出水后可采用扩张封堵器封堵。在探孔施工中要注意渗水的变化情况，并观察掌子面和孔口岩石的变化，当岩石有异常变化或出现溃孔现象时，应立即停止施工，撤离施工人员，并采取相应措施。

为保证爆破设计的可靠性，应选择类似地质条件的岩体，使用与工程相同的爆破器材进行爆破漏斗试验和钻孔爆破试验，以取得较为可靠的炸药单耗、爆破作用指数等基本爆破设计参数。

对爆破器材，包括炸药、起爆器材、起爆网路等，应模拟真实环境进行 $1:1$ 的爆破试验。

为确保建筑物等防护对象的安全，除常规防护措施外，还应有针对性地采取特殊措施，响洪甸抽水蓄能电站岩塞爆破时采用的气垫防护技术取得良好的防护效果。

岩塞爆破的施工技术和施工要求内容较多，大多为较成熟的施工工艺，关键是认真组织实施。

### 5.1.5 工程实例

#### 5.1.5.1 响洪甸抽水蓄能电站岩塞爆破

（1）概况。响洪甸抽水蓄能电站位于安徽省金寨县境内，是国内第一座采用水下岩塞爆破形成进水口的抽水蓄能工程。水下岩塞爆破形成的进水口位于大坝上游210m处，岩塞中心高程90.00m、水库在正常水位125.00m，爆破时岩塞上部水头26m，水下岩体边坡坡度 $40° \sim 50°$，覆盖层厚 $1 \sim 2m$，火山角砾岩、局部为溶结凝灰岩和粗面岩，岩石强度较高，透水较严重。

岩塞体为倒圆锥台体，上口直径12.6m，下口直径9m，岩塞体中心厚度11.5m，左侧最大厚度约13m，右侧最小厚度为9m，岩塞爆破岩体方量1350m³。岩塞爆破采取双层药室与排孔相结合的爆破方案，岩塞体内设置二层三个药室、135个排孔，其中主炮孔59

个，炮孔直径 80mm，预裂孔 76 个，炮孔直径 60mm，最大钻孔深度为 9.87m，一般钻孔深度约为 8m，总装药量 1958.42kg。上层 1 号药室装药量 285kg、2 号药室 329.8kg［药室尺寸：1.0m×1.0m×1.2m（长×宽×高）］、中部 3 号药室 168.5kg（药室尺寸：0.8m×0.8m×1.0m）。采用电磁雷管毫秒延时网路，分正、副两条起爆网路。响洪甸抽水蓄能电站岩塞爆破纵剖面见图 5-5。

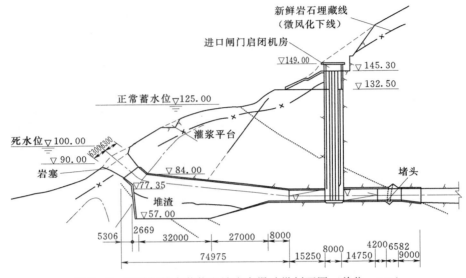

图 5-5  响洪甸抽水蓄能电站岩塞爆破纵剖面图（单位：mm）

（2）钻孔及药室开挖施工。药室主导洞断面为 0.8m×1.0m，中导洞为斜洞，断面为 0.8m×0.8m（宽×高）。药室导洞采取先打中空孔，再进行周边孔分段预裂，然后采用短进尺、小药量、多循环的分段松动爆破方案，药室开挖时，先进行掏槽孔爆破，然后以小药量、短进尺扩挖，人工修整成型。

岩塞部位的钻孔施工时，在岩塞底部分层搭设施工平台，用地质钻机造孔。以带刻度盘和指针的高精度旋转样架随时校正钻杆，确保钻孔角度。钻孔岩层出现漏水时，停钻灌浆堵漏处理，凝固后再扫孔继续钻进，直至完成全孔钻进。

（3）装药。药室装药时，清除药室积水后用塑料布封闭药室，将炸药垒在塑料布中，起爆体放在药包的中部，雷管脚线从药室引到导洞，穿入 PVC 管中进行保护，炸药装完后扎紧塑料袋口，用木板封闭药室口，并贴两层石棉隔热层，随后用黏土封堵药室，封堵长度 1m，在导洞内回填二级配骨料。为保证钻孔装药的质量与安全，采用孔外用 PVC 管装药，管子两端以同橡胶塞塞紧，将导爆索和雷管脚线引出后用防水胶布扎牢管子端头，然后将 PVC 药管推入炮孔中。

岩塞爆破采用正，副两条起爆网路，母线用 1 根 3×7/1.04BV300/500V 三芯铜电缆从闸门井引入集渣坑顶部至岩塞体，当电磁雷管导通检查无误后，将 2 根引爆主线自上而下呈之字形分别穿过正副网路电磁雷管的磁环，最后将正副两条网路的主线连接到母线上，测得两条母线电阻分别为 1.5Ω、1.6Ω，均小于准爆值 5Ω。

（4）气垫技术。岩塞内进行密封，采用高水位充水，在岩塞内部形成一个有压力的缓冲气垫，起到一个弹性的缓冲作用，以有效减弱岩塞爆破时的冲击波。充水过程中，随着闸门井水位的上升，岩塞后部，集渣坑上部的气垫室体积压缩，压力升高。当闸门井充水位达到高程 103.73m 时，相应的集渣坑水位达到 78.10m，气垫体积 1197m³，然后启动 20m³ 空压机通过预埋在洞顶部混凝土内的 φ50mm 钢管向气垫室内补气，形成 0.26MPa 压力气垫。

（5）爆破效果。1999 年 8 月 1 日 10 时起爆，水库水面传出沉闷巨响，进水口上方水面鼓起蘑菇状的浪涛，闸门井不断涌出气体，岩塞爆破后进行水下摄像观察检查，岩塞周边半孔留痕普遍清晰可见，成型好，闸门井门槽及底板没有石渣，只有几厘米厚泥沙。爆破石渣全部落入集渣坑内，集渣坑内堆渣曲线平缓。

#### 5.1.5.2 汾河水库岩塞爆破

（1）概况。山西省最大的水库——汾河水库，是一座多年调节的大型水利枢纽工程。为提高水库防洪标准，保障下游太原市的安全，在水库右岸增建一条内径 8m 的泄洪隧洞，设计最大泄流量 785m³/s，初设方案的施工为岩坎加混凝土围堰挡水方案。施工过程中要求水库降低水位运行，直接影响水库效益，且工程量大，总工期延长。经技术经济比较，改为岩塞爆破方案，岩塞水深 24m，水下淤泥厚 18m，水库大坝为水中填土均质坝，岩塞爆心距大坝坡脚最近距离只有 125m。

岩塞形状为截头圆锥体，岩塞底部开口直径 8m，顶部开口直径 29.8m，岩塞厚度 9.05m，岩塞厚度与内口直径比为 1.13，岩塞中心线与水平线夹角为 30°。由于施工中下半部超挖最深处达 2.7m，后用浆砌石衬砌修补平，使岩塞体下半部直立于隧洞底平面。汾河水库岩塞中心线剖面见图 5-6。

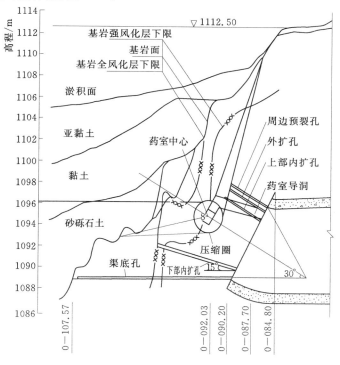

图 5-6　汾河水库岩塞中心线剖面示意图

采用排孔、药室方案，总装药量 2799kg，毫秒延时电雷管复式网络，设主副两条网络系统。

（2）钻孔与药室开挖。钻孔的关键为准确控制孔位和方向，制作样板架固定在设计的标准岩面上，并将预裂孔及上部的内外扩大孔按设计要求点画在样板架上，钻孔定位放样，制作钻杆承托架来控制，承托架可上下升降和左右移动、水平调整，准确控制钻孔角度。施工中实施的岩塞钻孔，其爆破特性见表 5-13。

表 5-13　　　　　　　　　　　　　　　　岩塞钻孔爆破特性表

| 项目 \ 药包 | 药室 | 扩大孔 | | | 预裂孔 | | 渠底孔 | 合计 |
|---|---|---|---|---|---|---|---|---|
| | | 上内扩孔 | 下内扩孔 | 外扩孔 | 装药孔 | 空孔 | | |
| 钻孔直径/mm | | 50 | 90 | 50 | 42 | 42 | 90 | |
| 孔数/个 | 1 | 8 | 11 | 16 | 28 | 29 | 15 | 108 |
| 平均孔深/m | | 5.0 | 8.56 | 5.0 | 4.5 | 4.5 | 15.57 | |
| 钻孔长度/m | | 40 | 94.2 | 80 | 126 | 130.5 | 233.5 | 704.2 |
| 每孔药量/(kg/孔) | | 5.64 | 36.60 | 5.64 | 1.90 | | 68.42 | |
| 药量/kg | 1291 | 45.12 | 402.6 | 90.24 | 53.28 | | 1026.40 | 2908.64 |
| 岩塞爆破量/m³ | | | | | | | | 1743.5 |

**注**　岩塞爆破采用水胶炸药（型号 SHJ-K₁），药室单个药包尺寸为 20cm×30cm×30cm。要求密度 1.2g/cm³。防水要求在水下 15m 浸泡 72h 后，用 8 号雷管可引爆。

岩塞爆破的药室断面尺寸为 1.0m×1.0m×1.3m（宽×长×高），药室导洞开口处在岩塞面的顶部，与水平面的夹角为 15°，断面尺寸为 0.8m×1.0m（宽×高）。导洞开挖采用一次钻进，先预裂、短进尺（每次 0.5m）分段爆破的开挖方法，均采用 15° 钻杆承托架辅助手风钻钻孔，中间导向掏槽孔采用潜孔钻钻孔。药室开挖时因钻具受导洞高度的限制，只能造斜孔，且无法周边预裂，采用小药量、短进尺开挖方案。

（3）爆破器材试验。为确保岩塞爆破成功，爆破器材必须进行试验。采用 SHJ-K₁ 型水胶炸药，厂家现场进行炸药密度、殉爆距离、爆速、猛度、爆力的试验，对 1～5 段 8 号毫秒延期电雷管，采用 BQ-2 型爆破器材参数综合测试仪，进行电阻值、延时值、最高安全电流、最低准爆电流测试；取 50m 导爆索，一端使用 8 号电雷管作引爆试验，经起爆试验全部合格。

（4）装药与堵塞。药室采用人工装药，装药的同时制作起爆体，起爆体设计两条起爆网路，各起爆 12 发 2 段雷管，雷管束与电缆线的接头进行防水处理。为增加起爆体起爆能量，在起爆体木箱中放入一定长度的导爆索，将装满炸药的起爆体木箱捆绑牢固，药室炸药装到一半时放入起爆体，保护好穿电缆的管道，装完炸药后用 5cm 木板隔离，铺两层厚 3cm 的石棉被，再用 20cm 黏土堵塞，随后在导洞内填碎石，用回填灌浆封堵导洞。

汾河水库岩塞爆破为并串并毫秒延时复式电爆网路，即孔内并联电雷管。孔外各孔串联成分支线路，并设主副两条网路，最后各分支线路并联于主线。主线经闸刀开关与电源线相接，形成一个完整的电爆网路，网路共有 8 条支线，4 个段数（即 1 段、2 段、4 段、5 段中间跳过 3 段）电雷管引爆。

（5）爆破效果。起爆前量测主线电阻值，在起爆开关处测得电阻值为 $2\Omega$，网路正常，岩塞准时起爆。起爆后在爆心的前上方距岸约 30m 水面处涌起一个高 6～7m 的水鼓包，紧接着在距岸约 20m 处又涌起一个泥鼓包，泥鼓包轮廓清晰，高度约 4～5m。随着爆破声响，黄黑色气浪由井口喷出，起爆约 1min27s 后黑水夹着石渣冲出洞口，3min 左右全洞满流，4～8min 出流最大，平均流速为 11.9m/s，8min 开始关闭进口闸门，15min 闸门全关闭。

汾河水库泄洪隧洞进水口岩塞爆破设计科学合理，成功地解决了有较厚淤积物覆盖的水下岩塞爆破技术问题，为多淤泥水库改建工程进行岩塞爆破积累了经验。

# 5.2 水下钻孔爆破

## 5.2.1 主要特点

水下钻孔爆破通过水上作业平台或特种作业船，利用钻孔设备穿过水层对水下岩石进行钻孔，实施爆破作业炸除水下岩体。水下钻孔爆破是应用最为广泛的一种水下爆破施工方法，广泛运用于港口修建、扩建工程中，以及江、河航道拓宽、疏浚，水下清障和拆除工程等。

水下钻孔爆破的主要特点为：①当爆破工程量多、爆破岩体厚度较大时，应选择钻孔爆破；②由于流速、潮汐、涌浪、水深等复杂工况因素的影响，使水上钻孔爆破施工难度增大，并导致施工工艺复杂、效率低、成本高；③在水下钻孔爆破时，如产生大块石或浅点，处理十分困难，对清渣工序影响较大，水下爆破对爆破设计与施工质量要求高；④对水下挖渣、运渣的设备要求较高，宜选用挖掘能力强的船只，可采用反铲式挖泥船、正铲式挖泥船或配备重斗的大斗容抓扬式挖泥船进行清挖。

## 5.2.2 钻孔设备

（1）水上作业平台。水上作业平台，按设备类型分类，主要有以下几种：①简易支架式水上作业平台，包括水中固定支架平台及岸边固定支架平台等，水浅时也可采用填渣作业法；②漂浮式钻孔作业平台；③自升式水上钻孔作业平台。

水上作业平台的适用范围，水下钻孔施工方法及适用条件见表 5-14。

表 5-14　　　　　　　　　　水下钻孔施工方法及适用条件表

| 水下钻孔方法 | 适　应　条　件 | 施　工　方　法 | 备　注 |
|---|---|---|---|
| 潜水员水下钻孔 | 一般浅水区，规模较小 | 潜水员带钻具到水下钻孔 | 操作难度大、炮孔利用率低 |
| 固定支架平台钻孔 | 适合靠近岸边，小规模水下爆破 | 在岸边浅水区，架设固定悬臂式工作台，在工作平台上布置钻机造孔 | 该方法在工程中用得较多 |
| 钻孔作业船 | 适应于水深 10～20m，流速在 1.0m/s，浪高 1m 以下水域作业，移动方便，对分散、工作量大的工程尤显优越 | 采用活动钻孔船，用几台手提摇锚机固定船位，在船上布置多台 XJ-100 型地质钻进行造孔，钻具固定间距 2.5m | 该方法在工程中用得较多 |

| 水下钻孔方法 | 适 应 条 件 | 施 工 方 法 | 备 注 |
|---|---|---|---|
| 自升式水上作业平台 | 适应于水深 15～25m 进行钻孔，流速在 5m/s 以内，风速控制在 18m/s 以内，浪高 1m 以内 | 在钻孔船体四角装有大型立柱的平仓船，由牵引船把钻孔船拖到工作点。把四个立柱放到水底，使船身抬离水面，用 XU-300 型地质钻造孔，装药都在船上进行，工作时可不受海浪、潮流的影响 | 水位变化较大的工地采用 |
| 填渣作业法 | 一般水深小于 4m 时，又缺设备，规模较小 | 在水中填石头，石渣露出水面后，在石渣上造孔护孔，装药爆破 | 特定情况下采用 |

（2）漂浮式钻孔爆破作业船。此类作业船在水下钻孔爆破中使用较多，运用最广，形式多样，一般用于水深较大，流速小于 1.5m/s，浪高小于 1m 的水域。主要有以下几种分类方式：①按动力可分为自航和非自航两类，以非自航船为主，自航船较少，即便是自航船，由于航行动力有限，远距离调动时仍需拖轮拖带；②按船体结构形式可分为双体船和单体船；以单体船为主，航通 998 漂浮式钻爆船技术参数见表 5-15；③水下钻孔按驻位形式可分为有定位桩和无定位桩两类，施工中以无定位桩的占多数，无定位桩的钻爆船采用六缆作业法进行移船及驻位；有定位桩的钻孔船主要使用在水流较急、风浪较大或交通繁忙、水域狭窄的地区，移船仍靠锚缆进行，定位桩可进行驻位作业；④漂浮支腿升降式水上钻孔作业平台是一种可将船体升离海面的作业船舶，平台升离水面后，钻孔时不受波浪、海潮的影响。

表 5-15　　　　　　　　　　航通 998 漂浮式钻爆船技术参数表

| 装 备 | 规 格 | 功率 | 数量 |
|---|---|---|---|
| 外形尺寸（长×宽×高）/(m×m×m) | 42.8×15×2.8 | | |
| 吃水/m | 1.0～1.8 | | |
| 电动绞车 | 5t | 11kW | 6 台 |
| 锚 | 中锚 1.5t、边锚 1t | | 1.5t×2、1t×4 |
| 钻机 | XY-2 | | 12 台 |
| 空压机 | AtIasvahs786 | 220kW | 6 台 |
| 发电机 | | 70kW | 2 台 |

### 5.2.3　爆破器材

（1）炸药。水下钻孔爆破时，因为爆破处于复杂的水下环境中，选择炸药时，对炸药种类与特性有严格的要求。水下爆破所使用炸药的特点与方法见表 5-16。

（2）起爆器材。起爆器材主要为电雷管、导爆管雷管、非电雷管及导爆索。对于需要精确控制延期时间的水下拆除爆破，应采用高精度的数码电子雷管。

所有的起爆器材均要求能抗水压，如果条件受限制而采用普通产品，应对起爆器材进行可靠的防水和防压处理后方可使用。

　　　　　　　　　　水下爆破所使用炸药的特点与方法表

| 炸药性能 | 水下使用炸药的变化特点 | 采 用 方 式 | 备　　注 |
|---|---|---|---|
| 炸药的耐水性能 | 吸水性较大的炸药，在水中使用时，炸药成分发生化学变化，会降低爆破效果或拒爆 | 选择吸水性小的炸药，当使用的炸药吸水性大时，必须采取严格的防水措施 | 水胶炸药和乳化炸药是抗水性炸药，并广泛用于水下工程 |
| 炸药的耐水压力性能 | 当水深达到一定深度时，炸药的做功能力、爆速、猛度随着水压增大或浸水而减小，甚至产生爆轰中断和增大残留炸药的影响 | 在深水中爆破，应使用抗水性炸药，若用一般炸药，必须采用防压与防水的保护措施 | 采用乳化炸药时也应做24h浸水试验，测试浸水后爆速、猛度降低率 |
| 水中冲击波对炸药殉爆灵敏度的影响 | 水中爆破能改变炸药殉爆距离，同时水中冲击波也可影响附近药包产生殉爆，从而使设计好的分段爆破受到破坏 | 为防止在不同炮孔间产生殉爆，防止诱爆现象发生，可以改变炮孔起爆药包位置 | 乳化炸药的殉爆距离，出厂时不小于6cm，浸在水中后是不小于3cm |

### 5.2.4　钻孔参数及药量计算

（1）钻孔参数。参照《水运工程爆破技术规范》（JTS 204—2008）的规定参数，水下钻孔爆破的孔网参数和药量计算，应结合施工区水深、钻孔设备、开挖深度及清渣设备等综合分析确定，并应符合以下规定：①炮孔直径宜选用 60～165mm；②超钻深度通常在 1.0～2.0m 范围内选取；岩石较硬时取大值，岩石较软时取小值，每次爆破时首排炮孔应比其后的各排炮孔深 0.2m；③炮孔孔距宜大于炮孔排距，一般情况下炮孔孔距为排距的 1.2～1.4 倍；④考虑在水下爆破时的钻孔偏差、爆破器材等因素，最小抵抗线、炮孔间排距可比陆地台阶爆破减少 10%～25%，甚至更多。

部分工程水下钻孔布置主要参数见表 5－17。水下钻孔进行大面积爆破时，其孔网参数见表 5－18，并经试验确定。

表 5－17　　　　　　　　　　　部分工程水下钻孔布置主要参数表

| 工程地点 | 孔径 $D$ /mm | 间距 $a$ /m | 排距 $b$ /m | 孔深 $H$ /m | 钻孔角度 /(°) | 超深 $\Delta H$ /m |
|---|---|---|---|---|---|---|
| 广东黄埔航道整治 | 91 | 2.5～3.1 | 1.7～2.5 | 4.5～7.5 | 垂直钻孔 | 1.0～1.5 |
| 新丰江隧道进口 | 91 | 2.0 | 2.0 | 5.0～8.0 | 垂直钻孔 | 1.5～2.2 |
| 湖南大湾航道 | 50 | 1.2 | 1.2 | 2.5 | 70～80 | 0.8～1.2 |
| 浙江舟山马岙航道 | 120 | 2.6 | 1.8 | 7.2 | 垂直钻孔 | 1.8 |
| 大连某原油码头港池 | 125 | 2.4 | 2 | 3 | 垂直钻孔 | 1.5～1.8 |
| 洋山深水港航道 | 165 | 3.5 | 2.8 | 9.0 | 垂直钻孔 | 3.0 |
| 辽宁港池 | 91 | 2.5 | 2.5 | 2 | 垂直钻孔 | 0.45～0.90 |

表 5－18　　　　　　　　　　　大面积爆破炮孔网参数表

| 适用工作水深 /m | 炮孔直径 $d$/mm | 炮孔孔距 $a$/m | 炮孔排距 $b$/m | 超钻深度 $h$/m | 清渣设备（抓斗）/m³ |
|---|---|---|---|---|---|
| ≤8.0 | 80～100 | 1.6～2.0 | 1.5～1.8 | 1.0～1.2 | 1.5～4 |
| >8.0 | 95～115 | 2.2～2.4 | 1.5～2.0 | 1.0～1.4 | 4～8 |

水下钻孔爆破时钻孔的超钻深度可与炮孔最小抵抗线相近，并至少不小于0.8m。当水下钻孔直径为90mm时的超深可参照表5-19选取，不同直径的钻孔可参照表中数值随钻孔直径的增减而增减。

　　　　　　　　　　　　　**直径90mm钻孔超深表**

| 台阶高度/m | 钻孔超深 $\Delta H$/m（$f$ 岩石坚固系数） | | | |
| --- | --- | --- | --- | --- |
| | $f=4\sim6$ | $f=7\sim10$ | $f=11\sim14$ | $f>15$ |
| 1.0 | 0.30 | 0.40 | 0.50 | 0.65 |
| 2.0 | 0.40 | 0.50 | 0.60 | 0.80 |
| 3.0 | 0.55 | 0.70 | 0.85 | 1.10 |
| 4.0 | 0.70 | 0.90 | 1.10 | 1.40 |
| 5.0 | 0.90 | 1.10 | 1.30 | 1.70 |
| 6.0 | 1.10 | 1.35 | 1.60 | 2.10 |
| 7.0 | 1.30 | 1.60 | 1.90 | 2.50 |
| 8.0 | 1.50 | 1.85 | 2.20 | 2.90 |

（2）药量计算。药量计算有多种方式，现分述如下。

1）考虑水深影响的单孔装药量 $Q$，可按式（5-32）计算：

$$Q=qWaH(1.45-0.45e^{0.33H_0/W}) \tag{5-32}$$

式中　$Q$——炮孔计算装药量，kg；

　　　$W$——最小抵抗线长度，m；

　　　$a$——孔距，m；

　　　$H$——台阶高，m；

　　　$H_0$——水深，m；

　　　$q$——岩石的单位炸药消耗量，kg/m³。

堵塞长度按（0.8~1.0）$W$ 考虑，根据钻孔实际可能的装药量 $Q$，由式（5-32）可算出 $aW$ 乘积，从而确定孔排距。

2）分段药量计算法。延米装药量 $Q_1$ 按式（5-33）计算：

$$Q_1=\frac{1}{4}\pi d^2\rho \tag{5-33}$$

炮孔负担面积按式（5-34）计算：

$$S=Q_1/q \tag{5-34}$$

孔网参数 $S$ 按式（5-35）计算：

$$S=ab，若\ a=b=W，则\ a=b=W=(Q_1/q)^{1/2} \tag{5-35}$$

以上各式中　$Q_1$——炮孔延米装药量，kg；

　　　　　　$q$——单位炸药消耗量，kg/m³；

　　　$a$、$b$——孔距、排距，m；

　　　　　　$d$——炸药直径，m；

　　　　　　$\rho$——炸药密度，kg/m³；

$W$——抵抗线长度，m。

不装药段（堵塞段）长按式（5-36）计算：

$$h_0 = (0.8 \sim 1.0)W \tag{5-36}$$

式中　$h_0$——堵塞长度，m；

$W$——最小抵抗线长度，m。

3）水下炸礁时炸药总装药量按式（5-37）计算：

$$Q = KV \tag{5-37}$$

式中　$Q$——总装药量，kg；

$V$——礁石总体积，m³；

$K$——系数，取 $K = 5 \sim 10$kg/m³，礁石小，投药方便，流速大的地方取小值。

将总药量分成若干药包，放在礁石不同部位时，一般爆后不需清渣。

4）水运工程炸药单耗及装药量计算法。炸药单耗除用上述公式计算外，也可参考水运工程中的经验数据选取（见表5-20）。

表 5-20　　《水运工程爆破技术规范》（JTS 204—2008）给出的单耗数据表

| 地质类别 | 水下钻孔爆破单耗/(kg/m³) | 地质类别 | 水下钻孔爆破单耗/(kg/m³) |
|---|---|---|---|
| 软岩石或风化石 | 1.72 | 坚硬岩石 | 2.47 |
| 中等硬度岩石 | 2.09 | | |

注　表中炸药为2号岩石硝铵炸药综合单位消耗量的平均值，当使用其他炸药时应进行换算；水深超过15m时，单位炸药消耗量可根据水深变化适当调整。

水下钻孔爆破的每孔装药量可按体积法按式（5-38）计算：

$$Q = qabh \tag{5-38}$$

式中　$b$——排距，m；

$h$——钻孔深度（包括超深值），m；

其他符号意义同前。

相应地，每个炮孔允许装药量对于确定的药卷直径、装药密度按式（5-39）计算：

$$Q = 1/4\pi d^2 \Delta l \tag{5-39}$$

式中　$d$——药卷直径，cm；

$\Delta$——装药密度，kg/cm³；

$l$——装药长度，cm。

根据上述式（5-38）、式（5-39），则可计算出每个炮孔的装药长度，剩余部分为堵塞段。一般来说，随着水深的增加，堵塞长度可适当减小，甚至装满。现在有种趋势，为减少补炸的机会，加大钻孔超深和药量。

（3）瑞典的设计方法。根据瑞典的单位炸药消耗量和钻孔超深的计算方法，其爆破手册中针对不同的钻孔直径、台阶高度、水深，推荐了水下台阶爆破设计参数（见表5-21）。

表 5-21　　　　　　　　　　　　瑞典爆破手册相关推荐参数表

| 炮孔直径 /mm | 台阶高度 /m | 炮孔深度 /m | 水深 /m | 抵抗线 /m | 炮孔间距 /m | 装药量 | | 理论单耗 /(kg/m³) |
|---|---|---|---|---|---|---|---|---|
| | | | | | | kg | kg/m | |
| 30 | 2.0 | 2.9 | 2.0~5.0 | 0.90 | 0.90 | 2.1 | 0.9 | 1.14 |
| | 5.0 | 5.8 | 2.0~5.0 | 0.85 | 0.85 | 4.8 | 0.9 | 1.20 |
| | 2.0 | 2.8 | 5.0~10.0 | 0.85 | 0.85 | 2.1 | 0.9 | 1.16 |
| | 5.0 | 5.8 | 5.0~10.0 | 0.85 | 0.85 | 4.8 | 0.9 | 1.25 |
| 40 | 2.0 | 3.2 | 2.0~5.0 | 1.20 | 1.20 | 4.5 | 1.6 | 1.11 |
| | 5.0 | 6.2 | 2.0~5.0 | 1.15 | 1.15 | 9.3 | 1.6 | 1.20 |
| | 7.0 | 8.1 | 2.0~5.0 | 1.10 | 1.10 | 12.3 | 1.6 | 1.26 |
| | 7.0 | 8.1 | 5.0~10.0 | 1.10 | 1.10 | 12.3 | 1.6 | 1.31 |
| 51 | 2.0 | 3.2 | 2.0~10.0 | 1.2 | 1.2 | 5.0 | 2.6 | 1.16 |
| | 3.0 | 4.5 | 2.0~10.0 | 1.5 | 1.5 | 10.4 | 2.6 | 1.19 |
| | 5.0 | 6.5 | 2.0~10.0 | 1.45 | 1.45 | 15.6 | 2.6 | 1.25 |
| | 10.0 | 11.5 | 2.0~10.0 | 1.35 | 1.35 | 26.0 | 2.6 | 1.40 |
| 70 | 2.0 | 3.2 | 2.0~10.0 | 1.20 | 1.20 | 10.0 | 4.9 | 1.16 |
| | 3.0 | 4.5 | 2.0~10.0 | 1.50 | 1.50 | 19.0 | 4.9 | 1.19 |
| | 5.0 | 7.0 | 2.0~10.0 | 1.95 | 1.95 | 30.4 | 4.9 | 1.25 |
| | 10.0 | 11.9 | 2.0~10.0 | 1.85 | 1.85 | 55.4 | 4.9 | 1.40 |
| | 10.0 | 11.8 | 20.0 | 1.80 | 1.80 | 55.4 | 4.9 | 1.50 |
| | 15.0 | 16.7 | 20.0 | 1.70 | 1.70 | 78.9 | 4.9 | 1.65 |
| 100 | 2.0 | 3.2 | 5.0~10.0 | 1.20 | 1.20 | 16.0 | 6.4 | 1.16 |
| | 3.0 | 4.5 | 5.0~10.0 | 1.50 | 1.50 | 23.7 | 6.4 | 1.19 |
| | 5.0 | 7.3 | 5.0~10.0 | 2.25 | 2.25 | 42.2 | 6.4 | 1.25 |
| | 10.0 | 12.1 | 5.0~10.0 | 2.10 | 2.10 | 73.0 | 6.4 | 1.40 |
| | 15.0 | 17.0 | 5.0~10.0 | 2.00 | 2.00 | 103.7 | 6.4 | 1.55 |
| | 15.0 | 17.0 | 20.0 | 1.95 | 1.95 | 103.7 | 6.4 | 1.65 |
| | 20.0 | 21.9 | 25.0 | 1.85 | 1.85 | 136.3 | 6.4 | 1.85 |

## 5.2.5　水下装药和起爆网路

（1）水下装药。水下钻孔爆破中，装药较为困难，施工操作要求非常严谨、慎重。装药过程中，必须按照水下爆破装药要求和施工程序（见表 5-22）。

（2）起爆网路。水下钻孔爆破工程通常采用电爆网路或导爆管网路，也可采用数码电子雷管起爆系统，如起爆环境复杂时起爆网路可采用复式网路。

1）电爆网路。水下钻孔爆破的电爆网路，一般采用并串、并串并等方式，必要时可采用复式网路。在施工前应根据爆破的孔数及起爆电源的情况作网路设计，进行支路电阻平衡和起爆电流的计算等，以确定并联的支路数。水下爆破通过每个电雷管的电流值应保证交流电不小于 4.0A，直流电不小于 2.5A。

表 5 - 22　　　　　　　　　　水下爆破装药要求和施工程序表

| 序号 | 施工方法 | 适应条件 | 施工程序 |
|------|---------|---------|---------|
| 1 | 潜水员水下直接装药 | 水深小于 12m，流速小于 1.5m/s，水下爆破规模较小 | 潜水员在水下将装有药卷的套管装入炮孔内，并将引爆电线固定好后引出水面 |
| 2 | 利用套管在水面上装炸药 | 在近海、内河大规模水下爆破中广泛应用 | 每次钻孔完毕，将套管装入孔内，然后将炸药沿套管装入，炸药装完堵塞完成后，拔出套管，将导线固定后引出水面 |
| 3 | 风动装药机装药 | 钻孔直径不大于 50mm 时，采用防水炸药，在水面上用风动装药机装药 | 钻孔结束后，将装药机的软管一端放进起爆筒内并引出导线，软管放入到套管中，再用风压将炸药和起爆筒压入孔中 |

2）导爆管起爆网路。导爆管网路具有段数多、抗静电、杂电、防水等功能，以及使用安全、操作方便、网路设计、连接简便等特点，在水下钻孔爆破中被广泛应用。网路多采用簇联或并联起爆，并尽量采用复式网路。每个爆破体安装两个以上的起爆雷管。由于孔外网路在水中很难保护，孔外毫秒延时爆破很少在水下爆破中使用。

3）数码电子雷管起爆系统。电子雷管起爆系统是近几年引进推广应用的先进起爆系统，可按毫秒量级编程设定每发雷管的延时时间。电子雷管起爆系统，具有高精度与高可靠性，发火时间设定的灵活性，对静电、射频电和杂散电流的固有安全性，对起爆系统的事前和事后可测控性。

起爆网路在连接时应注意以下几点：①包裹电起爆网路接头的胶布质量要好，包扎要紧密，防止起爆时产生漏电现象；②导爆管网路要注意防止雷管的碎片破坏网路，造成拒爆；③各炮孔中引出的雷管脚线连接在一起时，要注意均匀受力，防止个别脚线受力过大，而造成脚线损伤和拉断。

起爆时应注意以下几点：①在水下钻孔爆破时，当爆破网路线接好后移动船只时要注意保护网路，防止网路拉断；②爆破时应做好警戒工作及起爆准备工作，在水中和岸上均应设置警戒线；③水下钻孔爆破时应视水深、装药量大小，设置足够的安全距离；④起爆前必须再次对起爆网路进行检测，并检查周围环境。

# 5.3　水下裸露爆破

水下裸露爆破是将炸药包直接放置在水下介质表面进行爆破的方法。水下裸露爆破施工，具有设备简单、操作容易、机动灵活、适应性强等优点。在航道整治施工中，作为水下炸礁的主要手段。但是，水下裸露爆破的单位炸药消耗量高、爆破效率低、振动较大、对环境影响大。随着水下钻孔爆破技术的发展，水下裸露爆破已逐渐淡出，成为水下爆破的一种辅助施工方法。

水下裸露爆破适用范围如下：①水下炸礁、大块石二次爆破、清除岩坎，爆破面积小于 3m² 和开挖层厚度小于 1.5m 的岩石爆破、诱爆拒爆的深孔炸药等；②对水流、工况条件不适宜用水下钻孔爆破的水下炸礁施工，如江河激流、跌水、海洋珊瑚礁等；③水下孤礁或局部浅点的爆破清除、水下清障解体爆破、水下软基爆破处理。

### 5.3.1 爆破参数

（1）药包布置。水下裸露爆破破碎深度 $W_h$ 一般取 $0.4\sim0.6m$，此时爆破效果较好。

药包间距：$a=(2.0\sim2.5)W_h$，水下裸露爆破破碎半径大于破碎深度。

药包排距：$b=(3\sim3.5)W_h$，或取投药船宽值。

（2）药量计算。

1）破碎深度，炸药量按式（5-40）计算：

$$Q=K_1W_h^3 \tag{5-40}$$

式中　$Q$——每个裸露药包重量，kg；

　　　$W_h$——破碎深度，m；

　　　$K_1$——水下裸露爆破单位用药量系数，kg/m³。

水下裸露爆破平均单位耗药量见表 5-23。

表 5-23　　　　　　　　　水下裸露爆破平均单位耗药量表

| 岩土性质 | 黏土 | 卵石 | 大块石 | $f=6$ | $f=7\sim8$ | $f=9\sim10$ |
|---|---|---|---|---|---|---|
| $K_1/(kg/m^3)$ | 15 | 40 | 50 | $50\sim70$ | $80\sim110$ | $150\sim210$ |

2）破碎岩石体积，炸药量按式（5-41）计算：

$$Q=Vq \tag{5-41}$$

式中　$Q$——每个裸露药包重量，kg；

　　　$V$——破碎岩石的体积，m³；

　　　$q$——单位耗药量，kg/m³。

水下裸露爆破平均单位耗药量见表 5-24。

表 5-24　　　　　　　　　水下裸露爆破平均单位耗药量表

| 项　　目 | 地形条件 | 水流条件 | $q/(kg/m^3)$ |
|---|---|---|---|
| Ⅳ级风化岩石 | 爆区面积小于20m²，周边有深潭 | 水流平顺，流速2m/s左右，水深约2m | $1.5\sim2.0$ |
| 风化较严重岩石 | 爆区面积小于200m²，爆区周边有深潭 | 爆区水流速2~3m/s，水深2~3m，水流平稳 | $3.0\sim4.0$ |
| 中等硬度岩石 | 爆区面积较大，其长度与宽度不超过30m，一侧或下游侧有岩坎 | 爆区水流速2~4m/s，水深2~4m，水比较平稳 | $5.0\sim6.0$ |
| 硬度较高的岩石 | 爆区面积或爆区两边长度较大，离深潭较远，河床比较平坦 | 爆区水流速小于2m/s，或流速大于4m/s，水深小于1.5m，或水深大于4m，水流紊乱 | $6.0\sim9.0$ |

3）岩性类比确定炸药，一般情况下，对岩石坚固系数 $f=7\sim8$ 的中硬岩石，$Q$ 取 $6\sim10kg/m^3$，在水下致密坚硬的灰岩和砂岩时炸药量取 $12\sim16kg/m^3$，炸礁石可以根据具体情况适当减小。

（3）水深。为保证水下裸露爆破的破碎效果，水深应满足下述条件，按式（5-42）计算：

$$h\geqslant1.3\sqrt[3]{Q} \tag{5-42}$$

式中　$h$——爆破区域的水深，m；

$Q$——单药包重量，kg。

对于较厚的爆破体，可考虑进行分层爆破或采用水下聚能药包爆破，分层爆破时，每次分层厚度一般定为 0.5～0.8m。

（4）水下裸露抛掷爆破按式（5-43）计算：

$$Q=K_1W_h^3+K_0H^3 \tag{5-43}$$

式中　$K_0$——水介质的单位炸药消耗量，取 0.2kg/m³；

　　　$H$——岩石上部水深，m；

其他符号意义同前。

## 5.3.2　药包制作及投放

（1）普通炸药包。在水下裸露爆破时，为增大药包与被爆物体的接触面积，水下裸露爆破药包一般为长方形六面体扁平药包，其长、宽、厚度之比宜为 3:1.5:1，水下裸露普通药包见图 5-7。单药包重量根据岩性及炸深要求确定，药包可制作成 8kg、12kg、16kg、20kg 等重量不同的药包。

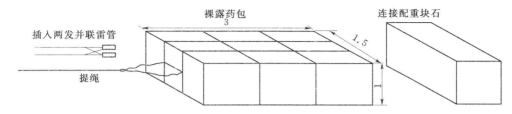

图 5-7　水下裸露普通药包（尺寸比例）示意图

药包的防护分为两层，内层为防水层，采用塑料袋包装捆扎；外层用编织袋、土工布作保护层，确保药包塑料袋不被破坏。药包成形后两端或一端加配重抗浮，配重材料可用块石或其他配重材料，配重系数是药包重量的 1～2 倍。当水流流速为 2～5m/s 时，配重应是药包重量的 2～5 倍。药包在安放入水下前插入起爆雷管，连接起爆网路。

（2）聚能炸药包。水下裸露爆破时宜采用爆速高、猛度大的炸药，适当提高装药密度，并将药包制作成锥体或半球几何形，充分利用药包的聚能作用，可以提高裸露爆破的破碎效果，聚能药包见图 5-8。但聚能药包的投放技术要求较高，通常在特殊工程情况下使用。

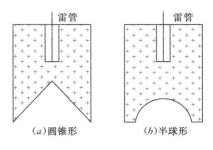

图 5-8　聚能药包示意图

（3）药包投放。水下裸露爆破应根据施工区域内的水深、流速、流态、通航条件、爆破区域宽窄及工程量大小，在不同情况下采用不同的投药施工方法。

1）船投法。该方法适用于面积大、流速快的爆破作业区。应根据测量控制划分出的爆破区域，按纵向分段、横向分条顺序进行。首先将定位船锚定在爆区水流上游方向50～80m 距离处，再下放投药船至爆破点，准确定位后由投药船采用翻板法翻投药包。药包在水中沉入到位后，检查爆破网路，将投药船绞至定位船，通过爆破主线与起爆网路控制起爆，爆炸顺序一般由下游方向至上游方向、从深水区域到浅水区域，按顺序起爆。船投法定位施工见图 5-9。

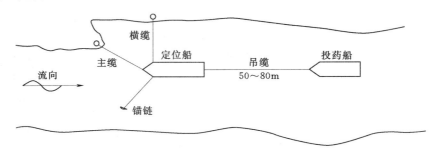

图 5-9　船投法定位施工示意图

2）潜水员敷设法。采用潜水员到水中装药，只适用于流速低于 1.0m/s 的孤礁或排障爆破。潜水员敷设药包定位准确，安放稳定，爆破效果较好；但潜水员敷设法受工况条件限制较多，施工效率低，施工成本高，安全隐患大，通常用于特殊情况下的爆破。

3）吊缆投递法。在崖陡狭窄急流的河段中进行水下爆破时，由于无法使用船只投放药包，可通过跨河吊缆投放药包。在离爆炸点 20～30m 的上游河面上，用钢缆跨河固定，跨河缆上穿套铁环，铁环上系一根拉绳至左右两岸，以牵引铁环左右移动。吊药包的主绳穿过铁环，通过放松主绳拉吊药包，在药包上再系几根脚绳至两岸，可调整药包下水后的位置。

4）排架投放法。在水下裸露爆破面积较大时，可采用药包群投放法。在岸边滑道上扎竹排，将药包和导爆索捆在竹排架上，用机动船将竹排拖至爆区，加配重后使竹排沉入爆区进行爆破。

### 5.3.3　起爆方法

水下裸露爆破有多种起爆方法，可根据工程特点进行选择使用，水下裸露爆破起爆方法及要求见表 5-25。

表 5-25　　　　　　　　　　　　水下裸露爆破起爆方法及要求表

| 起 爆 方 法 | 起 爆 要 求 |
|---|---|
| 电力起爆 | 在一个药包中装两发电雷管，分别连接于两个电爆网路，两套网路并联后引爆 |
| 非电力起爆 | 在药包中装上非电导爆雷管，将导爆管固定在引爆物上，并引到岸上，用电雷管引爆 |
| 导爆索引爆 | 主要配合排架使用，在排架上用导爆索连接好药包，将导爆索引出水面，用电雷管引爆 |
| 声波水下无线电起爆 | 超声波发生器和发射器安放在水面船中，向水下发送密码声波指令，受波器接受声波发射器传来指令信号后，启动线路开关，完成起爆指令 |
| 数码电子雷管起爆 | 电子雷管适用于各类水下爆破，可按毫秒量级编程设定延时时间，具有高精度、高可靠性，发火时间设定灵活，对起爆系统事前可测控 |

## 5.4　软基处理水下爆破

软基处理水下爆破法，自 20 世纪 80 年代开始研究使用，主要用于填石筑堤爆破挤淤和爆破夯实地基基础。该项技术施工工艺简单，具有造价低、工期短、工序干扰小、后期沉降小等优点。水下处理软基爆破技术，拓展了水下爆破应用领域。

### 5.4.1 填石筑堤爆破挤淤

（1）基本原理。填石筑堤爆破挤淤施工中，采用爆炸法置换筑堤堆石的水下淤泥软基，在抛石堤头前沿淤泥层内布置药包，利用爆炸产生的高压气体，空腔气体膨胀推动周围的淤泥介质运动，将淤泥向四周挤出形成空腔，同时堆石体在爆炸振动和荷载重力作用下向淤泥空腔内下滑，填充空间，瞬间实现泥石置换。继续填石时，抛石体将石舌上部的淤泥进一步挤出并与下部持力层相连，形成完整的抛填体。抛填围堤单循环长度和厚度决定了该方法施工中每次爆破的长度以及能够置换的淤泥厚度。填石爆炸挤淤技术广泛应用于重力式防浪堤、护岸、围堰、滑道等水工工程的基础处理。一般适用于处理深 4～12m 范围内的淤泥。

大厚度淤泥软基爆炸处理时，采用定向爆破滑动处理法，将土力学中的承载力和有效应力等概念引入爆炸力学中，将爆炸产生的冲击振动荷载与淤泥强度的丧失与恢复建立关系。炸药爆炸时将淤泥向四周挤压成坑，在爆炸负压与震动作用下，堤埂抛石体定向滑到爆腔中，在强大爆炸压力作用下将深层淤泥扰动，并造成淤泥强度降低，形成深层淤泥沿轴线定向滑移的条件，爆炸后随着堤头抛填石料自重荷载的加大，被爆炸扰动的深层淤泥的剪应力超过其抗剪强度时，堤埂抛石体沿滑移线朝轴线方向定向滑移下沉，实现深层淤泥的泥石置换。采用定向爆破滑动处理法置换的淤泥厚度可超过 30m。

填石爆破挤淤法与其他软基处理方法相比，具有鲜明的特点，该方法的优点为：① 爆破填石挤淤处理软基有一套完整的陆上施工工艺，施工速度快，既能保证水上作业的简便，又能确保施工期的安全；② 将爆破装药机具由水上作业改为陆上装药作业，不仅提高了装药作业速度，而且不受风浪的影响，提高了装药速度；③ 采用填石爆破挤淤法，经爆破处理后的抛石堤身密度高，后期沉降量小，可降低筑坝石料块度及强度要求；④ 爆破填石挤淤法适应范围广，可处理不同厚度、不同性质的各类淤泥质软地基。

爆炸挤淤处理软基技术在工程中应用时，需要进行理论分析和必要的试验研究，形成配套施工工艺。研制一套适合堤埂填筑施工过程的堤头布药装置，一套安全的起爆网路，简便的水上作业程序，保证装药过程中药包的安全。填筑工艺、装药工艺及机具、爆破网路、检测方法都应在试验堤埂中进行验证试验后应用。堤埂填筑完成后，采用钻孔和物探的方法来检查爆炸处理淤泥软基的落底深度，检验爆炸处理软基的工程效果。

（2）装药计算。

1）常规装药量计算公式：填石爆破挤淤的线布药量和装药量按式（5-44）计算。

线药量：
$$q'_L = q_0 L_H H_{mw} \tag{5-44}$$

式中　$q'_L$——线布药量，即单位布药长度上分布的药量，kg/m；

$q_0$——炸药单耗，即爆除单位体积淤泥所需的药量，kg/m，$q_0$ 按表 5-26 选取，表中 $H_s$ 为泥面以上的填石厚度，m；

$L_H$——填石爆破挤淤一次推进的水平距离，m；

$H_{mw}$——计入覆盖水深的折算淤泥厚度，按式（5-45）计算，m。

$$H_{nw} = H_m + \left(\frac{\gamma_w}{\gamma_m}\right)H_w \qquad (5-45)$$

式中    $H_m$——置换淤泥厚度包含淤泥包隆起高度，m；

   $\gamma_w$——水重度，kN/m³；

   $\gamma_m$——淤泥重度，kN/m³；

   $H_w$——覆盖水深，即泥面以上的水深，m。

表 5-26                                爆淤炸药单耗 $q_0$ 表

| $H_s/H_m$ | ≤1.0 | >1.0 |
|---|---|---|
| $q_0$/(kg/m³) | 0.3~0.4 | 0.4~0.5 |

一次爆破填石排淤炸药量，按式（5-46）计算：

$$Q = q'_L L_L \qquad (5-46)$$

式中    $Q$——一次爆破填石挤淤药量，kg；

   $L_L$——爆破填石挤淤的一次布药长度，m。

挤淤爆破时，通常沿布药长度方向均匀布设集中药包，药包药量按式（5-47）计算：

$$Q_1 = \frac{Q}{m} \qquad (5-47)$$

式中    $Q_1$——药包药量，kg；

   $m$——一次布药孔数；按式（5-48）计算。

$$m = \frac{L_L}{a+1} \qquad (5-48)$$

式中    $a$——药包间距，m。

2）改进的计算公式：根据工程实例统计分析，可按式（5-49）进行药量计算，此式比常规公式药量有所减小，已在工程中广泛采用。

$$Q = q_0 L_H H_m L_L \qquad (5-49)$$

式中    $Q$——一次爆破药量，kg；

   $q_0$——爆除单位体积淤泥的耗药量，kg/m³；

   $L_H$——一次爆破推填的水平距离，m；

   $H_m$——转换淤泥层厚度，包含淤泥包隆起高度，m；

   $L_L$——布药线长度，m。

影响填石爆破挤淤单位体积淤泥耗药量系数 $q_0$ 的因素包括淤泥的物理力学指标、淤泥层厚度、覆盖水深、堤身断面形式等。将需要转换的软基的物理力学性质按照爆破填石挤淤的难易程度可分为Ⅰ类软基和Ⅱ类软基，药量计算时选用不同耗药量系数 $q_0$ 值。其中Ⅰ类软基为含水量在 55% 以上的淤泥，其余为Ⅱ类软基，包括淤泥质土、淤泥质粉质黏土、上部砂层下部为淤泥等其他复杂软基。淤泥层厚度 $H_m$ 与泥面以上填石厚度 $H_s$ 的比值是影响炸药单耗的重要因素之一，药量计算时可参照 $H_m/H_s \leqslant 1.0$ 和 $H_m/H_s > 1.0$ 两类。在计算药量时通常需要计入淤泥包隆起的高度，但不计入覆盖水深的折算厚度。各种条件下爆破填石挤淤炸药单耗 $q_0$ 见表 5-27。

| 表 5-27 | | 各种条件下爆破填石挤淤炸药单耗 $q_0$ 表 | | | 单位：kg/m³ |
|---|---|---|---|---|---|
| 淤泥厚度/m | | 0～4 | 4～12 | 12～20 | ＞20 |
| Ⅰ类淤泥 | $H_m/H_s \leqslant 1.0$ | — | 0.16 | 0.20 | 0.24 |
| | $H_m/H_s > 1.0$ | 0.16 | 0.20 | 0.24 | 0.32 |
| Ⅱ类淤泥 | $H_m/H_s \leqslant 1.0$ | 0.16 | 0.24 | 0.36 | 0.40 |
| | $H_m/H_s > 1.0$ | 0.20 | 0.32 | 0.40 | 0.48 |

药量计算式中一次爆破抛填的水平距离 $L_H$ 通常被称为"堤头抛填进尺"，根据水深与淤泥厚等条件、装药工艺及施工工期要求，堤头抛填进尺控制一般为 5.0～7.0m。布药线长度 $L_L$ 根据设计断面落底宽度及堤身下部抛石实际宽度确定。

单药包重量根据淤泥厚度及其物理力学指标确定，通常为 20～40kg。淤泥厚度大时取大值，反之取小值。药包个数由一次起爆药量除以单药包重量确定。

3）药包间距及埋深。药包间距为相邻两个药包之间的水平距离，根据布药长度及药包个数确定，按式（5-50）计算：

$$m = \frac{L_L}{a} + 1 \tag{5-50}$$

式中　$m$——药包个数（一次布药包个数）；

　　　$L_L$——布药线长度，m；

　　　$a$——药包间距，m。

药包间距宜为 2.0～3.0m，超过此范围时应调整单药包重量，相应增减药包个数，使药包间距满足要求。

计算药包埋深时不仅要计入淤泥的隆起高度，还应计入覆盖水深的折算淤泥厚度。药包埋深通常为折算后淤泥总厚度的 1/2。折算淤泥厚度，按式（5-51）计算：

$$H_{mw} = H_m + (\gamma_w/\gamma_m)H_w \tag{5-51}$$

式中　$H_{mw}$——计入覆盖水深的折算淤泥厚度，m；

　　　$H_m$——置换淤泥层厚度，包含淤泥包隆起高度，m；

　　　$H_w$——覆盖水深，即泥面以上的水深，m；

　　　$\gamma_w$——水重度，kN/m³；

　　　$\gamma_m$——淤泥重度，kN/m³。

覆盖水层有利于炸药能量的充分利用，覆盖水越深，药包入淤泥内的深度越浅，当覆盖水足够深时（水深大于泥厚的 1.6 倍），药包可以放置在堤头前沿泥石交界面的淤泥表面。

（3）施工。

1）施工工艺。爆破填石挤淤筑堤施工工艺流程见图 5-10。

2）石料抛填与堤头爆填。为了保证堤身达到设计断面的深度和宽度，抛填的石方总量应不少于设计方量。在抛填高程和每炮推进量基本确定的前提下，堤头抛填宽度成为调节上堤方量的主要参数。通常根据堤身设计断面宽度、落底宽度、堤顶宽度，以及堤身内外侧坡比等参数来确定抛填宽度。抛填高程的确定原则是高潮位时堤身不上水，堤头 3m

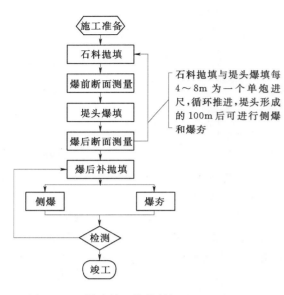

石料抛填与堤头爆填每4～8m为一个单炮进尺，循环推进，堤头形成的100m后可进行侧爆和爆夯

图5-10 爆破填石挤淤筑堤施工工艺流程图

范围内的抛填应比其他部位高1～1.5m，有利于堤头爆填时岩石落底。端部推进时应先设立堤轴线和两侧抛填边线标记。为了解堤轴线附近水深地形变化，施工前还需进行水深地形复测，然后按两侧边沿线标记和进尺抛填。进尺、宽度及高程满足要求后进行装药作业。装药作业结束后，机械设备、人员撤场，警戒起爆。爆后经现场安全人员检查无误后，堤头爆填一次循环完成。

3）侧爆与爆夯。堤头爆破填筑延伸一定长度后，可以对堤身内外侧进行侧向爆破填筑，用于加宽堤身和整形。在堤头爆破填筑和堤身加宽爆破的多次作用下，堤身下部残留淤泥再次被挤出，使筑堤石料落到持力层上。通常情况下海堤内外侧落底宽度不同，宽度大的一侧侧向爆破填筑需要进行2～3次，施工方法与堤头爆破填筑相同。侧向爆破填筑可在堤头爆破填筑至50～100m后进行，以30～60m为一段。坡脚爆夯是使堤内外侧堤肩及坡脚稳定的必要步骤，通过坡脚爆破夯实处理，可起到密实加固的效果。爆夯时将药包置于水下已填筑的堆石体上或有一定的悬高，在爆炸载荷作用下，抛石体石块之间错位，孔隙率减少，实现侧向挤淤和堆石体夯实。爆夯时一般采用等距离线型布置药包方式，在有一定深度覆盖水的条件下起爆。

4）装药。常规装药方式可采用履带式挖掘机直插式装药机（见图5-11）。可用普通长臂挖掘机改装，实现陆上装药，不受风浪影响，安全快速，适用于4～20m厚度淤泥。采用液压式装药机，该装药机由装药器、卡管器、空心钻杆、油马达、液压连接器、推进油缸、主机等组成。装药时装药器的钻杆在油压卡盘内上、下移动，装药器设置底开门装置，装药机行至布药位置水平旋转大臂到达装药孔位后，向下旋转到淤泥中，通过装药机上的深度控制标尺控制药包埋设深度，达到设计深度后，打开装药器底门安置炸药，提起长臂进行下一次装药作业。

装药时，首先在堤头人工把药包送到装药器内，关好装药器门仓，理顺起爆网路线。机械手操作装药机在堤头指定位置将药包压入淤泥中。装药器脱钩，收缩加长臂打开装药器仓门，药包在配重的带动下自动脱落到淤泥中。也可采用吊架式装药装置、振冲式装药装置或由布药船装药。

水下爆破宜选用乳化炸药和硝铵类炸药，硝铵类炸药必须作防水处理。采用有一定抗拉强度的塑料编织袋包装炸药，将称好的炸药装入编织袋内，用导爆索和一条炸药做成起爆体，置于炸药中部，用绳索将炸药和配重块捆绑牢靠，配重块可由混凝土制作。

起爆器材宜采用同厂、同批号的并联瞬发或延期电雷管，起爆网路可以采用导爆索网路、导爆管网路或两者的混合网路，在埋入药包之前，首先将导爆索加工成起爆体放入药

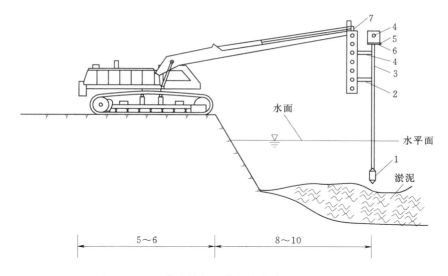

图 5-11　履带式挖掘机直插式装药机（单位：m）

1—炸药存储器；2—卡管器；3—空心钻杆；4—卡管器；5—油马达；6—液压锤接器；7—推进油缸

包中，将导爆索或导爆管引出水面，构成导爆索网路或导爆管网路。可采用双向复式起爆网路提高网路的可靠性。起爆网路见图 5-12。

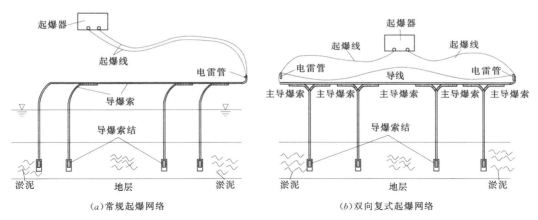

（a）常规起爆网络　　　　　　　　　　　　　（b）双向复式起爆网络

图 5-12　起爆网路示意图

5）合龙口处理。围堰、护岸等封闭式围堤爆破填石挤淤施工的合龙口需要特殊处理。合龙处淤泥包隆起较高、淤泥排出通道不畅，且堤身经历的振动次数较少，会造成落底不足。通常合龙段长度控制在 50m 左右。首先在合龙口处填筑一条窄的子堤将堤身封闭。然后在子堤堤身内侧和外侧同时进行爆填处理，爆后补抛填并加宽，再次爆填，直至达到设计宽度。合龙段抛填石料要保证质量，宜采用较大粒径石料。

（4）质量监测。爆破填石挤淤是一种多循环的施工工艺，在抛石挤淤爆破施工过程中，应进行每个循环的施工质量检测，并根据检测结果及时修正爆破参数及抛填参数，确保工程质量。质量控制在技术方面通常包括上堤石料质量控制（块度），爆破填石挤淤施工过程质量控制（测量、抛填定位、装药、起爆等），以及抛填完成后的质量检查。质量检查有钻孔、物探、体积平衡验算、沉降位移观测等方法。

质量控制标准：施工质量应符合相关规范要求，一般情况下施工过程中要求堤中心抛填进尺偏差±0.5m，宽度偏差±1.0m，高程偏差±0.5m，药包间距偏差±0.3m，药包埋深偏差±0.3m，药包重量偏差土±5%。施工期应进行爆前爆后断面测量，测定断面间距可为20m；竣工后断面测量间距为10m，堤埂顶面平坦处测点间距为5m。质量控制标准可根据工程规模、断面尺寸、以及工程的重要性专门制定。爆破处理后抛石置换落底质量检查常采用体积平衡法、钻孔探模法、探地雷达法等方法。

1）体积平衡法。该方法贯穿于爆破填石挤淤堤头爆填施的整个过程。根据每段爆破堤埂的抛填方量记录，准确计算上堤方量，当统计方量与设计方量一致时，可总体确定堤埂抛石已下落至设计底层。堤埂爆填施工时宜进占20～30m时，进行一次体积平衡验算。

2）钻孔探模法。钻孔探模法可准确地判断抛填石体落底情况，充分揭示抛石体实际厚度，以及石料混合层厚度。钻孔提供的柱状图，能显示在抛填层与下卧层之间的泥石混合层厚度。钻孔按横断面布置，所取断面轴向间距宜为100～500m，不少于3个断面，每个断面钻孔1～3个。钻孔应深入下卧层2m，并取出底层试样进行土工试验，以判明土层的物理力学指标，钻孔检测成果可以作为下一步调整抛填及爆破参数的依据。

3）探地雷达法。探地雷达法利用高频电磁波在不同土质中入射和出射的差异性，探明地质分类和抛石分层厚度。可沿堤埂的横断面和纵断面检测堤埂抛石落底情况，简便易行，检测面广，适用于检查工作量大的工程，但需要有钻孔资料进行比较修正。

当落底深度和宽度不满足设计要求时，应对未施工段的爆破参数进行调整，可采取减少进尺、加大单药包重量和爆破总药量等方法。对已完成爆破的堤段，由于堤头已不具备爆破装药条件，只能通过侧爆进行加强补救，使堤身在爆破振动的作用下逐渐下沉和密实。仍不满足要求时，提请设计单位对局部断面进行修改。

### 5.4.2 爆炸夯实

（1）基本原理。爆炸夯实是在水下块石或砾石地基和基础表面布置裸露或悬浮药包，利用水下爆破产生的地基和基础振动使地基和基础得到密实的方法。

施工时将药包放置在堆石体或砾石地基基础上，或在其上方一定高度的水中，用等距离布置点阵式平面药包。药包爆炸后，将产生冲击波和强烈的振动，在爆炸冲击波和强烈振动下，引起堆石体石块之间的错位，造成抛石体棱角变形断裂，随之石块之间相对位置变化发生位移，使孔隙率减少。同时，药包爆炸的一部分能量转化为地震波，抛石基床出现颠簸和摇晃，使整个抛石体在地震波作用下向淤泥中运动，将淤泥从堆石体侧面挤出，其中一小部分淤泥又挤入到堆石体缝隙中。由于膨胀气体产生的高压作用将使抛填体受到"锤击"效应，使抛填体进一步密实。水下爆破夯实抛石体实际上是爆炸引起的冲击波、高压气体脉动、地震波及流体运动与抛石体相互作用的结果。

爆炸夯实的适用范围应同时符合下列条件：① 地基和基础应为块石或砾石；② 起爆时药包中心至水面的垂直距离 $h_1$ 应满足式（5-52）要求；③ 夯实厚度不宜大于12m，当起爆药包在水面下的深度大于计算值的20%时，夯实厚度可适当增加，但不得超过15m；当石层过厚或小于式（5-51）的计算值时，应分层抛填，分层爆破夯实。

$$h_1 \geqslant 2.32 q_2^{1/3} \tag{5-52}$$

式中　$h_1$——药包中心至水面的垂直距离，m；

$\quad\quad q_2$——单药包药量，kg。

（2）药量计算。

1）单药包炸药量 $q_2$，按式（5-53）计算：

$$q_2 = \frac{q_0 a b H \eta}{n} \tag{5-53}$$

式中　$q_0$——爆破夯实单耗，指爆破压缩单位体积石体所需的药量，可取 $4.0 \sim 5.5 \text{kg/m}^3$，
对较松散石体取大值，较密实石体取小值；

$\quad a$、$b$——药包间距、排距，m；

$\quad\quad H$——爆破夯实前石层平均厚度，m；

$\quad\quad \eta$——夯实率，对没有前期预压密的石体可取 $10\% \sim 20\%$，对有前期预压密的石体
视预压密程度作适当折减；

$\quad\quad n$——爆破夯实遍数，对没有前期预压密的石体可为 $3 \sim 4$ 遍，对有前期预压密的
石体可取 $2 \sim 3$ 遍。

2）一次起爆药量应按爆破安全距离取用，在满足安全距离的前提下，一次起爆药量
应尽量大些。

3）药包平面布置宜取正方形网格布置，间、排距可取 $2 \sim 5 \text{m}$，当压密层厚度大时取
大值，反之取小值；多次爆夯时，各次爆夯药包应采用插开布置或在平面上均匀布置的
形式。

4）药包悬高 $h_2$ 应满足计算式（5-54）要求：

$$h_2 \leqslant (0.35 \sim 0.50) q_2^{1/3} \tag{5-54}$$

式中　$h_2$——药包悬高，即爆破夯实药包中心在石面以上的垂直距离，m；

$\quad\quad q_2$——单药包药量，kg。

5）在平面上分区段爆破夯实时，近邻区段布药应搭接一排药包。

（3）施工。

1）施工工艺。爆夯实施前应进行抛石基床的验收与复测，要求基床开挖的深度和尺
寸满足设计要求，淤泥符合设计及规范规定，并准确测量爆前基床顶面高程。爆夯施工工
艺流程见图 5-13。

2）药包制作。爆夯施工宜用 2 号岩石乳化炸药，按照爆破设计的重量和数量制作药
包。在一个编织袋内填装乳化炸药并插入用导爆索制成的起爆体，将导爆索从编织袋的侧
上方引出，编织袋内放人适量的塑料泡沫使药包能在水中浮起，扎紧编织袋口。在另一编
织袋内装适量的砂石作为配重袋，配重袋和药包用绳索连接，沉到基床表面，坠住炸药
包，连接绳的长度即为药包悬高。为保证药包位置准确，配重应不小于药包的浮力。

3）布药。船上布药时一次并联一排药包，可通过 GPS 测量定位，利用绳索同步定点
送放药包到基床部位，然后脱开绳索。此种布药方法以两个同步确保布药准确，第一将绳
索控制的一排药包同时由船舷一侧放置于水面上，根据测量确定的药包位置进行布置；第
二按一个较均匀的速度放绳索将调整好的药包放到该基床部位。这种方法用在流速较小的

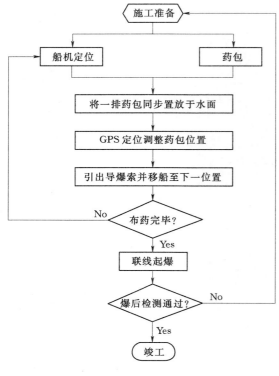

图 5-13 爆夯施工工艺流程图

工程中，施工简单，操作方便。然后连接每排药包的支线导爆索和各排的主干导爆索。主干线导爆索采用双股，其长度根据设计布药宽度和水深确定。也可修建水上平台，实施布药连线。

（4）质量监测。

1）施工质量要求：① 详细记录爆夯施工前后的各种资料，包括抛填石料质量和方量、爆破前后断面测量数据、药包位置、基床爆夯的沉降观测记录等；② 爆破施工应符合相应的质量标准，一般情况下顶层抛石爆夯前顶面局部高差不大于 50cm，单药包药量允许偏差不大于 5%，药包平面位置偏差不大于药包间距的 10%，药包悬高偏差不大于设计悬高的 5% 等。

2）爆夯质量检查方法。夯沉率检查时可采用水砣、测杆、测深仪等方法。水砣测深适用于风、浪、回流和水深较小的工程；测杆测深适用于风、浪、回流较大，无回淤，水深一般的工程；测深仪特别适用于风、浪、流和水深较大的工程。采用水砣或测杆测深时，每 5～10m 设一个断面且不少于 3 个断面，1～2m 设一个测点且不少于 3 个测点；测深仪测深，断面间距可取为 5m 且不少于 3 个断面。当爆后有较严重的地基基础边坡坍塌时，测深范围必须包括全边坡。

3）注意事项：①每炮准爆率应不低于 90%，小于 60% 应补爆一次，在 60%～90% 之间应局部补爆；②爆后基床平整，不产生大的爆坑；当石层表面出现明显爆坑时需补抛整平，如果补抛厚度大于 50cm 且范围大于 1 个布药网格时，应采用减半药量的药包在原位补爆一次；③上部工程完工后，应设置必要的沉降位移观测点。

# 6 拆 除 爆 破

## 6.1 拆除爆破特点

### 6.1.1 拆除爆破原理及分类

根据《爆破安全规程》(GB 6722—2014)的规定，拆除爆破为采取控制有害效应的措施，按设计要求用爆破方法拆除建（构）筑物的作业。根据建（构）筑物的特点，第一类为建（构）筑物构件的几何尺寸不大，拆除时，对其梁、柱、板、墙等钢筋混凝土构件实施爆破，如房屋建筑工程、桥梁、烟囱、水塔、火电站冷却塔等；第二类为水利水电工程的水工建筑物、围堰、堤坝和挡水岩坎等，这类结构具有断面较大、拆除体积大、承受水压荷载的特点。

对第一类结构的爆破拆除设计时，有三种破坏机理。①结构失稳原理：针对高耸建（构）筑物的拆除，利用爆破破坏其部分或全部承重构件，如梁、柱、墙体，使整个建（构）筑物失稳、倒塌、解体；②剪切破坏原理：针对现楼板或大体是楼房等的拆除爆破，充分利用延时起爆技术，先炸除承重立柱，利用"时间差"解除局部支撑点，改变结构原有受力状态，使楼板和梁受弯矩和剪切力多重作用，在反复弯剪的状态下破坏，自然解体；③挤压冲击原理：爆破解除节点约束，改变受力平衡后，由于钢筋混凝土结构的自重，塌落过程中受重力加速度作用，建筑结构在倾倒和剪切过程中，由于"高度差"利用上部结构冲击下部梁、板、柱、墙结构，形成挤压冲击荷载，使未爆钢筋混凝土构件破碎，产生反复挤压、冲击破坏，使建筑物充分解体。

对于第二类大断面结构的拆除，主要利用爆除破碎解体，当围堰或建筑物等较高时，也可利用底部局部破碎解体上部重力倾倒的拆除原理。

拆除爆破有多种分类方式，按拆除对象可分为建筑物拆除爆破、高耸构筑物拆除爆破、基础工程拆除爆破、桥梁拆除爆破和围堰拆除爆破等；按爆破方式，可分为钻孔爆破、水压爆破、聚能切割爆破和膨胀剂静态破碎等，按结构类型可分为砖混结构爆破、钢筋混凝土大板、框架、框—剪、框—筒及全剪力墙结构爆破、钢结构爆破等。

### 6.1.2 拆除爆破要求

拆除爆破利用炸药的能量将建（构）筑物瞬间拆除，取代人工及机械提高拆除效率，对于人工、机械无法拆除的建筑，爆破拆除更是唯一的方法。爆破拆除涉及多个学科，包括爆破力学、结构力学、材料力学、断裂力学等，技术含量高。爆破拆除时，需对附近建筑物、人员实施有效的防护，当实施部分解体拆除时其施工方法更为复杂，安全、质量要求更加严格。爆破拆除只能一次爆破成功，如需二次拆除时风险特别高，十分困难。拆除爆破必须认真组织实施，确保设计的准确性和施工质量。为确保拆除爆破顺利实施，施工时应符合以下技术要求。

(1) 控制炸药量。拆除爆破环境复杂，附近往往有需要保护的建筑物及人群，爆破设计时，应遵循确保顺利拆除的前提下，尽可能减少炸药用量的原则。为此，可利用拆除爆破的结构失稳原理，剪切破碎及挤压冲击原理，分析结构特点，炸除关键受力节点和构件，实现用药量最小。

(2) 控制爆破边界。根据拆除建筑物的特点，对需要保留的部分应采取有效措施，确保其结构的安全性，严格控制拆除边界。例如水工建筑物纵向围堰只需拆除上部部分堰体，大坝上栈桥墩等。均需控制边界，应采取预裂或光面爆破及缓冲爆破等措施，保证保留结构完好无损。

(3) 控制倒塌方向。高耸建筑物拆除环境复杂时，需严格控制倒塌方向，部分烟囱、水塔拆除时只有唯一的狭小倾倒空间，部分水工围堰拆除时也有明确的拆除方向规定，如三峡水利枢纽三期工程碾压混凝土围堰的拆除倾倒方向为上游水库。

(4) 控制爆渣爆堆。水工围堰拆除时对爆渣爆堆有相应要求，上游围堰拆除实施冲渣爆破时爆渣最大粒径宜小于 30cm，水下清渣时希望爆堆集中，最大块径应小于挖掘机斗铲控制值；高耸建筑物拆除时，常因场地限制，需控制爆堆范围。

(5) 控制有害效益。拆除爆破的有害效应包括爆破振动、飞石和粉尘、空气冲击波和噪声、水击波和动水压力、涌浪、高大建筑物的触地振动等。针对防护对象，确定重点爆破危害效应的控制，水下爆破时水击波和涌浪是重点，城镇拆除爆破时，空气冲击波、噪声、飞石、粉尘及爆破触地振动是重点。

## 6.2 围堰拆除爆破

### 6.2.1 围堰类型及拆除爆破要求

水利水电工程施工中，需要设置围堰改变原河床的水流方式进行施工导流，围护基坑进行水工建筑物的施工，工程完成后再拆除围堰，爆破拆除是围堰拆除的主要方法之一。

(1) 围堰类型。

1) 以部位可分为：河床上、下游围堰，纵向围堰，导流洞上、下游围堰，导流明渠上、下游围堰等。

2) 以筑堰材料分为：土石围堰（混凝土防渗墙土石围堰、黏土心墙或土工织物防渗墙土石围堰、面板防渗土石围堰等）、混凝土围堰（常态混凝土围堰、碾压混凝土围堰）、岩坎围堰、岩坎混凝土围堰、浆砌石围堰等。

3) 从结构形式可分为：重力式围堰、拱式围堰。

4) 根据围堰爆破拆除的方法可分为：钻孔爆破（垂直孔爆破、水平孔爆破、垂直孔-水平孔结合爆破、扇形孔爆破、斜孔爆破）洞室爆破、洞室与钻孔结合爆破。导流洞上游围堰拆除可分为冲泄渣爆破拆除和集渣水下开挖爆破拆除。

(2) 围堰爆破拆除的设计要求。围堰爆破拆除必须确保相邻建筑物的安全，按设计要求分期分区一次爆破完成，有导流要求时应满足过流条件。爆破设计应满足下列要求。

1) 制定爆破拆除方案。根据过流运行条件和要求制定围堰爆破拆除方案，导流洞围堰拆除工期紧，需尽快满足导流条件，对过流断面拆除和清渣时间等均有相应要求。当上游水位较高，导流洞底板坡降较大，有冲泄条件时，可实施控制爆渣块度的冲泄渣方案，经准确设计可实现上、下游围堰联合爆破一次冲泄，上游围堰爆破启动冲渣后，高速水流到达时起爆下游围堰，使爆渣在运动中有效冲泄一次成功。无过流要求的围堰拆除，无清渣要求时可采用倾覆爆破方案；有清渣要求时，可采用控制块度的集中爆堆拆除方案，或采用预留渣坑的集渣爆破方案。也可采用装药后在基坑中充水，在静压状态下的爆破拆除方案，以减小单侧高水压的综合爆破影响。

2) 减小单次爆破规模。围堰拆除多在枯水期实施，挡水水头较低，可分期分区将上部堰体和下游部分堰体预拆除，有效减小最终拆除断面尺寸，控制拆除规模，降低爆破难度和爆破影响。

3) 采取有效防水措施。围堰爆破均承受较大水压力和渗透水流，炸药和起爆器材、爆破网路必须满足水下爆破要求，应采取有效措施满足防水、耐压要求，实现安全准爆。

4) 有效控制爆破危害。根据围堰拆除爆破的特点，紧邻水工建筑物的水下爆破，防护重点有以下几个方面：①爆破地震效应对水工建筑物的振动影响；②爆破水击波、动水压力、涌浪对邻近爆破区的水工建筑物、闸门、堤坝、船闸、船只、鱼类等影响；③水石流以及气浪对过水建筑物的磨损等危害影响；④个别飞石影响，以及特定条件下的空气冲击波作用；⑤对与围堰相连接的主体建筑物质的影响。

对上述各类有害效应均应做出专门论证，制定科学合理的控制标准，采用切实有效的防护措施。

## 6.2.2　爆破设计

混凝土和岩坎介质性能相近，混凝土结构属中等强度，抗压强度大多为 20～40MPa，完整性较好。岩坎围堰与该部位的岩体性能有关，差别较大。混凝土围堰均建于岩基上，常形成组合围堰，岩坎地形较高时，混凝土结构仅是上部围堰的一小部分，只有河床部位的围堰才属混凝土结构，如三峡水利枢纽三期工程围堰、一些高拱坝的水垫塘围堰等。为加快进度节省投资，围堰较高时，常采用碾压混凝土结构。混凝土及岩坎围堰通常采用钻孔爆破拆除，只有当断面较大时才采用小型药室或小型药室结合钻孔的爆破方案。

当混凝土与岩坎围堰拆除部位位于水面以上或水深很小，仅为 1～2m 时，即为陆地爆破；当水位较高时，将按水下爆破设计。

(1) 钻孔布置。混凝土、岩坎、浆砌块石拆除爆破，爆破参数的设计遵循台阶爆破设计原则，可根据断面尺寸，结合断面形状，调整布孔参数，确定抵抗线，选择孔距和排距，钻孔方向可为垂直孔、水平孔和倾斜孔。

钻孔直径宜为 80～110mm，当遇有塌孔或漏水时，可增设 PVC 套管，孔深可为 20～30m，与断面尺寸有关，断面尺寸较大时可达 50m 左右，应针对需拆除的堰体一次钻孔到位。

(2) 炸药选择。围堰爆破拆除的炸药，需满足水下爆破的要求，宜选择炸药密度大于 1.1g/cm³，以克服水的浮力作用。炸药应有可靠的防水性能和防水包装，药包结构应便于装药施工，炸药应具备较好的抗水压性能，常用炸药为乳化炸药或硝铵类的铵梯炸药。

1）乳化炸药。围堰拆除常用以塑料薄膜外包装和震源药柱系列乳化炸药。塑料薄膜外包装乳化炸药为 2 号岩石乳化炸药，具有可塑性强、抗水性能好、爆炸性能优良等特点。可根据用户需要生产 $\phi \geqslant 20mm$ 各种规格的药卷，其主要技术指标见表 6－1。

表 6－1         2 号岩石乳化炸药主要技术指标表

| 名称 | 殉爆距离 /mm | 爆速 /(m/s) | 爆力 /mL | 猛度 /mm | 药卷密度 /(g/cm³) | 使用保证期 /d |
|------|------|------|------|------|------|------|
| 指标 | ≥30 | ≥3.2×10³ | ≥260 | ≥12 | 0.95～1.30 | 180 |

震源药柱系列乳化炸药，以塑料壳体为包装物，采用塑化或压装等不同工艺制造的震源器材，抗水性、密封性良好，广泛用于水下爆破作业。乳化震源药柱技术性能指标见表 6－2。

表 6－2         乳化震源药柱技术性能指标表（执行标准 Q/KL105）

| 项目 | 乳化震源药柱 | 高能乳化震源药柱 |
|------|------|------|
| 密度/(g/cm³) | 1.05～1.25 | |
| 爆速/(m/s) | ≥4.2×10³ | ≥4.8×10³ |
| 爆热/(J/cm³) | 3295 | 4884 |
| 抗水性能 | 在压力为 0.3MPa 的条件下保持 48h，取出后进行起爆感度试验，应爆炸完全 | |
| 抗拉性能 | 将两节震源药柱连接，在 98N 的静拉力下，持续 30min，连接处不应断裂或被拉脱 | |
| 起爆感度 | 对单节震源药柱用 8 号勘探电雷管起爆，爆炸完全 | |
| 传爆可靠性 | 30mm<$\phi$≤45mm，对总质量不小于 2kg 的一组震源药柱起爆，应爆炸完全。$\phi$>45mm，对总质量不小于 10kg 的一组震源药柱起爆，应爆炸完全 | |
| 耐温性能 | 在（50±2）℃和（−10±2）℃的温度条件下保温 8h，取出后进行起爆感度试验，应爆炸完全 | |
| 跌落安全性 | 6m 高处自由下落于硬土地面，不发生燃烧或爆炸 | |
| 保质期/月 | 6 | |
| 规格 | 主要规格有：$\phi$60－1(2)、$\phi$75－1(2) 等。可按用户要求生产其他规格产品 | |
| 包装方式 | 单节产品采用聚乙烯壳体定量包装，外包装采用高强度瓦楞纸箱，每箱 20～24kg | |

2）铵梯炸药。铵梯炸药组分中加入少量的抗水剂后具有一定的抗水性，如 2 号、4 号抗水岩石铵梯炸药中就分别含有 0.6%～1.0%、0.5%～1.0% 的抗水剂。但直接用于围堰拆除爆破时，必须有可靠的外包装，确保具有足够的抗水、抗压性能，常用的震源药柱分为高爆速、中爆速、低爆速三种类别，分别为爆速小于 3500m/s、3500～5000m/s、不小于 5000m/s。

由于围堰拆除爆破用震源药柱需承受一定的水压力，因此，应选用井下使用的震源药柱系列产品，其抗水性、密封性良好。单节采用聚乙烯壳体定量包装，单节震源药柱之间采用外连接套。铵梯震源药柱主要技术性能指标见表 6－3。

**表 6 - 3** 铵梯震源药柱主要技术性能指标表

| 性能指标<br>项目 | 低爆速（DI） | 中爆速（Z） | 高　爆　速 | | |
| --- | --- | --- | --- | --- | --- |
| | | | GⅠ | GⅡ | GⅢ |
| 执行标准 | GB 15563—2005 | | | | |
| 爆速/（km/s） | 3.0～3.5 | 3.5～5.0 | 5.0～6.0 | 6.0～7.0 | 7.0～<8.0 |
| 爆热/（J/cm³） | 4008 | 4091 | 5473 | 6343 | 8589 |
| 抗水性能 | 在压力为 0.3MPa 的条件下保持 48h，取出后进行起爆感度试验，应爆炸完全 | | | | |
| 抗拉性能 | 将两节震源药柱连接，在 98N 的静拉力下，持续 30min，连接处不应断裂或被拉脱 | | | | |
| 起爆感度 | 对单节震源药柱用 8 号勘探电雷管起爆，爆炸完全 | | | | |
| 传爆可靠性 | 30mm<φ≤45mm，对总质量不小于 6kg 的一组震源药柱起爆，应爆炸完全。φ>45mm，对总质量不小于 10kg 的一组震源药柱起爆，应爆炸完全 | | | | |
| 耐温性能 | 在（50±2）℃和（-40±2）℃的温度条件下保温 8h，取出后进行起爆感度试验，应爆炸完全 | | | | |
| 跌落安全性 | 6m 高处自由下落于硬土地面，不发生燃烧或爆炸 | | | | |
| 保质期/年 | 2 | | | | |
| 规格 | 主要规格有：φ45 - 1（0.5）、φ60 - 1（2）、φ75 - 1（2）等。可按用户要求生产其他规格产品 | | | | |

　　由于各个厂家生产的炸药性能质量的差异，必须对炸药性能和抗水、抗压性能进行现场模拟试验，符合要求后方可使用。

　　（3）单耗计算。水下爆破炸药单耗 $q$ 的影响因素很多，主要有岩石的物理力学指标、自由面条件、爆破的水深，以及炸药的性能指标等。

　　水下爆破的装药量计算公式也很多，但都是一些经验公式，其计算结论差异比较大，常用的计算公式介绍如下。

　　国内水电系统常用的药量计算公式借鉴瑞典的水下爆破装药量公式，曾在多个水电站的水下和半水下围堰拆除爆破中应用，按式（6-1）计算：

$$q_水 = q_陆 + 0.01H_水 + 0.02H_介质 + 0.03H_台阶 \qquad (6-1)$$

式中　　$q_水$——水下钻孔爆破的炸药单耗，kg/m³；

　　　　$q_陆$——相同介质的陆地爆破炸药单耗，kg/m³；

　　　　$H_水$——围堰的水深，m；

　　　　$H_介质$——炸药在覆盖层的埋深，m；

　　　　$H_台阶$——钻孔爆破的台阶高度，m。

　　由于水深对炸药性能有一定的影响，对于围堰水下部分的岩石，水下爆破欲取得与陆地爆破相同的破碎块度，水下爆破炸药单耗 $q_水$ 与陆地爆破炸药单耗 $q_陆$ 之间存在一定的关系，水下爆破炸药单耗按式（6-2）计算：

$$q_水 = \frac{q_陆}{k_D^2} \qquad (6-2)$$

式中　　$k_D^2$——水下炸药爆速降低系数；

　　　　其余符号意义同前。

　　随着水深的增加，炸药爆速将会降低。将降低后的炸药爆速 $D_1$ 与原炸药爆速 $D$ 之比

用 $k_D$ 来表示，$k_D$ 为水下炸药爆速降低系数，其值为一定水深下炸药实际爆速 $D_1$ 与原炸药爆速 $D$ 之比，即 $k_D = D_1/D$。

综合考虑受水深影响的炸药爆速降低系数，以及水深、覆盖层、台阶高度的影响，得到新的水下爆破炸药单耗，按式（6-3）进行计算：

$$q_{水下} = \frac{q_{陆}}{k_D^2} + 0.01H_{水} + 0.02H_{覆盖层} + 0.03H_{台阶} \qquad (6-3)$$

式中　$H_{水}$——覆盖层以上的水深，m；

　　　$H_{覆盖层}$——覆盖层厚度，m；

　　　其余符号意义同前。

采用公式估算的炸药单耗，还应结合工程实例进行比较，最终以爆破试验确定。岩坎、混凝土围堰水下爆破拆除时，炸药单耗常取 $1.0\sim2.0\text{kg/m}^3$，底部取大值，上部取小值，当钻孔大于 10m 时，取 $1.5\sim2.0\text{kg/m}^3$；特殊部位单耗超过 $2.0\text{kg/m}^3$；浆砌块石可适当减小。炮孔堵塞长度可为 $0.7\sim1.2$ 倍抵抗线。药量确定后应调整孔网参数，确保孔内能装下全部炸药。

由日本工业与火药协会编写的《新爆破手册》认为，水下岩石爆破的装药方法、装药量的设计与地面相同，但为了补偿由于水压所减少的爆破效果，提出一个修正公式，修正增加药量按式（6-4）计算：

$$L_a = HC_a \qquad (6-4)$$

式中　$L_a$——增加的装药量，$\text{kg/m}^3$；

　　　$H$——水深，m；

　　　$C_a$——修正系数，取值范围在 $0.005\sim0.015$。

当岩体有沉积层覆盖时，修正公式，其增加药量按式（6-5）计算：

$$L_\beta = H_0 C_\beta \qquad (6-5)$$

式中　$L_\beta$——增加的装药量，$\text{kg/m}^3$；

　　　$H_0$——覆盖层厚度，m；

　　　$C_\beta$——修正系数，取值范围在 $0.01\sim0.03$。

水下钻孔爆破炸药单耗计算时，岩石的标准装药量为：软岩 $0.5\text{kg/m}^3$，中硬岩石 $0.8\text{kg/m}^3$，硬岩石 $1.0\text{kg/m}^3$。当考虑围堰前的水深及覆盖层厚度影响时，再用式（6-4）、式（6-5）进行修正，分别予以增加药量。

围堰拆除爆破时使用雷管。在围堰拆除爆破中最常用的起爆器材是导爆管雷管，根据围堰拆除工程的特点，可选用普通塑料导爆管雷管、高精度导爆管雷管以及数码电子雷管、高强度导爆管雷管等。一般而言，围堰拆除爆破所用雷管应具有一定的抗水、抗压性能，确保围堰拆除爆破时起爆网路的安全、准确起爆。

（4）网路设计。

1）网路设计原则。

A. 满足防水抗压要求。选择具有一定防水、抗压、抗拉性能的雷管。当拆除围堰爆破区域整个起爆网路处于水下时，传爆雷管必须有防水、抗压性能的要求。当工作面水流直接冲击传爆雷管时，雷管必须具有足够的抗拉性能，防止导爆管被水流冲断，或与雷管发生脱离。

B. 选择合适的雷管段别。根据围堰拆除爆破经验，在雷管延时精度满足要求的情况下，孔内起爆雷管宜选择高段别的雷管，孔外传爆雷管应选择低段别的雷管，避免围堰表面的松动石块受振动掉落时破坏传爆雷管及导爆管。

C. 确保不发生重窜段现象。由于雷管存在一定的延时误差，雷管实际起爆时间在两发雷管并联的情况下常以负误差起爆，传爆网路中各结点的累计延时将小于设计延时，使起爆网路各结点间的设计延期时间间隔变小。当相邻结点间的实际延时起爆时间小于孔内起爆雷管延时误差时，相邻结点间的炮孔起爆时间可能发生混乱。发生在同一排相邻孔时，同排炮孔就可能发生重段或窜段；发生在相邻排时，就可能使前后排炮孔发生重段或窜段现象。因此，围堰拆除爆破时，必须选择延时精度高、误差小的雷管。

D. 单段药量满足安全控制要求。单段药量决定爆破振动效应的大小，根据爆破安全控制标准确定单段药量后，应通过准确的起爆网路延时加以实现。

E. 正确选择首段起爆位置。围堰拆除爆破首段起爆位置是爆渣堆积最高的部位，决定着整个爆破的爆堆形状。因此，需根据爆破后过流要求确定最低缺口位置，或根据清渣要求确定爆堆形状，然后设定首段起爆位置。如要求两侧过流时，那么爆堆的最低缺口就应在左右两侧，起爆网路的首段起爆位置就应选择在中部。

F. 确保起爆网路安全可靠。在围堰拆除爆破的网路设计时，必须对导爆管起爆网路的可靠性进行评价，对设计可靠度进行校核，并采取相应的提高网路可靠性的防护措施。如采用双雷管、交叉搭接线路、复式网路、双向网路等措施来提高网路的可靠性。

G. 便于施工和保护。由于围堰拆除爆破的起爆网路连接工作面环境条件差，还有一定渗漏水，起爆网路的设计不宜太复杂，应设计使用线路简单便于连接、走向清晰便于检查、便于保护的起爆网路。

2）导爆管起爆网路。

A. 网路形式。导爆管起爆网路分一维线型和二维平面型两种。

一维线型导爆管起爆网路传爆主干线为一条，依靠主干线上接力雷管进行分段，实现孔内雷管顺序起爆。这种起爆网路往住用于围堰结构形式比较简单的爆破中，如心墙混凝土围堰拆除等。

二维平面型导爆管起爆网路排间各结点的传爆接力雷管沿 Y 轴方向被依次顺序引爆，各排孔间结点的传爆接力雷管沿 X 轴方向被依次顺序引爆，从而实现孔间、排间炮孔顺序起爆。这种起爆网路在围堰拆除爆破中应用最多。

B. 雷管段别选择。围堰拆除中导爆管起爆网路雷管段别的选择，应使孔外传爆雷管与孔内起爆雷管的延期时间相互匹配，确保爆破效果和爆破网路的安全，需准确选择毫秒延期爆破的间隔时间。

毫秒延期爆破时间间隔选择。可按式（6-6）计算，并取得合理微差间隔时间。

$$\Delta t = KW \tag{6-6}$$

式中　$\Delta t$——合理时差，ms；

　　$K$——经验系数，一般取值为 $3 \sim 5$，软岩取大值，硬岩取小值；

　　$W$——抵抗线长度，m。

根据有关研究和工程经验，在逐孔起爆网路中，孔间延时主要影响爆破块度，排间延时主要影响爆渣的位移（即爆堆形状）。孔间、排间的延期时间间隔可按式（6-7）与式（6-8）计算确定：

$$\Delta t_{孔} = K_1 W \tag{6-7}$$

$$\Delta t_{排} = K_2 W \tag{6-8}$$

式中　$\Delta t_{孔}$、$\Delta t_{排}$——孔间、排间的合理时差，ms；

　　　　$K_1$——孔间时间间隔经验系数，一般取值为 3～8，硬岩取小值，软岩取大值；

　　　　$K_2$——排间时间间隔经验系数，一般取值为 8～20，爆堆形状欲平坦取小值，爆堆形状欲集中取大值；

　　　　$W$——抵抗线长度，m。

为确保爆破安全和爆破效果，应准确选定排间、孔间和孔内起爆雷管。

C. 排间传爆雷管选择。应考虑起爆雷管延时误差，保证前后排相邻孔不出现重段和窜段现象，杜绝前排孔滞后或同时于后排相邻孔起爆。

围堰拆除爆破中，最小抵抗线为 3.0m 时，按上述公式计算 $\Delta t_{排}$ 延时，排间合理时差为 24～60ms。根据高精度雷管段别，目前围堰拆除实际采用的排间雷管段别为：42ms、65ms；采用普通导爆管雷管时，排间雷管段别大多采用 MS5 段雷管。从爆破效果来看，爆堆形状基本符合设计要求。

D. 孔间传爆雷管选择。应准确选择孔内起爆雷管，避免发生接力雷管延期时间小于起爆雷管误差时，可能出现的重段、窜段，甚至出现同一排设计先爆孔迟于相邻后爆孔起爆的情况。

围堰拆除爆破中，按最小抵抗线 3.0m 时计算 $\Delta t_{孔}$ 孔间的合理时差为 9～24ms。根据高精度雷管段别，目前围堰拆除实际采用的孔间雷管段别为：17ms、25ms；在采用普通导爆管雷管时，孔间雷管段别大多采用 MS3 段雷管。从爆破效果来看，爆破块度基本符合设计要求。

选择孔内起爆雷管时，为防止由于先爆孔产生的爆破飞石破坏起爆网路，必须使孔外接力雷管传爆到一定距离后，孔内雷管才能起爆。这就要求起爆雷管的延时尽可能长些，但延时长的高段别雷管其延时误差相对较大，为达到排间相邻孔不窜段、不重段，同一排相邻的孔间尽可能不重段的目的，高段别雷管的延时误差不能超过排间接力传爆雷管的延时值。对单段药量要求特别严格的爆破，高段别雷管的延时误差不能超过同一排孔间的接力雷管延时值。

目前，围堰拆除采用高精度雷管段别时，其孔内起爆雷管延期时间常为 600ms、1020ms。当采用普通导爆管雷管时，孔内起爆雷管段别大多采用 MS15 段雷管。

3) 起爆网路可靠度分析。在围堰拆除爆破起爆网路设计中，起爆网路的可靠度应包含网路准爆率和网路延时精度两方面的内容。

A. 起爆网路准爆率。起爆网路准爆率计算方法与起爆网路的连接方式有关，有的计算方法还比较复杂。其中结点雷管采用并串联连接方式的接力起爆网路最为实用，其起爆准爆率的计算也最为简便。

导爆管雷管排间、孔间、孔外接力传爆网路属多分支的并串联网路，网路中任一结点的传爆准爆率按式（6-9）计算：

$$P_{ij}=\left[1-(1-R)^m\right]^{i+j} \tag{6-9}$$

式中　$P_{ij}$——第 $j$ 个第 $i$ 排结点的准爆率；

$\qquad$ $R$——单发雷管的准爆率，由雷管试验确定；

$\qquad$ $m$——结点雷管并联数；

$\qquad$ $i$——排间结点顺序号；

$\qquad$ $j$——结点所在排的孔间顺序号。

在导爆管接力起爆网路中，每一个结点的传爆准爆率是不同的，并随着结点数的增加，传爆准爆率随之降低。因此，排间与孔间结点数之和最多的支网路的传爆准爆率，即可作为整个网路的传爆准爆率，$P$ 按式（6-10）计算：

$$P=\left[1-(1-R)^m\right]^{\max\{i+j\}} \tag{6-10}$$

式中　$\max\{i+j\}$ ——网路中排间、孔间结点数之和的最大值，$m$ 为指数；

其余符号意义同前。

实际上，单发雷管的准爆率对整个起爆网路的准爆率影响非常大，因此，选择准爆率高的雷管是关键。在围堰拆除爆破实施前，一定要对使用雷管的可靠度进行检测，检测后再装入到炮孔中。

在起爆网路规模比较大时，为提高起爆网路准爆率，则应采用排间搭接、复式交叉等辅助措施。

B. 起爆网路的延时精度：孔外传爆网路起爆延期时间由孔间延时雷管和排间延时雷管决定，对于排间、孔间孔外接力传爆网路，网路中任一结点的延期时间可按式（6-11）计算。

$$T_{ij}=\sum\Delta t_{i排}+\sum\Delta t_{j孔} \tag{6-11}$$

式中　$T_{ij}$——第 $i$ 排、第 $j$ 个结点的延期时间，ms；

$\qquad$ $\Delta t_{i排}$——第 $i$ 排结点排间雷管时间间隔，ms；

$\qquad$ $\Delta t_{j孔}$——第 $i$ 排第 $j$ 个结点的孔间雷管时间间隔，ms；其中 $i$ 为排间结点顺序号；$j$

$\qquad\qquad$ 为结点所在排的孔间顺序号。

在导爆管接力起爆网路中，每一个结点的传爆延期时间是不同的，延期时间最长的某一结点，可作为整个起爆网路的孔外传爆网路延时时间 $T_外$ 按式（6-12）计算：

$$T_外=\max\{T_{ij}\} \tag{6-12}$$

式中　$T_外$——孔外传爆网路延时时间，ms；

$\max\{T_{ij}\}$ ——传爆网路中某一结点最长的延期时间，ms。

由于排间、孔间结点的传爆雷管存在一定的延时误差，当雷管并联时，只要其中有一发雷管以最小延时起爆，那么该结点将以最小延时进行传爆。因此，各结点将以其中延期时间最小的传爆雷管进行延时累积，这也是传爆网路的实际传爆时间往往小于设计延期时间的原因。

在不考虑孔内起爆雷管延时误差的情况下，起爆网路中孔内雷管起爆时间应与孔外传爆网路中对应结点的延期时间相同。但如考虑孔内雷管的延时误差影响，两者则存在一定的误差。

由于各支路结点的延时累积误差相同，传统的排间搭接技术在提高延时精度方面的作用不大，除非将传爆网路分成若干相对独立的区域，以减小各支路的传爆雷管结点数造成的延时累积误差，并将搭接雷管作为该区域的排间主干线使用，才能真正提高整个起爆网路的延时精度。

（5）围堰拆除防护技术。围堰拆除时，由于围堰的特殊性，为保证按设计要求安全、准爆，全面控制爆破影响，施工中除采用常规的工程技术措施外，还应采取一些有针对性的特殊措施。

1）炮孔封堵护壁。在岩坎围堰拆除钻孔时，当围岩裂隙与河流连通时，钻孔过程中常遇有泥沙不断涌入孔内，加之孔壁内的碎石掉入，使孔内淤积严重，且无法冲洗。为了使炸药顺利装入孔内，可采取封孔护壁措施，炮孔用灌浆封堵裂隙，待水泥凝固后进行扫孔，扫孔后立刻放入 PVC 套管，在管内装药堵塞。

2）网路保护。因围堰施工场地狭窄，地形复杂，各炮孔孔口与孔底的前后位置不同，炮孔起爆顺序按平面和断面图综合判断确定，按炮孔孔口和药串上的标志进行联网，围堰上炮孔分布过密。为防止先爆结点碎片将后爆网路砸断，每个结点外可套一段长 30cm，外径 40mm 的胶皮管，网路可用草袋装沙或废旧胶带等进行覆盖保护，以保证安全准爆。

3）堰内充水。为防止岩坎爆破后水流夹杂石渣冲击洞口闸门，或当采用机械清渣时，防止爆渣被水流冲进洞内，可采用堰内充水，设置挡坎等防护方案。

4）水击波防护。为减少围堰爆破时水击波对洞室和建筑物的破坏作用，降低水击波对建筑物的压力，采用气泡帷幕技术进行防护，在建筑前设置两排气泡帷幕，帷幕长度与围堰拆除长度相同，每排用钢管制作为矩形框架，与空压机连接，每根发射管上钻 4 排发射孔，孔径 1.5mm、孔距 50mm、钻孔角度 $\alpha = 30°\sim120°$。爆破前 10min 开机送风，形成气泡帷幕，有效削减水中冲击波影响。

5）控制飞石。由于围堰拆除距离与建筑物较近，可采取如下控制飞石防护措施：①适当增加孔口堵塞长度，同时提高堵塞质量，防止冲炮；②在最小抵抗线部位覆盖竹跳板和旧胶皮带，削减爆破飞石；③通过选择最小抵抗线方向，使爆破碎块石飞散方向避开建筑物和设备；④进水闸前沿防护：在进水闸前用直径 10cm 的圆木或其他材料做成横排防护屏，以保护进水闸不受爆渣的直接撞击；⑤建筑物防护：在尾水围堰爆破拆除时，为了保护厂房尾闸室、厂房门窗、混凝土柱等薄弱部分，可采用立体防护排架加竹排、尾闸室挂旧轮胎与旧胶带进行防护。

6）控制爆破振动。控制爆破振动的主要措施是控制药量，另外在建筑相连接处钻减震孔或进行预裂爆破，防止地震波直接传至建筑物上造成破坏，也可采用先爆破形成一个 $1\sim3m$ 宽一定深度的防震槽，阻隔爆区振动波。由于爆破在水中进行，无法采用水平减振措施，可在钻孔时适当超钻，在孔底填塞锯屑等形成缓冲层，削减爆破对底部振动影响，对基础帷幕灌浆实施保护。

### 6.2.3 工程实例

#### 6.2.3.1 山西禹门口提水工程一级站进口岩坎拆除爆破

（1）工程概况。山西省河津县黄河禹门口提水工程一级站为岸边式取水建筑物。混凝土围堰顶高程384.00m，岩坎高程378.00～380.00m。围堰顶宽3～3.5m，圆弧段为1.5m。岩坎拆除底高程上游段为370.16m，下游段为369.90m。此高程拆除范围：顺水流方向长度46m，垂直水流方向最大宽度14.5m。拆除工程量为：混凝土围堰350.5m³，岩坎陆上方量945.0m³，岩坎水下方量1640m³。确定围堰及岩坎的拆除分三次实施，方案为：揭顶—削薄—岩坎一次爆除，其施工顺序见图6-1。

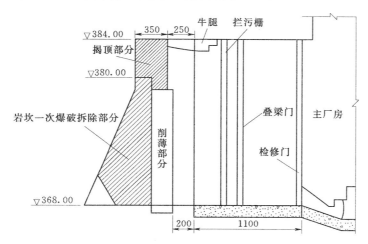

图6-1　混凝土围堰及岩坎拆除施工顺序图（尺寸单位：cm；高程单位：m）

（2）岩坎爆破拆除设计。

1）钻孔参数及单耗计算。为了弥补基岩地形资料不准，防止孔底抵抗线过大，采用小排距密孔的布孔方式。根据岩坎地形和开挖断面轮廓布孔，各段孔底、孔口的抵抗线，排距、孔距均不相同。

抵抗线：孔底为2.5～2.0m（上、下游段）、孔口为1.0～0.8m；

排距：孔底为1.2～0.8m、孔口为1.0～0.5m；

孔距：孔底为2.2～1.5m（上、下游段）、孔口为0.4～0.3m；

台阶高度：上游为（高程380.80～370.60）10.2m、下游为（高程380.50～369.60）10.9m；

超深、孔深：取超深为1m，当炮孔斜度为30°时最大孔深为13.0m。

单位体积耗药量：上、下游段外侧炮孔按加强抛掷爆破选取炸药单耗，以利于打开自由面，保证爆破后开挖到位。内侧炮孔按松动爆破确定炸药单耗，以求岩体破碎，又不产生过大的后冲击破坏。岩坎爆破综合炸药单耗按式（6-13）计算：

$$q = 0.90 + 0.01H_水 + 0.02H_泥 + 0.03H_{台阶} \qquad (6-13)$$

式中　$q$——水下爆破炸药单耗，kg/m³；

　　　$H_水$——水深，取$H_水 = 10$m；

$H_泥$——泥沙厚度，取 $H_泥=6m$；

$H_台阶$——台阶高度，$H_台阶=10.5m$。

计算得到本次岩坎爆破炸药单耗为 $1.4kg/m^3$。

各炮孔按岩坎外、中、内位置取不同炸药单耗：其平均数值为开口段取 $1.90kg/m^3$，下游段取 $1.44kg/m^3$，直线段取 $1.29kg/m^3$，上游段取 $1.43kg/m^3$。

2）最大单段药量。以岩坎距叠梁门最近距离的断面作为计算断面，按类似工程的质点振动速度公式计算，振速为 15cm/s 时的允许单段药量为 $67.3\sim23kg$。结合装药结构确定最大单段药量为 24.1kg，总装药量为 2306.8kg，平均炸药单耗为 $1.40kg/m^3$。

3）装药结构。为了提高炮孔起爆的可靠性，孔内设置 2 根导爆索，全孔药包均绑在导爆索上。由 4 发非电毫秒雷管引爆，其中 2 发雷管绑在孔口以下 1.5m 处的导爆索上，另 2 发雷管绑在 6m 以下的药包处。

4）**爆破网路**。开口段共 8 个孔，孔内分别选用 1～8 段非电毫秒雷管引爆。每孔设 4 个同段的雷管分为两组，每组塑料导爆管在孔外并联，由 2 发 1 段毫秒雷管引爆。

下游段、直线段和上游段分两组采用复式交叉并串联网路。地面网路由塑料导爆管 MS3 非电毫秒雷管组成。

下游段孔内雷管选用 MS5 段、MS6 段，直线段和上游段选用 MS8 段、MS9 段、MS10 段。下游段网路由 MS6 段非电毫秒雷管引爆，直线段和上游段网路由 MS4 段毫秒电雷管引爆。

（3）爆破效果。禹门口岩坎于 1991 年 6 月 3 日 11 时 45 分爆破，虽因黄河水位上涨，基坑由放空状态变为充水状态，起爆网路干线铺设由陆上变为水下，但仍取得了较好的爆破效果，破碎的岩块大部分通过竹排下排抛出水面，岩坎上的尼龙网完好无损。进水闸、主厂房及"两桥一线"未受到飞石的威胁，叠梁门也未受到任何破坏影响，仍正常挡水。除个别点外，基础部位质点振动速度控制在允许范围内，岩石破碎块度基本满足出渣要求。

### 6.2.3.2 沙溪口水电站混凝土围堰拆除爆破

（1）工程概况。沙溪口水电站的上游二期围堰（1～13 号堰段）为重力式混凝土挡墙加钕石断面形式，位于坝左 0+206.5～0+349.0、坝上 0+000～0+125 范围内，全长 229.5m，其水工建筑物平面布置见图 6-2。堰顶高程 86.20m，最大堰高 42.4m，堰顶宽度 2.2～5.0m，堰背坡度为 1:0.5～1:0.6。二期上游围堰 13 号堰段拆至高程 81.50m；12～4 号堰段拆除高程自 81.50m 呈阶梯形递减至高程 72.00m，并延伸至 4 号堰段；3 号堰段拆至高程 71.00m；2 号堰段拆至高程 70.00m；1 号堰段靠 15 号溢流坝段的 10m 范围拆至高程 68.50m，其余部位拆至高程 69.00m。

工程混凝土拆除量为 1.98 万 $m^3$，钕石挖方量 5.1 万 $m^3$，拆除施工工期为 5 个月。

（2）拆除方案。选定方案为在高程 77.00m 处将混凝土堰体总体上分为上、下两层进行拆除，1 号堰块由于与 15 号溢流坝闸墩衔接，需另作特殊处理。1 号堰段拆除方案：1 号堰段在坝上 0+0～0+4.0 范围，采用手风钻密孔孔间逐层拆除（每层拆除高度小于 3m）；0+4.0～0+18.8 爆破分为 Ⅰ～Ⅲ 3 个小区（见图 6-3），第 Ⅰ 区拆除方法与 0+0～0+4.0 内的拆除方法相同，第 Ⅱ 区、第 Ⅲ 区分别与其他堰段的上、下层拆除爆破同步

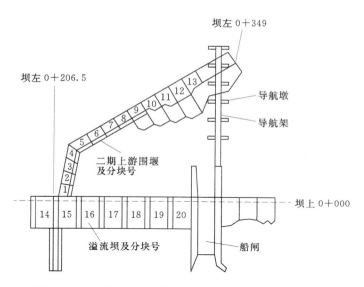

图 6-2 沙溪口水电站主要水工建筑物平面布置示意图

进行。

为了确保整个围堰下层拆除爆破的施工安全及爆破效果，在上层进行爆破拆除的同时，在高程 77.00m 进行水平预裂。

（3）爆破参数。

1）钻孔直径。手风钻逐层剥离区钻孔直径为 40mm，深孔爆破区钻孔直径为 76mm。

2）孔网参数。手风钻逐层剥离区孔距为 0.5m，排距为 0.5m，1 号、13 号堰段钻孔直径 76mm，爆破区内孔距、排距为 0.8～1.0m；2～12 号堰段爆破区内孔距为 1.8～2.0m，排距为 1.0～1.5m；水平预裂爆破孔孔

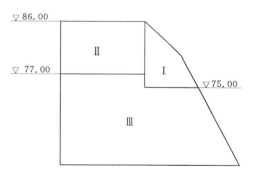

图 6-3 1 号堰体（0+4.0～0+18.8）爆破分为 Ⅰ～Ⅲ 3 个小区示意图（单位：m）

距为 1.0m。上层垂直爆破孔孔底至水平预裂面的距离为 0.5～0.8m。

3）炸药单耗。考虑到混凝土围堰体内存在着大量插筋、镀锌水管等构件，故采用较大的炸药单耗值。围堰拆除爆破的平均单耗定为 0.8～0.9kg/m³，水平预裂爆破的线装药密度为 300g/m。

4）堵塞长度。堰顶垂直爆破孔的孔口堵塞长度取（1.0～1.2）W（最小抵抗线长度）；堰背坡上垂直炮孔（孔径 76mm）堵塞长度不小于 2.0m；水平爆破孔及水平预裂炮孔堵塞长度为 1.0m。

5）装药结构。除水平预裂孔采用间隔、不耦合装药结构外，其余炮孔均为连续装药结构。

（4）起爆网路。为了达到上述控制爆破要求，采用了塑料导爆管接力式起爆网路，上、下两次拆除爆破的起爆段数分别为 227 段和 345 段。沙溪口水电站上游二期围堰拆

除爆破起爆网路见图 6-4。该起爆网路中，所有炮孔内均装二发 MS10 段非电毫秒雷管作为起爆元件；孔外同排采用 MS2 段非电毫秒雷管作为传爆元件，按 25ms 时差顺序起爆；相邻排间采用 MS3 和 MS5 非电雷管延时，起爆间隔时差为 50~110ms；整个网路系统中，每隔 3~4 个传爆结点，采用一次排间传爆搭接措施，确保网路具有较高的设计可靠度，并按设计要求起爆。

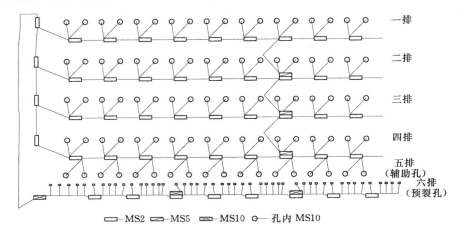

图 6-4　沙溪口水电站上游二期围堰拆除爆破起爆网路示意图

为了有效地利用堰前河床深槽的积渣能力，减少出渣工作量，加快施工进度，采用临水面先行爆破，然后依次顺序爆破的起爆顺序。除最后一排炮孔外，其余各排炮孔的作用方向均指向库区，有利于提高爆渣下河率。

（5）爆破效果。两次爆破约 50％以上的爆渣按设计抛入河床深槽中，大大减少了推渣工作量，爆破块度及爆堆形状较理想，便于推土机正常工作，达到设计要求。两次爆破均达到设计拆除高程。

### 6.2.3.3　构皮滩水电站碾压混凝土围堰拆除爆破

（1）概况。构皮滩水电站位于贵州余庆县构皮滩镇上游 1.5km 的乌江上，水电站装机容量 3000MW，是乌江干流和贵州最大的水电站。构皮滩水电站下游碾压混凝土围堰由 1~11 号堰块组成，长 204.3m，其围堰纵剖面见图 6-5。其中①号、②号、③号堰块为 C20 混凝土，其余堰块外部 2.0m 为 C30 混凝土，内部为 C15 碾压混凝土。围堰拆除高程 440.00~464.60m，围堰顶宽为 8.0m，上游坡面上部 8.0m 为直立面，下部为 1∶0.7 的坡面，下游坡面为直立面，其下游围堰纵剖面见图 6-5。拆除高度分别为 22.1m、24.6m，拆除总方量 4.75 万 m³。

（2）爆破参数。

1）钻孔直径 $D$。堰顶（宽 8.0m）采用 CM351 钻机钻孔，后部三角体用 YQ100B 型三脚架钻机钻倾斜孔和光爆孔，钻孔直径 $D=90~100mm$，最后两排炮孔较浅，用手风钻钻孔，钻孔直径 $D=38~42mm$。

2）最小抵抗线长度 $W$。由于围堰下游面为垂直面，按前部抛掷后部松动爆破设计，取最小抵抗线长度 $W=2.5m$。

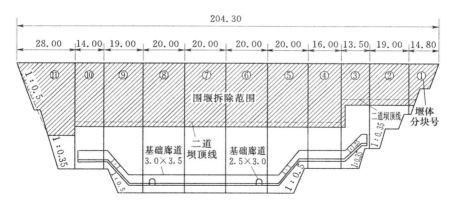

图 6-5　构皮滩水电站下游围堰纵剖面图（单位：m）

3）孔距 $a$。根据钻孔深度、最小抵抗线等因素进行设计调整，第一排、第二排孔孔距取 2.5m，第三排孔孔距取 2.0m；第四～六排孔孔距取 3.0m，第七排孔孔距取 2.5m，为改善爆破效果，第五～第七排间隔一个孔再加一个辅助装药孔；其余第八～十排孔采用手风钻钻浅孔，孔距取 1.5m。

4）排距 $b$。根据各排孔作用及爆破效果的要求，炮孔排距为 1.5～3.0m。

5）孔深 $L$。孔深根据拆除高度、超钻值等加以确定。

6）炸药单耗。碾压混凝土强度和硬度相当于中硬岩石，炸药单耗在 0.5kg/m³ 左右。考虑到围堰拆除特殊性和前抛后松的要求，故采用"定位调整炸药单耗"的设计思想，对不同炮孔选择了不同的单耗。第一排取 0.6kg/m³；第二排爆孔装药量要大于第一排才能尽量多地抛出，故单耗取 0.7kg/m³；第三排堰顶部宽 8.0m 不允许后抛，故上部取平均单耗 0.35kg/m³，下部 0.6～0.8kg/m³；第四排取 0.8kg/m³；第五、第六排取 0.7kg/m³；第七排取 0.6kg/m³；第八～十排为减少后翻爆渣量，取单耗为 0.3kg/m³。

7）光面爆破参数。钻孔直径 90mm，钻孔间距 0.8～1.0m，深孔部位取大值，浅孔部位取小值；线装药密度取 500g/m，采用直径 32mm 的 2 号岩石乳化炸药，孔口堵塞长度取 1.0m，孔口 1.0m 处减弱装药。

8）预裂爆破参数。在围堰两端，即①～⑪号堰段与岩石衔接处布置倾斜预裂孔，⑩号、⑨号堰段布置垂直预裂孔，布孔参数与光面爆破参数基本一致，平均线装药密度取 350g/m，装药结构为：底部 1.0m 为加强装药，孔口 1.0m 为减弱装药，其围堰拆除爆破装药结构横剖面见图 6-6。

（3）爆破网路及爆破效果。①～⑨号堰块爆破时，共布置 909 个炮孔，主爆孔 552 个，手风钻孔 202 个，光爆孔 155 个。实际装药量 16804.8kg，最大单段药量为 90kg。采用孔间、排间接力起爆网路，孔内采用 MS13 段导爆管雷管，孔间采用 MS3 段导爆管雷管，排间采用 MS5 段导爆管雷管，共分 342 段，孔外接力传爆延期时间为 2850ms。爆破后爆渣绝大部分抛向下游侧，爆破块度均匀，完全符合设计要求。

#### 6.2.3.4　岩滩水电站下游碾压混凝土围堰拆除爆破

（1）概况。岩滩水电站上、下游围堰均为重力式，以 18 号坝段作为纵向围堰，其中下游围堰堰顶高程 178.20m，堰顶宽 7.4m，堰体下游迎水面垂直，背水面呈 1：（0.50～

0.66）**的阶梯状，其横断面见图 6-7。拆除的最终平面高程不尽相同，下游围堰拆除段
长 314.8m，最大拆除高度为 33.2m，总方量约 96300m³，采用分层爆破拆除方案。**

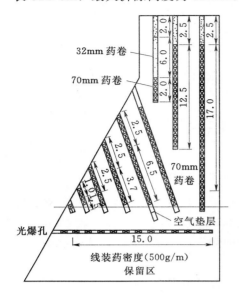

图 6-6　构皮滩水电站围堰拆除爆破
装药结构横剖面示意图（单位：m）

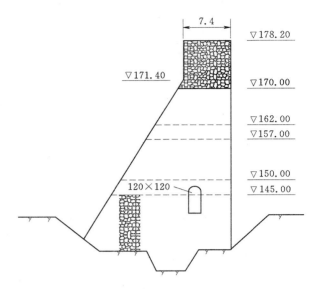

图 6-7　岩滩水电站下游围堰横断面示意图（单位：m）

（2）爆破参数。

1）Ⅰ～Ⅴ层的炮孔孔网参数不同（见表 6-4），Ⅰ～Ⅳ层的炮孔布置横剖面见图
6-8。

表 6-4

孔 网 参 数 表

| 分层编号 | 分层高度<br>/m | 孔间距（$a \times b$）<br>/（m×m） | 孔径/mm | | 孔深/m |
| --- | --- | --- | --- | --- | --- |
| | | | 垂直孔 | 斜孔 | |
| Ⅰ | 8.2 | 2.1×1.8 | 100 | — | $h_1=8.2$，$h_2=8.7$，$h_3=8.5$ |
| Ⅱ | 8.0 | 2.8×2.8 | 100 | 150 | $h_1=8.5$，$h_2=8.8$ |
| Ⅲ | 5.0 | 2.5×2.2 | 100 | 150 | $h_1=5.5$，$h_2=5.8$ |
| Ⅳ | 7.0 | 2.5×2.2 | 100 | 100 | $h_1=7.5$，$h_2=7.8$ |
| Ⅴ | 5.0 | 2.0×2.0 | 100 | 100 | $h_1=6.0$，$h_2=6.5$ |

2）平台各分层爆破的二端部布置预裂孔，孔距 0.7m。在预裂孔前布置一排缓冲孔，
孔距 1.3m，以保护预裂面的质量。

3）炸药单耗。设计炸药单耗为 0.45～0.6kg/m³，根据爆破效果适当调整。预裂爆破
线装药密度 200～220g/m。

4）堵塞长度。炮孔堵塞长度按（0.8～1.0）W 选取。斜孔一般在炮孔 1.0m 抵抗线的
位置开始堵塞，预裂孔堵塞长度 1.0m。

5）装药结构。垂直孔一般为连续耦合装药，斜孔根据实际抵抗线，采用变药径、不耦

合、间隔装药等多种装药结构形式；预裂爆破为药串和导爆索绑在竹片上的不耦合装药。

6）起爆网路。采用导爆索—导爆管混合起爆网路，排间采用 MS3 段接力传爆，其爆破网路见图 6-9。

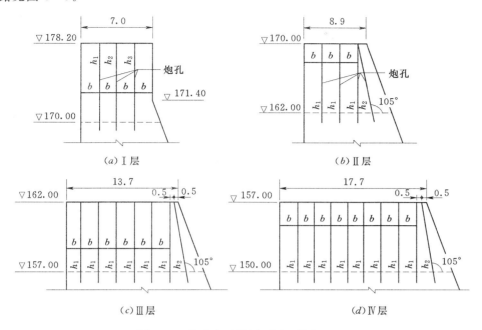

图 6-8　炮孔布置横剖面图（单位：m）

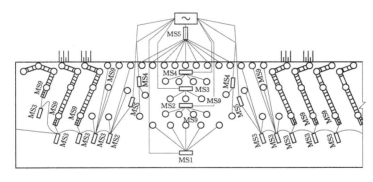

图 6-9　第Ⅱ层（高程 162.00～170.00m）爆破网路图

（3）爆破效果。第Ⅰ层为试验爆破层；第Ⅱ层爆破约 50% 以上的爆渣堆弃于堰体两侧，渣堆形状较理想；第Ⅲ层爆破块度优于第Ⅱ层，需改炮的大块体均小于 5%。第Ⅱ层总方量 20000m³，用炸药量 9676.6kg，平均单耗为 0.48kg/m³，共分 84 段起爆，总延时 3760ms。第Ⅲ层总方量 13500m³，用炸药量 7100kg，平均炸药单耗为 0.53kg/m³，共分 61 段起爆，总延时 2725ms。

#### 6.2.3.5　高滩水电站混凝土围堰拆除爆破

（1）概况。高滩水电站枢纽工程位于湖南省沅陵县境内，水电站二期工程上游围堰采用混凝土过水围堰，围堰长 120m，每 20m 设一浇筑伸缩缝。围堰高 9.5m，堰顶宽 2m，底宽 9.6m，迎水面坡比 1：0.1，背水面坡比 1：0.6。右与升船机支墩相连，左与浆砌石纵向围堰相接，围堰轴线离溢流坝闸墩最近距离为 32m。

（2）爆破参数。

1）水平预裂爆破。沿高程 107.50m 处钻水平预裂孔，孔径 80mm，堰体纵向孔深 6.2m（预留厚 40cm，以免钻穿漏水），孔距 80cm，线装药密度为 240kg/m。导爆索竹片捆绑间隔装药，使用直径 28mm 乳化炸药，不耦合系数为 2.86，每孔装药量为 15kg，黏土堵塞 80cm。

2）堰体台阶爆破。堰体台阶爆破采用潜孔钻造孔，孔径为 100mm，最小抵抗线 $W=1.6$m，孔距 $a$、排距 $b$ 与最小抵抗线 $W$ 取相同值。炮孔方向与堰体迎水面坡比相同，孔深按距水平预裂面 40cm 控制，即第一排孔深 8.0m，第二排孔深 4.5m，第三排孔深 2.2m。

第一、第二排孔炸药单耗 0.42kg/m³、第三排孔炸药单耗 0.3kg/m³，第一排每孔装药量 8.7kg，第二排每孔装药量 4.8kg，第三排每孔装药量 1.7kg，使用直径 78mm 的乳化炸药，采用导爆索间隔装药，其间充填细沙分段。堰体钻孔布置见图 6-10。

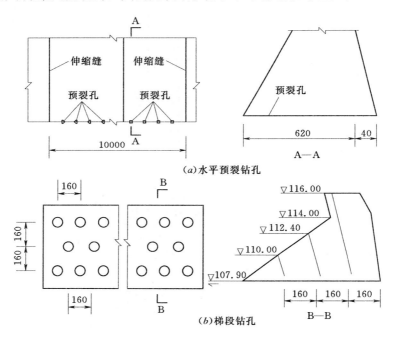

图 6-10　堰体钻孔布置图（单位：cm）

3）起爆药量控制。根据相关资料证明，水平预裂减震效果可达到 50%～75%。为安全起见，工程按减震效果以 50% 计算，最大单段起爆药量 $Q$ 为 47.5kg，则台阶爆破允许质点振速计算值为 $u=3.0$cm/s。

4）起爆网路。预裂爆破 8 孔为一段，段与段之间内 MS2 段非电毫秒雷管连接，时差为 25ms，支线上连接 MS3 段非电毫秒雷管。

台阶爆破按伸缩缝每 21m 分为一组，干线每段之间用 MS3 段非电毫秒雷管连接，支线由 MS5 段非电毫秒雷管连接。

（3）爆破效果。高滩水电站混凝土围堰一次爆破拆除，爆破效果良好，升船机支墩及溢流闸坝墩等建筑物完好无损，水平预裂缝以下的堰体完整保留，全部符合设计要求。

#### 6.2.3.6 功果桥水电站导流洞进口混凝土围堰拆除爆破

（1）概况。功果桥水电站位于云南省澜沧江上，水电站导流洞进口围堰由枯水期C15现浇混凝土主围堰土石子围堰组成，主围堰外侧与子围堰间回填土石，其结构典型剖面见图6-11。主围堰高14m，混凝土拆除方量为1626m³，分二期拆除。

（2）主围堰拆除爆破设计。

1）钻孔布置。混凝土围堰分两期拆除，选用QZJ-100B轻型潜孔钻钻孔，采用垂直布孔，钻孔孔径为76mm。一期垂直孔采用一字形布置，二期垂直孔采用梅花形布置。共布置垂直孔358个，钻孔总延米1643.4m，其围堰爆破拆除布孔剖面见图6-12。

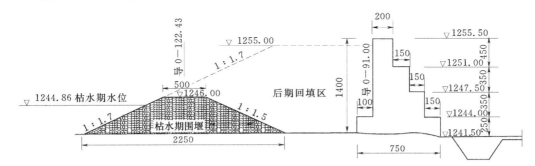

图6-11 导流洞进口围堰结构典型剖面图（单位：cm）

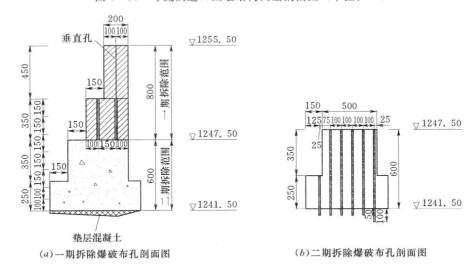

（a）一期拆除爆破布孔剖面图　　　（b）二期拆除爆破布孔剖面图

图6-12 导流洞进口混凝土围堰爆破拆除布孔剖面图（单位：cm）

注：1. 孔深小于0.8m的端部孔作为空孔，不装药；2. 为便于二期拆除爆破布孔，一期爆破孔不考虑超深；3. 二期拆除爆破孔第一排孔超深1.0m，其他主爆孔超深0.5m。

2）炸药单耗。围堰正常拆除时炸药单耗为0.4～0.6kg/m³。要求爆渣最大块度控制在30cm以下，这时所需单耗为0.9～1.2kg/m³。考虑压渣及水压的约束影响，根据类似工程经验，单耗选择 1.5～1.8kg/m³，总装药量 2882kg。

3）装药结构。采用乳化炸药连续装药结构，一期爆破孔采用直径 32mm 药卷，线装药量为 1.0kg/m；二期主爆破孔采用直径 60mm 药卷，线装药量为 3.0kg/m，因孔内无水，采用普通包装的乳化炸药。

4）堵塞。为防止爆破飞石过多，保证爆破效果，爆破孔的堵塞长度为 1.1～1.2m，堵塞物为袋装砂。

5）起爆网路。爆破网路设计为从中间起爆的孔间、孔内、排间延时网路结构，孔间延时 30ms、一期孔内延时 650ms，二期孔内延时 880ms，孔内选用延时较长的 MS15 非电雷管，双雷管布置。排间传爆雷管选用 MS5 非电雷管，双雷管布置，排间延时 50ms。

（3）爆破效果。功果桥水电站导流洞进口混凝土围堰爆破拆除参数选择合理，防护方案可靠，围堰顺利爆破拆除。

### 6.2.3.7 洪家渡水电站 2 号导流洞进水口岩埂拆除爆破

（1）概况。洪家渡水电站位于贵州省黔西县与织金县交界的乌江北源六冲河上，是乌江梯级的龙头水电站，枢纽坝型为钢筋混凝土面板堆石坝，坝高 179.5m，总装机容量 540MW。为了确保导流洞如期分流，进口围堰岩埂的爆破拆除是关键。由于混凝土挡墙、混凝土基座等结构物与围堰岩埂连为一体，须一并拆除，围堰平面见图 6-13。其中待拆除岩埂的长度约 22m，拆除总方量 2.1 万 m³。

（2）爆破参数。

1）孔网参数。采用 YQ-100 型简易潜孔钻钻孔，钻孔直径 90mm；局部边角部位采用手风钻钻孔，钻孔直径 50mm。采用垂直孔及小角度斜孔相结合的炮孔布置，使每排炮孔的底部抵抗线小于 2.4m。下游侧炮孔孔间距 1.2m，上游侧炮孔孔间距 1.5m，炮孔超深 2.0m。计划在岩埂靠下游侧首先起爆，减小孔排距，增大单耗有利于开口线的形成。炮孔孔底位置见图 6-14。

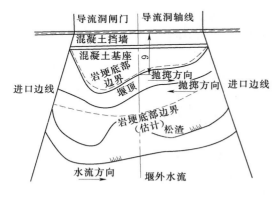

图 6-13 围堰平面示意图（单位：m）

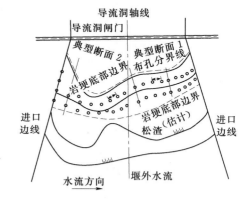

图 6-14 炮孔孔底位置示意图

2）炸药单耗。岩埂拆除爆破时不充水，石灰岩围岩硬度中等偏上，岩埂前有大量松渣堆积，取炸药单耗为 1.0kg/m³。

3）装药结构。主炮孔装 φ70mm 的乳化炸药，延米装药量为 4.5kg/m，装药长度根据实际孔深确定。每个炮孔底部和上部各装两发 MS15 非电雷管，孔内用导爆索加强传爆。单孔药量超过 30kg 时，进行孔内分段。靠闸门一排主爆孔的堵塞长度 3.0m，以减小飞石对闸门的危害，靠松渣一排主爆孔的堵塞长度 2.0m，手风钻钻孔堵塞长度 1.0m。典型断面装药结构见图 6-15。

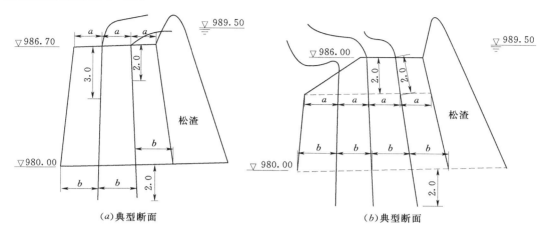

图 6-15　典型断面装药结构示意图（单位：m）

4）起爆网路。爆破开口线位置选在岩埂中线偏下游侧部位，在该部位首先形成缺口，使两边的岩埂再向缺口抛掷。起爆网路排间选内 MS5（110ms），局部选用 MS3（50ms），孔间选用 MS2（25ms），孔内起爆雷管选用 MS15（860ms）。排间、孔间接力雷管 3 发并联，孔内起爆雷管数不少于 4 发，起爆网路见图 6-16。

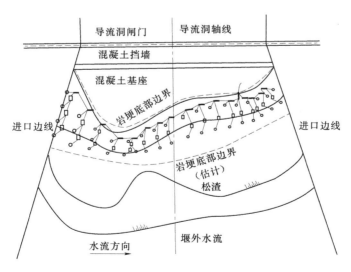

图 6-16　起爆网路示意图

（3）爆破效果。洪家渡水电站 2 号导流洞进水口岩埂拆除爆破成功实施，爆破块度均匀，小于 30cm，岩埂完全爆透，爆堆向下游侧堆积，只有少量爆渣堆积在闸门前，爆破振动得到有效控制，闸门及附近其他保护物完好无损。

## 6.3 单体结构钻孔拆除爆破

建筑物由基础、柱、梁、板、墙、地坪等单体结构构成，单体爆破设计是拆除爆破设计的基础，在拆除工程中最常用的方法是钻孔爆破法。钻孔爆破拆除装药量的计算方法很多，目前常用的两种经验设计法，为体积法和面积—体积法。

### 6.3.1 体积法药量计算

体积法设计思路是多钻孔、少装药，控制单孔装药量，避免产生飞石等有害效应，保证环境安全。在这种设计思想指导下，其钻孔布置特点是间排距较小，单孔装药量与其负担的爆破体积成正比，按式（6-14）计算：

$$Q = qV \tag{6-14}$$

式中  $Q$——单孔装药量，kg；

　　$q$——经验装药单耗，kg/m³；

　　$V$——单孔负担体积。

经验装药单耗 $q$ 与材质、临空面条件及最小抵抗线大小、破碎程度要求有关，按经验选取。对基础和大型块体。$q$ 取值范围参考见表6-5。

**表6-5　　　　　　　　　　$q$ 取 值 范 围 参 考 表**

| 参数＼材料 | | 砌砖或砌石 | 低标号混凝土 | 高标号混凝土 | 钢筋混凝土 | 加密钢筋混凝土 |
|---|---|---|---|---|---|---|
| $q/(\text{kg/m}^3)$ | 单临空面 | 0.4～0.5 | 0.15～0.18 | 0.18～0.22 | 0.25～0.30 | 0.44～0.50 |
| | 双临空面 | 0.3～0.4 | 0.12～0.15 | 0.15～0.18 | 0.20～0.25 | 0.36～0.44 |
| | 多临空面 | 0.3～0.4 | 0.10～0.12 | 0.12～0.15 | 0.15～0.20 | 0.36～0.44 |

注　材料强度较低时或不要求强烈破碎时取低值，反之取高值。

在拆除砖柱、石柱及钻孔桩桩头时，其爆破 $q$ 值可参照表6-6选取。

**表6-6　　　　　拆除砖柱、石柱及钻孔桩桩头爆破 $q$ 值**

| 材质 | 钻孔桩桩头混凝土 | | | 砖　　　　柱 | | | | 砌石柱 |
|---|---|---|---|---|---|---|---|---|
| $W/\text{cm}$ | 50 | 40 | 30 | 18.5 | 25 | 31.5 | 37.5 | 50～70 |
| $q/(\text{g/m}^3)$ | 250～280 | 300～340 | 530～580 | 850～1000 | 700～800 | 500～600 | 330～430 | 240～300 |

在拆除混凝土柱、混凝土梁时，其单位用药量系数 $q$ 值可参照表6-7选取。

**表6-7　　　拆除混凝土、混凝土梁单位用药量系数 $q$ 及平均单位耗药量 $\dfrac{Q}{V}$**

| $W/\text{cm}$ | $q/(\text{g/m}^3)$ | $\dfrac{Q}{V}/(\text{g/m}^3)$ | 布筋情况 | 爆　破　效　果 | 防护等级 |
|---|---|---|---|---|---|
| 10 | 1150～1300 | 1100～1250 | 正常布筋单箍筋 | 混凝土破碎、疏松、与钢筋分离，部分碎块逸出钢筋笼 | Ⅱ |
| | 1400～1500 | 1350～1450 | | 混凝土粉碎、脱离钢筋笼、箍筋拉断，主筋膨胀 | Ⅰ |

| W/cm | $q/(\mathrm{g/m^3})$ | $\dfrac{Q}{V}/(\mathrm{g/m^3})$ | 布筋情况 | 爆 破 效 果 | 防护等级 |
|---|---|---|---|---|---|
| 15 | 500～560 | 480～540 | 正常布筋<br>单箍筋 | 混凝土破碎、疏松、与钢筋分离，部分碎块逸出钢筋笼 | II |
| | 650～740 | 600～680 | | 混凝土粉碎、脱离钢筋笼，箍筋拉断，主筋膨胀 | I |
| 20 | 380～420 | 360～400 | 正常布筋<br>单箍筋 | 混凝土破碎、疏松、与钢筋分离，部分碎块逸出钢筋笼 | II |
| | 420～460 | 400～440 | | 混凝土破碎、脱离钢筋笼，箍筋拉断、主筋膨胀 | I |
| 30 | 300～340 | 280～320 | 正常布筋<br>单箍筋 | 混凝土破碎、疏松、与钢筋分离，部分碎块逸出钢筋笼 | II |
| | 350～380 | 330～360 | | 混凝土破碎、脱离钢筋笼，箍筋拉断、主筋膨胀 | I |
| | 380～400 | 360～380 | 布筋较密<br>双箍筋 | 混凝土破碎、疏松、与钢筋分离，部分碎块逸出钢筋笼 | II |
| | 460～480 | 440～460 | | 混凝土粉碎、脱离钢筋笼，箍筋拉断、主筋膨胀 | I |
| 40 | 260～280 | 240～260 | 正常布筋<br>单箍筋 | 混凝土破碎、疏松、与钢筋分离，部分碎块逸出钢筋笼 | II |
| | 290～320 | 270～300 | | 混凝土粉碎、脱离钢筋笼，箍筋拉断、主筋膨胀 | I |
| | 350～370 | 330～350 | 布筋较密<br>双箍筋 | 混凝土破碎、疏松、与钢筋分离，部分碎块逸出钢筋笼 | II |
| | 420～440 | 400～420 | | 混凝土粉碎、脱离钢筋笼，箍筋拉断、主筋膨胀 | I |
| 50 | 220～240 | 200～220 | 正常布筋<br>单箍筋 | 混凝土破碎、疏松、与钢筋分离，部分碎块逸出钢筋笼 | II |
| | 250～280 | 230～260 | | 混凝土粉碎、脱离钢筋笼，箍筋拉断、主筋膨胀 | I |
| | 320～340 | 300～320 | 布筋较密<br>双箍筋 | 混凝土破碎、疏松、与钢筋分离，部分碎块逸出钢筋笼 | II |
| | 380～400 | 360～380 | | 混凝土粉碎、脱离钢筋笼，箍筋拉断、主筋膨胀 | I |

在砖墙拆除爆破时，其爆破 $q$ 值可参见表 6-8 选取。

表 6-8　　砖墙拆除爆破 $q$ 值参考表

| 墙厚/cm | | 37 | 49 | 62 | 75 | 89 | 101 | 104 |
|---|---|---|---|---|---|---|---|---|
| $q/(\mathrm{kg/m^3})$ | 直墙 | 1.0～1.2 | 0.8～0.95 | 0.6～0.7 | 0.4～0.5 | | | |
| | 烟囱 | 2.1～2.5 | 1.35～1.45 | 0.88～0.95 | 0.64～0.69 | 0.44～0.48 | 0.34～0.37 | 0.27～0.30 |

在钢筋混凝土墙拆除爆破时，其 $q$ 值可参见表 6-9 选取。

表6-9　钢筋混凝土墙拆除爆破 $q$ 值参考表

| 墙厚/cm | | | 20 | 30 | 40 | 50 | 60 | 70 | 80 |
|---|---|---|---|---|---|---|---|---|---|
| $q$ /(kg/m³) | 直墙 | 部分脱笼 | 1.4~1.6 | 0.6~0.7 | 0.47~0.52 | | | | |
| | | 全脱笼 | 1.7~1.9 | 0.8~0.9 | 0.52~0.60 | | | | |
| | 烟囱 | | 1.8~2.2 | 1.5~1.8 | 1.0~1.2 | 0.9~1.0 | 0.66~0.73 | 0.48~0.53 | 0.41~0.45 |

注　在混凝土路面、地坪的钻孔拆除爆破时，单位用药量取值按 $q=0.6\sim1.2kg/m^3$ 选，并由现场试验确定。

### 6.3.2　面积—体积法药量计算

面积—体积法认为拆除爆破最小抵抗线较小时，剪切能量消耗不容忽略，单孔药量应按式（6-15）计算：

$$Q=(q_1A+q_2V)f \qquad (6-15)$$

式中　$A$——剪切面积，$m^2$；

　　　$f$——临空面系数，参照表6-10选取；

　　　$q_1$——单位剪切面积用药量，$q_1=C_1W$；

　　　$C_1$——材料剪切系数，对相同的材料，根据要求的破碎程度不同，$C_1$ 值在一个范围内选择，上下限差值不超过30%，$C_1$ 值参照表6-11中的 $q_1$ 项选取；

　　　$q_2$——单位体积用药量，相当于岩石台阶松动爆破产生破裂的装药极限值，选值参数见表6-11；

　　　$V$——单孔负担体积，$m^3$。

表6-10　$f$ 系 数 值 表

| 自由面个数 | 1 | 2 | 3 | 4 |
|---|---|---|---|---|
| $f$ 值 | 1.15 | 1.0 | 0.85 | 0.75 |

表6-11　$q_1$、$q_2$ 系 数 值 表

| 材料类别 | $q_1$/(g/m³) | $q_2$/(g/m³) | 适　用　条　件 |
|---|---|---|---|
| 混凝土或钢筋混凝土 | (13~16)/W | 150 | 不厚的条形截面构件，要求严格控制碎块抛出 |
| 混凝土 | (20~25)/W | 150 | 混凝土体破碎，小碎块个别散落在5~10m以内 |
| 一般布筋的钢筋混凝土 | (26~32)/W | 150 | 混凝土破碎，脱离了钢筋，个别碎块抛落在5~10m以内 |
| 布筋粗密的钢筋混凝土 | (35~45)/W | 150 | 混凝土破碎，脱离了钢筋，个别碎块抛落在10~15m以内 |
| 重型布筋的钢筋混凝土 | (50~70)/W | 150 | 混凝土破碎，主筋变形或个别断开，少量碎块飞散10~20m远，应加强防护 |
| 浆砌砖体 | (35~45)/W | 100 | 砌体破裂塌散，少量碎块抛落在10~15m以内 |
| 水泥砂浆砌片石或石料 | (35~45)/W | 200 | 砌体破裂，浆缝炸松，少量碎块抛落在10~15m以内 |
| 天然岩石 | (40~70)/W | 150~250 | 岩石破裂松动，少量碎块抛落在5~20m以内 |

注　$W$ 为最小抵抗线，$W$ 前的分子系数即为 $C_1$。

### 6.3.3　拆除爆破钻孔设计

（1）最小抵抗线和孔排距。体积法与面积—体积法两套设计体系，在布孔参数上有差

别，体积法主张密孔少装药，面积—体积法主张布孔可以少一点，单孔装药量可以大一些。两种设计方法常用布孔参数比较见表 6-12。

两种设计方法常用布孔参数比较表

| 单体和材料名称 | 最小抵抗线 W/cm | | 排距 b | | 间距 a | |
|---|---|---|---|---|---|---|
| | 1 | 2 | 1 | 2 | 1 | 2 |
| 钢筋混凝土 | 35～50 | 30～60 | $(0.9～1.0)W$ | $b≈W$ | $(1.0～1.3)W$ | $(1.0～1.8)W$ |
| 混凝土 | 35～50 | 40～70 | $(0.9～1.0)W$ | $b≈W$ | $(1.0～1.3)W$ | $(1.0～1.8)W$ |
| 钢筋混凝土梁柱 | B/2 | B/2 | $(0.9～1.0)W$ | $b≈W$ | $(1.2～2.5)W$ | $(1.6～2.6)W$ |
| 砖墙、砖柱 | B/2 | B/2 | $(0.9～1.0)W$ | $b≈W$ | $(1.2～2.0)W$ | $(2.0～3.6)W$ |
| 砌砖、砌石体 | 50～70 | 50～80 | $(0.9～1.0)W$ | $b≈W$ | $(1.0～1.5)W$ | $(1.2～1.8)W$ |

注 1 为体积法；2 为面积—体积法。

在最近一些爆破工作者推荐按体积法取布孔参数，按面积—体积法计算装药量，在工程应用中，爆破效果较好。当孔网参数扩大时，施工中可减少钻孔，提高工效。

（2）钻孔深度。

1）建筑物基础和大型块体拆除爆破时，拆除爆破孔深不宜大于 2.0m，一般工况下不大于 1.5m。当拆除爆破体厚度较大时，可采用分台阶爆破，每一台阶不超过 2.0m。孔深和底边界条件有关。

钻孔深度 l 按式（6-16）计算：

$$l = CH \tag{6-16}$$

式中　　$l$——钻孔深度，m；

　　　　$H$——拆除块体高度（或底层高度），m；

　　　　$C$——经验系数，可按表 6-13 取值。

C 值选取范围参数表

| 底部边界条件 | C 值 | 底部边界条件 | C 值 |
|---|---|---|---|
| 临空面 | 0.6～0.65 | 变截面的交界处拆除上部结构 | 0.85～0.95 |
| 土质垫层 | 0.65～0.75 | 等截面拆除上部结构 | 0.95～1.0 |
| 施工接缝 | 0.75～0.85 | | |

2）梁、柱、墙的钻孔孔深。孔深应考虑到使药包中心和单体的对称中心一致，钻孔深度可按式（6-17）计算：

$$l = \frac{B + \Delta l}{2} \tag{6-17}$$

式中　　$l$——钻孔深度，m；

　　　　$B$——钻孔方向厚度，m；

　　　　$\Delta l$——装药长度，m。

地表以下的墙体只有一个自由面，孔深一般取 $2B/3 + \Delta l/2$，$\Delta l$ 为药包长度；抵抗线 $W = 2B/3$；炮孔间距 $a = mW$；炮孔排距 $b = (0.8～1.0)a$，$m$ 为炮孔密集系数。

3) 混凝土路面表层的地坪钻孔拆除爆破。可采用对以下两种方式。

A. 路面内钻孔爆破拆除。在路面或地坪表层钻孔（直孔或斜孔）进行齐发爆破。

直孔孔深：$l=(0.7\sim0.8)H$，$H$ 为路面厚度；

斜孔孔深：$l'=l/\sin\alpha$，$\alpha$ 为钻孔斜角；

炮孔孔距：$a=(0.8\sim1.0)l$；

炮孔排距：$b=(0.8\sim0.9)a$；

单孔装药量按式（6−18）计算：

$$Q=qabH \qquad\qquad (6-18)$$

$q$ 取 $0.6\sim1.2\text{kg/m}^3$。

B. 路面底层钻孔爆破拆除。

炮孔孔深：$l=H+\Delta l$，$\Delta l=(1/3\sim1/2)H$；

炮孔间排距：$a=b=(1\sim2)H$；

单孔装药量按式（6−19）计算：

$$Q'=q'abH \qquad\qquad (6-19)$$

$q'$ 可取 $(1.5\sim2.0)q$。

### 6.3.4 单体结构爆破拆除工程实例

#### 6.3.4.1 东风水电站尾水汇水洞出口闸室临时封堵板、墙体拆除爆破

（1）工程概况。东风水电站尾水汇水洞贯通后，为保证地下厂房汛期施工，采用钢筋混凝土板、混凝土墙对尾水汇水洞出口闸室进行封堵。施工完成后，将封堵的钢筋混凝土板及素混凝土墙进行拆除爆破。

混凝土墙的结构尺寸为：高×宽×厚＝13.5 m×11 m×1m，钢筋混凝土板的结构尺寸为：长×宽×厚＝12.8 m×2.5 m×0.7m，均为 C20 混凝土。尾水出口闸室纵剖面见图6−17。

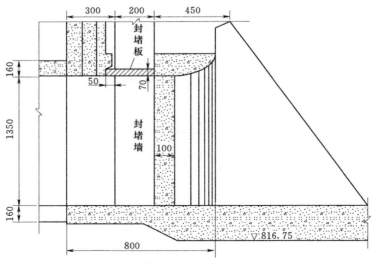

图6−17　尾水出口闸室纵剖面示意图（尺寸单位：cm；高程单位：m）

（2）爆破要求。由于拆除结构处于永久建筑物尾水汇水洞出口闸室门槽内，严禁拆除爆破对闸室混凝土结构造成破坏和损伤。实施前，应进行小范围拆除爆破试验，确定爆破参数，选择最优方案。对于局部爆破残留体，可采用人工凿除，均采用手风钻钻孔。

（3）爆破设计。采用四周设置防震孔、预裂缝的松动爆破一次爆破拆除方案，钢筋混凝土板自一端起爆推进，混凝土墙中部掏槽依次向外扩展。

1）松动爆破孔参数，可按表6-14取值。

表6-14 松动爆破孔参数表

| 项目 | 最小抵抗线长度 $W$/cm | 炮孔间距 $a$/cm | 炮孔排距 $b$/cm | 炮孔深度 $l$/cm | 单耗药量 $q$/(g/m³) |
|---|---|---|---|---|---|
| 钢筋混凝土板 | 30 | 60 | 50 | 45 | 380 |
| 混凝土墙 | 40 | 80 | 70 | 60 | 250 |

2）预裂孔参数选择。

预裂孔孔距 $a$：钢筋混凝土 $a=40$cm，混凝土墙 $a=50$cm；

预裂孔孔深 $l$：钢筋混凝土 $l=40$cm，混凝土墙 $l=60$cm。

3）防震孔参数。距周边轮廓线10cm布置防震孔，孔距定为30cm，钻孔穿透板、墙体。

4）相邻孔间距。预裂孔距防震孔20cm，与松动孔间距为：钢筋混凝土取35cm，混凝土墙取70cm。

（4）掏槽孔参数。混凝土墙体采用中部四角桶形掏槽，掏槽对角孔孔距为40cm，中间设空孔，空孔穿透墙体，掏槽孔较一般孔加深20cm。

（5）单孔装药量。

1）松动炮孔装药量。钢筋混凝土板单孔装药量为110g，混凝土板的前排孔装药量加倍，素混凝土墙单孔装药量为150g。

2）预裂孔装药量。钢筋混凝土板单孔装药量为40g；混凝土墙单孔装药量为50g。

3）墙体掏槽孔装药量：单孔装药量为450g。

（6）爆破网路。

1）钢筋混凝土板炮孔起爆顺序。周边预裂每单边为一段，分段起爆后接着松动爆破孔三孔一段，进行排间微差起爆，孔外采用MS3段非电毫秒雷管连接，孔内装MS9段非电毫秒雷管，孔内药包起爆滞后于孔外网路传爆，有利于网路保护。

2）混凝土墙炮孔起爆顺序。周边预裂孔每单边为一段，分段起爆后接着起爆掏槽孔，由内圈掏槽后再至外圈依次起爆松动爆破孔，最大一段单响装药量为3.9kg。

炮孔布置及起爆顺序见图6-18，其中墙体爆破炮孔起爆顺序图中，序号1为先起爆预裂孔，预裂孔分4段起爆，段间连接用MS3段非电毫秒雷管，序号2～13为掏槽孔及松动孔起爆秩序，在实施中分别对应于MS1、MS2、…MS13段非电毫秒雷管。

本次拆除爆破共消耗火工产品量为：2号岩石硝铵炸药51.5kg，导爆索180m，非电毫秒雷管220发，火雷管4发。

（7）爆破效果。在实施过程中做到了精心设计精心施工，爆破效果良好，尾水汇水洞

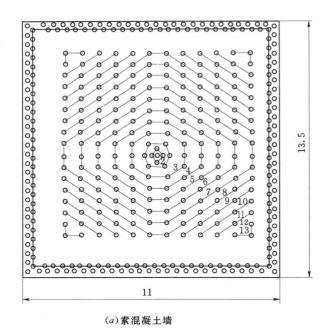
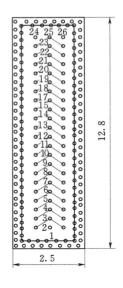

(a) 素混凝土墙          (b) 钢筋混凝土板

图 6-18　炮孔布置及起爆顺序示意图（单位：m）

1～26—起爆顺序

出口闸室完好无损。经探伤检查，未发现被保护体出现任何裂纹及损伤，取得满意的效果。

### 6.3.4.2　丹江口水利枢纽大坝局部混凝土控制爆破拆除

（1）概况。丹江口水利枢纽为南水北调水源中线工程，由混凝土重力坝、两岸土石坝、升船机、水电站厂房等建筑组成，大坝总长 3442m。在大坝加高混凝土施土前，需对加高工程老坝体的顶板梁、坝顶房屋等混凝土结构，以及坝体下游局部坝体混凝土进行拆除。拆除范围广、工程量大、环境复杂、技术要求高。其中重力坝老坝体局部拆除采用周边预裂的 2m 小台阶逐层爆破拆除方案。

（2）爆破拆除要求。根据不同的部位和结构，左联坝段老混凝土拆除采用爆破法。拆除爆破时必须有效控制爆破振动效应，确保电站、大坝、坝底基础帷幕灌浆体及周围建（构）筑物的运行和安全，建筑物拆除后的轮廓尺寸应满足设计要求。

（3）预裂爆破。爆破施工中由于预裂爆破振动较大，不宜在坝体混凝土拆除区和保留区之间进行深孔预裂爆破。为了控制预裂爆破振动效应，预裂孔深度不大于 4.0m，预裂爆破钻爆参数见表 6-15。

表 6-15　　　　　　　　　　　预裂爆破钻爆参数表

| 名　称 | 第一组 | 第二组 |
| --- | --- | --- |
| 孔径/mm | 42 | 42 |
| 孔深/m | 3.8 | 3.8 |
| 孔排距/m | 0.5 | 0.5 |

| 名　　称 | 第一组 | 第二组 |
|---|---|---|
| 倾角/(°) | 57 | 57 |
| 炸药品种 | 乳化炸药 | 乳化炸药 |
| 炸药直径/mm | 32 | 32 |
| 药卷规格长度/cm | 20 | 20 |
| 重量/kg | 0.2 | 0.2 |
| 线装药密度/(g/m) | 100 | 125 |
| 单孔药量/kg | 0.52 | 0.65 |
| 最大单段药量/kg | 2.08 | 1.95 |
| 堵塞长度/m | 0.4 | 0.6 |

预裂爆破装药结构：第一组的装药结构，线装药密度 100g/m，底部装药量 200g，中部布置 6 个 50g 药卷。孔口药卷重 20g，不装药段长度约 0.4m（即堵塞段）。第二组的装药结构，线装药密度 125g/m，底部装药量为 250g。孔中部布置 8 个 50g 药卷。孔内不装药段长度约 0.6m（为堵塞段）。

预裂孔分段起爆，一般 3～4 孔为一段，同段的炮孔间采用导爆索连接传爆，段间采用塑料导爆管毫秒雷管起爆。

（4）小台阶爆破。局部坝体大体积混凝土拆除爆破小台阶高度为 2m。具体钻爆参数为：① 孔径 42mm；② 孔深 1.8m；③ 孔排距 1.2m×1.1m；④ 乳化炸药，单位耗药量 0.34～0.38kg /m³，单孔药量 0.8～0.9kg，每孔一段最大单段药量 0.9kg，炮孔堵塞长度 1.0～0.9m。

（5）爆破网路。爆破时采用塑料导爆管—非电毫秒雷管孔间微差爆破网路，5 排台阶爆破时，第 1～5 排炮孔孔内分别设置不同段雷管，5 排炮孔共设置两条传爆干线以 MS3 传爆，第二条干线第 1 发导爆管为 MS4，起爆点设在双向临空面（不包括上部临空面）的左下角，分别向上游和右侧传爆。七排台阶爆破设置三条主传爆干线，排布方式与五排炮孔台阶相似。

（6）安全防护。

1）建筑物防护。对于紧邻拆除部位的载波楼、水电站厂房等建筑物，采取垂直防护措施，沿建筑物的立面搭设钢管排架，钢管排架每隔一定距离与建筑物外墙用膨胀螺栓固定，在钢管排架外侧挂竹跳板。

2）爆破拆除作业面防护。进行控制爆破拆除的部位，用细沙对炮孔进行堵塞，在爆破作业面表面采用废旧输送皮带（宽 800～1000mm）覆盖，上部加压装满沙土的编织袋，有效减少飞石。

（7）爆破效果。设计采用的预裂小台阶分层爆破拆除大体积坝体混凝土方案，预裂减振、控制单段药量、实施覆盖保护，有效控制了爆破振动和飞石影响，顺利实施，满足了工程要求。

## 6.4 水下结构爆破拆除

当水下拆除由砖石、混凝土、金属等材料组成的梁、板、柱、墙等结构时，也常使用爆破拆除方式。因结构体型相对较小，爆破设计的基本程序和方法相对简单，常采用钻孔爆破、接触爆破等拆除方法。

### 6.4.1 水下砖、石、混凝土结构拆除爆破

（1）水下钻孔拆除爆破。钻孔爆破所需装药量按式（6-20）与式（6-21）计算：

$$Q = mcw^3 \qquad (6-20)$$

或

$$Q = mcw^2 L \qquad (6-21)$$

上两式中　$Q$——爆破所需装药量，kg；

$\quad\quad\quad m$——材料强度系数，见表 6-16；

$\quad\quad\quad c$——装药系数，见表 6-17，空气中（即陆地）爆破时为 1.0；

$\quad\quad\quad w$——破坏半径或需破坏厚度，m；

$\quad\quad\quad L$——条形药包长度，m。

表 6-16　　　　　　　　材 料 强 度 系 数 表

| 材料 | 浆砌块石砌体 | | 混凝土结构 | | |
|---|---|---|---|---|---|
| | 无钢筋 | 有钢筋 | 无钢筋 | 常规钢筋 | 密钢筋 |
| $m$ 值 | 1.4 | 2.8 | 1.5~1.8 | 3.0~3.6 | 4.0~5.0 |

表 6-17　　　　　　　　装 药 系 数 表

| 爆破方法 | 水下裸露爆破 | 水下钻孔爆破 | |
|---|---|---|---|
| | | 集中药包 | 条形药包 |
| $c$ 值 | 4.5~5.0 | 1.5~2.0 | 2.0~3.0 |

如结构尺寸较大，需布多排孔时，则孔距 $a = (0.8 \sim 1.0)W$。

水下砖、石、混凝土拆除爆破，因钻孔困难，通常不采用分层爆破，而一次性炸除到位，因此钻孔深度与结构物状态有关，钻孔深度按式（6-22）计算：

$$L = Dh \qquad (6-22)$$

式中　$L$——钻孔深度，m；

$\quad\quad h$——需要炸除的高度，m；

$\quad\quad D$——与结构状态有关的系数，可按表 6-18 取值。

表 6-18　　　　　　　与结构状态有关的系数 $D$ 值

| 结 构 状 态 | $D$ 值 | 结 构 状 态 | $D$ 值 |
|---|---|---|---|
| 爆破体底部临水 | 0.6~0.7 | 爆破断裂面位于变截面上 | 0.9~1.0 |
| 爆破断裂面与基础连接不紧密 | 0.6~0.8 | 爆破断裂面位于等截面连续体中 | 1.0 |

（2）接触拆除爆破。当水下接触爆破炸除高度为 $h$ 的砖、石、混凝土结构时，其几种不同情况药量计算经验公式比较见表 6-19，材料抗力系数见表 6-20。

表 6-19　　水下接触爆破砖、石、混凝土几种不同情况药量计算经验公式比较表

| 介质存在情况 | 药量计算公式 | 倍数关系 |
|---|---|---|
| 炸药与被破坏目标均在空气中 | 集团装药 $Q=ABR^3$ | 1.00 |
| | 直列装药 $Q=4.5ABR^2L$ | 1.00 |
| 炸药与被破坏目标均在水中 | 集团装药 $Q=1.78ABR^3$ | 1.78 |
| | 直列装药 $Q=0.4ABR^2L$ | 1.78 |
| 炸药全在水中、被破坏目标一面在水中，一面在空气中 | 集团装药 $Q=0.5ABR^3$ | 0.50 |
| | 直列装药 $Q=9ABR^2L$ | 0.50 |
| 炸药全在空气中、被破坏目标一面在空气中，一面在水中 | 集团装药 $Q=3.56ABR^3$ | 3.56 |
| | 直列装药 $Q=1.26ABR^2L$ | 3.56 |

注　$A$ 为材料抗力系数，kg/m³，参见表 6-20；$R$ 为破坏半径，m；$B$ 为堵塞系数，当裸露爆破时 $B=9$；$L$ 为直列装药长度，m。

表 6-20　　　　　　　　　材 料 抗 力 系 数 值

| 材料名称 | $A/(\text{kg/m}^3)$ | 材料名称 | | $A/(\text{kg/m}^3)$ |
|---|---|---|---|---|
| 木材 | 40.00 | 混凝土 | C20～C30 | 1.50 |
| 钢筋混凝土（炸碎混凝土，不炸断钢筋） | 4.80 | | C50～C60 | 1.80 |
| 钢筋混凝土（炸断部分钢筋） | 20.00 | 石灰砂浆砖墙 | 不坚固的 | 0.77 |
| 天然石砌体 | 1.40～1.45 | | 坚固的 | 1.08 |
| 水泥砂浆砖砌体 | 1.20～1.25 | | | |

（3）非接触拆除爆破。当结构物位于水下因淤积而清除困难时，可采用水下非接触爆破拆除，其药量按式（6-23）计算。计算式适用于 TNT 炸药，其他炸药要乘以药量等效系数 $E_w$，该式适用淤泥质海底，对其他地质要进行试验修正，但海底越硬时，用药量可相对减少。

$$Q=K'_H hR^2 \tag{6-23}$$

式中　$h$——被破坏目标厚度，m；

　　　　$R$——装药中心至目标的距离，m；

　　　　$K'_H$——水中非接触爆破时材料的破坏系数，kg/m³，可按表 6-21 选取。

表 6-21　　　　　　　　　材料的破坏系数 $K'_H$

| 材料名称 | $K'_H$ | 材料名称 | $K'_H$ |
|---|---|---|---|
| 脆性木材（干燥的、潮湿的） | 12 | 石砌体 | 10 |
| | 15 | 砖砌体 | 8 |
| 中等坚硬木材（干燥的、潮湿的） | 15 | 混凝土结构（C50） | 12 |
| | 20 | 钢筋混凝土（只破碎混凝土） | 35 |
| 坚硬木材（干燥的、潮湿的） | 24 | | |
| | 30 | | |

### 6.4.2 水下金属结构拆除爆破

（1）水下接触爆破拆除金属结构。水下接触爆破钢板时几种情况下的钢板药量，其经验计算公式见表 6-22。

表 6-22 水下接触爆破钢板药量经验计算公式表

| 介质存在情况 | 药量计算公式 | 倍数关系 |
|---|---|---|
| 炸药与被破坏目标均在空气中 | 集团装药圆柱形装药 $Q=9Ah^3$<br>长方形装药 $Q=12Ah^3$ | 1.00 |
| | 直列装药 $Q=2AFh$ | 1.00 |
| 炸药与被破坏目标均在水中 | 集团装药圆柱形装药 $Q=16.02Ah^3$<br>长方形装药 $Q=21.36Ah^3$ | 1.78 |
| | 直列装药 $Q=3.56AFh$ | 1.78 |
| 炸药全在水中，被破坏目标一面在水中，一面在空气中 | 集团装药圆柱形装药 $Q=4.5Ah^3$<br>长方形装药 $Q=6.0Ah^3$ | 0.50 |
| | 直列装药 $Q=AFh$ | 0.50 |
| 炸药全在空气中，被破坏目标一面在空气中，一面在水中 | 集团装药圆柱形装药 $Q=32.04Ah^3$<br>长方形装药 $Q=42.72Ah^3$ | 3.56 |
| | 直列装药 $Q=7.12AFh$ | 3.56 |

**注** 对于表中的药量计算公式，$Q$ 为 TNT 炸药装药量，g；$h$ 为被炸钢板厚度，cm；$F$ 为钢板被炸断面积，cm²；$A$ 为材料抗力系数，kg/m³。

材料抗力系数 $A$ 按式（6-24）计算：

$$A=\frac{\Psi}{\pi\mu_y}M_0=\frac{\psi}{\pi\mu_y\sqrt{2}}\frac{3\sqrt{\rho A_m}}{A_B} \qquad (6-24)$$

式（6-24）在推导过程中，为简化公式，假定装药形为高度 $H$ 等于宽度 $b$，这是一种不利药形，而实际使用往往要求 $H<b$，其爆破效果要优于 $b=H$ 的情况。因此，该公式计算药量偏大。

推导过程假定 $x=h$，表面破口宽度为 $2h$，这就会造成当 $h<2.5$cm 时，破口较小；而当 $h>10$cm 时，破口又较大，所以该公式适用于钢板厚度 $2.5$cm$\leqslant h\leqslant10$cm 的范围。

当实际爆破钢板厚度小于 2.5cm 时，通常均按 $h=2.5$cm 计算药量。

（2）按体积法计算药量。金属材料结构的水下接触爆破拆除，按体积法药量经验式（6-25）计算：

$$Q=\frac{\rho V u_k g}{\eta u_0}=\frac{\rho u_k g}{\eta u_0}h^2L=K_kh^2L \qquad (6-25)$$

式中 $Q$——直列装药接触爆破时的装药量，kg；

$h$——被破坏构件厚度，m；

$L$——直列装药长度，m；

$\rho$——材料密度，kg/m³；

$V$——构件被破坏体积，m³；

$\eta$——装药的有效利用率；

$g$——重力加速度，$m/s^2$；

$u_0$——爆炸产物飞散速度，$m/s$；

$u_k$——材料发生破坏时的临界速度，$m/s$；

$K_k$——接触爆破时的材料破坏系数，$kg/m^3$，其值见表 6 - 23。

表 6 - 23 　　　　　　　　　接触爆破时的材料破坏系数表　　　　　　　　　　单位：$kg/m^3$

| 材料各类和名称 | | 材料破坏系数 $K_k$ | |
| --- | --- | --- | --- |
| | | 空气中 | 水中 |
| 钢材 | 普通结构钢 | 10000 | 20000 |
| | 装甲钢 | 20000 | 40000 |

（3）按炸断面积计算药量。金属材料结构的水下接触爆破拆除，可按经验式（6-26）估算：

$$Q = KF \qquad (6 - 26)$$

式中　$Q$——破坏结构所需的药量，$g$；

$K$——破坏单位面积的炸药耗药量，$g/cm^2$；

$F$——需要破坏结构构件的截面积，$cm^2$。

当炸药和被破坏的结构物均在水中时，破坏单位面积所需单位炸药，其消耗量 $K$ 值见表6 -24。

表 6 - 24 　　　　　　　　　　炸药单位面积炸药消耗量 $K$ 值　　　　　　　　　　单位：$g/cm^2$

| 材料名称 | | $K$ |
| --- | --- | --- |
| 钢材 | 脆的、锻过的 | 18～20 |
| | 韧性的 | 20～25 |
| 铸铁 | 白口铁 | 12～14 |
| | 灰口铁 | 15～17 |

（4）钢索、钢轴切割。炸断钢索和实心轴时，其药量可按经验式（6 - 27）计算：

$$Q = 100d^2 \qquad (6 - 27)$$

式中　$Q$——炸断钢索和实心轴所需的药量，$g$；

$d$——钢索、实心轴直径，$cm$。

装药时，将计算药量分成两等份，固定在钢索和实心轴上下相对设置，装药形状要求高度不大于装药底部宽度。爆炸时形成剪切力将其炸断。

计算式（6 - 27）为 TNT 炸药的药量计算公式，若改用其他炸药，则应乘以药量等效系数 $E_w$。

（5）线性聚能切割。钢结构通常由钢板、角钢、槽钢、工字钢，以及由此四种构件组成的工字梁等组成，厚度一般在 10～40mm 之间。为了爆破拆除钢结构，针对钢结构特点，按钢结构的不同断面和厚度，加工成专用的聚能炸药—线性聚能切割器。为适应不同根据爆破位置和钢结构形状，线性聚能切割器可加工成 I 形切割、L 形切割、T 形切割、U 形切割、H 形切割、O 形切割等。爆破切割钢结构构件时，应根据钢构件的材质和厚度选择聚能切割器，选择的切割器必须保证将构件切断。厚 10～40mm 的 45 号钢钢结构，其线性聚能切割器及其切割性能参数见表 6-25。其他钢材可根据其性能调整药量。水下切割时，应调增药量，增加的药量可为 0.5～2.0 倍。

表 6-25　　　　　　　　　线性聚能切割器及其切割性能参数表（45 号钢）

| 型　　　号 | 1 | 2 | 3 | 4 | A |
|---|---|---|---|---|---|
| 线装药量/(g/m) | 150 | 250 | 350 | 450 | 1000 |
| 切割厚度/mm | 10 | 15 | 22 | 28 | 40 |
| 炸高/mm | 0 | 3～8 | 3～10 | 3～10 | 5～15 |

（6）接触爆破对装药设置的要求。装药时炸药同结构物必须紧密接触，尽可能减少装药与结构物之间的间隙。

选用强度高、厚度薄、防水性能好的材料包装炸药，捆绳要细而强度高。有些防水炸药，如黏性炸药、橡胶炸药、塑性炸药，可以不包装，直接贴在目标上进行爆破。

水下爆破装药前，清除物件上的杂物及水生物。炸药要固定在结构物上，防止水流风浪移动位置。保证装药最大平面与物件表面接触，且尽量采用扁平药包，使物件上获得爆炸时最大冲击量。利用结构形状，如Ⅱ、T 或Γ结构，应尽量使装药与结构物多面接触，以增大爆破效果。进行装药时尽量创造水下爆破最有利条件，即装药在水中，结构物一面与装药接触；另一面与空气或与密度小的木材、泡沫塑料等接触。

金属结构水下爆破拆除，环境复杂，与众多因素有关，还有严格的防水要求，提供的均为经验公式。实际施工过程中，应对多种公式进行计算比较，并进行爆破试验，取得可靠爆破参数，确保爆破拆除可靠实施。

# 7 洞 室 爆 破

## 7.1 洞室爆破特点及基本要素

### 7.1.1 洞室爆破特点

通过平洞或竖井（含横巷平洞）将炸药装入药室内进行的爆破称为洞室爆破。洞室爆破是完成土石方开挖一种规模较大的爆破方法。自 20 世纪 50 年代开始，在水利水电行业即已采用洞室爆破技术，曾利用该方法开挖导流明渠、大坝基坑和进行定向爆破筑坝。自 80 年代开始，利用洞室爆破进行混凝土面板堆石坝级配料的开采，以及库区近坝滑坡体（如乌江渡）的卸载爆破等。

洞室爆破具有下述特点。

（1）施工速度快，一次爆破方量大，工效高。可在短期内完成开挖任务，特别适用于爆破条件好的大规模石料开采工程。

（2）开挖机具轻便简单，适用于地形复杂，山形陡峭，交通条件差的山区等工程，洞室开挖不受气候条件影响，成本较低，实用性强。

（3）洞室爆破施工时，地下洞室开挖施工条件较差，有的洞室开挖断面小、通风较差、施工困难。

（4）一次爆破药量多，工程规模大，爆破施工组织较复杂，需要有一定施工经验的技术人员和熟练的操作工人密切配合，有时需请专家指导，确保"安全与准爆"。

（5）洞室爆破集中装药爆后大块率高，二次解破量多，需要增加一定的炸药，对工程进度有影响。

（6）洞室爆破时对周围环境影响较大（爆破地震、冲击波、飞石）等，对附近的居民及其他建筑物的安全和防护要求高，需预防边坡失稳等爆破地质灾害。

### 7.1.2 洞室爆破分类

洞室爆破按照工程爆破的目的、要求和爆破效果，可分为扬弃爆破、抛投爆破（加强抛掷、标准抛掷、减弱抛掷）、松动爆破和崩塌爆破等。以爆破时药包的形状可分为集中药包、条形（延长）药包，分集药包和混合药包洞室爆破。初期的洞室爆破工程以集中药包居多，其积累的经验也较多，设计方法与对爆破效果估计的偏差也较小。但是，近年来的爆破实践证实，条形药包有许多优点，如施工简单、爆破破坏影响小、抛掷效果好等。洞室爆破按起爆方式可分为齐发爆破和延时爆破，延期爆破又分为毫秒延期和秒延期，通常采用毫秒延期。洞室爆破按其作用和结果的不同，可划分为不同类型（见图7-1）。

图7-1　洞室爆破分类图

在进行露天开采石料或土石方开挖需采用洞室爆破时，往往采用松动爆破或加强松动爆破形式，以利原地铲装运输。松动爆破与加强松动爆破的主要区别在于爆破作用指数 $n$ 的选择。对于松动爆破，$n<0.75$，单位耗药量约为 $0.4\sim0.7kg/m^3$，爆后岩渣堆积较集中，对爆区周围岩体破坏较小；对于加强松动爆破，其主要为了使爆破岩体得到充分破碎和降低爆堆高度，此时 $0.75<n<1.0$，其单位耗药量可达到 $0.8kg/m^3$ 以上。

根据爆破作用指数 $n$ 的取值，抛掷爆破分为标准抛掷爆破（$n=1$）和加强抛掷爆破（$n>1$）。根据地面坡度的不同，抛掷爆破的爆破作用指数 $n$ 一般在 $1.0\sim1.5$ 之间，单位耗药量为 $1.0\sim1.4kg/m^3$，抛掷率可达到 $60\%$ 左右。抛掷爆破可提高挖、装、运等工序的生产效率。

在平坦地面或地面坡度小于 $30°$ 条件下，将开挖的沟渠、路堑等各种沟槽及基坑内的挖方部分或大部分扬弃到设计开挖范围以外，基本形成工程雏形的爆破方法，称为扬弃爆破。扬弃爆破需要利用炸药能量将岩石向上抬起并扬弃出去，在平坦地面，当爆破作用指数 $n=2$ 时，其扬弃率可达 $80\%$ 左右。

### 7.1.3　爆破漏斗参数

洞室爆破由集中药室以及条形（延长）药室组成的一种爆破方法，其设计原理主要依据为爆破漏斗理论。爆破漏斗是洞室爆破设计的基本参数。爆破漏斗可分为平地集中药包和延长药包爆破漏斗，以及山体斜坡爆破漏斗。

（1）平地集中药包爆破漏斗。当药包爆炸产生外部作用时，除了将岩石破坏以外，还会将部分破碎了的岩石抛掷，在地表形成一个漏斗状的坑，称为爆破漏斗。

1）爆破漏斗的几何参数。置于自由面下一定距离的球形药包爆炸后，形成爆破漏斗的几何参数（见图7-2）。

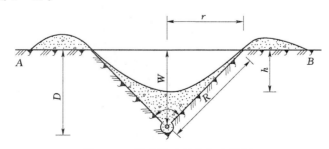

图7-2　爆破漏斗的几何参数图

自由面：被爆破的岩石与空气接触的面称作自由面，又称临空面，见图7-2中的 $AB$ 面。

最小抵抗线 $W$：自药包中心到自由面的最短距离，为爆破时岩石阻力最小的方向，因此，最小抵抗线是爆破作用和岩石移动的主导方向。

爆破漏斗半径 $r$：爆破漏斗的底圆半径。

爆破作用半径 $R$：药包中心到爆破漏斗底圆圆周上任一点的距离，简称破裂半径。

爆破漏斗深度 $D$：自爆破漏斗尖顶至自由面的最短距离。

爆破漏斗可见深度 $h$：自爆破漏斗中岩堆表面最低洼点至自由面的最短距离。

爆破漏斗张开角 $\theta$：爆破漏斗的顶角。

2）爆破漏斗基本形式。在爆破工程中，将爆破漏斗半径 $r$ 和最小抵抗线 $W$ 的比值定义为爆破作用指数 $n$，按式（7-1）计算：

$$n = \frac{r}{W} \tag{7-1}$$

根据爆破作用指数 $n$ 值的不同，集中药包爆破漏斗有四种基本形式（见图7-3）。

A. 标准抛掷爆破漏斗见图7-3（$a$）。这种爆破漏斗的漏斗半径 $r$ 与最小抵抗线 $W$ 相等，即爆破作用的指数 $n = \frac{r}{W} = 1.0$，漏斗的张开角 $\theta = 90°$，形成标准抛掷爆破漏斗的药包称为标准抛掷爆破药包。

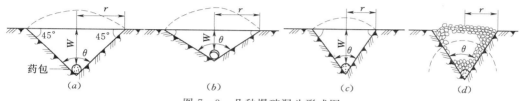

图7-3 几种爆破漏斗形式图

B. 加强抛掷爆破漏斗，[见图7-3（$b$）]。这种爆破漏斗半径 $r$ 大于最小抵抗线 $W$，即爆破作用的指数 $n > 10$，漏斗的张开角 $\theta > 90°$，形成加强抛掷爆破漏斗的药包称为加强抛掷爆破药包。

C. 减弱抛掷（又称加强松动爆破）漏斗见图7-3（$c$）。这种爆破漏斗半径 $r$ 小于最小抵抗线 $W$，即爆破作用的指数 $1 > n > 0.75$，漏斗的张开角 $\theta < 90°$。

D. 松动爆破漏斗见图7-3（$d$）。药包爆破后只使岩石破裂，几乎没有抛掷作用，从外表看，不形成可见的爆破漏斗。此时的爆破作用指数 $n \leqslant 0.75$。

（2）平地延长药包的爆破漏斗。传统上，按药包长径比（药包长度与其直径的比值）的不同，可将药包分为集中药包（长径比不大于4）和延长药包（长径比大于4）。

与集中药包相比，延长药包的爆炸作用有两个明显的特点：一是冲击波阵面是柱面波，其能量在垂直药包轴线方向扩散，能流密度随距离的平方衰减，其在均匀介质中爆破效应的表现特征和物理量具有轴对称的特点；二是在不计重力和黏聚力等作用的条件下，其爆炸作用也遵循几何相似律，且基本上符合平方根定律，即有 $\frac{R_2}{\sqrt{q_2}} = \frac{R_1}{\sqrt{q_1}}$，其漏斗特征量和应力波参数仅是比例距离 $\overline{R_c} = \frac{R_c}{\sqrt{q}}$ 的函数。

在爆破漏斗形态上，集中药包漏斗平面形状呈圆形，延长药包漏斗平面形状为中部平直、两端衔接近似于半圆的封闭曲线。从漏斗表面状态观察，两种药包在相同的设计爆破作用指数时，其径向形状基本相似；爆破漏斗纵剖面随埋深的变化，两种药包也很相似（见表7-1）。

表 7-1　　　　　集中药包和延长药包爆破漏斗形态的对比表

| $n$ | 集中药包 | 延长药包 | |
| --- | --- | --- | --- |
| | | 径向分布 | 轴向分布 |
| >1.5 | | | |
| 1~1.5 | | | |
| 0.5<$n$<1.0 | | | |

在抛掷堆积分布方面，两种药包却不相同：集中药包抛出土壤堆积在漏斗四周，而延长药包的抛体却集中在药包轴线两侧药包长度的范围内，堆体峰值线在过药包轴心的垂线附近，但在药包两端却无抛体堆积。

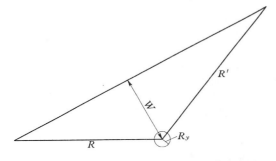

图 7-4　斜坡地面岩体作用形成的爆破漏斗示意图

（3）山体斜坡地面爆破漏斗参数计算。洞室爆破药包对斜坡地面岩体作用，其形成的爆破漏斗见图7-4。图7-4中分别表示了炸药爆破压缩图，爆破漏斗上破裂线 $R'$、下破裂线 $R$，以及最小抵抗线 $W$。

压缩圈半径：洞室爆破药包周围的介质在爆破冲击波和爆炸膨胀作用下被压缩成球形或圆柱形空腔，此空腔的半径称为压缩圈半径 $R_y$。

爆破漏斗上破裂线 $R'$：洞室爆破后沿药室上方形成的破裂范围。

爆破漏斗下破裂线 $R$：洞室爆破后沿药室下方形成的破裂范围。

以及最小抵抗线 $W$：由药包中心到山坡自由面最短距离。

## 7.2　洞室爆破设计

### 7.2.1　洞室爆破设计要求

（1）设计程序。洞室爆破设计通常分为三个阶段，即可行性研究、技术设计、施工图设计。规模较小、环境相对简单的洞室爆破，也可适当简化设计程序，将可行性研究与技术设计合并。

1）可行性研究。可行性研究阶段的工作内容包括：根据工程的地形地质条件，距建筑物等保护对象的距离等，确定是否可采用洞室爆破方案；对爆区进行规划并确定设计原则；初步确定药包位置并参照同类工程初定爆破参数；选定炸药品种并初步估计爆破总方量及炸药总用量；初步计算爆破漏斗及爆渣的堆积形状及范围；评价爆破对周围环境的影响；确定施工方法及安排施工进度；对工程做出概算。

2）技术设计。技术设计阶段是在可行性研究成果的基础上，全面研究地形、地质资料，根据设备要求，作不同爆破规模、不同爆破性质、不同药包形式选择 2～3 个爆破方案进行比较，从技术可行性、经济合理性、安全可靠性等方面论证，并推荐最佳方案，由专家审查会审查。技术设计阶段还应进行以下工作：导洞及药室布置设计；装药结构及堵塞设计；起爆顺序及爆破网路设计；校核爆破对周围环境影响的安全分析；对工程进行预算并提出主要技术经济指标。

3）施工图设计。洞室爆破技术方案通过专家审查后，方可进入施工图设计阶段。施工图设计阶段应根据专家审查意见，以及技术设计阶段所获得的新的地形地质资料，修改设计方案并进行更进一步的工作。施工图设计阶段的主要工作内容包括：制定安全技术措施，根据实际开挖揭示的地质情况，对设计进行必要的修改和适当调整。

（2）基础资料。大中型洞室爆破工程设计必须具备以下 4 个方面的基础资料，小型的洞室爆破也必须具备必要的相应基础资料后，方可进行爆破设计。

1）工程任务资料。工程任务资料包括工程的目的、任务、技术要求等，相关工程设计的合同、文件、会议纪要，以及工程上级主管部门、监理部门的批复和决定。

2）地形地质资料。地形地质资料主要内容：① 爆破设计要求爆破漏斗区及爆岩堆积区的地形图比例为 1∶500，爆破漏斗区应适当加密测点，特别应对地形变化较大的区域进行实测，校核最小抵抗线；② 要求有比例为 1∶1000～1∶5000 的爆区周围环境图，其范围包括爆破影响区内的所有建筑物、高压线、道路及其他设施等；③ 洞室爆破施工前，要求有 1∶500～1∶1000 的爆区地质平面图，以及主要地质剖面图；④ 洞室施工要求有工程地质勘测报告及有关钻探资料、岩石力学试验资料、水文气象基本情况、爆破区域节理裂隙分布图；特别对石灰岩地区的岩溶发育地区，应由地质专家对岩溶分布及大小进行描述；⑤ 确定洞室爆破开挖的最终边界。

3）周围环境调查资料。对洞室爆破区域周边环境调查资料包括：爆破影响范围内的水工建筑物及民房的完好程度、重要程度的调查；爆破区附近的隐蔽工程（地下厂房、隧洞、导流洞、防渗工程等）分布情况调查；当采用电起爆网路时，需要对电起爆作业安全有影响的开关站、高压线、电台、电视台、手机发射台的位置及功率的调查资料；炸药加工及装药爆破期间的气象条件。

4）试验资料。为了使洞室爆破安全顺的实施，必须有以下试验资料。

A. 对洞室爆破使用的爆破器材必须具有合格证及使用说明书，并适当进行抽样检验，检测结果应与合格证相符，否则不能使用。

B. 应有爆破漏斗试验资料，以便确定合理的爆破单耗。

C. 爆破网路的试验资料，在洞室大爆破时，应对起爆网路进行1:1的试验，实测使用雷管的起爆延时，确保爆破网路满足设计要求。

D. 当洞室爆破采用电雷管起爆网路时，应对爆破区内的杂散电流进行监测，并出示监测报告。如果采用智能雷管、电磁雷管时可不检测杂散电流。

E. 对于重要工程应进行小型爆破试验，收集爆破试验的破坏范围、爆破振动规律及影响范围、爆堆形状参数等。

### 7.2.2 洞室爆破药室布置

（1）沟槽洞室药包布置方案。洞室爆破曾用于溢洪道与沟渠的土石方开挖。常采用抛掷爆破或扬弃爆破，此时地面相对平坦，坡度小于30°，药室布置应根据建筑物断面选择。

1）单排药包。当爆破梯形断面较小时，药包埋深不大，适宜布置单排药包。爆破参数选择得当时，则扬弃爆破效果较好，单排药包布置见图7-5。

2）多排药包。宽浅形梯形断面较大，即底宽 B 大于深度 H 时，宜布设多排药包布置（见图7-6）。如果工程有抛掷堆积要求时，爆破设计时应采用分段间隔顺序起爆，多排药包分段起爆见图7-7。

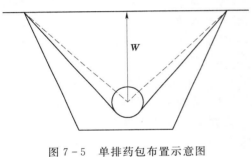

图7-5　单排药包布置示意图

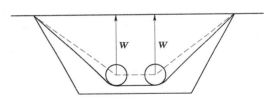

图7-6　多排药包布置示意图

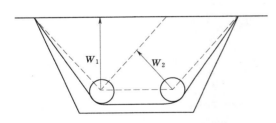

图7-7　多排药包分段起爆示意图

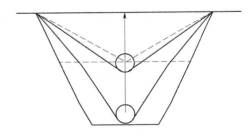

图7-8　单排两层药包布置示意图

3）单排或多排多层药包。根据铁道和公路爆破的经验，对于单线路堑开挖设计断面底宽小于8m、挖深却大于10m时，则宜布置两层药包。单排两层药包布置见图7-8，多排两层药包见图7-9。多层药包的起爆顺序和起爆间隔时间，是影响爆破效果的主要因素，前排起爆时间间隔应使后序药包起爆时，具有良好的临空面。

（2）山体洞室爆破药包布置。丘陵山区工程施工中为了降低标高，开辟施工场地或进行大量开采石料而进行洞室爆破时，根据不同地形条件可采用多种药包布置方式。

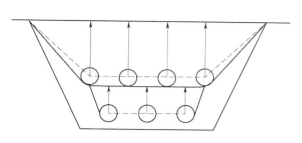

图 7-9　多排两层药包示意图

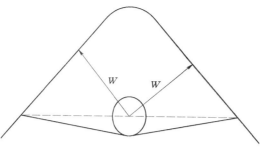

图 7-10　单排双侧爆破图

1）单排双侧药包。爆破地形的左、右两侧抵抗线相等时，采用单排**双侧爆破**（见图7-10）。实际工程中可能由于两侧地形有所差异，地质结构与岩性有所差异，**或施工误差**等因素，很难达到设计的预想意图，则应根据实际地形地质情况适当调整。

2）单排双侧辅助药包。在较平缓地形进行洞室爆破时，为保证爆破效果，减小边缘根底，可在边缘部位布置辅助小药包钻孔装药。单排双侧并有辅助药包爆破见图7-11。

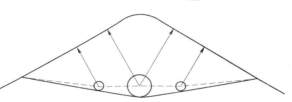

图 7-11　单排双侧并有辅助药包爆破示意图

3）单排双侧作用不等的药包。由于药包两侧山体的抵抗线不等（$W_1 \neq W_2$），而带来爆破作用指数的差异（$n_1 \neq n_2$）。爆破设计时可考虑控制**一侧抛掷**而另一侧为松动的爆破。这种设计方法，在许多爆破中颇有控制意义。单排双侧作用不等的爆破见图7-12。

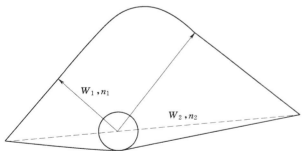

图 7-12　单排双侧作用不等的爆破示意图

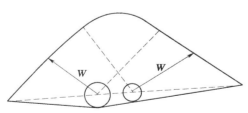

图 7-13　双排并列等量作用爆破布置示意图

4）双排单侧药包。双排并列等量作用爆破布置见图7-13，双排并列不等量作用**爆破**见图7-14。双排药室可减小爆破块度，改善爆破效果。

5）斜坡地形药包。该爆破方法常用于铁路公路路堑、爆破筑围堰等工程中，其爆破效果很大程度上取决于自然地形坡度。根据工程需要和自然条件，药包布置分单排、多排、单层、多层；根据爆破结果又分为崩塌爆破、松动爆破、抛掷爆破；药包排列数多时，可用分段爆破。斜坡地面分层药包布置见图 7-15。

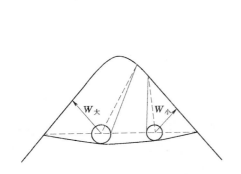

图 7-14　双排并列不等量作用爆破示意图

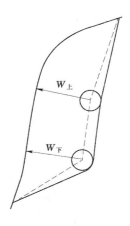

图 7-15　斜坡地面分层药包
布置示意图

6) 多面临空地形药包。当山脊地形复杂，具有多个不规则临空面时，药包布置复杂，具有多向作用性。可针对相应地形地质情况，采用中部集中药包，局部分散辅助药包的形式。

7) 特殊地质条件药包。洞室爆区遇有溶洞、风化囊、断层与破碎带等特殊地质条件时，使药包布置带来一定困难。要使洞室爆破效果好，首先要查明它们的性质、部位及其体形尺寸，再进行药包布置和药量计算。溶洞附近药包布置见图 7-16，断层破碎带两侧药包布置见图 7-17。

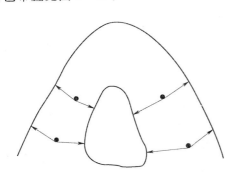

图 7-16　溶洞附近药包布置示意图

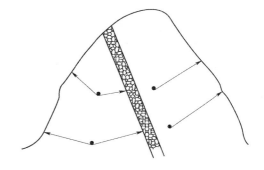

图 7-17　断层破碎带两侧药包布置示意图

### 7.2.3　爆破参数设计

（1）标准抛掷爆破单位耗药量系数 $K$ 值。单位体积耗药量 $K$ 值，代表岩石爆破性的综合指标。对 $K$ 值影响的因素较多，在选取时，应以多种方法分析选取，常用方法为工程类比、计算、爆破漏斗试验等。

1) 工程类比法。标准抛掷爆破单位耗药量系数 $K$ 采用工程类比法时，可根据岩体种类、风化状况、物理性能等特性，结合岩石硬度指标按表 7-2 选择。

表 7 - 2 各种岩石的标准抛掷爆破单位耗药量系数 K 值

| 岩石名称 | 岩 体 特 征 | f 值 | K 值 /(kg/m³) |
|---|---|---|---|
| 各种土 | 松软的土<br>坚实的土 | <1<br>1~2 | 1.0~1.1<br>1.1~1.2 |
| 土夹石 | 密实的土夹石 | 1~4 | 1.2~1.4 |
| 页岩、千枚岩 | 风化破碎完整、风化轻微 | 2~4<br>4~6 | 1.0~1.2<br>1.2~1.3 |
| 板岩、泥灰岩 | 泥质、薄层、层面张开、较破碎较完整、层面闭合 | 3~5<br>5~8 | 1.1~1.3<br>1.2~1.4 |
| 砂岩 | 泥质胶结、中薄层、或风化破碎者钙质胶结、中厚层、中细粒结构、裂隙不发育、硅质胶结、石英质砂岩、厚层、裂隙不发育、未风化 | 4~6<br>7~8<br>9~14 | 1.0~1.2<br>1.3~1.4<br>1.4~1.7 |
| 砾岩 | 胶结较差、砾石以砂岩或较不坚硬的岩石为主、胶结好、以较坚硬的砾石组成、未风化 | 5~8<br>9~12 | 1.2~1.4<br>1.4~1.6 |
| 白云岩、大理岩 | 节理发育、较疏松破碎、裂隙频率大于 4 条/m、完整的、坚实的 | 5~8<br>9~12 | 1.2~1.4<br>1.5~1.6 |
| 石灰岩 | 中薄层、含泥质的及裂隙发育的、厚层完整或含硅质、致密的 | 6~8<br>9~15 | 1.3~1.4<br>1.4~1.7 |
| 花岗岩 | 风化严重、节理裂隙很发育、多组节理交割、裂隙频率大于 5 条/m、风化较轻、节理不甚发育或未风化的伟晶粗晶结构的结晶、均质结构未风化、完整的、致密岩体 | 4~6<br>7~12<br>12~20 | 1.1~1.3<br>1.3~1.6<br>1.6~1.8 |
| 流纹岩、粗面岩蛇纹岩 | 较破碎的、完整的 | 6~8<br>9~12 | 1.2~1.4<br>1.5~1.7 |
| 片麻岩 | 片理或节理裂隙发育的完整的、坚硬的 | 5~8<br>6~14 | 1.2~1.4<br>1.5~1.7 |
| 正长岩、闪长岩 | 较风化、整体性较差、未风化、完整的、致密的 | 8~12<br>12~18 | 1.3~1.5<br>1.6~1.8 |
| 石英岩 | 风化破碎、裂隙频率大于 5 条/m、中等坚硬、较完整的、很坚硬、完整的、致密的 | 5~7<br>8~14<br>14~20 | 1.1~1.3<br>1.4~1.6<br>1.7~2.0 |
| 安山岩、玄武岩 | 受节理裂隙切割的、完整的、坚硬的、致密的 | 7~12<br>12~20 | 1.3~1.5<br>1.6~2.0 |
| 辉长岩、辉绿岩橄榄岩 | 受节理裂隙切到的、很完整的、很坚硬的、致密的 | 8~14<br>14~25 | 1.4~1.7<br>1.8~2.1 |

2）计算法。用天然岩石密度 $\gamma$ 计算 K 值，按式（7-2）计算：

$$K = 0.4 + \left(\frac{\gamma}{2450}\right)^2 \tag{7-2}$$

用岩石等级（16 级标准）计算 K 值，交通运输部公路洞室爆破按式（7-3）计算：

$$K = 0.1N + b \tag{7-3}$$

式中 N——岩石等级；

$b$——系数（当 $N \leqslant 7$，则 $b=0.7$；当 $N>7$，则 $b=0.6$）。

**水利部东北勘测设计院采用（镜泊湖岩塞爆破）的 $K$ 值按式（7-4）计算：**

$$K=0.8+0.085N \qquad (7-4)$$

**3）标准漏斗试验法。**现场平地爆破漏斗试验求得 $K$ 值，试验设计的步骤为：① 标准漏斗的药包量 $Q=K_e W^3$；②爆破后实测爆破漏斗半径 $r(r=L/2\pi$，$L$ 为试验漏斗周长），算出爆破作用指数 $n_e=r/W$；③用 $K_e$、$n_e$ 算出实际单耗药量 $K$ 值，即 $K=\dfrac{K_e}{0.4+0.6n_e^3}$。

为了使试验成果可靠，试验过程中应注意以下几点：①试验地点要有代表性，地质条件应与实际爆破的岩体相同；②试验时使用标准炸药，施工时如炸药发生变化时，应进行换算；③炮孔堵塞时，堵塞长度应满足设计要求，堵塞密实、质量好；④测量爆破漏斗半径时，地面高程应严格抄平。爆破试验应多作几次（3 次以上），试验的数据误差不超过10％时，确认试验代表性好。

按岩石强度、等级查表或按密度计算 $K$ 值，数据可能偏大。其原因是现场取芯的岩样较完整，试验得出的强度、密度等指标偏高些。爆破试验时，地表浅层的岩石易于风化，强度低一些，裂隙也发育些，故试验所得数据可能偏小。

当抵抗线穿过不同岩性、层次时，尤其是当某岩体厚度超过最小抵抗线40％时，应当采用加权平均法计算 $K(K_m)$ 值，即按式（7-5）计算：

$$K_m=\sum_{i=1}^{m}\frac{K_i H_i}{H_i} \qquad (7-5)$$

式中　$H_i$——互层岩石于最小抵抗线方向上的厚度，m；

　　　$K_i$——各岩层的单位耗药量，kg/m³。

（2）**最小抵抗线 $W$ 值。**确定最小抵抗线是洞室爆破设计核心。最小抵抗线的方向与取值，对洞室爆破的爆破效果、爆破安全以及爆破成本等影响显著。最小抵抗线方向应尽量避开爆区周边被保护对象，最小抵抗线采用较大值时，虽能降低洞室开挖量，但爆破大块率较高，增大二次改炮量，使装运困难。而采用过小的最小抵抗线时，会增加药包的个数和洞室开挖量，增大爆破施工难度，增大爆破成本。

确定最小抵抗线应首先针对爆区环境特点，确保周围建筑物安全的前提下，根据爆破块度要求和挖运设备的能力综合考虑。一般可在 10～25m 范围内选取。水利水电工程洞室爆破主药包的最小抵抗线值以 20m 左右为宜，且最小抵抗线 $W$ 与药包埋设深度 $H$ 的比值宜为 $W/H=0.6\sim0.8$。

岩石爆破作用方向与岩体最小阻力面的方向一致。爆破设计的每个药包，都有自身的最小抵抗线。在确定 $W$ 值时，还应综合考虑下列因素的制约影响：① 扬弃沟槽横断面体形与尺寸；② 多临空面（包括山脊地形）山地自然状态的相应设计标高；③ 斜坡地面的爆破方量、抛掷方向和抛掷堆积距离；④ 爆破药包布置为多排、多层药包时，对 $W$ 值的相对大小与埋置深度的比例关系；⑤ 爆破时对岩块破碎度要求。

在多临空面的山体地形条件下，可针对不同的爆破破碎要求，确定相应的抵抗线。

**山体两侧地形对称：**岩性相同且均质时，如 $A$、$B$ 两侧同样为抛掷或松动爆破，则$W_A=W_B$。

如洞室爆破设计时考虑 $A$ 方向抛掷时、在 $B$ 方向作松动或加强松动，则可按式（7-6）计算：

$$W_B/W_A = \sqrt[3]{\frac{f(n_A)}{f(n_B)}} \qquad (7-6)$$

一般情况下，$W_B/W_A = 1.2 \sim 1.4$ 时爆破效果较好。如地质因素复杂，除了 $K$ 值本身有差异外，还要研究结构面的作用和影响，式中 $f(n) = 0.4 + 0.6n^3$，为爆破作用指数函数值。

如洞室爆破设计时 $A$ 方向抛掷，在 $B$ 方向不破裂逸出，可按式（7-7）计算：

$$W_B \geqslant 1.3k_y W_A \sqrt{1 + n_A^2} \qquad (7-7)$$

式中 $k_y$——决定地质条件等的安全系数值，一般为 $1.00 \sim 1.08$。

（3）爆破作用指数 $n$ 值。爆破作用指数 $n$ 值是洞室爆破主要参数之一。它关系到下列几方面：① 爆破漏斗尺寸，包括直径与可见漏斗深度；② 爆破抛掷方量和抛掷率；③ 抛掷堆积长度与宽度，即爆堆分布状况。因此，应根据设计要求、地形条件、地质条件、施工条件等确定。该参数对炸药量的增减，也是较为敏感的。

1）在斜坡地面的洞室抛掷爆破，选用 $n$ 值时，与地面坡度有一定关系，可参照表 7-3 选择。

表 7-3　　　　　　　　　　　　地面坡度与 $n$ 值关系表

| 地面坡度/(°) | <20 | 20~30 | 30~45 | 45~60 | >60 |
|---|---|---|---|---|---|
| $n$ 值 | 1.75~2.00 | 1.50~1.75 | 1.25~1.50 | 1.00~1.25 | 0.75~1.00 |

据经验，抛掷至界外的抛掷百分数确定后，可根据下列关系式反求 $n$ 值。

单排药包按式（7-8）计算：

$$E_1 = 26(n+0.87)(0.012\alpha + 0.4)\% \qquad (7-8)$$

两排药包按式（7-9）计算：

$$E_2 = 26(n+0.87)\left(0.012\alpha + \frac{0.12}{D_w}\right)\% \qquad (7-9)$$

上两式中　$E_1$、$E_2$——设计抛掷百分率，%；

　　　　　　$\alpha$——地面斜坡与水平线的夹角，(°)；

　　　　　　$D_w$——前后排药包最小抵抗线之比值。

2）陡岩地形的爆破，抛掷与加强松动爆破的 $n$ 值可在下列范围内选取：

抛掷爆破：　　　　　　　　$n = 0.80 \sim 1.00$

加强松动爆破：　　　　　　$n = 0.65 \sim 0.75$

3）平坦地面的扬弃爆破，可按设计扬弃百分数 $E_v$ 反求 $n$ 值，按式（7-10）计算：

$$n = E_v/55 + 0.5 \qquad (7-10)$$

有关工程经验指出，有时由于工程的特殊需要，如加大扬弃百分数，减少甚至设想不清理沟槽内的松散方量时，可将 $n$ 值加大至 $2.0 \sim 3.0$。此法在防汛过程中，开挖非常规溢洪道爆破时使用过。

对于平坦地面的其他爆破性质的 $n$ 值一般取值如下。

全场弃爆破时，$n$ 值采用 $1.75 \sim 2.00$；

半场弃爆破时，$n$ 值采用 $1.25\sim1.75$；

加强松动爆破时，$n$ 值采用 $0.75\sim1.00$。

4）多临空面地形（包括山脊地形）爆破可根据工程实施经验，确定 $n$ 值：

抛掷爆破：$\qquad\qquad\qquad n=1.00\sim1.25$

加强松动爆破：$\qquad\qquad n=0.70\sim0.80$

（4）装药量计算。

1）标准抛掷爆破。标准抛掷爆破药包量的计算，按式（7-11）为：

$$Q=KW^3(0.4+0.6n^3)=KW^3f(n) \qquad\qquad (7-11)$$

式中 $\quad K$——标准抛掷爆破时单耗药量，$kg\cdot m^{-3}$；

$\qquad W$——最小抵抗线长度，m；

$\qquad n$——爆破作用指数；

$\qquad Q$——药包量，kg；

$\quad f(n)$——爆破作用指数函数 $(0.4+0.6n^3)$。

公式的适用范围为 $3\leqslant W<20\sim25m$。当 $W<3m$ 时，计算不够准确；当 $W>20\sim25m$ 时，水平地面爆破漏斗偏小，应考虑重力修正。爆破作用指数为 $0.75\leqslant n\leqslant3.00$。

2）扬弃爆破。平坦地面或地面坡度小于 $30°$ 的扬弃爆破药量计算式仍为式（7-10）。但是有文献提出，当岩石 $W>15m$，土壤 $W>20m$ 时，应进行重力修正较合理，可按式（7-12）、式（7-13）计算：

$$Q=KW^3f(n)\sqrt{\frac{W}{15}} \qquad (岩石,W>15) \qquad\qquad (7-12)$$

$$Q=KW^3f(n)\sqrt{\frac{W}{20}} \qquad (土壤,W>20) \qquad\qquad (7-13)$$

3）抛掷爆破。斜坡地面当坡度 $\alpha>30°$ 的抛掷爆破，按式（7-14）计算药量：

$$Q=\frac{KW^3(0.4+0.6n^3)}{f(\alpha)} \qquad\qquad (7-14)$$

式（7-14）中函数 $f(\alpha)$ 为地面漏斗体积增量函数，不同 $n$ 值时的 $f(n)/f(\alpha)$ 比值可参阅表 7-4 取值。表中的 $f(\alpha)$ 硬岩为坚硬完整岩体斜坡地面漏斗体积增量函数；$f(\alpha)$ 软岩为土质、软岩、中硬岩地质条件下的斜坡地面漏斗体积增量函数。

表 7-4　　　　　　　　　　$f(\alpha)$ 和 $f(n)/f(\alpha)$ 的关系表

| $\alpha/(°)$ | $f(\alpha)$ 硬岩 | 不同 $n$ 值时 $f(n)/f(\alpha)$ | | | | | $f(\alpha)$ 软岩 | 不同 $n$ 值时 $f(n)/f(\alpha)$ | | | | |
|---|---|---|---|---|---|---|---|---|---|---|---|---|
| | | 1.00 | 1.25 | 1.50 | 1.75 | 2.00 | | 1.00 | 1.25 | 1.50 | 1.75 | 2.00 |
| 0 | 1.00 | 1.00 | 1.57 | 2.43 | 3.62 | 5.20 | 1.00 | 1.00 | 1.57 | 2.43 | 3.62 | 5.20 |
| 15 | 1.01 | 0.99 | 1.55 | 2.40 | 3.60 | 5.15 | 1.02 | 0.98 | 1.54 | 2.38 | 3.55 | 5.10 |
| 30 | 1.10 | 0.91 | 1.43 | 2.21 | 3.28 | 4.83 | 1.26 | 0.78 | 1.25 | 1.93 | 2.88 | 4.14 |
| 45 | 1.28 | 0.78 | 1.22 | 1.90 | 2.82 | 4.06 | 1.58 | 0.63 | 0.99 | 1.54 | 2.30 | 3.30 |
| 60 | 1.55 | 0.65 | 1.01 | 1.57 | 2.34 | 3.36 | 2.05 | 0.49 | 0.77 | 1.18 | 1.77 | 2.54 |
| 75 | 1.89 | 0.53 | 0.83 | 1.28 | 1.92 | 2.75 | 2.62 | 0.38 | 0.60 | 0.93 | 1.38 | 1.99 |
| 90 | 2.28 | 0.44 | 0.69 | 1.06 | 1.59 | 2.28 | 3.25 | 0.31 | 0.48 | 0.75 | 1.13 | 1.60 |

4）加强松动爆破：对于较完整岩石或矿山覆盖层剥离时，可按式（7-15）计算：

$$Q=(0.44\sim1.00)KW^3 \tag{7-15}$$

5）松动爆破。在平坦地面沟槽松动爆破，按式（7-16）计算：

$$Q=0.44KW^3 \tag{7-16}$$

6）崩塌爆破。当地面坡度大于70°的陡岩或出现多面临空时，药包量计算按式（7-17）计算：

$$Q=(0.125\sim0.44)KW^3 \tag{7-17}$$

7）分散药包爆破。有时为改善爆破岩石的均匀性、控制岩石的飞散，将一个集中药包的药量分成两个彼此间距很小（$\leqslant0.5W$）且同时起爆的药包。这样做的好处是，既提高了爆破的可靠性，又有利于爆破岩石的均匀性和减小石块的飞散。根据不同情况按式（7-18）计算子药包量：

$$Q=Q_1+Q_2$$

$$\left.\begin{array}{l} Q_1=\dfrac{Q_1}{Q_1+Q_2}Q=\dfrac{K_1W_1^3f(n_1)}{K_1W_1^3f(n_1)+K_2W_2^3f(n_2)}Q \\[3mm] Q_2=\dfrac{Q_2}{Q_1+Q_2}Q=\dfrac{K_2W_2^3f(n_2)}{K_1W_1^3f(n_1)+K_2W_2^3f(n_2)}Q \end{array}\right\} \tag{7-18}$$

式中　$Q$——集中药包装药量，kg；

$Q_1$、$Q_2$——分散为两个子药包的装药量，kg；

其余符号意义同前。

设计时可根据实际的地质、地形、爆破要求、最小抵抗线指向等进行药包布置和参数选择。当 $K_1=K_2$，$n_1\neq n_2$ 时，将式中的 $K$ 项约去；当 $K_1=K_2$，$n_1=n_2$ 时，$Q_1$、$Q_2$ 仅与 $\dfrac{W_1^3}{W_1^3+W_2^3}$、$\dfrac{W_2^3}{W_1^3+W_2^3}$ 呈比例关系。

8）条形药包爆破。洞室爆破采用条形药包代替集中药包时，药量的计算按式（7-19）和式（7-20）计算：

$$q=\dfrac{Q}{\alpha}=\dfrac{Q}{L}=\dfrac{Q}{0.5W(n+1)}=\dfrac{KW^3f(n)}{0.5W(n+1)}=\dfrac{2KW^2f(n)}{n+1} \tag{7-19}$$

$$L_{1\sim n}=\sum_{i=1}^{n}0.5W_i(n_i+1) \tag{7-20}$$

以上两式中　$q$——条形药包单位长度装药量，kg/m；

$L_{1\sim n}$——一排集中药包改为条形药包的装药长度，m。

（5）压缩圈半径。爆炸瞬间产生的高温、高压将使附近一定范围内的岩石粉碎。该爆破区的半径称为压缩圈（或粉碎圈）半径。压缩圈半径的大小因药包形式、岩土性质而定。集中或条形药包按经验式（7-21）和式（7-22）计算：

集中药包：

$$R_C=0.62\sqrt[3]{\dfrac{Q}{\Delta}\mu} \tag{7-21}$$

条形药包：

$$R_C=0.56\sqrt{\dfrac{q}{\Delta}\mu} \tag{7-22}$$

式中　$R_C$——压缩圈半径，m；

$Q$——药包量，t；

$\Delta$——炸药密度，$t/m^3$；

$q$——单位长度药量，$t/m$；

$\mu$——压缩圈半径系数，可按表 7-5 选取。

表 7-5 压缩圈半径系数 $\mu$ 与岩石强度关系表

| 岩土种类 | 坚固性系数 | $\mu$ 值 |
|---|---|---|
| 松软岩石 | <3 | 50 |
| 中等坚硬岩石 | 3～6 | 20 |
| 坚硬岩石 | >6 | 10 |

注 黏土 $\mu$ 值为 250；坚硬土 $\mu$ 值为 150。

（6）预留边坡保护层。在渠道、溢洪道以及路堑洞室爆破开挖时，为保护边坡的稳定和安全，常需要设置边坡保护层。保护层厚度可按式（7-23）计算：

$$\rho = R_c + 0.7B \qquad (7-23)$$

式中 $\rho$——保护层厚度，m；

$R_c$——压缩圈半径，m；

$B$——药室中心向边坡一侧的宽度，m。

保护层厚度也可按式（7-24）计算：

$$\rho = AW \qquad (7-24)$$

式中 $W$——最小抵抗线；而系数 $A$ 可按表 7-6 查用。

表 7-6 预留边坡侧保护层系数 A 值表

| 土岩类别 | 单耗 $K$ 值 | 压缩圈半径系数 $\mu$ 值 | 不同作用指数 $n$ 时的 $A$ 值 | | | | | |
|---|---|---|---|---|---|---|---|---|
| | | | 0.75 | 1.00 | 1.25 | 1.50 | 1.75 | 2.00 |
| 黏土 | 1.10～1.35 | 250 | 0.415 | 0.474 | 0.550 | 0.635 | 0.715 | 0.820 |
| 坚硬土 | 1.10～1.40 | 150 | 0.362 | 0.413 | 0.479 | 0.549 | 0.632 | 0.715 |
| 松软岩石 | 1.25～1.40 | 50 | 0.283 | 0.323 | 0.375 | 0.433 | 0.494 | 0.558 |
| 中等坚硬岩石 | 1.40～1.60 | 20 | 0.235 | 0.268 | 0.311 | 0.360 | 0.411 | 0.464 |
| 坚硬岩石 | 1.50 | 10 | 0.210 | 0.240 | 0.279 | 0.322 | 0.368 | 0.416 |
| | 1.60 | 10 | 0.215 | 0.246 | 0.284 | 0.328 | 0.375 | 0.424 |
| | 1.70 | 10 | 0.219 | 0.250 | 0.290 | 0.335 | 0.363 | 0.433 |
| | 1.80 | 10 | 0.224 | 0.265 | 0.296 | 0.342 | 0.390 | 0.411 |
| | 1.90 | 10 | 0.227 | 0.260 | 0.302 | 0.348 | 0.398 | 0.450 |
| | 2.00 | 10 | 0.231 | 0.264 | 0.306 | 0.354 | 0.404 | 0.457 |
| | 2.10 | 10 | 0.236 | 0.269 | 0.312 | 0.361 | 0.412 | 0.466 |
| | ≥2.20 | 10 | 0.239 | 0.273 | 0.332 | 0.385 | 0.418 | 0.472 |

（7）药包间距。洞室爆破采用多药包和群药包时。药包间距视地形、地质、施工、起爆方式等因素确定。分别简例如下。

1）斜坡地面抛掷爆破时硬岩、软岩分别按式（7-25）和式（7-26）计算：

硬岩：
$$a = W \sqrt[3]{f(n)} \tag{7-25}$$

软岩：
$$a = nW \tag{7-26}$$

式中　$a$——药包间距，m；

　　　$n$——爆破作用指数；

　　　$W$——抵抗线长度，m；

　　$f(n)$——爆破作用指数函数。

同排同时起爆时，相邻药包间距还应符合式（7-27）的要求：
$$0.5W(n+1) < a < nW \tag{7-27}$$

上下层同时起爆时，相邻药包间距还应符合式（7-28）的要求：
$$nW < a < 0.9W \sqrt{1+n^2} \tag{7-28}$$

2）平坦地面扬弃爆破。

硬岩按式（7-29）计算：
$$a = 0.5W(n+1) \tag{7-29}$$

软岩可按式（7-30）计算：
$$a \leqslant 0.5W \tag{7-30}$$

3）条形药包爆破时，可按式（7-28）计算，或 $a = W$。

4）分散集中药包爆破间距按式（7-29）控制，或 $a \leqslant 0.5W$。

当施工中要求在两药包间的岩体有较大的破碎时，可减小药包间的距离，当相邻药包的 $W$、$n$ 不相同时，应取用它们的平均数 $n_{cp}$、$W_{cp}$ 值，代入公式进行计算。

（8）漏斗破裂半径。在水平地面实施洞室爆破时，水平地面以下埋置药包，其深度为最小抵抗线 $W$，爆破漏斗半径为 $r = nW$，漏斗斜边的破裂半径为 $R = \sqrt{W^2 + r^2} = \sqrt{W^2 + n^2W^2} = W\sqrt{1+n^2}$。

在山坡洞室爆破时，斜坡地面因受重力作用影响，增加了部分塌落岩石，上破裂半径 $R'$ 则应按式（7-31）计算：
$$R' = W\sqrt{1+\beta n^2} \tag{7-31}$$

式中　$\beta$——破坏系数。

铁道科研部门分析了数十个断面资料，得到了地面坡角 $\alpha$ 与破坏系数 $\beta$ 的关系。

硬岩按式（7-32）计算：
$$\beta = 1 + 0.016\left(\frac{\alpha}{10}\right)^3 \tag{7-32}$$

软岩按式（7-33）计算：
$$\beta = 1 + 0.04\left(\frac{\alpha}{10}\right)^3 \tag{7-33}$$

在不同地面坡度时，破坏系数 $\beta$ 值也可按表 7-7 选取。

表 7 - 7

| 地面坡度/(°) | β值 | |
|---|---|---|
| | 土质、软岩、中硬岩 | 坚硬、致密岩 |
| 20～30 | 2.0～3.0 | 1.5～2.0 |
| 30～50 | 4.0～6.0 | 2.0～3.0 |
| 50～65 | 6.0～7.0 | 3.0～4.0 |

在爆破设计中，还可采用上破裂角的方法来确定上破裂线的位置，一般上破裂角可认为就是土和岩石的自然休止角。坚硬、致密的岩石，上破裂角可取为70°～80°；微风化岩石，上破裂角可取为60°～70°；中等风化岩石，上破裂角可取为50°～60°；强风化岩石，上破裂角可取为40°～50°；土的上破裂角可取为30°～40°。

上述的 $R'$ 值适用于较陡斜坡地面或山顶附近。如上部为平台或山脊地形时，$R'$ 值与 $\varphi$ 角相关，其关系见图 7 - 18。中硬以上岩石 $\varphi = 60°～70°$；松软岩石 $\varphi = 55°～60°$。

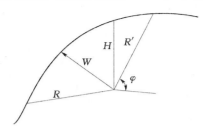

图 7 - 18 上部为平台或山脊地形时 $\varphi$ 角确定关系图

爆破漏斗下破裂半径 $R$ 可按式（7 - 34）计算：

$$R = W \sqrt{1 + n^2} \qquad (7 - 34)$$

（9）药包埋置深度 $H$ 值。斜坡地面布置药包时，要掌握药包埋置深度 $H$ 与最小抵抗线 $W$ 的比例关系，否则将影响爆破效果。对于抛掷爆破，$W/H$ 值可为 0.6～0.8；对于崩塌爆破，$H$ 可适当加大，使 $W/H \leqslant$ 0.5～0.6，并与斜坡的角度也有关系。

上述 9 个方面的设计参数，在具体爆破工程设计中，应结合工程实际条件，合理选择，并在工程试验中验证比较后选定。

### 7.2.4 洞室爆破施工设计

（1）导洞及药室。

1）导洞布置原则。① 主洞与药室之间应有支洞相连，支洞方向尽可能与主洞垂直；为了保证堵塞效果，如果在主洞的两侧对称布置药室时，支洞的长度不得小于4m；② 主平洞不宜过长，当主平洞超过 30m 时应考虑采用机械通风，各主洞负担的装药量及堵塞工作量应相差不大，以便合理安排工期；③ 主、支洞一般均应设计 0.5%～1% 的坡度，以便洞室开挖时出渣和排水，但坡度不宜大于 6%；④ 在洞室爆破布置施工平洞时应考虑将平洞同时用作地质勘探，必要时可增加平洞的开挖长度；⑤ 主洞开口的位置及方向应慎重选择，应该全面考虑修筑施工便道工程量、洞口明挖工程量、洞内开挖工程量以及堵塞取土位置等条件，使开挖工程总造价低，施工方便，并应确保洞口安全稳定。主洞洞口应避开城镇、重要建筑物、重要设施。

2）导洞断面设计。导洞断面设计应考虑钻孔布置合理、便于出渣机械、装渣设备施工。对于规模较小（C级以下）的洞室爆破，装药及堵塞均采用人力，因此，导洞断面在满足钻机施工条件下，尽可能减小断面尺寸，以便减小堵塞工程量，缩短装药堵塞工期，同时提高堵塞质量。

导洞断面可设计成长方形或马蹄形。常规导洞断面尺寸见表7-8。

表7-8 常规导洞断面尺寸表

| 施 工 条 件 | 主洞断面 | 支洞断面 |
|---|---|---|
| | 高×宽/(m×m) | 高×宽/(m×m) |
| 药室装药量大，机械出渣，堵塞短 | 2.4×2.0 | 2.4×1.8 |
| 药室装药量大，人工出渣，堵塞短 | 1.8×1.5 | 1.7×1.2 |
| 药室装药量较少，人工出渣 | 1.7×1.2 | 1.5×1.0 |

3）药室设计。集中药包药室设计。其容积可按式（7-35）计算：

$$V_q = K_v Q / \rho \qquad (7-35)$$

式中　$V_q$——药室净体积，$m^3$；

　　　$Q$——装药量，kg；

　　　$\rho$——装药密度，$kg/m^3$，可取850$kg/m^3$；

　　　$K_v$——药室扩大系数，可取1.3~1.5。

为了施工和装药的方便，一般设计药室高2m，当装药量较大时，可考虑超过2m，但药室不宜大于4m。施工中常用的集中药室为正方形，尺寸按装药量要求确定，也可为其他形式，如长方形药室，其药室宽度一般为2~4m，药室长度按装药量要求设计；"+"字形药室，为正方形药室的变形，可减小跨度改善药室稳定条件；Γ形和T形药室，为长方形药室的变形。

条形药包药室设计。条形药包多采用不耦合装药，根据地形条件，条形药包可设计成直线或折线形，设计断面可与支洞断面相同，以方便施工为原则，一般不耦合系数取1~10均可。

（2）装药及堵塞。

1）装药结构。集中药包装药结构。集中药包装药结构见图7-19，一般起爆体放在药室炸药的正中间，起爆体周围装2号岩石炸药，外围装铵油炸药。主起爆体结构见图7-20。应采用木箱装优质2号岩石炸药、起爆雷管、导爆索等制成。木箱的作用是保证起爆体炸药的密度满足设计要求，同时防止雷管遭意外而产生爆炸。为了便于搬运和确保起爆效果，木箱内装药量宜为20~30kg。

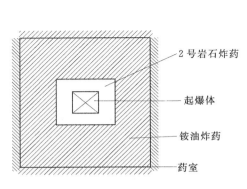

图7-19　集中药包装药结构示意图

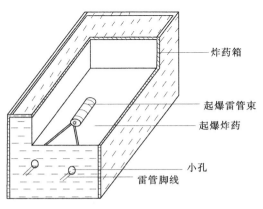

图7-20　主起爆体结构示意图

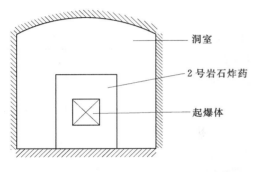

图 7-21 条形药包装药结构示意图

条形药包装药结构。条形药包装药结构见图 7-21，条形药包除装药中心放置起爆体外，还应在主起爆体的两端按一定装药长度放置几个副起爆体，主、副起爆体由导爆索相连接。主、副起爆体之间的间距宜为 5～10m。

2）装药方法。装药之前应对药室进行全面检查，清除残炮，排除塌方与危石，药室中有水时，应采取防水防潮措施。如遇到影响爆破效果或爆破安全的地质构造，应采取合理、可靠的技术措施。必要时，可由设计单位重新布置药室。对未与地面贯穿的小断层和破碎带，可采用混凝土加木板等封堵措施，确保爆破安全。在小型洞室爆破时，导洞尺寸较小，采用机械运输爆破器材较为困难，一般采用人工传递或背运装药。

3）堵塞。堵塞是爆破的一个重要环节，实践证明，堵塞物成分、颗粒、堵塞质量对药室爆轰波的传播、药室中爆炸气体压力的变化、岩体中的应力场、爆破气体冲击波效应、爆破效果、爆破安全等均有重要的影响。堵塞严密，可阻止爆轰气体过早冲出，保证炸药在药室中的反应更完全，形成的爆压较高，其破碎效果较好。

堵塞设计及施工时应注意以下问题：①堵塞长度；集中药包靠近主洞药室的支洞应全部堵塞，药室封口应严密，非靠近主洞药室的支洞堵塞长可为 3～5m；条形药包与集中药包基本相同，前排药包主洞的堵塞长度为 5～7m，后排药包主洞的堵塞长度可为 3m；②堵塞材料可采用袋装开挖导洞的较细石渣或袋装沙土、黄土等；③堵塞时应先垒墙封闭药室，集中药包装药后有少量空间时，可以不堵，但如果留有较大空间使得药包中心改变时，必须重新调整装药结构；④堵塞应严密，堵塞质量差时，炮轰气体能量对堵塞物做功所耗去的能量增加，如发生冲炮，将缩短炸药在药室中的反应时间，影响爆轰压的形成，减少炸药能量，降低爆破效果；⑤堵塞过程中一定要注意起爆网路的保护，可采用 PVC 管，将导爆管、雷管脚线装入管中，PVC 管应置于导洞的边角处，并用泥土覆盖保护。

# 7.3 洞室爆破开采堆石坝级配料

## 7.3.1 洞室爆破开采面板堆石坝级配料特点

从 20 世纪 90 年代开始，我国开展了大量的洞室爆破法开采面板堆石坝坝料的研究，经过多年的试验研究，采用洞室爆破法开采面板堆石坝坝料取得成功，从 90 年代中期开始，已先后在我国水电站工地应用。天生桥一级水电站采用洞室爆破开采石料 60 余万 m³；港口湾水库采用洞室爆破共开采主堆石料近 50 余万 m³；盘石头水库采用洞室爆破一次开采主堆石料近 80 万 m³；珊溪水库采用洞室爆破法开采了石料近 100 万 m³；柴石滩水电站等多个混凝土面板坝水电站采用洞室爆破法开采主堆石料。已经有 10 多座水电站的混凝土面板堆石坝工程，采用洞室爆破开采出了合格的主堆石料，洞室爆破开采主堆石料已渐趋成熟。

部分水利水电工程洞室爆破开采混凝土面板堆石坝主堆石料的相关参数见表 7-9。

表 7-9 部分水利水电工程洞室爆破开采混凝土面板堆石坝主堆石料的相关参数表

| 工程名称 | 天生桥一级水电站 | 港口湾水库 | 珊溪水库 | 盘石头水库 |
|---|---|---|---|---|
| 岩石类型 | 厚层灰岩 | 厚层石英砂岩 | 中厚层灰岩 | 灰岩 |
| 岩体情况 | 致密坚硬 | 致密坚硬 | 致密坚硬 | 致密坚硬 |
| 风化程度 | 弱风化 | 弱风化 | 微风化 | 微、弱风化 |
| 节理裂隙 | 较发育 | 发育 | 发育 | 较为发育 |
| 断层 | 无大断层穿过 | 发育有四条断层 | 无大断层穿过 | 有一条大断层 |
| 岩层分布 | 稳定 | 不很稳定 | 稳定 | 稳定 |
| 岩石干抗压强度/MPa | 225～250 | 175～210 | 225～248 | — |
| 湿抗压强度/MPa | 189～220 | 175～210 | 188～215 | 87.12～103.10 |
| 岩体容重/(kN/m³) | 28.4～28.3 | 26.4～27.3 | 28.0～29.4 | 26.7～28.2 |
| 软化系数 | 0.90 | 0.88 | 1.0 | 0.92～0.96 |
| 岩性级别 | X | X | X | — |
| 最小抵抗线 W/m | 22～24 | 10～22 | 18～24 | 18～22 |
| $W/H$ | 0.7～0.9 | 0.65～0.9 | 0.75～0.9 | 0.8～0.9 |
| $K$ 值/(kg/m³) | 1.5 | 1.3～1.5 | 1.4～1.5 | 1.5 |
| $n$ 值 | 0.6～0.8 | 0.6～0.9 | 0.6～0.7 | 0.65～0.9 |
| 平均单耗/(kg/m³) | 0.5～0.65 | 0.4～0.6 | 0.4～0.6 | 0.6～0.75 |

### 7.3.2 工程实例

以下介绍西藏阿涡夺水库工程洞室爆破开采大坝堆石料的有关情况。

（1）概况。西藏阿涡夺水库位于西藏山南地区隆子河支流容扎曲中游河段阿涡夺垭口处。大坝为黏土心墙堆石坝，最大坝高 51.6m，坝底宽度 150m，需堆石料 23.4 万 m³，考虑弃料及损耗，实际需开采 25 万 m³。其坝体堆石料级配粒径技术要求为：最大堆石粒径为 800mm，小于 25mm 的颗粒含量为 17%～40%，小于 5mm 的颗粒含量不超过 20%，小于 0.1mm 的颗粒含量不超过 10%。

（2）爆破参数。

1）单位炸药消耗量 $K$（kg/m³）。按岩石密度计算：$K=0.4+(\gamma/2450)^2$，岩石密度 $\gamma=2960$kg/m³，则 $K=0.4+(2960/2450)^2=1.86$kg/m³。结合施工经验，取单耗 $K=1.75$kg/m³。

2）最小抵抗线 $W$（m）：根据料场地形及爆破总量，取最小抵抗线不大于 15m，前排药包的抵抗线从实测断面图上量得，并计算出各药包上破裂线长度都比该药包的埋深小，因此第二排及其以后各排药包均以排距作为抵抗线。

3）爆破作用指数 $n$：对于松动爆破，当地形的坡度为 $40°\sim50°$、最小抵抗线长度 $W\leq15m$ 时，$n=0.75$；当地形坡度为 $50°$ 以上时，$n$ 值应减少 $0.05\sim0.1$，即当 $W\leq15m$ 时，$n=0.65\sim0.70$。同时应根据该地形，结合其施工经验，取前排 $n=0.60$，为克服前排药包的夹制作用，以后各排药包的 $n$ 值逐排增加 $0.15$。

4）药包间距 $a(m)$：药包间距为药包几何中心间的距离，按式 $a=nW$ 计算，经计算药包间距为 $6\sim15m$。

5）药包排距 $b(m)$：药包排距可取 $b=W$，$b=15m$。

6）药包布置：由于岩石切割破碎，所以按崩塌爆破形式布置药包。根据料场地形及爆破总量，布置一层药室，4 个主洞，16 条支洞，共 40 个药包。

7）药量计算：为了提高细颗粒含量，必须使装药分散，以增加炸药与岩石接触面积。采用条形药包装药。单个药包装药量按公式：$Q=KeW^3(0.4+0.6n^3)$ 计算，式中 $e$ 为炸药换算系数，用 2 号岩石硝铵炸药时 $e=1$。

洞室爆破参数见表 7 – 10。

表 7 – 10　　　　　　　洞室爆破参数表（炸药单耗均取 1.75 kg/m³）

| 药室编号 | | 最小抵抗线长度 $W/m$ | 爆破作用指数 $n$ | 装药量 $Q/kg$ | 非电毫秒雷管段位/段 |
|---|---|---|---|---|---|
| 1 号 | $Q_1$ | 8.5 | 0.60 | 569 | 导爆索 |
| | $Q_2$ | 8.0 | 0.60 | 475 | |
| | $Q_3$ | 9.0 | 0.60 | 676 | |
| | $Q_4$ | 10.0 | 0.60 | 927 | |
| | $Q_5$ | 15.0 | 0.75 | 3858 | MS6 |
| | $Q_6$ | 15.0 | 0.75 | 3858 | |
| | $Q_7$ | 15.0 | 0.90 | 4946 | MS9 |
| | $Q_8$ | 15.0 | 0.90 | 4946 | |
| | $Q_9$ | 15.0 | 1.05 | 6465 | MS11 |
| | $Q_{10}$ | 15.0 | 1.05 | 6465 | |
| 2 号 | $Q_1$ | 9.6 | 0.60 | 820 | MS6 |
| | $Q_2$ | 9.8 | 0.60 | 872 | |
| | $Q_3$ | 9.3 | 0.60 | 745 | |
| | $Q_4$ | 10.3 | 0.60 | 1013 | |
| | $Q_5$ | 15.0 | 0.75 | 3858 | MS9 |
| | $Q_6$ | 15.0 | 0.75 | 3858 | |
| | $Q_7$ | 15.0 | 0.90 | 4946 | MS11 |
| | $Q_8$ | 15.0 | 0.90 | 4946 | |
| | $Q_9$ | 15.0 | 1.05 | 6465 | MS13 |
| | $Q_{10}$ | 1.5 | 1.05 | 6465 | |

| 药室编号 | | 最小抵抗线长度 W/m | 爆破作用指数 $n$ | 装药量 Q/kg | 非电毫秒雷管段位/段 |
|---|---|---|---|---|---|
| 3号 | $Q_1$ | 9.8 | 0.60 | 872 | MS9 |
| | $Q_2$ | 9.5 | 0.60 | 795 | |
| | $Q_3$ | 9.8 | 0.60 | 872 | |
| | $Q_4$ | 10.6 | 0.60 | 1104 | |
| | $Q_5$ | 15.0 | 0.75 | 3858 | MS11 |
| | $Q_6$ | 15.0 | 0.75 | 3858 | |
| | $Q_7$ | 15.0 | 0.90 | 4946 | MS13 |
| | $Q_8$ | 15.0 | 0.90 | 4946 | |
| | $Q_9$ | 15.0 | 1.05 | 6465 | MS14 |
| | $Q_{10}$ | 15.0 | 1.05 | 6465 | |
| 4号 | $Q_1$ | 11.1 | 0.60 | 1267 | MS11 |
| | $Q_2$ | 11.9 | 0.60 | 1562 | |
| | $Q_3$ | 12.1 | 0.60 | 1642 | |
| | $Q_4$ | 12.6 | 0.60 | 1854 | |
| | $Q_5$ | 15.0 | 0.75 | 3858 | MS13 |
| | $Q_6$ | 15.0 | 0.75 | 3858 | |
| | $Q_7$ | 15.0 | 0.90 | 4946 | MS14 |
| | $Q_8$ | 15.0 | 0.90 | 4946 | |
| | $Q_9$ | 15.0 | 1.05 | 6465 | MS15 |
| | $Q_{10}$ | 15.0 | 1.05 | 6465 | |
| 合计 | | | | 138217 | |

（3）药室与导洞。由于西藏是高海拔地区，缺氧严重，因此主洞断面应大一些，以便于通风。为实现耦合装药，增加炸药与岩石的接触面积，支洞断面应小一些，但最后一排支洞需实现不耦合装药，断面稍大一些。主洞断面设计尺寸为 1.2m×1.7m（宽×高），最后一排支洞断面为 1.2m×1.4m，其他支洞断面为 1.0m×1.2m，隧洞均为矩形断面。单洞平面见图 7-22。

（4）装药与堵塞。

1）装药结构。为保证山体后边坡稳定，最后一排洞室采用不耦合装药结构。装药紧贴最小抵抗线的一面，装药断面为 0.8m×1.0m（宽×高），不耦合系数为 2.1。其余药室均为连续耦合装药结构。为增强起爆能力，每个药

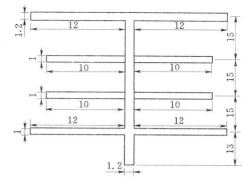

图 7-22 单洞平面示意图（单位：m）

室放置 2 个起爆体，每个起爆体用 3kg 乳化炸药制成，起爆体内装 3 发相同段位的非电导爆管雷管和一定长度的导爆索，同一个药室中的 2 个起爆体的导爆索相互连接。

2）装药。装药前对药室进行验收，装药时用手推车将炸药推入药室，人工堆码，当炸药装到 1/4 时，装第一个起爆体；当药室炸药还剩 1/4 时，再装入第二个起爆体，同时连接 2 个起爆体的导爆索。在继续装药的同时，将 2 个起爆体中的导爆管沿装药顶部与前 3 根导爆管分开引出至堵塞段，再分别与支线导爆索连接。

3）堵塞。堵塞材料使用编织袋装导洞开挖出来的细石渣，人工堆码堵实。堵塞时要注意保护好起爆线路，将导爆索放在支洞底板两边角进行有效保护。

4）起爆网路。洞室爆破分 7 个段位起爆，采用毫秒延时非电导爆管雷管，主、支线路用导爆索连接，并采用双线导爆索闭合回路，主线路用 3 发火雷管激发起爆。导爆索与导爆管之间采用搭接方式，导爆索与导爆索之间采用三角形双向搭接。

（5）爆破效果。洞室爆破一共用炸药 138t，爆破方量 25 万 $m^3$，爆破岩石的综合单耗为 $0.55kg/m^3$。由于岩石坚硬而又破碎，爆破时采用了耦合装药为主的装药结构，使用毫秒延时雷管分 7 个段位起爆，爆破的石料经筛分试验，各项指标均达到了设计要求，细颗粒含量均在设计包络线内。

# 7.4 定向爆破筑坝

## 7.4.1 定向爆破筑坝特点

定向爆破是一种使岩体严格按指定方向抛掷堆填的爆破技术，常采用洞室爆破方案。为达到此目的，抛掷药包布置最早采用定位中心法，即在爆区分排布置药包，各排药包以定向抛掷堆填的中心轴线某一距离点为中心，在以该点至各排药包中心距离为半径的弧线上布置药包。当地形临空面较差时，则在前排布置若干辅助药包。辅助药包的任务是，除本身爆破岩石有效抛填外，另有改造主药包爆区地形的重要作用，前排辅助药包爆破后，为后一排药包创造凹弧形临空面，使各排主药包的爆破岩体能指向定位中心抛出，以利抛出的岩石能够尽量集中堆填于定位中心轴线周围的堆积区内，达到爆堆集中填高的目的。爆破中需严格控制堆积范围，避免爆堆分散，防止岩石抛掷方向失控。

（1）定向爆破筑坝形式。定向爆破筑坝可采用双岸爆破和单岸爆破工种形式。我国已建成的定向爆破筑坝工程，采用单岸和双岸爆破的各占一半左右，20 世纪 70 年代爆破堆筑的几个坝，大多采用双岸爆破，一岸是主爆区；另一岸是副爆区，甚至在地形很缓的岸坡上，也布置几个药包作为副爆区。例如云南白河水库定向爆破筑坝工程，副爆区岸坡坡度只有 25°～31°，也布置了两排药包。双岸爆破与单岸爆破比较，具有坝型好、改善级配、经济等优点。两种爆破筑坝形式对大坝体型，坝体级配和经济效果作一简要分析。

1）大坝体型。单岸爆破由于选用的 $n$ 值大，爆破的抛掷距离远，抛掷过程中很容易造成抛散，而且其堆筑的坝体往往有一个明显的大马鞍形，马鞍底部比平均坝堆低 20%～30%，马鞍的位置又往往偏向非爆破岸，这就势必使爆后填补马鞍的工程量增大，并且取石料距离远，对爆后的施工极为不利。

双岸爆破时可以选用较小的 $n$ 值，爆破抛掷时抛散的程度较小，由于两岸爆破时岩石在空中相应碰撞、搭接，马鞍一般出现在河谷中部，而且马鞍堆积高度较高。如果药包布置合理，不但可避免河谷形成马鞍形，而且可使河谷内的堆积体高于两侧，大大减少爆后填补加高的工程量。

2）坝体级配。单岸爆破的爆堆往往在靠近爆破岸一侧大块岩石多，碎粉多，非爆破岸则小块岩体偏多。而采用双岸爆破可以使这种情况得到有效改善，获得较好的级配。

3）经济效果。双岸爆破时，两岸爆破岩石均向河谷中间抛掷，并相互碰撞、叠加堆成坝体。而单岸爆破却需要将爆破岩石抛掷到对岸，才能堆成坝体，抛掷距离远。要增加抛距，在抵抗线一定的条件下，只能通过加大 $n$ 值才能实现。根据药量计算的经验公式 $[Q=KW^3(0.4+0.6n^3)]$ 和抛掷漏斗的体积计算公式 $(V=W^3n^2)$ 可以看出，当 $n$ 值增大时，药量按 $f(n)=0.4+0.6n^3$ 的比例关系增加；爆破岩石量是按 $n^2$ 的比例关系增加。$n$ 值与 $f(n)/n^2$ 关系见表 7-11。由表 7-11 中数据可以看出，$n$ 越大，$f(n)/n^2$ 也越大，即爆破一方岩石消耗的炸药量越多，对于加强抛掷爆破，单岸爆破时的 $n$ 增大，经济效果变差。通过上述分析比较，定向爆破筑坝时宜尽量采用双岸定向爆破。

表 7-11          $n$ 值与 $f(n)/n^2$ 关系表

| $n$ | 1.0 | 1.25 | 1.50 | 1.75 | 2.00 | 2.25 |
|---|---|---|---|---|---|---|
| $f(n)/n^2$ | 1.0 | 1.01 | 1.08 | 1.18 | 1.30 | 1.43 |

当不具备条件或特定情况下，也可采用单岸爆破：①当一岸无堆积石料可取时（如一侧山包过小或低矮），仅为一侧孤山包；②两岸岸坡不平行，有一岸岸坡的边坡方向偏离坝轴线较大，如果布置药包爆破时，抛掷方向无法控制；③有一岸山坡很缓或是台阶状地形，爆破抛掷石料的上坝率很低，极不经济；④一岸山体岩石软弱，不宜作坝体堆集材料；⑤河谷窄、抛距近，单岸布置药包就足以达到筑坝方量要求，此时可设计单岸抛掷爆破筑坝以减少施工量。

（2）定向爆破筑坝的基本要求。定向爆破技术用于筑坝时，对地形、地质，以及水工建筑物等都有一些基本要求（见表 7-12）。

表 7-12          定向爆破筑坝的基本要求表

| 基本要求类别 | 基本要求简述 |
|---|---|
| 地形要求 | 坝址应选在河谷狭窄、谷宽小于 20～60m、岸坡角大于 40°的陡峭河岸，最好为对称河谷。对于双岸爆破，要求山高为坝高的 2～2.5 倍以上；对于单岸爆破，要求山高为坝高的 2.5～3.5 倍以上。坝轴线处在河湾段时，爆区应设在凹岸。坝轴线处在平直河段时，应利用前排药包爆炸为后排药包形成定向坑 |
| 地质及水文地质要求 | 爆区岩性均匀、强度较高、构造简单、风化较弱、覆盖较薄、地下水位较低、渗水量较小。爆区地质情况复杂时，应仔细地进行地质勘探，查清爆区地质构造、岩层形状要素、岩石物理力学特性、水文地质条件、特殊地质现象等。布置药包时，考虑这些因素并加以处理，仍可得到良好的效果。断层、夹泥层和大裂隙可影响漏斗形状和尺寸，但正确利用可减少炸药用量、削减地震波、缩小爆破破坏影响范围 |
| 水工要求 | 在确保施爆时水工建筑物安全的前提下，应使枢纽建筑物总投资最少。由于坝体堆积轮廓不易控制，故导流洞进出口位置、坝体防渗结构的基础开挖、填筑位置均应留出可以变动的余地，泄水建筑物布置应能满足爆破安全要求，爆堆的加高整形施工是极为重要的环节 |

### 7.4.2 定向爆破筑坝爆破参数

（1）装药量计算。装药量计算常用公式见表 7－13。

表 7－13　　　　　　　　　　　　装药量计算常用公式表

| 药包形式 | 爆破类别 | 计 算 公 式 |
|---|---|---|
| 集中药包 | 抛掷爆破 | $Q=eKW^3f(n)$，$f(n)=0.4+0.6n^3$<br>式中：$Q$ 为装药量，kg；$e$ 为炸药换算系数（2 号岩石硝铵炸药为 1）；$K$ 为标准抛掷爆破单位用药量，kg/m³。<br>此式适用于 $W\leqslant40$m 的情况；当 $W>40$m 时，参考有关文献或另作论证 |
| 集中药包 | 崩塌爆破 | 一般松动崩塌：$Q=K'W^3$<br>式中：$K'=(0.33\sim0.66)K$，当岩体裂隙发育时取 $K'=0.33K$；当岩体完整坚硬时取 $K'=0.44K$；当要求有一定推出作用时取 $K'=0.66K$。<br>掏槽崩塌爆破：$Q=mKW^3$<br>式中：$m$ 为掏槽系数，一般按 $m=1\sim1.1$ 的抛掷爆破确定药量 |
| 分集药包爆破 | | 各分集药包的药量分配按 $Q_1=\dfrac{W_1^3}{W_1^3+W_2^3}Q$ 及 $Q_2=\dfrac{W_2^3}{W_1^3+W_2^3}Q$ 计算，两子药包间距 $a=0.25(W_1+W_2)$ |
| 条形药包 | 抛掷爆破 | 将集中药包的药量 $Q$，均匀分布于药包两侧长度为 $a$ 的范围内，其单位长度装药量 $q=Q/a$<br>式中：$q$ 为单位长度装药量，kg/m；$a$ 为集中药包列间距，一般用 $a=0.5(1+n)W$ |
| 条形药包 | 松动爆破 | 连续布置：$\quad q=K'W^2$<br>断续布置：$\quad q=K'W^2\dfrac{2L+L_1+L_2}{2L}$（中间药包）<br>$\qquad\qquad q=K'W^2\dfrac{2L+L_1}{2L}$（端间药包，以一端为例）<br>式中：$K'$ 为松动爆破单位用药量，kg/m³ |
| 平面药包 | 抛掷爆破 | 成群集中药包，各个药包的装药量：$Q=qabW$<br>式中：$q$ 为按抛掷要求确定的抛方单位耗药量，kg/m³；$a$、$b$ 为邻接药包列、层间距的均值，m。<br>分层条形药包，各条药包的单位长度装药量：$q=Q/B$<br>式中：$B$ 为条形药包长度，m。<br>采用周边药包时，其装药量计算参照有关文献 |

**注**　在装药量计算中，当 $W\geqslant15\sim25$m 时，国外许多资料提出应引入重力影响修正系数。我国定向爆破设计中均未引入此系数，实践表明未见异常，如南水坝 $W$ 达 40m；石砭峪坝 $W$ 达 38m；已衣坝 $W$ 达 44m；盛家峡水库大坝达 40m 等。

（2）爆破作用指数计算。爆破作用指数 $n$ 值可按表 7－14 计算，也可参照已有工程经验确定。

表 7 - 14　　　　　　　　　　　爆破作用指数 $n$ 值选用参考表

| 依　据　类　型 | | $n$ 值 | 备　　注 |
|---|---|---|---|
| 岸坡坡度/(°) | 20～30 | 1.75～1.5 | 抛掷率约60% |
| | 30～45 | 1.5～1.25 | |
| | 45～70 | 1.25～1.0 | |
| 抛距要求 | 药包高程接近河床 | $n=L_m/5W$ | $L_m$、$L_e$ 分别为前沿抛距与质心抛距 |
| | | $n=L_e/2W$ | |
| | 药包高程高出河床 | 由体积平衡法抛距公式反算 | |
| 按堆积要求核定 | | 按前述方法和初步选定 $n$ 值及其他爆破参数后，利用体积平衡快速估算法或其他方法计算堆积形状，若不满足要求，可适当调整 $n$ 值 | |

**注** 1. 同排并列齐爆药包的 $n$ 值相同（偏重药包侧外）。
　　2. 多排药包，后排的 $n$ 值一般大于前排0.2～0.25。
　　3. 分层药包，最上层药包的 $n$ 值较大，下层略低。

（3）爆破漏斗确定方法。爆破漏斗尺寸上、下破裂线及压缩圈半径计算可按表7-15确定。

表 7 - 15　　　　　　　　　　　爆破漏斗尺寸确定方法表

| 项　　目 | | 确　定　方　法 | 参数及其取值 |
|---|---|---|---|
| 下破裂半径 $R$ | | $R=W\sqrt{1+n^2}$ | 侧破裂半径与此同 |
| 上破裂半径 $R'$ | | $R'=W\sqrt{1+\beta n^2}$ | $\beta$ 为上破裂系数；适用于上破裂半径交在斜坡上或山顶附近的情况 |
| 上破裂角 $\varphi$ | | $\varphi=55°\sim60°$ | 适用于松软岩体 |
| | | $\varphi=60°\sim70°$ | 适用于中坚以上岩体 |
| 压缩圈半径 $R_c$ | 集中药包 | $R_c=0.62\sqrt[3]{\mu\dfrac{Q}{\Delta}}$ | $\mu$ 为压缩系数，参见本章；$Q$ 为装药量，t；$P$ 为条形药包单位长度装药量，t/m；$\Delta$ 为装药密度，t/m³ |
| | 条形药包 | $R_c=0.56\sqrt{\mu\dfrac{P}{\Delta}}$ | |

（4）药室体积。药室体积的确定方法见表7-16。

表 7 - 16　　　　　　　　　　　药室体积的确定方法表

| 类　　别 | | 计　算　式 | 符　号　说　明 |
|---|---|---|---|
| 集中药包 | 单品种实体药包 | $V=\dfrac{Q}{\Delta}K_V$ | $V$ 为药室体积，m³；$Q$ 为炸药量，t；$\Delta$ 为装药密度，t/m³；$K_V$ 为扩大系数，不支护或喷锚支护1.1～1.4；相同子间隔支护1.3～1.4；$A_q$ 为药室横断面面积，m²；$q$ 为单位长度装药量，t/m；$\eta$ 为装药率$=\dfrac{\text{装药体积}}{\text{药室体积}}$；$n$ 为炸药品种数 |
| | 多品种实体药包 | $V=\sum\limits_{1}^{n}\dfrac{Q}{\Delta}K_V$ | |
| 条形药包 | 实体药包 | $A_q=\dfrac{q}{\Delta}K_V$ | |
| | 空腔药包 | $A_q=\dfrac{q}{\Delta}\dfrac{1}{\eta}$ | |

（5）抛掷堆积计算。抛掷堆积计算方法有体积平衡法、单元弹道法及抛掷堆积法（又称整体弹道法）。由于弹道理论法，特别是考虑空气阻力的弹道理论法计算比较繁琐，工程中较少采用，目前广泛应用体积平衡法，其计算精度可基本满足工程设计需要。体积平衡法是一种经验设计法，适用于 $W \leqslant 40m$ 的集中药包及按常规进行布药的爆破。体积平衡法经验公式见表 7-17。

表 7-17　　　　　　　　　　　　　体积平衡法经验公式表

| 计　算　项　目 | 公　式　及　说　明 |
|---|---|
| 前排辅助药包的前缘抛距 $X_f$ | $$X_f = \frac{\rho}{790} W \sqrt[3]{Kf(n)}(1+\sin2\theta)$$ 式中：$\rho$ 为岩石密度，$kg/m^3$；$\theta$ 为药包最小抵抗线与水平线形成的抛掷角 |
| 后排主药包的前缘抛距 $X_g$ | $$X_g = \frac{\rho}{790} W \sqrt[3]{Kf(n)}(1+\sin2\theta)(1-\xi)$$ 式中：$\xi$ 为原地面坡度 $a$ 有关的修正系数，$\xi = \dfrac{W}{3n_主 W_主 \sin a}$ |
| 药包至堆体三角形最高点距离 $X_1$ | $X_{1f} = \dfrac{\rho}{1750} W \sqrt[3]{Kf(n)}(1+\sin2\theta)$；$X_{1g} = W \sqrt[3]{Kf(n)}(1+\sin2\theta)$ |
| 前排漏斗最大堆高 $y$ | $$y = (0.5 - 0.65)\frac{H}{n}$$ 式中：$H$ 为前排药包埋置深度；$n$ 为前排药包爆破作用指数 |
| 堆积顶宽 $B$ | $B = \sum a + 2R_C$ 式中：$\sum a$ 为主药包列间距之和；$R_C$ 为主药包压缩圈半径 |
| 上、下游塌散距离 $S$ | $S = cnW$ 式中：$n$，$W$ 为主药包爆破作用指数与抵抗线；$c$ 为塌散系数，较小规模爆破 $c = 1.6 \sim 2$，大规模 $c = 2 \sim 3$ |
| 堆体最大塌散宽度 | $L = B + 2S$ |

### 7.4.3　定向爆破筑坝施工

定向爆破筑坝施工设计包括药室及导洞设计、装药及堵塞设计、起爆网路设计、大爆破施工安全及大爆破施工组织五项内容。其中大爆破施工安全及施工组织应按相关规定实施。

（1）药室及导洞设计。

1）药室。药室体积计算按表 7-16 进行，药室高度一般不超过 3m，在无裂隙水条件下，也可采用下卧式低于导洞药室，但最高不超过 4m。药室防潮、排水方法与适用情况见表 7-18。

2）导洞。大爆破中，为装药而开挖的通道有导（平）洞与竖井两种。定向爆破筑坝工程通常采用导（平）洞。导洞布置方式见表 7-19。

表 7 - 18 药室防潮、排水方法与适用情况表

| 方 法 | 措 施 | 适 用 情 况 |
|---|---|---|
| 药袋防潮 | 用厚塑料袋或用双层塑料袋将炸药袋及起爆体包装并密封袋口 | 药室壁、顶有微量裂隙水渗出，药室潮湿 |
| 药室防潮 | 在药室顶部及四周设防潮漏水棚架，在底部设装药台板及积水坑槽 | 药室壁、顶裂隙水不断渗出，但数量尚少，装药堵塞历时不长，积水不至于引起炸药潮解 |
| 药室排水 | 在药室底部设汇水沟及积水坑，并经导洞沟排出 | 有成股地下水涌出或四壁渗出水量较大 |

表 7 - 19　　　　　　　　　　　导 洞 布 置 方 式 表

| 类　别 | | 图　示 | 优缺点及适用情况 |
|---|---|---|---|
| 平面上的布置 | 集中药包 单连式 | | 导洞开挖量较多，但装药干扰少，适用于群药包中分离出的个别药包 |
| | 双连式 | | 可以减少导洞开挖与堵塞工作量，且堵塞效果好；一般并列药包均采用。不必局限于拐洞对称，但均应满足图示要求 |
| | 多连式 | | 可节约导洞开挖量，但装药及堵塞干扰大，且使装药堵塞时间增长，只可在药包规模不大时使用，一般不宜超过 3 个药室，且单向拐洞长度不宜大于 20m |
| | | | 可减少导洞开挖量，使装药堵塞及敷设起爆系统复杂化，并加长了装药堵塞时间。在多导洞布置困难时采用 |
| | 条形药包 中部连接式 | | 爆破作用对称，导洞口的小地段改变及堵塞不良时不致明显影响抛掷方向，特别适用于较长药包，但中间堵塞段两端需作补偿装药 |

205

| 类 别 | | | 图 示 | 优缺点及适用情况 |
|---|---|---|---|---|
| 平面上的布置 | 条形药包 | 一端连接式 | | 导洞口小地段改变可能对爆破抛掷有一定影响，适用于不长的药包 |
| 竖剖面上的布置 | 集中药包 | 平层式 | | 便于排水及出渣，药室高度一般限在3m以内，顶部装药困难，药室不能充分利用 |
| | | 下卧式 | | 有助于增加药室高度，且装药较方便，但只适用于无裂隙水的条件 |

（2）装药及堵塞设计。

1）装药。装药结构除确定药包的形状与尺寸外，还应示出各类炸药的放置位置、数量，并附装药设计明细表，以及主辅起爆体的位置，装药结构参考资料见表7-20。在大中型爆破时，一般都在全面装药前选一个有代表性的药室组织一次示范装药。

表 7-20             装药结构参考资料表

| 类 别 | | | 图 示 | 适用情况 | 备 注 |
|---|---|---|---|---|---|
| 集中药包 | 单起爆体 | | | $Q<20t$，主体炸药只一种 | 1为起爆体；2为少量中继药包；3为导爆索及电线；4为线槽；5为袋装炸药 |
| | 多起爆体 | 短形药包 | | $Q>20t$，主体炸药有优、次两种 | 垫底、顶及围边用较次炸药<br>1为主起爆体；2为辅起爆体 |
| | | 十字形药包 | | $Q>100t$ 的大药包或围岩较差的中药包 | 主起爆体与药包中心的辅起爆体间设双股导爆索。1为主起爆体；2为辅起爆体 |
| 条形药包 | 两端起爆 | | | 爆轰波由两端向爆破轴线发展，适用空腔、条形药包 | 有利于提高爆效。1为主起爆体；2为电端线；3为导爆索；4为辅起爆体 |
| | 一端起爆 | | 装药结构基本同上，只是在导洞口附近，设置一个主起爆体 | 爆轰单向发展，用于药包不大时 | 一般主起爆体放入药室进端，如考虑加设一个主起爆体，可将其放在中部，并使两者传爆一致推向末端 |

2）堵塞。堵塞长度。当导洞布置符合规定要求及保证堵塞质量前提下，其堵塞长度一般可为导洞截面的3～5倍；猛度大的炸药且药量较少时可取小值，反之则取大值；条形药包应取大值。当拐洞长度大于要求的堵塞长度时，可部分实行空气堵塞，即自药室向外填塞该洞截面长边3～5倍长度后，空出一段不填堵塞料，然后在转变处再加堵一段并在末端封死。对单药包，应较前者增加堵塞长度，一般为该药包的最小抵抗线长度的1～1.2倍。

堵塞材料与堵塞结构：堵塞材料应有一定闭气效果与较大的内摩擦角，并便于就地取材。一般采用分段堵塞法，即药室进口设挡板，其外为1～2m土料（亦可用石渣或坡积物），最后用块石或土袋叠砌封死。堵塞应饱满紧密，且确保线路不受损伤。

（3）起爆网路设计。

1）对起爆的要求：①准爆；所有药包均不得出现拒爆，并需按设计顺序与时差准时起爆；②齐爆；同排（或同层）药包按规定时间同时起爆；③安全；为了防止拒爆、早爆或迟爆，须在起爆方式选择、网路设计、网路敷设与起爆电源等方面采取有效措施，严格要求。爆破器材则需经过选择与性能试验。

2）起爆方法及起爆网路。目前定向爆破主要采用以电爆网路为主、导爆索起爆网路为辅的复合起爆方法，即平行设置两套相同的网路（正、副起爆网路），在接主线前将其并联。用电爆网路控制药包的起爆时间，用导爆索网路保证齐爆和增加准爆性。严禁用火花和起爆器起爆。

## 7.4.4  工程实例

（1）我国部分水电工程定向爆破筑坝的主要技术参数见表7-21。

表7-21　　　　我国部分水电工程定向爆破筑坝的主要技术参数表

| 项目名称 | | 水电工程 | | | | | | |
|---|---|---|---|---|---|---|---|---|
| | | 南水 | 石砭峪 | 峨口 | 里册峪 | 杉坝 | 康家河 | 红岩 |
| 设计坝高/m | | 80.2 | 85 | 65.5 | 51 | 40 | 70 | 55 |
| 坝顶长/m | | 215 | 265 | 133 | 170 | 105 | 145 | 190 |
| 山高/m | 左岸 | 106 | 300 | 150 | 180 | 129 | 160 | 160 |
| | 右岸 | 265 | 200 | — | — | — | 100 | 250 |
| 山坡坡度/(°) | 左岸 | 45～65 | 50～60 | 45 | 70～80 | 40 | 35～40 | 23～25 |
| | 右岸 | 45～65 | 46 | — | — | — | — | 27～31 |
| 谷底宽/m | | 15 | 70～90 | 7 | 50 | 10～15 | 10 | 40 |
| 药包布置 | 排数 | 3 | 2 | 2 | 1 | 2 | | 3 |
| | 层数 | 2 | 3 | 2 | 2 | 2 | | 1 |
| | 列数 | 2 | 2 | 2 | 3 | 4 | | 2 |
| 主药包抵抗线 $W$/m | | 40 | 38 | 28.5 | 28.5 | 23 | | 29 |
| 抛掷系数 $n$ | | 1.6 | 1.5 | 1.5 | 1.35 | | | 1.5 |
| 总装药量/t | | 1349 | 1589 | 433.2 | 260.9 | 176 | 540 | 940 |

| 项目名称 | | 水电工程 | | | | | | |
|---|---|---|---|---|---|---|---|---|
| | | 南水 | 石砭峪 | 峨口 | 里册峪 | 杉坝 | 康家河 | 红岩 |
| 爆破方 | 实方/m³ | | | 420 | 259 | | | 923 |
| | 松方/m³ | 2260 | 2365 | | 337 | 220 | 650 | 1200 |
| 抛掷方（松）/m³ | | 1053 | 1437 | 307 | 2636 | 132 | 325 | 540 |
| 抛掷率/% | | 46 | 60.7 | 56.2 | 78.2 | 60 | 50 | 45 |
| 河心抛距/m | | 260 | 250 | 135 | 120 | 115 | — | — |
| 马鞍点堆高/m | | 46.4 | 51 | 33 | 29.5 | 23 | 27 | 20 |
| 堆积顶宽/m | | 40 | 70 | 40 | 10 | 55 | | 60 |
| 堆积底宽/m | | 420 | 370 | 280 | 213 | 250 | | 380 |
| 堆积坡 | 上游 | 1:3.1 | 1:3 | 1:3.4 | | | | |
| | 下游 | 1:3.1 | 1:3.2 | 1:2.2 | | | | |
| 抛掷方单耗/(kg/m³) | | 1.394 | 1.058 | 1.41 | 0.99 | 1.35 | 1.66 | 1.74 |
| 堆积宽高比（L/h） | | 9.0 | 7.25 | 8.48 | 7.22 | 10.87 | | 19 |

（2）东川口水库定向爆破筑坝工程。

1）概述。东川口水库拦河大坝，是国内首次采用定向爆破法修筑的蓄水坝工程。该坝位于河北邢台县境内滏阳河支流七里河上，大坝控制流域面积84km²，水库的任务是防洪、灌溉并结合发电，库容为1300万m³。灌溉面积5万亩，水电站装机容量125kW。

该水利枢纽总体布置为：定向爆破堆石坝一座，设计坝高29m，爆破成功后实际加高至33.5m。坝顶长112m，坝体防渗结构采用黏土斜墙与砂卵石地基的截水槽相连接形式，堆石坝体方量为72000m³。爆破成功后，用浆砌石重力墙将坝加高到33.5m，用作挡水。定向爆破筑坝体横剖面见图7-23。

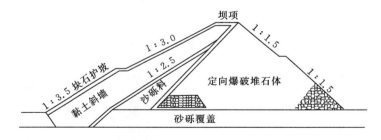

图7-23　定向爆破筑坝体横剖面图

2）设计方案。由于东川口水库坝址地形条件处于河道弯曲处，右边凹岸高约80m，高度在30m以下的岸坡约为1:1，30m以上趋于直立，顶部为平台地形，左岸为凸岸，高约40m，河流在下游坝坡脚附近向左急转90°。河谷呈U形，河底宽约40～50m。

坝址两岸均为裸露的厚层石英砂岩，结构致密，性质坚硬。岩层走向为北偏东40°，倾向东南 130°，倾角 8°～10°，节理发育，主要节理有北偏东 50°和北偏西 40°，为陡倾角。

采用右岸单边定向抛掷爆破堆积设计方案，布置两排单层集中药包。前排设 3 个辅助药包，最小抵抗线 $W$ 为 17～11.8m，$n=1.25$；后排主药包布置两个集中药包，抵抗线 $W$ 为 27.3m，$n=1.5$。

3）坝体堆积效果。东川口水库定向爆破筑坝工程于 1959 年 1 月 13 日成功实施，爆破用炸药 193t，爆破抛掷形成的坝轴线基本上与设计相符，仅向下游偏移 2～3m；爆破总方量（虚方）约 135000m³，坝体堆积有效填筑方量 85000m³；堆积坝体上游坡平均约 1:3.5，下游坡平均约 1:4.5，较原设计平缓；坝体纵剖面最低马鞍形处的堆高为 18.5m。定向爆破堆石坝坝体质量良好，爆破填筑坝体经防渗处理及加高后用于蓄水灌溉、发电。

（3）南水水库拦河大坝定向爆破筑坝工程。

1）概述。南水水库拦河大坝采用定向爆破法修筑，该工程位于广东省乳源县境内。该水利枢纽总体布置包括：用定向爆破法修筑拦河大坝一座，设计最大坝高为 81.8m，坝顶总长 215m，用黏土斜墙防渗，建成一座总库容达 12 亿 m³ 的大型水库。水电站枢纽采用引水发电，引水隧洞直径 4.5m，长 3950m，水电站装机容量为 75MW，平均年发电量约 3 亿 kW·h。

2）设计原则。根据南水坝址地形特点，采用两岸抛掷爆破方案，但因左岸山体单薄，爆破方量有限，且山底下布置有导流洞，需控制爆破规模。而右岸山高坡陡，山势雄厚，故决定以右岸为主爆区，左岸为辅助爆破区。右岸主爆区需布置三排药包，其中前排为辅助药包，以改造山体起伏变化的地形为凹形地面，为后两排主药包起爆创造良好的定向抛掷临空面。

3）药包布置。考虑到爆区地形起伏不平，地质条件复杂、断层较多，采用多排多层集中药包布置形式，以利于改造地形和控制断层的不良影响。药包的最小抵抗线 $W$ 和抛掷作用指数 $n$ 亦选定逐排增大。右岸主爆区前排辅助药包 $W=16.5～22.5m$，$n=1.25～1.5$，后排主药包 $W=40～35m$，$n=1.6～1.5$。左岸单排多层药包，$W=14～16m$，$n=1.25$。

4）起爆网路。选定在右岸主爆区药包优先起爆，左岸辅助药包迟后起爆。各排药包起爆时间隔为秒差起爆。右岸第一排药包为即发；第二排药包延迟 2s；第三排药包和左岸药包同为第 6s 起爆。同排药包用导爆索相连，以保证同时起爆。药包布置及爆破堆积范围见图 7-24。南水水库大坝纵剖面见图 7-25。

5）筑坝效果。南水水库定向爆破筑坝使用炸药 1394t，爆破直接抛掷有效上坝 100 万 m³，平均坝高 62.5m。采用黏土斜墙防渗形式，经坝体

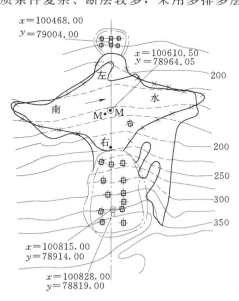

$x=100468.00$
$y=79004.00$

$x=100610.50$
$y=78964.05$

$x=100815.00$
$y=78914.00$

$x=100828.00$
$y=78819.00$

图 7-24 药包布置及爆破堆积范围图

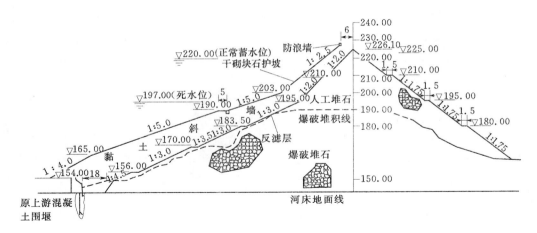

图 7-25　南水水库大坝纵剖面图（单位：m）

整理、加高，建成坝高 81.8m，蓄水期间，经历两次千年一遇的最高洪水水位的考验，坝体质量良好。经 30 多年蓄水，发电、灌溉运行正常，效益显著，表明使用定向爆破填筑高坝建造大型水库是可行的。

# 8 特 殊 爆 破

## 8.1 堰塞湖及分洪爆破

### 8.1.1 堰塞湖特点及分类

（1）堰塞湖特点。堰塞湖是在一定的地质和地理环境下，因地震、雨雪冰冻、火山爆发等自然原因或人为因素（如爆破）导致山体滑坡、泥石流、熔岩、冰碛堆积等堵塞山谷或河床，并拦河储水到一定程度形成的湖泊。堵塞水流通道并具备一定挡水能力的堆积体称之为堰塞体。一般来说，大多数堰塞湖是自然灾害伴生的次生灾害。

我国山丘面积广阔，约占国土面积的 2/3。山丘地区地形地貌、地质条件复杂，气候多变，强降雨、地质灾害重叠，极易受地震、强降雨等自然灾害影响，引发山体滑坡、泥石流等，形成堰塞湖。特别是西南、青藏高原等地区，山高坡陡，气候复杂多变，又处于地震带上，地震活动频繁，极易形成堰塞湖。

近年来，我国自然灾害频发，特别是在西南地区，因地震、暴雨等原因引起的堰塞湖众多。2008 年 5 月 12 日，四川省汶川县发生 8.0 级大地震，震区五市一州形成了 256 处堰塞湖，广布于岷江、沱江、涪江、嘉陵江四大流域，数量之多、范围之广历史罕见。其中蓄水量大于 10 万 $m^3$ 且具有危险性的堰塞湖就有 34 个之多，很大一部分属于中、高危和极高危堰塞湖，严重威胁下游人民群众的生命财产安全。

2010 年 8 月，受强降雨的影响，甘肃省舟曲县白龙江和四川省岷江流域映秀段等地发生了严重的泥石流灾害，堵江形成堰塞湖。白龙江上的堰塞湖不仅给救援工作增加了难度，还给灾区群众的生活和灾后重建带来了巨大不利影响。岷江映秀段的泥石流形成堰塞湖后，迫使岷江改道，引发了较大的洪涝灾害。

据不完全统计，只有极少量的堰塞湖会一直保持不溃决的状态，形成稳定堰塞湖；而在短期内（10d）发生溃决的堰塞湖也仅仅不到一半，大部分的堰塞湖都会经历一个积累的过程，最后形成高危堰塞湖，从而对上下游的人民群众生命财产安全形成巨大威胁。

为降低堰塞湖风险、消除隐患、减少危害，必须对堰塞湖实施人为处置。如果不实施人为处置，堰塞湖一般会自然溃决，所造成的损害可能远大于引发堰塞湖的灾害本身造成的损害。如 1933 年，四川茂县发生地震，数千人不幸罹难，而震后堰塞湖的溃决，却夺去了 2 万多人的生命。

因此，认识和掌握堰塞湖的特点规律，安全、科学、快速的处置各类堰塞湖险情，最大限度地减少危害和消除隐患，对保障中国特色社会主义建设成果、保障人们生命和财产安全、实现我国持久繁荣稳定具有重大现实意义。

长期以来，国内外对堰塞湖的研究虽然越来越广泛，但大多还停留在对个例的研究，缺少比较全面、系统和权威的堰塞湖应急处置标准。为最大限度降低堰塞湖的危害，提高堰塞湖应急处置效率，保障堰塞湖影响区人民群众生命财产安全，维护社会稳定，汶川大地震后，由水利部牵头，组织全国有关单位和专家，研究制定了《堰塞湖风险等级划分标准》（SL 450—2009）和《堰塞湖应急处置技术导则》（SL 451—2009）两项行业标准，于2009年5月颁布实施。

一般来说，堰塞湖形成需具备四个基本条件：①地理条件：区域内有江河流过，且河床宽度不大，尤其以Ｖ形河谷更有利于堰塞湖的形成；②地质条件：在地震、降雨、融雪以及人类活动等因素的作用下，岸坡的山体有发生大型滑坡、崩塌、泥石流等山地灾害的可能；③水源条件：上游有充分的水源条件或汇流条件；④蓄水条件：堰塞体必须具备一定的挡水能力，储水到一定程度便形成堰塞湖。

（2）堰塞湖分类。

1）按照《堰塞湖风险等级划分标准》（SL 450—2009），依据堰塞湖的库容大小，可将堰塞湖的规模划分为大型、中型、小（1）型和小（2）型，堰塞湖规模划分见表8-1。

表 8-1                 堰 塞 湖 规 模 划 分 表

| 堰塞湖规模 | 堰塞湖库容 $V$/亿 $m^3$ | 堰塞湖规模 | 堰塞湖库容 $V$/亿 $m^3$ |
|---|---|---|---|
| 大型 | $\geqslant 1.0$ | 小（1）型 | $0.01\sim 0.1$ |
| 中型 | $0.1\sim 1.0$ | 小（2）型 | $<0.01$ |

2）根据堰塞湖的形成原因，可将堰塞湖分为滑坡型堰塞湖、崩塌型堰塞湖、泥石流型堰塞湖、熔岩型堰塞湖、冰碛型堰塞湖五类。

滑坡型堰塞湖。滑坡型堰塞湖是最为常见的一种。主要是由于河谷两岸的山体发生滑坡堵塞江河形成。导致山体滑坡的原因可能是地震、降雨、融雪、人类工程活动等。如唐家山堰塞湖就是因地震引起右岸巨大滑坡体裹挟巨石、树木、泥土等瞬时滑入湔江河道后形成。通常，滑坡型堰塞湖具有以下特征：①堰塞区域大，阻塞河段长；②堰塞体体积大，堰体高，蓄水量大，回淹面积广，溃决危害大；③堰塞体存留时间长；④堰塞体以土石混合型居多，以漫顶导致溃坝的多，渗漏方式破坏的少。

崩塌型堰塞湖。崩坍型堰塞湖是江河两岸的山体发生崩塌，阻断江河形成。其诱发原因主要是地震、降雨、风化及人类工程活动等。2008年5月，汶川大地震所形成的256处堰塞湖中有近1/3为崩塌型堰塞湖，其中具有代表性的是岷江映秀段老虎嘴堰塞湖。通常，崩塌型堰塞湖具有以下特征：①堰塞体一般是以大块石、块石和碎石堆积为主；②堰塞体结构较为松散，抗渗能力差，易发生堰体渗流；③堰塞体通常规模中等，留存时间长，若大块石较多，则不易开挖泄流槽；④破坏方式除漫顶溃决外，更易发生渗流破坏和塌滑破坏。

泥石流型堰塞湖。泥石流型堰塞湖通常是由于地震、降雨、冰湖溃决、融雪等原因引发泥石流堵塞江河形成。如2010年8月7日，受强降雨影响，甘肃舟曲白龙江左岸三眼峪发生了大型泥石流灾害，泥石流堆积物淤积在三眼峪入江口至瓦厂桥约1km的河道内，厚约9m的淤积体阻断白龙江，舟曲县县城受灾严重。通常，泥石流型堰塞湖具有以下特征：①堰塞体高度较小，面积较大，有时甚至不会形成明显的堰塞坝；②堰塞体构成物含水量高，流动性强，通常颗粒较小；③少数堰塞体存留时间短，即冲即消；④对河道的淤积作用强，溃决风险小。

熔岩型堰塞湖。熔岩型堰塞湖是由火山爆发产生的熔岩流堵塞河道形成熔岩型堰塞湖。我国有多座著名的熔岩堰塞，如黑龙江省东南部的镜泊湖，为世界最大火山熔岩堰塞湖。黑龙江省的五大连池也是由 14 座火山爆发形成，在河道上形成了 5 个一连串的堰塞湖，故得名。

冰碛型堰塞湖。冰碛型堰塞湖是由冰碛物堵塞部分河床后形成的湖泊称为冰碛型堰塞湖，如哈萨克斯坦境内的巴尔喀什湖就是世界知名的冰碛堰塞湖。

我国新疆的天山天池也是天然的冰碛湖。还有黄河、黑龙江、松花江都易形成冰碛型堰塞湖。

因熔岩型堰塞湖、冰碛型堰塞湖不常见，且应急处置更为复杂。目前，国内对堰塞湖的应急处置研究多为针对山体滑坡、崩塌、泥石流等形成的堰塞湖。

3）按照堰塞体堆积材料成分，堰塞湖可分为堆石型、土质型、土石混合型和其他类型。

堆石型堰塞湖。堰塞体主要以巨石、大块石、块石为主组成，兼夹杂碎石与土料。其特点是：堰塞体结构空隙较大，自然搭配不均一，结构相对稳定，极易产生堰体渗流，一般堰塞体顶部较难形成过流，不易整体溃决。

土质型堰塞湖。堰塞体主要以风化层、覆盖层土料为主，兼夹杂强风化或卸荷岩体。其特点是：结构中等密实，堰体本身透水性较差，顶部极易产生溢流。易发生较大程度的溃决，直至全溃。

土石混合型堰塞湖。堰塞体主要以土料和风化岩石料组成，成分基本对等。其特点是：结构自然搭配，较为密实，堰塞体本身透水性较差，易形成顶部溢流，也易发生一定程度的溃决，但规模比土质型堰塞体要小。

其他类型堰塞湖。堰塞体主要以土石材料之外的其他堆积物组成。其特点是：堰塞体成分比较特殊，不像普通土石堰塞体的一次性成型，通常其体积随着冰凌或熔岩的聚集而逐渐增加，堰塞湖的规模会逐渐变大。

4）按稳定程度分类，根据堰塞体的稳定程度，可将堰塞湖分为危害型、稳定型、暂时型三种。

危害型堰塞湖。堰塞湖形成以后，河道完全被堵塞，堰体不渗水或渗水量较少，湖内水流只进不出或出水量少于进水量，蓄水逐渐增多，水位逐渐增高，而堰塞体又不稳定，当湖水积累到一定程度，堰塞体发生溃决，巨大的水流和能量被释放出来，形成洪峰或泥接连垮塌，其破坏更是不可估量。同时，因湖水水位上涨，造成上游地区淹没，也会造成很大的损失。堰塞体溃决时间很难确定，主要取决于堰塞体的稳定程度和湖水上涨速度，很有可能在几天后甚至几年后溃决。部分专家认为，形成具有危险性的堰塞湖需具备三个要素：①堰塞体最大高度大于 10m；②库容大于 10 万 $m^3$；③上游集雨面积大于 $20km^2$。

稳定型堰塞湖：堰塞湖形成以后，河道并没有被完全堵死，或渗流量很大，或有其他的通道导致河流改道，或进水量不大等，使湖内进水量与出水量保持平衡。同时，形成的

213

堰塞体较为稳定，不易发生渗流破坏和冲刷破坏，这样，堰塞体可以保持很长的时间，随着堰塞体的胶结、硬化，形成稳定的堰塞湖。这类堰塞湖一般不会造成什么灾害，还可成为美丽的风景区，如前所述的重庆小南海堰塞湖。

暂时型堰塞湖。也称即冲即消型堰塞湖。一般指河流被崩塌、滑坡、泥石流等物质阻塞形成堰塞湖后，堰塞体非常不牢固，很快被河水冲走，或湖水少量积累后低水位溃决。这种堰塞湖水量较小，水位较低，溃决能量较小，一般不会造成很大危害。

（3）堰塞湖的危害。堰塞湖的形成，通常是不稳定的地质状况所构成，当堰塞体受到冲刷、侵蚀、溶解、崩塌等作用，堰塞湖便会出现"溢坝"，最终会因为堰塞湖构体处于极差地质状况，演变"溃堤"而瞬间山洪暴发的洪灾或泥石流，对下游地区有着毁灭性破坏。天然堰塞湖绝大多数最终都是要溃决的。

在我国的历史上，堰塞湖所造成的巨大灾害屡见不鲜。1786年，四川康定发生了里氏 7.5 级大地震，滑坡（崩塌）导致大渡河断流，10d 后，堰塞湖溃决，洪水顺流而下直到湖北宜昌才逐渐平复，吞噬了沿河两岸的村镇、城市，伤亡数十万人。1933 年，四川茂县叠溪发生里氏 7.5 级大地震，地震引发的滑坡和崩塌堵断岷江干流及支流形成了十几处堰塞湖，其中最大的有 3 处，叠溪至两河口的岷江干流断流达 45d 之久。堰塞湖溃决后的洪水扫荡了叠溪以下的岷江峡谷和成都平原，毁坏的民房、农田、桥梁等不计其数，并导致了 2 万多人死亡。2000 年 4 月，西藏雅鲁藏布江二级支流易贡藏布下游左岸发生了特大型滑坡，约 3 亿 m³ 的松散固体物质在易贡藏布上形成了高 130m，长 1500m 的堰塞坝，使易贡湖的湖水猛增到 2.3 亿 m³，水位涨幅达 55.36m，于 6 月 10 日局部溃决，形成特大洪流，最大洪峰流量达到 12.4 万 m³/s，使下游易贡藏布、帕隆藏布沿途两岸河谷坡脚受到严重冲刷，两岸谷坡约 10km² 森林被毁，河岸多处出现新的滑坡、崩塌灾害，形成了巨大的灾害链，直接损失达 2.8 亿元。下泄洪水引起下游河道泛滥，进一步造成灾害和人员伤亡。

堰塞湖与人类为兴水利而修建的水库大坝完全不同，其主要险情为危险松散土（石）体堵塞河道，影响河道水流正常下泄，以致壅高水位，随着蓄水量的逐步增加，水位抬高，堰塞体受渗流、漫顶、冲刷、塌滑等影响，极易垮塌，形成类似溃坝灾害。

堰塞湖的危害主要体现在四个方面：①对堰塞湖上游的淹没灾害；②堰塞湖溃决导致的下游异常洪水或泥石流灾害；③堰塞湖的泄流或溃决对下游河道造成淤积，河床抬高，影响河道的行洪能力，同时也会对下游河道产生强烈冲刷，有时甚至会使河道改道；④堰塞湖泄洪后残留的堰塞体在强降雨的作用下转化为泥石流灾害。

其中尤以堰塞湖溃决对下游造成的洪水灾害危害最大。

堰塞湖的危害十分巨大，堰塞体越高，蓄水越多，破坏力就越强，危害就越大。而且，堰塞湖灾害还具有滞后性，且历时相对较长。堰塞湖从开始蓄水到溃坝通常要经过一段时间，如果在这段时间内采取有效的应急措施，是完全可以避免和减轻灾害损失的。

## 8.1.2　堰塞湖处理特点及方法

堰塞湖的处置一般分为三个阶段：应急处置阶段、后续处置阶段和后期整治阶段。这里主要涉及应急处置阶段。

堰塞体处理原则为：①以人为本，把确保人民群众生命安全放在首位，尽量减少损失，避免伤亡，按照统筹兼顾、综合风险最小的原则；②坚持主动、及早、安全、科学、快速的指导方针；③坚持工程措施与非工程措施、排险与避险相结合的原则，不发生次生灾害；④应急处置与后续处置、长期综合治理相结合的原则。

堰塞湖应急处置包括工程措施和非工程措施，条件允许时宜对工程措施和非工程措施进行方案比较。工程措施包括对堰塞体、淹没区滑坡与崩塌体、下游河道内建筑物及可能淹没区内设施等的处理方案。非工程措施包括上下游人员转移、通信保障系统以及必要的设备、物资供应、运输保障措施和会商决策机制等。

（1）堰塞体处理特点。堰塞体溃决突发性强，应急处置时间紧迫。一是堰塞体结构不明，溃决形式和程度难以确定；二是水文气象预测预报难度大，溃决时间难以判断。因此，堰塞湖应急处置就是与时间赛跑，要求抢在洪水来临之前，迅速排除险情，应急处置时间非常紧迫。

施工条件恶劣，应急处置难度大。堰塞湖一般地处高山峡谷的偏远地区，地势险峻，交通极为不便。陆路交通往往中断，机械设备难以到达，且无电力供应等条件，即便临时抢通，路况条件较差，通行能力有限。另外，施工现场一般极为狭窄，大型机械设备难以展开作业，无法高强度连续作业，应急处置措施实施难度极大。

不安全因素多，应急处置危险大。一是库区极有可能存在不稳定的山体，随时可能出现新的滑坡；二是上游遭遇较强降雨，将出现较大洪水，水位急速上升，堰塞体提前溃决；三是堰塞体可能存在薄弱部位，处置过程中发生坍塌甚至部分溃决；四是应急处置时对堰塞体产生破坏，导致在处置过程中溃决；五是周边山体滑坡、滚石等，对应急处置现场构成安全威胁。这些不安全因素，随时可能造成对现场处置人员和设备的伤害，危险性极大。

（2）堰塞体处理方法。在堰塞湖的应急处置上，一般应根据不同堰塞湖的特点及现场情况，迅速制定一套操作简单但又快速有效的减灾措施，尽最大可能降低湖水水位、减少蓄水，减少对堰塞体上游地区的淹没损失；同时，采取措施控制下泄流量，减轻洪水对下游河道和河岸的破坏，减小发生重大次生灾害的几率，确保下游群众和施工人员生命安全。堰塞湖应急处置的基本方法和要求是"疏导、引流、降水、控制下泄"。

堰塞湖应急处置的工程措施主要有以下几类：①堰塞体开渠泄流、引流冲刷、拆除，上游垭口疏通排洪、湖水机械抽排、虹吸管抽排、新建泄洪洞等湖水排泄措施；②下游建透水坝壅水防护；③下游河道与影响区内设施防护和拆除；④堰塞湖内水位变化和下游河道洪水冲刷可能引起的地质灾害体的防护。

根据堰塞体的不同性状，主要采取的应急处置方式有：①开槽引流；当堰塞体体积较大、不易拆除，其构成物质以土石混合物为主，具备水力快速冲刷条件时，经论证可在堰塞体上以爆破或机械开挖引流槽，利用引流槽过水后水流的冲刷逐步扩大过流断面，增大泄流能力，降低堰塞湖水位；②开渠泄流；当堰塞体体积较大、不易拆除，但其构成物质以大块石为主，不具备快速水力冲刷条件时，可在合适的部位，采取机械或爆破方式另行开挖泄流渠；③拆除堰塞体；当堰塞体体积较小，具有在较短时间内拆除的可能性，拆除期溃决不会对施工人员、设备及下游造成危害时，可对堰塞体进行机械或爆破拆除，恢复河道行洪断面；④固堰成坝方式；这种方式适用于堰塞体结构比较稳定、坚固，判断堰顶过水不会冲垮堰体，可以等待汛期过后、具备条件时再进行处理；或是堰塞体方量很大，湖水短时间不会漫溢，可以从容进行处理；并改造成永久性的水坝和水库，将害转化为利；处理包括加固处理堰塞体和设置溢洪道两个方面；2014 年 8 月 3 日，云南鲁甸 6.5 级地震，引发牛栏江红石岩村的右岸山体崩塌，堵塞牛栏江，形成的红石岩堰塞湖，经规划将堰塞体加固后形成大坝，建成水电站；⑤其他处置方式；堰塞体其他应急处置方式包括自然溃决、新建泄洪洞、机械或虹吸抽排等方式。

部分常见堰塞湖类型的处置方法及效果比较见表 8-2。

表 8-2　　　　　部分常见堰塞湖类型的处置方法及效果比较表

| 成因类型 | 堰塞湖所在地点及名称 | 堰塞坝方量/万 m³ | 库容/万 m³ | 应急处置方法 | 处置效果比较 |
|---|---|---|---|---|---|
| 滑坡型堰塞湖 | 四川北川唐家山 | 2037 | 30200 | 开挖泄流渠 | 排除险情，效果良好 |
| | 西藏易贡 | 37500 | 225900 | 开挖泄流渠 | 堰体溃决，造成下游洪灾 |
| | 四川平武文家坝 | 600 | 686 | 开挖泄流渠 | 水位降低，下游冲淤严重 |
| | 四川汉源猴子岩 | 100 | 0.6 | 自然过流＋爆破 | 排除险情，效果良好 |
| | 四川安县肖家桥 | 228 | 2000 | 开挖泄流渠 | 排除险情，效果良好 |
| 崩塌型堰塞湖 | 四川什邡马槽滩 | 200 | 120 | 爆破 | 排除险情，效果良好 |
| | 重庆鸡尾山 | 1200 | 49 | 抽水＋堰体防渗 | 排除险情，效果良好 |
| | 四川映秀老虎嘴 | 100 | 200 | 爆破＋开挖 | 排除险情，效果良好 |
| | 四川彭州凤鸣桥 | 24 | 150 | 危害小，无需处理 | 自然溃决，排除险情 |
| | 云南鲁甸红石岩 | 1100 | 26000 | 爆破开挖泄流渠，后期加固建成水电站 | 排除险情，加固改建 |
| 泥石流型堰塞湖 | 甘肃舟曲 | 750 | 150 | 河道清淤＋爆破 | 排除险情，效果良好 |
| | 四川汶川毛家湾 | 3 | 400 | 开挖泄流 | 排除险情，效果良好 |
| | 四川唐家山大水沟 | 30 | | 危害小，无需处理 | 自然溃决，排除险情 |
| | 西藏隆达错 | 65 | | 危害小，无需处理 | 自然溃决，排除险情 |
| | 西藏樟藏布沟 | 100 | | 危害小，无需处理 | 自然溃决，排除险情 |

### 8.1.3　堰塞湖泄流渠爆破

堰塞湖应急处理的方法很多，这里仅就堰塞体成槽泄流的泄流渠爆破方法作一介绍。堆石堰塞体的快速成槽爆破，可采用裸露接触抛掷爆破（或扬弃爆破），或挖坑装药的内部抛掷爆破。根据泄流槽断面尺寸、堰塞体断面及地形地质条件，布置单排、双排或多排药包。泄流槽较深时可进行多次分层抛掷爆破。堰塞湖爆破大多处于山区旷野，附近很少有需要防护的建筑物，但应对爆破的危害影响应做出评估，尤其应对爆破振动和空气冲击波作用进行分析计算，防止上部山体失稳形成新的地质灾害。

（1）泄流渠爆破参数。

1）裸露接触爆破。采用裸露接触爆破法开挖块石堰塞体泄流渠时，根据设计泄流的渠宽度、深度、长度来确定药包排数或个数，以及其他爆破参数。

药包排数的确定，按式（8-1）计算，取整数：

$$m = D/(1.5H) - 1 \qquad (8-1)$$

式中 $m$——药包排数；

$D$——泄流沟渠的设计宽度，m；

$H$——拟破碎深度，m。

药包个数的确定，按式（8-2）计算，取整数：

$$N = [L/1.5H - 1]m \qquad (8-2)$$

式中 $N$——总的装药包个数；

$L$——设计的沟渠长度，m；

其他符号意义同前。

药包的间距、排距均为 $1.5H$，当设置 2 排药包时可对称布置，当设置 3 排以上药包时宜交错布置。

单个药包装药量，按式（8-3）计算：

$$Q = 9K_Q H^3 \qquad (8-3)$$

式中 $Q$——单个药包装药量，kg；

$H$——拟破碎深度，m；

$K_Q$——岩石抗力系数，根据岩石性质确定，取值范围为 $1.5 \sim 5.0$，岩石坚硬取大值，岩石软弱取小值。

总药量，按式（8-4）计算：

$$\sum Q = NQ \qquad (8-4)$$

2）内部（埋设）药包爆破。采用内部爆破法开挖泄流沟渠时，应根据设计要求的泄渠开口宽度、底宽、深度、长度来确定爆破参数。

药包排数的确定，应满足设计的泄流渠宽度要求，按式（8-5）计算：

$$m = kD/P - 1 \qquad (8-5)$$

式中 $m$——装药的排数；

$k$——随爆破作用指数 $n$ 值变化的系数，一般为 $0.4 \sim 1.0$，$n$ 值越大取值越小，通常取 $n=2$，则 $k=0.7$；

$D$——泄流渠的设计口宽；

$P$——泄流渠的设计深度，当 $n=2$ 时，$P=1.4h$，$h$ 为药包最小抵抗线。

考虑满足底宽要求时，可按式（8-6）计算：

$$m = kD'/P + 0.4 \qquad (8-6)$$

式中 $D'$——泄流渠设计底宽；

其他符号意义同前。

药包个数按式（8-7）计算：

$$N = (L/r - 1)m \qquad (8-7)$$

式中 $N$——总的药包个数；

$L$——设计的沟渠长度，m；

$r$——为药包的间距、排距，m；

其他符号意义同前。

药包的间距、排距均为$r$，当布置2排药包时要对称布置，布置3排药包时要交错布置。

单个药包装药量按式（8-8）计算：

$$Q = K'_Q W^3 \qquad\qquad (8-8)$$

式中　$Q$——单个药包装药量，kg；

　　　$W$——最小抵抗线长度，m；

　　　$K'_Q$——装药系数。

装药系数为经验参数，依靠设计者的经验选取。同时，应根据岩土性质、爆破作用指数$n$及现场地形条件等确定，取值范围为3~17，土岩越坚硬取值越大，$n$值越大取值越大，反之取值就越小。当为较平坦地形时取较小值，当在凹洼和沟内加深爆破时取较大值。

因为堰塞湖地段环境复杂，气候情况多变，药包布置在渣堆中，从防水防潮和施工方便考虑，一般选用防水性能好、爆破威力较强的乳化炸药。

（2）泄流渠起爆网路。在堰塞湖爆破时，为确保爆破效果和起爆网路的安全，不管是大石解小爆破，还是裸露接触爆破或挖坑抛掷爆破，均宜同时起爆，同一网路不需分段。采用导爆索起爆网路，所有药包全部用导爆索引出后连通起爆。也可采用非电起爆网路，在所有药包内装相同段位的高段位非电毫秒雷管（8~11段），再以非电毫秒雷管1段将所有药包连通后用电雷管起爆。

（3）块石裸露爆破。

1）常规药包裸露爆破。在形成的堰塞体中，表面往往块石成堆、高低不平，堰塞体表面的巨大块石、边坡危石和悬石，以及机械无法挖装的块石，通常采用裸露爆破法施工，块石裸露爆破亦称为巴炮、贴炮、明炮。

裸露爆破用于堰塞体泄流渠开挖较大的孤石时，爆破空气冲击波较强，个别碎块石飞散很远，易造成建筑物、设备的损伤，人员的伤害，应采取必要的防护措施。

裸露爆破的药包布置可分为两种情况，其一是只需将孤石炸裂、破碎便于设备清除，这时可将药包放于孤石的平面或凹面，最好放在孤石的中心，用黏土封闭覆盖，其覆盖厚度应大于药包直径，黏土内不得有石块和杂物，裸露爆破破碎块石装药见图8-1。其二是将药包放置于孤石侧面或下方，并用土或石渣覆盖药包，将孤石爆破破碎，裸露破碎孤石药包布置见图8-2。

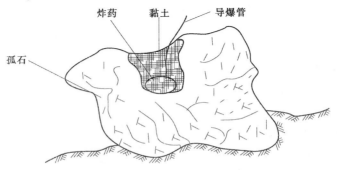

图8-1　裸露爆破破碎块石装药示意图

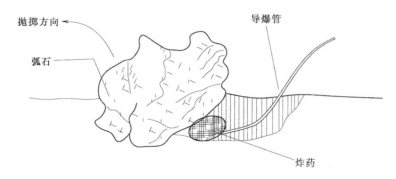

图 8-2 裸露破碎孤石药包布置示意图

破碎孤石炸药单耗可在 0.6～1.0kg/m³ 范围内选取，岩石坚硬，整体性好，又无凹面可利用时，选用大值；反之，选用小值。孤石抛掷爆破时，炸药单耗量可在 1～2kg/m³ 范围内选用，孤石炸药量还应根据药包安放的位置对抛掷方向是否有利及抛掷远近的要求综合确定，当孤石有部分或大部分的体积埋入土中时，可在孤石旁或底部挖药洞埋入药包，药包药量可按式（8-9）计算：

$$Q = KV \qquad\qquad (8-9)$$

式中　Q——用药量，kg；

　　　K——标准抛掷时岩石的单位耗药渣量，kg/m³；

　　　V——孤石的体积，m³。

堰塞体内的中小型孤石裸露爆破单位用药量可参照表 8-3 选用。

表 8-3　　　　　　　　　　中小型孤石裸露爆破单位用药量表

| 岩石等级 | 大块边长 0.5～0.6m，约 5～8 块/m³ | | 大块边长 0.7m，约 3 块/m³ | | 单位炸药耗量 K/(kg/m³) |
|---|---|---|---|---|---|
| | 平均体积/m³ | 每块岩石炸药用量/kg | 平均体积/m³ | 每块岩石炸药用量/kg | |
| Ⅳ | 0.15～0.20 | 0.25 | 0.33 | 0.44 | 1.3 |
| Ⅴ | | 0.28 | | 0.47 | 1.4 |
| Ⅵ | | 0.30 | | 0.50 | 1.5 |
| Ⅶ | | 0.32 | | 0.53 | 1.6 |
| Ⅷ | | 0.34 | | 0.57 | 1.7 |
| Ⅸ | | 0.36 | | 0.60 | 1.8 |
| Ⅹ | | 0.38 | | 0.64 | 1.9 |
| Ⅺ | | 0.40 | | 0.67 | 2.0 |

在堰塞体上大块岩石裸露爆破时，其岩石体积与药量关系见表 8-4。

表 8-4　　　　　　　　　　裸露爆破岩石体积与药量关系表

| 大块石体积 V/m³ | 0.5 | 1.0 | 1.5 | 2.0 | 3.0 | 4.0 | 5.0 |
|---|---|---|---|---|---|---|---|
| 装药量 Q/kg | 1.1 | 1.5 | 2.0 | 2.5 | 3.1 | 4.5 | 5.5 |

堰塞体岩石裸露爆破可为孤炮或群炮爆破，采用群炮爆破时可采用非电导爆管雷管共同

起爆，药包位置应放置适当，使先爆的药包不至影响邻近其他块石的药包。裸露爆破一般采用筒装炸药，当采用散装药时，应采用防潮材料捆绑牢靠，防止炸药受潮并利于安放炸药。

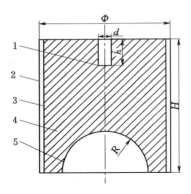

图 8-3　聚能药包示意图
1—雷管孔；2—包装纸壳；3—外壳；
4—药柱；5—聚能穴

2）聚能药包裸露爆破。在堰塞体块石裸露爆破时，可采用聚能装药爆破法对块石进行破碎，聚能穴的形状宜采用半球形。聚能药包破碎大块石的优点是：不需打孔、施工简单、劳动强度低、爆破效果好、安全性比常规裸露药包高。

聚能药包所使用的炸药有硝铵炸药压制型、RDX 和 TNT 混合熔铸型、RDX 和乳化炸药混装型。聚能穴的形状多采用半球形，聚能药包见图 8-3。聚能药包加工简单、破碎能力较大。

目前，国内生产用于破碎大块石的有 PS 型等规格聚能药包，其药柱为 $50\% \sim 70\%$ 的 TNT 和 $50\% \sim 30\%$ 的 RDX 熔铸炸药，炸药密度为 $1.66 \mathrm{g/cm^3}$，爆速高达 $7750 \mathrm{m/s}$。PS 型聚能药包的药柱结构尺寸与破碎能力见表 8-5。

表 8-5　　　　　　　　　　　　PS 型聚能药包的药柱结构尺寸与破碎能力表

| 型　号 | 药柱质量 /g | $H$ /mm | $\phi$ /mm | $R$ /mm | $d$ /mm | $h$ /mm | 岩石普氏系数 $f$ | 破碎大块石能力/m³ |
|---|---|---|---|---|---|---|---|---|
| PS-1 | 500 | 80 | 70 | 25 | 8 | 40 | 8~20 | 1.0~1.5 |
| PS-2 | 800 | 80 | 90 | 30 | 8 | 40 | 8~20 | 1.5~2.5 |
| PS-3 | 1000 | 90 | 100 | 40 | 8 | 40 | 8~20 | 2.5~3.5 |
| PS-4 | 1500 | 100 | 110 | 40 | 8 | 40 | 8~20 | 3.5~4.5 |
| PS-5 | 2000 | 105 | 130 | 45 | 8 | 40 | 8~20 | 4.5~6.0 |

施工中应将聚能药包垂直放置在大块石或孤石的顶面中心平整的部位，并将聚能穴朝下，在聚能药包上部用泥沙覆盖。

近年来，在矿山推广采用了一种水封聚能药包破碎法，它是在模具内压制 2 号岩石炸药制成定型的聚能药包，药包重量有 500g、1000g、1500g 数种。施工时，将一种专制的八角形充水塑料袋在聚能药包上进行覆盖封闭，这种水封方法，可获得较好的破碎效果，并能进一步降低炸药消耗量，并有一定控制岩尘和飞石的作用。

### 8.1.4　工程实例

#### 8.1.4.1　小岗剑堰塞湖泄流爆破

（1）处理要求。小岗剑堰塞湖位于四川省绵竹市绵远河上游，系 2008 年四川汶川 8.0 级地震形成。堰体顺河长 300m 左右，宽 200m，最大堰体高度约 80m，堰体体积约 200 万 m³，为块石堰体结构，堰体内蓄水已达 1000 万 m³，堰前水深达 60m，堰塞湖的水位以每天 0.8m 的速度上涨，严重威胁着下游 20 多万人的生命财产安全。由于道路完全中断，四川省抗震救灾指挥部决定，立即空投人员及爆破器材，对堰体进行爆破处理，要求炸开底宽 10m、深 3m 的泄流渠道，尽早泄流，降低库水位缓解险情。

（2）爆破方案。该堰塞湖的堰体左侧相对低洼，表面全是大块石，人员到达现场后迅速拟定了如下方案：① 在堰体左侧相对低洼处爆破加深形成泄流渠，在堰体顶部顺河长 40m、宽 15m 范围内，先将表面大块石全部炸碎，选用乳化炸药，炸药总量 480kg；② 分两层进行裸露接触药包爆破，每层爆破破碎深度为 1.5m；③ 第一层爆破范围为顺河长 25m，宽 15m，设置 6 排药包、每排布置 10 个药包，间排距均为 2.2m，每个药包重 92kg，总药量为 5520kg。药包内均设置 11 段非电毫秒雷管，引出后与 1 段非电毫秒雷管连接，在距起爆点 1500m 的湖面上用电雷管引爆；④ 第二层爆破范围为顺河长 40m，宽 12m，共设置 5 排炸药包、每排布置 16 个药包，药包的间距、排距均为 2.3m，每个药包重 96kg，共用炸药 7680kg。由于一次爆破药量太大，容易引发其他灾害，把总装药量平均分成两次爆破，爆破时先爆下游，后爆破上游，每次起爆 3840kg 炸药，起爆方式与第一层相同。

（3）爆破效果。2008 年 6 月 12 日 10 时 10 分实施最后一次爆破，爆破后泄水渠口立即开始过流。由于爆破时泄水渠底部破碎充分，过流后冲刷比较快，泄流量逐步加大，堰塞湖湖内水位快速下降，排除了险情。

### 8.1.4.2 贵州印江堰塞湖泄流岩塞爆破

（1）处理要求。1996 年 9 月 18 日，贵州省印江县峨岭镇发生一起特大型山体滑坡，230 万～240 万 m³ 的滑坡岩体阻断印江河，河水上涨，淹没了距滑坡体上游 4.6km 的朗溪镇，造成特大自然灾害。更为严重的是堰塞湖水位连续上升形成了约 3000 万 m³ 的库容，危及下游城镇安全。

为防止堰塞体溃决，减缓上游灾情，必须尽快下泄上游洪水，经比较因堰塞体石方量巨大，交通不便，难以开挖泄槽，决定采用开凿泄洪洞方案。选择河流左岸布置一条断面为 7m×7m，长 717m，纵坡 0.5% 的城门洞形的泄洪洞。隧洞进水口位于滑坡体上游 250m 处的凹岸河湾地带，进水口采用岩塞爆破，岩塞直径 6m，实施爆破时岩塞口处于水深 25.52m。

为了满足堰塞湖下泄流量和施工安全，岩塞布置为截头圆锥体。岩塞底部开口直径 $D=6m$，岩塞中心岩石厚 $H=6.5m$，覆盖层厚 3m，岩塞厚度与直径比 $H/D=1.08$。岩塞中心线与水平线夹角 30°，岩塞体倾角 60°。岩塞体积为 432m³，覆盖层体积为 289m³。

（2）爆破设计。岩塞体位于灰岩地层，岩石节理裂隙发育，风化严重，如果采用洞室爆破方案，在开挖导洞、药室时将产生大量漏水，处理十分困难，难以保证施工安全。因此，采用全排孔爆破方案，岩塞中心线与主炮孔、预裂孔聚焦点见图 8-4。

炮孔布置及装药量计算：在岩塞中心布置一个中心空孔，为掏槽孔爆破提供临空面，孔径 $D=107mm$。距离岩塞中心线 0.3m 的圆周上，平行中心线布置 4 个垂直掏槽孔，孔径 $D=107mm$。距岩塞掌子面距中心 0.8m、1.6m、2.6m 的圆周上布置 3 圈 40 个主炮孔，主炮孔深 5.4～6m，呈散射状，孔径 $D=107mm$。为有效控制爆破成形，并减少爆破对围岩的振动影响，沿岩塞周边布置 1 圈预裂孔一共 60 个，呈散射状，孔径 $D=50mm$。造孔深度均控制距上游岩石面在 0.8～1.2m 范围，岩塞掌子面呈散射状布置 3 圈主炮孔见图 8-5，岩塞周边呈散射状布置 1 圈预裂孔见图 8-6。

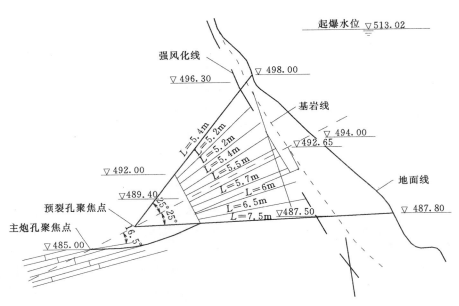

图 8-4 岩塞中心线与主炮孔、预裂孔聚焦点示意图

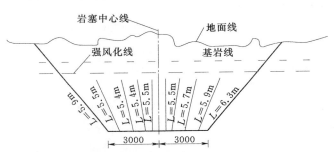

图 8-5 岩塞掌子面呈散射状布置 3 圈主炮孔图（单位：mm）

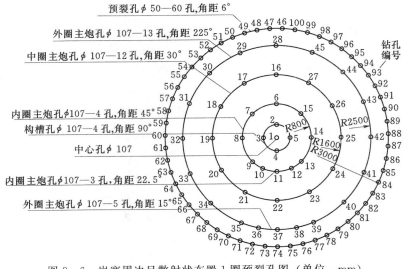

图 8-6 岩塞周边呈散射状布置 1 圈预裂孔图（单位：mm）

根据岩性和工程类比，经计算确定爆破参数，岩塞爆破的单位耗药量选为 $K = 2.33kg/m^3$，总装药量 1079kg。

爆破网路设计：岩塞采用毫秒微差爆破，其最大单响药量为 504kg。爆破网路为复式并串并电爆网路，起爆电源为 380V 动力线，其起爆次序为：预裂孔→掏槽孔→内圈主炮孔→中圈主炮孔→外圈主炮孔。

用岩塞爆破技术处理堰塞湖，其目的是将湖中的水放空，无其他特殊要求，岩塞爆破采用直接排渣方案，不设置缓冲坑。

（3）施工。岩塞体爆破施工步骤：①测量放样；岩塞体呈截头圆锥体，除中心孔和掏槽孔平行布置外，其余炮孔布置成散射状，炮孔的空间角度不同，主炮孔和预裂孔各有一个聚焦点；造孔前用全站仪放样确定两个聚焦点，聚焦点埋设固定桩位，通过这两点放样确定岩塞掌子面上各炮孔孔位；炮孔孔位用醒目油漆标出，造孔时在岩塞掌子面的孔位点和聚焦点之间拉方向线，指导和调整造孔角度；②造孔；塞爆破预裂孔均采用直径 50mm 钻头，主炮孔采用直径 105mm 的钻头；造孔顺序为先造贯穿探测孔和超前灌浆孔，准确测定岩塞体厚度，并根据渗漏状态实施灌浆处理；随后施工预裂孔、空孔、掏槽孔、主炮孔，一次造孔至设计深度；③灌浆止漏；大面积漏水采用水泥灌浆；钻孔漏水量大于 $0.3m^3/h$，采用丙凝或聚氨酯灌浆；钻孔漏水量小于 $0.3m^3/h$，采用水泥水玻璃浆液灌浆，灌浆压力大于孔内水压力 $0.3 \sim 0.5MPa$。施工中在主炮孔位置先造小直径的主炮孔探孔，利用主炮孔探孔进行灌浆封闭，待浆液凝结后，再扩孔。

（4）爆破效果。该泄洪洞从 1996 年 11 月 23 日挂口至 1997 年 3 月 20 日开挖至岩塞爆破掌子面，历时 117d，完成钻孔进尺 708.84m，于 1997 年 4 月 1 日 16 时实施岩塞爆破，上游水深 25.52m，爆破后最大下泄流量 $338m^3/s$，达到设计流量，3d 内放空堰塞湖，解除了上、下游险情。

# 8.2 堤坝分洪爆破

当江河水位或流量达到或超过规定的分洪标准时，在预先选定的分洪和蓄洪区，常采用爆破实施破堤分洪。我国于 2003 年 7 月淮河干流面临 13 年来最大的洪水，为保障淮河下游两岸重要工业城市的安全，于 7 月 6 日果断地在唐垛湖下游口门大堤进行了炸堤分洪，炸撕开一个长约 1500m 的堤口，及时泄洪，有效缓解了淮河下游水情。

### 8.2.1 分洪断面计算

堤坝分洪是发生超标准洪水时的特殊应急措施，正确确定分洪过流断面十分重要，通常通过计算确定，有条件时进行模型试验验证。过流断面深度与河堤堤坝的高度等有关，同时常受施工条件限制的影响，一般为 $2 \sim 5m$。临时布药爆破时，过流断面可按有坎宽顶堰流量公式进行反推估算用式（8-10）计算：

$$B = \Phi Q / H^{\frac{3}{2}} \tag{8-10}$$

式中　$B$——爆破后形成断面的平均宽度，m；

　　　$Q$——要求爆破后的分洪流量，$m^3/s$；

$H$——分洪口门过水深度，与堤坝的材质、水位及爆破参数等有关，m；

$\Phi$——流量系数，一般可取 0.63。

常规河堤以土质堤坝居多，爆破形成分洪决口后，随水力冲刷将随之有所扩展，其泄洪流量与决口深度、宽度，以及河道水位及分洪区内的地面高程形成的水位差相关，并随着分洪区内分洪过程的水位上升，水头差缩小而降低泄洪流量，实际为一动态变化过程。为了正确反映泄洪流量实际变化情况，可按照相关水力学公式，分阶段推算泄洪流量，得出较为准确的分洪断面尺寸，以满足分洪泄流量要求。

### 8.2.2 分洪爆破设计

堤坝爆破分洪为应急抢险工程，为提前做好分洪准备，常需预先填装炸药，如遇洪水预报不必分洪时，需及时取出药室炸药。为方便炸药的埋设和取出，堤坝分洪爆破时常采用集中药室爆破方案和预埋管道的条形药包爆破方案。

（1）药室爆破破堤爆破参数。在破堤分洪爆破时，爆破参数应结合堤坝的地质条件、预留药室的现状、要求的泄洪口长度由深度、水文气象及环境条件、爆破器材条件及抢险要求等因素确定。破堤分洪采用集中药室装药抛掷爆破时，其爆破技术参数确定应符合以下要求。

1）爆破炸堤所形成的泄洪口必须符合预先确定的长度和深度要求，炸堤时通常采用加强抛掷爆破，爆破作用指数取 $n=2$。

2）爆破炸堤时的最小抵抗线长度 $W$，应根据设计要求的炸堤深度 $P$ 按式（8-11）计算：

$$W=P/1.4 \tag{8-11}$$

3）药包的间距 $a$ 与药包的排距 $b$ 可相同，即 $b=a$，$a$ 及 $b$ 可取 2 倍抵抗线，即 $a=b=2W$。

4）一排药包的个数 $N$ 是根据炸堤长度 $L$ 和药包间距 $a$，按式（8-12）计算：

$$N=L/a \tag{8-12}$$

5）炸堤的药包排数 $m$，根据堤坝顶部宽度 $B$ 和排距 $b$ 并按式（8-13）计算：

$$m=B/b \tag{8-13}$$

6）炸堤单个药包装药量 $Q$ 按式（8-14）计算：

$$Q=13.2AW^3 \tag{8-14}$$

以上各式中　$Q$——单个药包装药量，kg；

$A$——土壤抗力系数，砂质黏土 $A$ 取 0.7～0.9；密实黏土 $A$ 取 0.9～1.0；

$W$——最小抵抗线长度，m；

$P$——炸堤深度，m；

$a$——药包间距，m；

$b$——药包排距，m；

$N$——一排药包的个数，个；

$L$——炸堤长度，m；

$B$——堤坝顶宽，m。

7）确定装药位置。在指定的爆破分洪堤段的堤顶面上沿纵向标定出中心线，然后根

据药包的间距 $a$ 和排距 $b$ 标定出各装药洞的位置，装药室布位确定后并做出标示。堤坝分洪爆破典型药包布置见图 8-7。

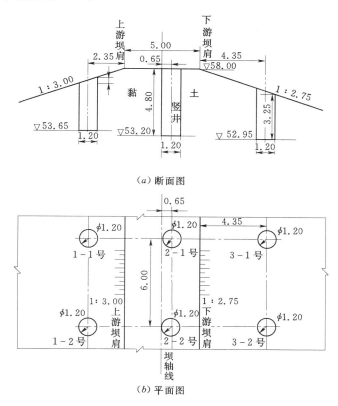

（a）断面图

（b）平面图

图 8-7　堤坝分洪爆破典型药包布置图（单位：m）

（2）条形药包爆破破堤爆破参数。爆破破堤时，可采用临时开挖或事先布置的钻孔或药室内装填炸药进行爆破。近年来，国内研发的"预埋管道爆破法"，需爆破时在预埋管道内灌注 SJY 液体炸药形成条形炸药，实现快速爆破破堤分洪。该爆破技术具有作业迅速、起爆可靠、破堤时机易于掌握、爆破效果良好的特点。利用预埋管装填液体炸药爆破时，其爆破参数确定应符合下列要求。

1）破堤爆破。为确保临水侧爆破效果，应距河堤边缘作为基线，从河堤两侧沿堤坝纵向布药，使预埋管道轴线与堤坝轴线平行。

2）预埋管道为条形药包，其单位长度装药量按式（8-15）计算：

$$Q_y = KW^2(0.4 + 0.6n^3) \tag{8-15}$$

式中　$Q_y$——单位长度条形药包重量，kg/m；

　　　$K$——炸药单耗，kg/m³；砂质土壤取 1.2～1.3kg/m³；

　　　$W$——最小抵抗线长度，m，根据堤坝断面和破堤要求选取；

　　　$n$——爆破作用指数，为加大爆坑、减少装药条数，通常爆破指数取 $n=1.5$～2.0。

3）条形药包直径（管道内径）按式（8-16）计算：

$$d = (4Q_y/\pi\rho)^{1/2} \tag{8-16}$$

式中 $d$——药包直径，cm；

$Q_y$——单位长度条形药包重量，g/cm；

$\rho$——装药密度，液体炸药取 1.3g/cm³。

4）爆破漏斗坑半径 $r$ 按下计算式（8-17）进行：

$$r=nW \tag{8-17}$$

式中符号意义同前，$r$、$W$ 单位均为 m。

5）爆破坑深度 $P$ 按式（8-18）计算：

$$P=W+5d \tag{8-18}$$

式中符号意义同前，$P$、$W$、$d$ 单位均为 m。

### 8.2.3　爆破网路

分洪爆破一般处在雷雨期间，宜采用非电导爆管或数码电子雷管等抗雷电起爆网路。每组药包宜间隔 100～200ms 延时起爆，同组药包应按下游至上游顺序起爆，排间起爆间隔时间宜为 25～50ms。

破堤爆破药室施工应根据实际情况确定，在有条件时可采用钻孔或机械挖掘。在不具备条件时可组织人工挖掘，也可经小型钻机钻孔后实施扩壶爆破创造药室，以备应急救援，加快施工进度。在施工中必须保证堤坝的安全。

# 8.3　冰体及冰冻土爆破

### 8.3.1　冰体爆破

冰是特殊的固体介质，河冰的冰点在 -0.06～-0.01℃ 之间，海水的冰点约为 -1.9℃。冰的力学性能随温度而发生明显的变化，其体积随温度的降低而增大，而且十分容易进行物态的转变。处于高纬度地区经冬季冰封的近海岸与河流，春季来临随着气温的变化，在冰体静态破裂、膨胀挤压以及大块冰凌运动碰撞堆积等效应的作用下，会对沿海或沿河的水工建筑、海洋平台、桥梁墩台、河流堤坝等产生较大的破坏，甚至造成溃堤等重大凌汛灾害。根据几十年的经验，采用爆破法破解冰体是一种快速、简便、安全防治凌汛灾害的有效方法。

#### 8.3.1.1　冰体力学与爆破特性

（1）冰体基本力学特性。

1）变形特征。作用在冰体上的外力不大时，容易实现晶体的内部滑动，冰体呈现塑性变形；当外力突然增高或加载速度很快，且超过冰体的破裂强度时，则发生脆性变形。故爆炸破冰时，可将冰体视为脆性材料。

2）力学性能。冰的抗压强度和抗拉强度是与爆炸破冰有关的主要力学性能。冰的抗压强度和抗拉强度与冰温有着密切关系，且随冰温变化较大。采用特定方法测试计算表明：当冰温在 -5℃ 条件下，冰的极限抗压强度为 3.5～4.5MPa，且随着冰温下降，冰质变硬而增大，冰的劈裂抗拉强度约为 0.82MPa，冰的极限抗拉强度则为 1.2～1.5MPa。

通常，冰的抗压强度约为冰的抗拉强度值的 3～6 倍，而一般岩体的抗压强度为抗拉强度的 10～20 倍，最高可达 50 倍，这是冰体与岩体力学性能的一个很大区别。尽管冰的抗压强度较岩石低，但抗拉强度却相对较高，且由于抗压强度低，爆炸时更容易产生粉碎性破坏而消耗大量能量，降低破冰效果。因而爆炸破冰时，炸药的单耗比岩体大，尤其当冰温相对高时，其炸药单耗远高于一般岩石爆破的炸药单耗。

（2）冰体爆炸裂隙特征。冰体具有非均匀性、各向异性及温度敏感性等特点。冰体在高应变速率的爆炸载荷下表现为脆断性，其介质破坏主要由炸药爆炸冲击波、应力波和爆炸气体产物膨胀做功的综合作用引起，由此而产生的爆炸裂隙特征与在岩体中爆炸基本相同，但在作用范围上存在较大差异。

球形药包在无限冰体中爆炸，在爆炸中心压碎区以外形成了由拉伸破坏产生的半径为 $R_p$ 的径向裂隙和半径为 $R_m$ 的环状裂隙区，三者共同组成冰体的基本破坏特征，其中径向裂隙和环状裂隙构成冰体裂隙区，不同作用区半径分别可按式（8-19）计算。

1）在药包爆炸冲击波作用下形成的压碎区半径 $R_c$（m）：

$$R_c \leqslant \left( \frac{p_m}{K_d S_c} \right)^{\frac{1}{a}} R_b \qquad (8-19)$$

2）压碎区外，在应力波作用下形成的径向裂隙区半径 $R_p$（m）可按式（8-20）计算：

$$R_p \leqslant \left[ \frac{(1-2b^2) p_m}{K_T S_T} \right]^{\frac{1}{a}} R_C \qquad (8-20)$$

上两式中　　$R_b$——药包半径，m；

$p_m$——冲击波初始压力，MPa；

$K_d$——动载时冰介质抗压强度增大系数，$K_d = 10 \sim 15$；

$S_c$——冰介质极限抗压强度，MPa；

$\alpha$——压力衰减系数；

$K_T$——动载时冰介质抗拉强度增大系数，$K_T = 2$；

$S_T$——冰介质极限抗拉强度，MPa；

$b$——冰体横波速度与纵波速度之比，$b = C_s / C_p$。

假设爆生气体在每条裂纹中的流动规律相同，只考虑裂纹间的平均效应，则在无限区域冰体中爆炸，其裂纹的动态扩展条件以式（8-21）计算：

$$\sigma_\theta \geqslant \sigma_u \qquad (8-21)$$

式中　　$\sigma_\theta$——切向应力，MPa；

$\sigma_u$——冰的破坏正应力平均值，可取冰的动态抗拉强度，MPa。

（3）不同温度冰体的标准爆破漏斗。由于冰体的力学特性不同于岩石，所以不同温度冰体的爆破参数差异较大。通过冰体的标准爆破漏斗试验，可获得不同冰温的爆破漏斗特征与炸药单耗指标，为大规模爆炸破冰作业提供可借鉴的试验数据。

试验结果表明：气温 $t = -32℃$、冰温 $t_0 = -25℃$ 时，炸药单耗为 $750g/m^3$；气温 $t = -18℃$、冰温 $t_0 = -12℃$ 时，炸药单耗为 $830g/m^3$；气温 $t = -4℃$、冰温 $t_0 = -6℃$ 时，炸药单耗为 $1400g/m^3$。

由炸药单耗的差异可看出：冰体温度的升高，冰晶含水量增大，塑性特征明显；应力波的传播效率随冰温的上升而降低；炸药单耗随冰温的升高而增加。但实践结果表明：在河流开河期，是气温回升、冰温升高的初春季节，此时冰温高于气温，冰体呈现出溶融状态，冰晶粗大且晶心含水，此时恰是冰体爆破解体的最佳时期。

#### 8.3.1.2　冰凌、冰盖与冰坝爆破

（1）冰凌爆破。流动的冰称为冰凌。大块冰凌随着上游流量快速递增顺河流向下游时，极易在河床狭窄或弯道处卡冰结坝出现险情。

冰凌在流动过程中有随时破碎和翻转的可能，人工或机械难于上冰作业，主要采用气垫船施爆法、火炮轰击、飞机投掷航弹等非冰上作业方式对冰凌进行解体破碎。

（2）冰盖爆破。冰盖是指横跨两岸覆盖水面的固定冰层。冰盖爆破主要采用下述两种方法。

1）裸露药包爆破法。直接把药包投放在冰盖上的裸露药包爆破法，应根据河段冰盖的具体结构特点与周边环境的许可条件，通过小规模试验确定相关爆破参数，然后实施大规模爆破作业。裸露药包法宜在河面相对较宽的河段进行。冰盖爆破的主要目的就是将完整的冰盖切割成无数块状的冰凌，以便上游来水时向下游漂流。

冰盖爆破作业相对冰凌爆破操作容易，作业安全性较高。但其炸药能量利用率低，对周边环境的影响较大，一般要求爆破点距水工建筑物的距离大于3km。裸露药包爆破冰盖时的参考数据见表8-6。

表8-6　　　　　　　　　裸露药包爆破冰盖时的参考数据表

| 冰盖厚度/m | 药包重量/kg | 药包间距/m | 冰盖厚度/m | 药包重量/kg | 药包间距/m |
|---|---|---|---|---|---|
| 0.3 | 2.0 | 7 | 0.7 | 5.5 | 12 |
| 0.4 | 2.8 | 8 | 0.8 | 6.5 | 15 |
| 0.5 | 3.5 | 9 | 0.9 | 8.0 | 18 |
| 0.6 | 4.2 | 10 | 1.0 | 10.0 | 20 |

2）水下药包爆破法。在冰盖下的水中悬置炸药包的爆破方法为水下药包爆破法。为提高水下爆破效果，水下成组装药为优选破冰方案，群药包的共同作用效果明显好于单个药包的多次爆破效果。

水下爆破装药时先在冰盖上开出冰洞，再将药包通过冰洞悬置于水中。通常采用冰穿、铁铤、钢纤或小包炸药连续爆破等方法开出冰洞，然后将炸药包加设配重后，从冰洞悬置于冰层下面的水中。应选用防水炸药制作药包，并系在定距绳索或竹竿上，待冰下药包均悬置妥当后，人员撤离至安全地点方可起爆。水下药包爆破冰盖的布药方法见图8-8。

水下药包冰盖爆破参考数据见表

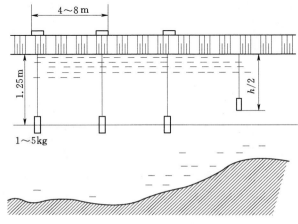

图8-8　水下药包爆破冰盖的布药方法图

8-7。由于爆破时冰温与冰盖厚度差异较大，应在爆破前做爆破试验，以确定最佳爆破参数。进行水下冰盖爆破时，其桥墩的安全距离见表8-8。距离水工建筑物小于5m的冰盖，只允许使用人工方式进行破碎。

表8-7　　　　　　　　　　水下药包冰盖爆破参考数据表

| 冰盖厚度 /m | 药包重量 /kg | 水深 /m | 药包间距 /m | 冰盖厚度 /m | 药包重量 /kg | 水深 /m | 药包间距 /m |
|---|---|---|---|---|---|---|---|
| 0.3 | 3.0 | 1.0 | 6 | 0.9 | 8.5 | 2.8 | 16 |
| 0.4 | 3.5 | 1.5 | 7 | 1.0 | 10 | 3.0 | 18 |
| 0.5 | 4.0 | 1.8 | 8 | 1.1 | 12 | 3.5 | 20 |
| 0.6 | 4.5 | 2.0 | 10 | 1.2 | 14 | 4.0 | 22 |
| 0.7 | 5.0 | 2.2 | 13 | 1.3 | 16 | 4.5 | 25 |
| 0.8 | 6.0 | 2.5 | 15 | 1.4 | 20 | 5.0 | 30 |

表8-8　　　　　　　　　　水下冰盖爆破时对桥墩的安全距离表

| 药包重量/kg | 0.3 | 0.5 | 1.0 | 3 | 5 | 10 | 15 | 20 | 25 |
|---|---|---|---|---|---|---|---|---|---|
| 安全距离/m | 6 | 8 | 10 | 15 | 20 | 30 | 40 | 60 | 80 |

利用火炮装置进行冰盖爆破是目前防凌的重要方法之一。在破碎冰盖新方法出现之前，轰炸机投弹爆破法仍将是大面积快速破碎冰盖的有效方法。

（3）冰坝爆破。冰坝是指在河流的浅滩、卡口或弯道等处，横跨断面小并明显壅高水位的冰块堆积体，坝体长度可达数十至数千米。历次黄河凌汛灾害，都是由于凌坝阻水上游决口造成的。

冰坝的爆破难于冰盖爆破与冰凌爆破。环境与作业条件许可时，可采用大规模装药爆破的方法破除冰坝；条件恶劣时，则主要采用大口径火炮或远程航空轰炸机投掷炸弹，进行远距离爆破破碎解体冰坝。

## 8.3.2　冰冻土爆破

（1）冰冻土特点。在冬季施工时，由于气温低土壤冻结，随着气温的变化，冻土深度的加深使开挖变得比较困难。采用爆破方法松动冻土要比人工破碎冻土效果好，普通土与冻土相比较，冻土表现出较明显的脆性，当和岩石相比，除增加爆融层外，有较显著的塑变特性，冻结温度越低，爆破难度越大。冻土爆破的单耗大于普通土，接近岩石用药量。冻土爆破一般采用乳化炸药。冻土爆破的炮孔直径一般为 $50\sim100mm$，冻土厚度较薄、炮孔直径小时，可用土壤钻孔器、风锤、电动螺旋钻等机具钻孔；冻土厚度较厚、炮孔直径大时，宜采用大型机械钻孔。冻土爆破后应及时挖运，否则会再次冻结，甚至还需进行二次爆破。

冻土的爆破性是抵抗爆破能力大小的指标。影响冻土爆破性的内在因素有单轴抗拉强度、抗压强度、纵波速度和横波速度；外在因素有爆破漏斗体积、爆破块度、块度分布和单位炸药消耗量。

冻土爆破性分级见表8-9，共分为三级，可在实际工程施工中参考运用。

表 8 - 9　　　　　　　　　　　　　　　　　冻 土 爆 破 性 分 级 表

| 爆破性分级 | 名 称 和 土 型 | 土温/℃ | 冻冰强度 | 单位炸药消耗量/(kg/m³) | |
|---|---|---|---|---|---|
| | | | | 松动爆破 | 抛掷爆破 |
| Ⅰ易爆 | 水饱和度低于 0.5 及高于 0.9 的冻沙土 | <0.5 | 强冻冰 | 0.4～0.6 | 1.3～1.8 |
| Ⅱ中等 | 水饱和度为 0.5～0.9 的冻土、冰碛碎屑和沙质充填的砾石冻土、冻黏土、冰碛碎屑冻土 | <0.5 | 强冻冰 | 0.6～0.8 | 1.6～2.2 |
| | | <-5 | 冻冰 | 0.6～0.8 | 1.6～2.2 |
| Ⅲ难爆 | 冻黏土、冰碛土、有充填料的碎屑砾石冻土 | -5～0 | 弱冻冰 | 0.8～1.1 | 1.8～2.5 |

注　强冻冰土指冰的含量高于 50%；冻冰土指冰的含量为 25%～50%；弱冻冰土指冰的含量 25% 以下；冻冰植物层
　　土和冻结泥煤属于Ⅰ级。

（2）一般冻土爆破。一般冻土指平原、丘陵地区非永久冻层的冻土，土壤中含冰量不大、土壤冻结深度较浅，冻结后的土壤性质与原状土也没有太大的差异。可根据土壤冻结深度不同，采用冻土层下装药和冻土层中装药两种爆破工艺。

1）冻土层下装药爆破。冻土层厚度小于 1.0m 时，可采用冻土层下装药爆破。炮孔深度应是冻土层厚度的 1.3～1.5 倍，炮孔间距为冻土层厚度的 2 倍左右。当钻孔直径较小时，也可采用将冻土层小钻孔下部扩成药壶后再行装药爆破。冻土层下装药爆破参数见表 8 - 10。

表 8 - 10　　　　　　　　　　　　　　冻土层下装药爆破参数表

| 冻土层厚度/m | 药包深度/m | 药包间距/m | 单孔药量/kg |
|---|---|---|---|
| 0.3 | 0.5 | 0.8 | 0.15 |
| 0.5 | 0.7 | 1.1 | 0.25 |
| 0.7 | 0.9 | 1.5 | 0.50 |
| 1.0 | 1.4 | 2.0 | 1.00 |

2）冻土层中装药爆破。当冻土层厚度大于 1.0m 时，这时在冻土层下装药爆破很难破碎冻土层，爆破时应将药包放在冻土层中。此时，炮孔深度应比冻土层浅 20cm 左右，炮孔间距、排距为冻土层厚度的 0.7～0.8 倍，堵塞长度不少于炮孔深度的 1/3。单孔炸药量可按体积公式计算，单位炸药消耗量对于植被和沙质冻土为 0.4～0.55kg/m³；沙黏土冻土为 0.6～0.7kg/m³；黏土和建筑物废渣形成的冻土为 0.7～0.9kg/m³。冻土层中装药爆破参数见表 8 - 11。

表 8 - 11　　　　　　　　　　　　　　冻土层中装药爆破参数表

| 冻土层厚度/m | 药包埋深/m | 最小抵抗线长度/m | 炮孔间距/m | 单孔药量/kg |
|---|---|---|---|---|
| 1.1 | 0.9 | 0.8 | 0.8 | 0.30 |
| 1.2 | 1.0 | 0.9 | 1.2 | 0.45 |
| 1.4 | 1.2 | 1.2 | 1.4 | 0.8 |
| 1.6 | 1.4 | 1.5 | 1.8 | 1.4 |
| 2.0 | 1.8 | 1.8 | 2.0 | 2.5 |
| 2.4 | 2.1 | 2.0 | 2.0 | 3.2 |
| 2.8 | 2.5 | 2.0 | 2.0 | 3.9 |

在冻土层爆破，单孔装药量不超过 2kg 时，每个炮孔可作一个延时段起爆；当单炮孔装药量超过 2kg 时，可在炮孔内分上、下两层装药，每孔分两段起爆，上层药包先爆、下层药包后爆，上、下层药包延时间隔为 20～25ms，这样可有效降低爆破振动的不利影响，并获得较好爆破效果。

对地形较复杂的工地，同时冻土开挖量偏小时，应采用浅孔爆破；当冻土方量比较集中、开挖爆破台阶高度大于 5m 时，宜采用深孔爆破。根据实践经验，在不同地质条件下，冻土层深孔爆破单位炸药消耗量见表 8-12。

表 8-12 冻土层深孔爆破单位炸药消耗量表

| 冻土层岩土名称 | 松动爆破/(kg/m³) | 加强松动爆破/(kg/m³) |
|---|---|---|
| 沙黏土 | 0.30～0.40 | 0.60～0.75 |
| 泥灰土 | 0.40～0.50 | 0.80～1.00 |
| 沙页岩 | 0.50～0.65 | 1.00～1.20 |
| 石灰岩 | 0.60～0.75 | 1.10～1.30 |

（3）高原冻土爆破。

1）爆破特点。在高原地区，进行冻土爆破开挖不同于一般地区的冻土爆破。我国青藏高原的冻土有以下几个特点：① 青藏高原的生态环境原始、独特、敏感，其生态系统极其脆弱，一旦被破坏或开挖后很难恢复，甚至是不可逆的；② 高原的表层植被很少，大都为粉土、角砾土和碎石土类的冻土，并多为富冰冻土和饱冰冻土；③ 青藏高原冰冻期长，冻结期从 9 月至次年 4 月，年平均气温 -4℃，最低气温为 -45.2℃；多年冻土厚度为 4.0～80.0m，冻结上限很浅，一般为 1.5～2.5m；④ 高原气压低，空气稀薄，严寒缺氧，造成人工效率与机械效率都很低。所以，高原冻土的钻孔爆破难度较大。

2）施工原则。我国青藏铁路全长 1956km，约有 965km 的铁路在高程 4000.00m 以上，其中有 550km 是穿越长年冻土地段。在爆破冻土的施工中，为确保生态环境不受伤害，应以钻孔爆破为主，原则上不采用洞室爆破、浅孔药壶爆破，为严格控制超爆与超挖，提高边坡开挖质量和方便铺设隔热层，边坡宜采用光面爆破或预裂爆破。为了保护开挖边界外的植被和减轻对原状冻土的扰动，应以松动爆破为主。当在地质条件恶劣区域施工时，宜采用弱松动爆破结合大功率机械开挖。

对于高原冻土，一般都按保持冻结的原则，实施快速施工。如在暖季施工，清除植被的地表和爆破开挖后的基坑将迅速热融（对基底在 48h 可热融 16～18cm 深），如果不及时清运并抓紧做好隔热层及后续工程，极易形成融沉和坍滑，给施工作业带来很大困难。因此，在路堑施工时应分段爆破、分段开挖，每次爆破工程量应根据地层条件和项目部配制设备、施工能力确定，最好控制在一天内完成钻孔→爆破→清挖→基底处理一个完整循环。

3）设计要点。爆破参数：当开挖方量较小、开挖地形较复杂时，可采用浅孔爆破；当方量比较集中开挖量较大时，可采用深孔爆破；路堑深度不超过 15m 时，也可一次爆破成型。

在爆破冻土时，单位炸药消耗量与地温和冻土含冰量有关，采用松动爆破的单耗为

$0.45\sim0.65\mathrm{kg/m^3}$，用弱松动爆破的单耗为 $0.25\sim0.45\mathrm{kg/m^3}$，可根据现场爆破试验确定。

炮孔直径：　　　　　　　　　　$d=80\sim100\mathrm{mm}$

最小抵抗线长度：　　　　　　　$W=1.5\sim3.0\mathrm{m}$

孔距：　　　　　　　　　　　　$a=2.0\sim3.0\mathrm{m}$

排距：　　　　　　　　　　　　$b=1.5\sim3.0\mathrm{m}$

在冻土层中钻孔孔壁易发生塌孔、回淤、二次冻结现象，因此需考虑钻孔超深，浅孔超深可为 $0.20\sim0.30\mathrm{m}$，深孔超深可为 $0.40\sim0.50\mathrm{m}$。

爆破器材：冻土炮孔中无水时可采用 2 号岩石炸药，一般采用防水抗冻的钝感水胶炸药和岩石乳化炸药，如 KDW-3 型抗严寒乳化炸药。

高原冻土地区雷暴频繁，没有规律。使用电爆网路时要注意防雷电措施，使用非电导爆管起爆系统时，导爆管应适应低温状态的要求。

减少冻土热融措施：爆破开挖后，对边坡面、基础面要采用特制的防紫外线遮阳篷布遮盖。已暴露的冻结冰土层在遮盖篷布前，应先用干土进行覆盖。暖季施工时，在开挖边界外，应设置排水沟截留地表水。

机械选配：由于高原气压低、氧气含量低，将降低机械效率，应采用钻进效率较高的设备，如 WTZ-100m/s 型沙驮牌钻机，当孔径为 100m 时，钻进速度可达 $1\sim2\mathrm{m/min}$。

开挖机械不宜采用履带式推土机、装载机和挖掘机。施工中挖、装、运机械不得碾压已开挖到位的基础底面，施工机械应在牢靠的施工便道上行驶，场内通道应铺设一定厚度的粗粒土做工作垫层。

（4）聚能弹冻土穿孔爆破技术。多年冻土地带钻孔施工时，钻机在高原缺氧情况下效率降低，冻土在钻进热融作用下，使切削物结成黏泥团，挤压在螺旋叶片之间，难以自动排土，影响施工进度。为解决高原冻土地区钻孔时间较长，产生回淤、回冻使炮孔逐渐变浅，影响装药深度和爆破效果，此时，采用聚能弹代替机械钻孔，也是一种有效的造孔方法。聚能弹穿孔孔直、孔壁光滑，孔底略大形成壶形，可利用壶形孔底实施药壶爆破，常规聚能弹成孔深度为 $3\sim4\mathrm{m}$；聚能弹成孔速度比机械钻孔快，能满足快速施工要求。在可可西里的风火山附近进行了聚能弹穿孔试验，风火山附近的东大沟的冻土地质自上向下分别为：$0\sim0.2\mathrm{m}$ 为草皮，$0.2\sim0.6\mathrm{m}$ 为黏土，$0.6\sim1.2\mathrm{m}$ 为黏沙土夹碎石，$1.2\sim1.5\mathrm{m}$ 为风化沙页岩，$1.5\sim4.0\mathrm{m}$ 为饱冰冻土和含土冰层，体积含冰量达 $80\%\sim90\%$。试验穿孔的聚能弹装药量为 26.9kg，全弹重 38.6kg，注装各 50% 的 TNT 和 RDX 炸药，采用铝青铜铸造金属罩，弹体药包结构见图 8-9。

聚能弹爆后穿孔的可见深度为 3.8m，孔径约 10cm，炮孔孔底爆成壶形，可容纳一个 14kg 的 2 号硝铵卷药，炸药起爆后形成爆破漏斗，直径为 4.5m，穿孔断面及漏斗坑见图 8-10。

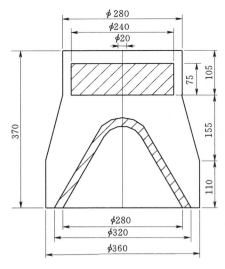

图 8-9　弹体药包结构图（单位：mm）

风火山涵洞基坑穿孔爆破开挖：风火山铁路试验工程 DK0＋230 处为一座涵洞，当挖完 1.5m 深的融土后，出现了冰层和混杂着一定数量的土夹石。在这样的地质条件下，利用装药量为 26.9kg 的聚能弹进行穿孔。在基坑长宽各约 8m 的中间位置安放一个聚能弹，爆破后穿孔可见深度达 4m，孔底呈现壶形，然后在壶内装 16kg 硝铵卷药，该卷药起

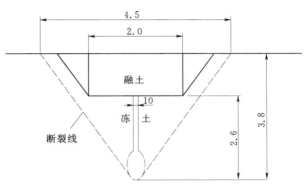

图 8-10　穿孔断面及漏斗坑图（单位：cm）

爆后形成一个漏斗，并有冰、土夹石等被抛出基坑外，其余土夹石全部被爆破松动，采用 W-160 挖掘机在较短的时间内就顺利方便地清除完毕，基坑断面尺寸符合设计要求。

## 8.4　聚能爆破

聚能爆破是利用聚能药包对爆破作用介质，例如岩石、土或冰层、冻土等进行破碎或成孔。利用聚能原理设计制作的聚能药包也称聚能装置。研制聚能装置的初衷和目的为军事上的特殊应用，而且这种聚能装置与打坦克的火箭弹原理相似，称为聚能弹。20 世纪 40 年代末，苏联用压缩铵梯炸药制成的聚能药包用于破碎大块石，将聚能药包安装在钻孔的底部，以提高炮孔利用率，均取得很好的效果。现在聚能药包已在岩体爆破得到广泛的应用，各类聚能弹和专用工具已都定型生产，成为爆炸器材的一个类别。

### 8.4.1　聚能效应及原理

（1）聚能效应。利用药包一端的空穴（也称聚能穴），使得炸药爆轰的能量在空穴方向集中起来以提高炸药局部破坏作用的效应称为聚能效应。爆炸聚能效果试验见图 8-11，不同底部形状的药包对靶板的穿透效果见表 8-13。试验表明，当带有金属罩的药柱距钢板一定距离进行爆炸时，对靶板的穿透能力最强。

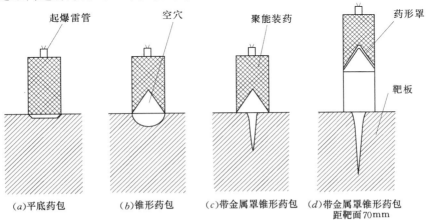

图 8-11　爆炸聚能效果试验示意图

表 8-13

不同底部形状的药包对靶板的穿透效果表

| 图 8-11试验号 | 药柱形状 | 药柱底与靶面距离/mm | 穿透深度/mm |
|---|---|---|---|
| (a) | 圆柱、平底 | 0 | 浅坑 |
| (b) | 圆柱、下有锥孔 | 0 | 6~7 |
| (c) | 圆柱、下有锥孔、有金属罩 | 0 | 80 |
| (d) | 圆柱、下有锥孔、有金属罩 | 70 | 110 |

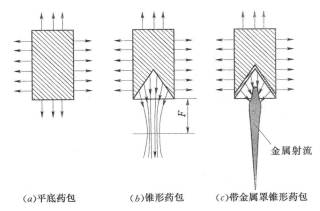

(a)平底药包　　　　(b)锥形药包　　　　(c)带金属罩锥形药包

图 8-12　爆破聚能过程示意图

（2）聚能原理。爆破聚能过程见图 8-12。柱形药包爆炸后，爆轰产物沿近似垂直于药柱方向向四面飞散，作用在物体上的仅仅是药柱一端的爆轰产物 [见图 8-12（a）]；药包一端开有锥形对称空穴时，爆轰产物先向空穴轴线位置聚能，形成一股高速、高压、高密度的爆轰产物，即聚能气流 [见图 8-12（b）]；由于聚能气流的高能量密度，使其做功能力增大，见图8-12（c）。

理论分析与计算表明，气流在聚能过程中，动能是可以聚集的，而势能不能聚集，反而起发散作用。因此为了提高能量的集中程度，在锥形空穴内表面嵌入一个与空穴内表面相似的药形罩，将势能转化为动能，从而提高聚能效应，见图 8-12（c）。药形罩的可压缩性很小，在能量集中过程中，内能增加很少，能量主要转化为动能形式，避免了由于高压膨胀使得能量分散。因此，可以形成一股速度和动能比气体射流更高的金属射流。

（3）聚能药包（聚能弹）。聚能药包有弹型和线型两种，均由炸药、药形罩、隔板、壳体（有的聚能弹有外壳，有的无外壳）、引信和支架六部分组成，装药量 90kg 的聚能药包见图 8-13。

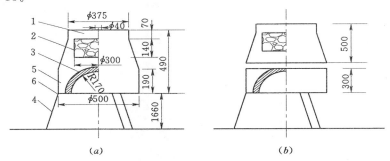

(a)　　　　　　　　　　　　　(b)

图 8-13　装药量 90kg 的聚能药包图（单位：mm）

1—引信装置，由特屈儿药柱（压装）和 8 号雷管组成；2—隔板，材料为木质红松，表面涂虫胶漆；3—药型罩，为等壁厚半球形，材料分铸铁、铸铝和铸铜三种；4—支架，由三根铁管组成；5—炸药，50%RDX 和 50%TNT 熔铸而成；6—外壳（壳体），为铝皮（厚1.5mm）焊接

根据聚能爆破的不同目的，药包形状有：圆柱形、长条形、球形等，其中以圆柱形和长条形应用最广泛。

在确定药包的结构形状时，既要使装药量少，又要使破岩效果好，这就要求选择合适的装药结构。在整个的聚能药包中，参与形成聚能射流的炸药，仅仅是靠近药型罩的一定厚度的炸药层，即有效炸药层，见图8-14（a）。其他不直接参与聚能效应的那部分炸药称为非有效炸药，它的作用是使有效炸药层达到稳定爆轰，并使有效炸药层的能量得到充分利用。根据聚能药包中炸药层的作用不同，常将圆柱形药包做成截头圆台形，这样既减轻了装药重量，又保证了聚能效果，见图8-14（b）。

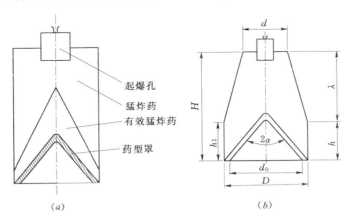

图8-14　聚能药包形状和几何参数图

聚能药包的破岩深度与装药直径和高度有关，一般装药高度不大于3倍的装药直径。在设计圆柱形聚能装药参数时，圆柱形聚能装药几何参数见表8-14。

表8-14　　　　　　　　　　　　圆柱形聚能装药几何参数表

| 参 数 名 称 | 代表符号 | 参数间关系式 |
| --- | --- | --- |
| 药柱底部直径 | $D$ | |
| 聚能穴底部直径 | $d_0$ | $d_0 = 0.94D$ |
| 药柱顶面直径 | $d$ | $d = 0.365D$ |
| 聚能穴上部炸药厚度 | $\lambda$ | $\lambda = 0.625D(1 - 0.25/\tan\alpha)$ |
| 聚能穴高度 | $h$ | $h = 0.47D/\tan\alpha$ |
| 柱体部分高度 | $h_1$ | $h_1 \geqslant 0.18D\tan\alpha$ |
| 装药总高度 | $H$ | $H = 0.625D(1 + 0.5/\tan\alpha)$ |

## 8.4.2　聚能药包在工程中的应用

（1）聚能弹爆破大块岩石。大块岩石聚能药包破碎法的特点是：不需打孔、施工简单、劳动强度低，安全性比普通裸露药包法高。该方法1957年在露天矿山采用，随后在采石场和各类石方开挖中推广应用。

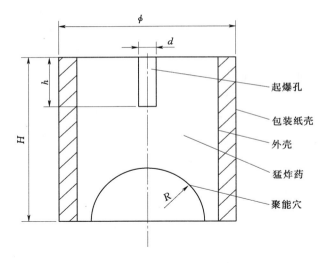

图 8 – 15　国产 PS 系列聚能药柱形状示意图

聚能药包采用的炸药有硝铵炸药压制型（压制装药密度可达 1.20～1.25g/cm³），RDX、TNT 炸药混合熔铸型等。聚能穴的形状多采用半球形，其加工简单、破碎能力较大。国产 PS 系列聚能药柱形状见图 8－15，其性能见表 8－15。聚能药包爆破大块岩石时，聚能弹必须安放正确，将药包垂直装于大块岩石的顶面，聚能穴朝下。聚能药包上应进行覆盖，覆盖物中不得有碎石，爆破时应进行空气冲击波破坏范围计算。在露天采用聚能药包爆破大块石时，可在聚能药包上覆盖水袋，进行封闭，以抑制爆破粉尘，有效的覆盖还可减少飞石，改善爆破效果。

表 8 – 15　　　　　　　　　　PS 系列聚能药柱的规格和性能表

| 型号 | 炸药类型 | 重量 /g | 密度 /(g/cm³) | 爆速 /(m/s) | H/ mm | φ/ mm | R/ mm | d/ mm | h/ mm | 适用条件 | |
|---|---|---|---|---|---|---|---|---|---|---|---|
| | | | | | | | | | | 坚固系数 $f$ | 大块体积/m³ |
| PS – 1 | 黑梯熔铸型 | 500 | 1.656 | 7550 | 80 | 70 | 25 | 8 | 40 | 8～20 | 1.0～1.5 |
| PS – 2 | 黑梯熔铸型 | 800 | 1.656 | 7550 | 80 | 90 | 30 | 8 | 40 | 8～20 | 1.5～2.5 |
| PS – 3 | 黑梯熔铸型 | 1000 | 1.656 | 7550 | 90 | 100 | 40 | 8 | 40 | 8～20 | 2.5～3.5 |
| PS – 4 | 黑梯熔铸型 | 1500 | 1.656 | 7550 | 100 | 110 | 40 | 8 | 40 | 8～20 | 3.5～4.5 |
| PS – 5 | 黑梯熔铸型 | 2000 | 1.656 | 7550 | 105 | 130 | 45 | 8 | 40 | 8～20 | 4.5～6.0 |

　　水电工程的基础混凝土防渗墙施工中，造孔成槽时遇到孤石阻碍无法进钻，此时常使用定向聚能爆破破碎技术。在槽孔钻进中遇到巨型块石或悬于孔内的探头石时，使用特制的聚能爆破筒置于孤石表面进行爆破。定向聚能爆破筒结构见图 8－16，这类爆破筒使炸药爆炸的能量集中对准块石，增加爆破效果，减少对孔壁的爆破影响。爆破筒外壳可采用钢管或 1mm 的铁板卷焊，爆破筒与防震筒之间填满密实的黏土，爆破 1m 左右的块石，用药量 1～3kg。实施爆破前，应尽量将孔底的沉淀物清理干净，搅动孔内泥浆，加大泥浆密度，以减少爆破影响。

　　（2）爆破破碎钻孔中的大砾石。使用班加钻进行沙矿钻探在钻孔深部遇到大砾石时，常引起钻头卡塞，造成钻孔报废。特殊聚能爆破装置见图 8－17，用以爆炸砾石，恢复钻孔。这种聚能装置在实施爆破时，不会损坏钻头和套管，不会降低采样质量。

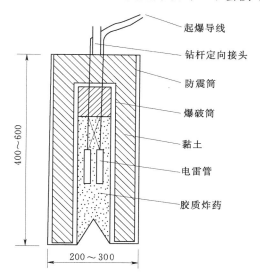

图 8-16 定向聚能爆破筒结构示意图
（单位：mm）

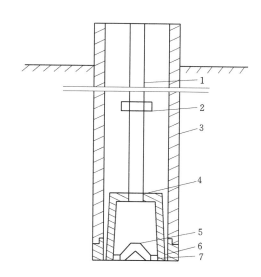

图 8-17 特殊聚能爆破装置示意图
1—卸压排气管；2—管接手；3—套管；4—保护筒；
5—破碎弹（聚能药包）；6—钻头；7—密封盖

其施工工艺为：先将聚能弹装在密封盖上，密封盖套在保护筒下端固定，将保护筒送到孔底，下端密封盖与砾石接触，电线（或导爆管）经由卸压排气管连接到孔口，连线起爆。

（3）在土壤中穿孔。在土壤的挖坑施工中，可采用聚能药包爆破成孔（坑），例如为加快架设通信线路进度，可采用聚能药包在地表穿孔代替人工挖坑，加快埋杆进度。铁道建筑设计研究院进行了大量的穿孔试验，使用的聚能药包结构见图 8-18，图 8-18 中（a）为半球形、（b）为圆锥形，起爆装置 1，由压制特屈儿药柱和 8 号雷管组成；隔板 2，材质为表面涂虫胶漆的红松木；药型罩 3，采用等壁厚的半球形和圆锥形的铸铁或铸铜和铸铝的金属

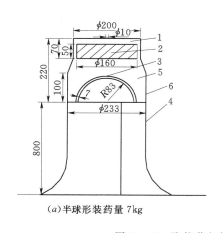

（a）半球形装药量 7kg

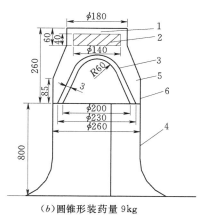

（b）圆锥形装药量 9kg

图 8-18 聚能药包结构图（单位：mm）
1—起爆装置；2—隔板；3—药型罩；4—支架；5—炸药；6—外壳

罩，支架 4，为三根铁管；炸药 5，用 20％ TNT 和 80％ 的黑索金熔铸；外壳 6，采用厚 1.5mm 铝壳。两种聚能药包穿孔形态不同，装药量不同，聚能深孔断面见图 8-19（a），半球形装药量为 7kg，图 8-19（b）圆锥形装药量为 9kg。药包参数和穿孔深度见表 8-16。

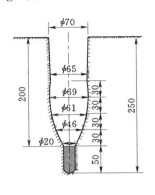
（a）装药量 7kg 的聚能弹穿孔

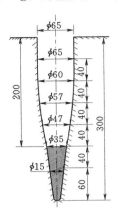
（b）装药量 9kg 的聚能弹穿孔

图 8-19　聚能药包爆破深孔断面图（单位：cm）

表 8-16　　　　　　　　　　　　药包参数和穿孔深度表

| 药型罩形状 | 药包重量 /kg | 装药量 /kg | 空壳重量 /kg | 支架高 /mm | 穿孔深度 /cm | 可见深度 /cm |
|---|---|---|---|---|---|---|
| 半球形 | 11.20 | 7.67 | 3.53 | 800 | 250 | 150 |
| 半球形 | 11.26 | 7.82 | 3.44 | 800 | 215 | 180 |
| 半球形 | 11.37 | 7.47 | 3.40 | 900 | 205 | 150 |
| 半球形 | 10.90 | 7.42 | 3.48 | 800 | — | 150 |
| 半球形 | 10.85 | 7.30 | 3.55 | 800 | 230 | 210 |
| 半球形 | 11.10 | 7.81 | 3.29 | 1000 | 220 | 180 |
| 圆锥形 | 13.57 | 9.36 | 4.21 | 805 | 300 | 200 |
| 圆锥形 | 13.46 | 9.36 | 4.07 | 805 | 300 | 190 |
| 圆锥形 | 13.61 | 9.48 | 4.13 | 805 | 300 | 180 |
| 圆锥形 | 13.53 | 9.36 | 4.17 | 920 | 220 | 135 |

试验结果分析如下。

（1）试验中的土壤孔隙度是影响穿孔深度的主要因素，当其他条件一样时，穿孔深度随着孔隙度的增加而增加。

（2）装药量相同时，铸铜药型罩的穿孔效果最好，其次是铸铁，再次是铸铝。

（3）在土质地层中的爆孔穿孔，无论是直径还是可见深度，均能满足电杆埋设的要求。

### 8.4.3　双聚能预裂爆破

双聚能预裂（光面）爆破是一种将聚能爆破应用于预裂和光面爆破的施工技术。该技术能够将炸药爆炸能量按照要求的方向聚集，从而降低炸药爆破能量损失，有利于减小爆破影响，提高成缝质量。利用聚能效应可在预裂及光面炮孔连线方向造成裂缝，其爆破孔距比一般的预裂及光面爆破孔距增大，炸药单耗降低，从而减少了钻孔数量，降低了工程成本，加快施工进度，且能取得更好的工程质量。

双聚能槽聚能爆破应用于预裂及光面爆破时，由于不耦合装药结构在成缝轴线方向的双聚能槽药卷的聚能作用，药包爆破后，聚能炸药所产生的爆炸能量向炮孔的轴线方向会聚，形成一股密度大、速度高的细长高能气流的气刃作用于岩体中，使聚能射流能够沿着岩石裂隙喷射，聚能爆破提高了高能气流的局部作用，使岩石裂缝的形成得到加强和充分的扩展和延伸。这是聚能预裂及光面爆破能够降低单位面积装药量和单位面积造孔量的关键所在。

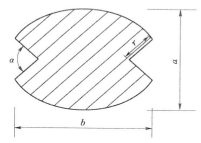

图 8-20 双聚能槽药卷断面示意图

（1）技术要点。

1）聚能药卷。双聚能槽药卷是通过特制的异形管采用机械或人工装入粉状或者乳化炸药制造而成，粉状炸药可直接灌装，乳化炸药采用螺杆旋转压入法输入，聚能槽的张角及管截面的长短半轴通过试验确定。双聚能槽药卷断面见图 8-20。

2）对中技术。双聚能药包的对中准确性是保证其爆破效果的关键，聚能槽对中技术包括两个方面，即孔口聚能槽对中和孔内双聚能槽药卷对中。

孔口的双聚能槽对中是通过特殊设计的孔口地面对中环来实现的，它可以保证每个聚能药卷的聚能槽处于同一个轴线方向，预裂面的孔口聚能槽和孔内聚能药卷的对中见图 8-21。

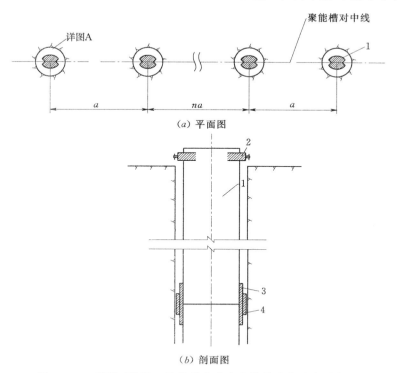

（a）平面图

（b）剖面图

图 8-21 预裂面的孔口聚能槽和孔内聚能药卷的对中示意图
1—PVC 双聚能槽药卷；2—孔口对中环；3—连接套管；4—孔内柔性居中装置

而孔内双聚能槽药卷的炮孔内对中，通过连接套管和孔内居中装置实现。具有和双槽聚能管外壁完全相同的尺寸和形状的连接套管，可以保证聚能槽在全孔上下都处在同一条直线上，而孔内居中装置则可以保证双聚能槽药卷能够始终处于孔内中心位置。

3）装药及效果。聚能预裂及光面孔的成孔技术要求与普通预裂及光面孔相同，炮孔精度越高，炮孔轴线同面性越好，则效果越佳。底部加强装药同普通预裂及光面爆破孔一样，只需将加强药卷捆绑在双槽聚能管的聚能槽两侧即可。由于聚能药卷是靠双槽聚能槽管成型，加之药管直径较小并已经接近临界起爆直径，因此必须全孔用导爆索进孔引爆。

双聚能槽管聚能预裂（光面）爆破时，由于面装药密度（单位面积预裂面的装药量）的减小，削弱了爆破振动对保留岩体的危害作用。双聚能槽管爆破的孔距、面装药密度都优于普通预裂及光面，普通预裂（光面）爆破与双聚能预裂（光面）爆破对比见表8-17。

表8-17 普通预裂（光面）爆破与双聚能预裂（光面）爆破对比表

| 孔距倍率 | 普通预裂爆破 | | 双聚能槽管聚能预裂（光面）爆破 | |
|---|---|---|---|---|
| | 孔距/cm | 面装药密度/(g/m²) | 孔距/cm | 面装药密度/(g/m²) |
| 2.0 | 100/80 | 350~450/438~563 | 200 | 225 |
| 2.5 | 100/80 | 350~450/438~563 | 250 | 180 |
| 3.0 | 100/80 | 350~450/438~563 | 300 | 150 |

由于双聚能槽管为连续装药，比普通预裂爆破的间断装药成缝作用（爆破应力波作用、高压气体的膨胀作用、聚能射流的气刃作用）更加均匀，岩石预裂的成缝作用力也更为均匀，从而提高了预裂缝面的成缝质量。由于爆破危害作用的减少，有利于减少产生爆破再生裂隙，预裂爆破残留半孔率增大。爆破效果比较见表8-18。

表8-18 爆 破 效 果 比 较 表

| 项 目 | 普通预裂爆破（规范要求） | 双聚能槽管聚能预裂 |
|---|---|---|
| 声波值 | 保留岩体爆后声波衰减率小于10% | 保留岩体爆后波衰减率小于4% |
| 半孔残留率 | 微风化不小于80%<br>弱风化中、下限为50%~80%<br>弱风化上、中限为10%~50% | 微风化不小于93%<br>弱风化中、下限为85%<br>弱风化上、中限为80% |
| 不平整度 | ≤15cm | ≤15cm |
| 再生裂隙 | | 未见 |
| 振动影响 | | 减振效果明显 |

（2）爆破参数。

1）钻孔直径 $D$。水电工程深孔台阶爆破的预裂（光面）爆破孔孔径为80~110mm，浅孔台阶爆破小孔径，孔径为40~50mm。

2）炮孔间距 $a$。经爆破试验回归分析总结，可按经验式（8-22）计算孔距 $a$：

$$a = K_1 K_2 (18 \sim 30) D \tag{8-22}$$

式中 $K_1$——岩石抗压强度系数，当岩石普氏系数 $f \geqslant 6$ 时，$K_1 = 1.0$；当 $f \leqslant 6$ 时，$K_1$

$=0.86$；

$K_2$——岩石完整性系数，当岩石为弱风化且完整性好时，$K_2=1.15$，当岩石为强风化且完整性差时，$K_2=0.83$；

$D$——预裂（光面）钻孔直径，mm。

炮孔间距也可根据岩石物理力学性能和地质条件，采用常规预裂（光面）爆破钻孔间距的 2.0～3.0 倍。深孔台阶爆破钻孔间距为 200～300cm，浅孔台阶爆破钻孔间距为 100～150cm。

3）钻孔深度 $L$。预裂孔钻孔深度宜与台阶高度相同并适当超深，当需要两个台阶一次预裂时，也不宜过深，一般不应超过 15m。钻孔深度的大小直接影响到钻孔质量和爆破循环次数。钻孔深度过长，将增大循环误差，影响保留岩体的不平整度；钻孔深度过长时由于岩石的夹制力和机械磨损，造成钻进速度降低影响钻孔效率；钻孔深度过短，将增加爆破循环次数，延长整个开挖工期。因此，深孔聚能预裂（光面）孔一次钻孔深度可为 8.0～15m。

4）线装药密度 $Q_L$。根据特制的双聚能槽管的结构特征和技术要求，大号管线装药密度为 430～450g/m，小号管线装药密度为 320～350g/m，可根据岩体特性及孔径孔距选择。

5）装药结构。采用特制的双聚能槽管连续装药，底部加强装药采用 $\phi32mm$ 乳化药卷捆绑在非聚能槽方向的两侧。

6）堵塞长度 $l_1$。堵塞长度一般按经验公式 $l_1=(10～15)D$ 估算，式中 $D$ 为预裂孔孔径，堵塞长度应在实际施工中根据爆破效果进行调整。

7）爆破连网。按设计图纸连接起爆网路，聚能预裂及光面爆破孔与台阶爆破孔若在同一爆破网路中起爆，预裂爆破孔最后一段起爆时间先于相邻台阶主爆破孔的起爆时间，不应小于 75ms。

（3）小湾水电站保护层开挖聚能爆破工程实例。

1）概述。小湾水电站水垫塘与二道坝保护层开挖中应用双聚能预裂及光面爆破技术，基岩岩性主要为黑云花岗片麻岩和角闪斜长片麻岩，两种岩层均夹薄层透镜状片岩。

双聚能预裂及光面爆破的孔距为 200～250cm，面装药密度为 180～225g/m²，孔径为 80～100mm 和 38～50mm 两种，台阶孔深度 $h=12～15m$。

预裂爆破的效果检查与统计分析得出，在微新鲜岩体中采用聚能预裂爆破，其半孔保存率达到 93%～98%，平均半孔保存率大于 95%，在局部地质缺陷部位，其半孔保存率也在 80% 以上，在保留的半孔中未见纵向再生裂隙。相邻炮孔间不平整度满足不大于 15cm 的规范要求。除局部地质缺陷处外，超欠挖均能控制在 ±20cm 的规范范围内。

2）爆破检测。爆破前后作声波波速检测，建基面岩体弹性波测试得出：爆破前其波速最大达 5690m/s 以上，最小为 5120m/s，平均波速值 5380m/s。爆破后最大波速为 5660m/s，最小波速为 4580m/s。声波衰减率为 1.69%～1.09%；距建基面 40cm 处，声波波速最大衰减率为 4.1%，最小衰减率为 0.8%，平均衰减率为 2.96%。声波衰减率远低于规范不大于 10% 的要求。

3）施工效果。采用聚能预裂爆破施工时，预裂孔造孔数量大量减少，造孔时间缩短了 60%，施工进度明显加快，同时减少单位面积装药量 50%、节约成本 55%，各项技术指标均达到规范要求，减小了对保留岩体的危害作用和增强岩石边坡的稳定性。

## 8.5 静态破碎

### 8.5.1 静态破碎特点

静态破碎技术亦称静态破石技术、无声膨胀技术或无声破碎技术。静态破碎时，在钻孔中灌注性能优越的膨胀剂，在较短时间内因水化作用发生膨胀，由于水化反应升高温度，进一步加速膨胀，对孔壁产生巨大的压力，在众多钻孔的共同作用下，使岩体或混凝土破碎。静态破碎剂是硅酸盐类的破碎材料，其物理化学性能稳定，储存、运输、使用安全，操作简便。破碎过程中无飞石、无声响、无振动、无毒气，对周围环境没有破坏和干扰。在贵重石材开采、基础混凝土拆除、复杂部位的破碎等工程领域得到广泛应用。虽然静态破裂技术并不属于"爆破"范畴，但是由于有独特长处，可以作为爆破的一项重要补充。

普通型破碎剂分为常用的粉粒状和药卷型两种，增加热敏剂后形成快速型破碎剂。

静态破碎剂的破碎效果与介质的性质、破碎剂在炮孔中水化以后所产生的膨胀压力的大小和选取的破裂参数是否合理有关，而膨胀压力的大小与时间、温度、水灰比、孔径等因素有关，静态破碎的效果由膨胀压力决定，膨胀压力的主要影响因素的作用分析如下。

（1）时间。静态胀裂剂膨胀压力初期是随着时间的增加而迅速增大，稍后膨胀压力随时间的增长而逐渐变得缓慢（见图 8-22、图 8-23）。

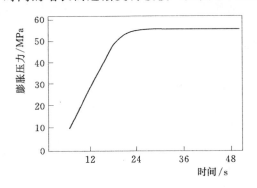

图 8-22　普通静态破碎剂的压力—时间曲线图　　图 8-23　快速静态破碎剂的压力—时间曲线图

（2）温度。静态破裂剂的水化反应速度与温度有密切关系，环境温度对静态破碎剂的膨胀压力 $P$ 影响很大，气温高，膨胀压力值高；气温低时，膨胀压力值低。这是因为温度升高可以加快破碎剂的水化速度及水化程度。使用时应根据季度的气温来正确选用破裂剂的型号，即使在一天中的早晨、中午和晚上的温度不同，也会对破裂剂的膨胀压力产生影响。

（3）水灰比。水灰比是指水与破裂剂拌和时重量之比。如果水灰比为 0.20～0.38 范围时，膨胀压力会较大。水灰比减小意味着单位重浆体中破裂剂的含量增多，膨胀压力增大，水灰比大时，膨胀压力值小，但是水灰比不宜过小，过小水灰比使浆体太浓，流动性差，增加搅拌和灌孔施工难度。普通型破裂剂的浆体的水灰比一般采用 0.28～0.33。

（4）孔径。根据试验得知，膨胀压力基本上与孔径成正比增长，即孔径增大，膨胀压力也增长。这是由于孔径增大以后，单位长度炮孔所装的破裂剂也增多，水化时放出的热量也增加，浆体的温度也会提高，进而促进氧化钙的水化，使膨胀压力增大。破碎剂不宜装填直径大于 65mm 的孔，以防止破碎剂浆体在水化反应过程中从孔口喷出，伤害施工人员，一般采用 38～50mm 的孔径。

### 8.5.2 粉粒状破碎剂性能及工艺

（1）粉粒状破碎剂性能。普通型粉粒状静态破碎剂一般为 SCA 和 JC-1 两个系列，其静态破裂剂见表 8-19。

表 8-19 　　　　　　　　　　SCA 和 JC-1 静态破裂剂表

| 破裂剂型号 | 使用温度/℃ | 破裂剂型号 | 使用温度/℃ |
| --- | --- | --- | --- |
| A-Ⅰ | 20～35 | JC-Ⅰ | ＞25 |
| CA-Ⅱ | 10～25 | JC-Ⅱ | 10～25 |
| SCA-Ⅲ | 5～15 | JC-Ⅲ | 0～10 |
| SCA-Ⅳ | -5～8 | JC-Ⅳ | ＜10 |

（2）设计参数。

1）炮孔排列。炮孔的排列形式主要取决于被破碎体情况和对破碎的要求。当多排孔破碎时，炮孔的排列形式主要是矩形排列或梅花形排列 [见图 8-24 (a)、(b)]。其他的排列方式都是在具体条件下，对上述两种形式的变化。当采用矩形布孔时，炮孔与炮孔之间就是裂缝发展的方向，使被破碎体沿着与自由面

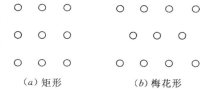

(a) 矩形　　　　(b) 梅花形

图 8-24　炮孔排列方式图

平行的成条状裂开，形成对破碎体的切割。若采用梅花形布孔时，破碎结果可以出现两种情况，当最小抵抗线、孔距和排距都相等时，对破碎体切割成条状 [见图 8-25 (a)]；若将最小抵抗线减小到为孔距的一半，排距为孔距的 60%～90%，孔深为破碎高度的80% 以上时，可产生不规则的裂缝、破裂成小型碎块 [见图 8-25 (b)]。

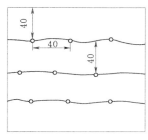

(a) 切割成条状

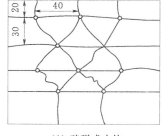

(b) 破裂成小块

图 8-25　梅花形布孔两种破碎效果图（单位：cm）

2）孔径。根据钻孔设备的性能来确定合适的孔径，宜采用 38～50mm。

3）孔距。当其他条件不变时，孔距越小，开裂越容易，破碎所需时间也随之缩短。但孔距过小，会增加钻孔工作量和静态破裂剂的消耗量。因此，对于不同的破碎对象，应确定出可行的最大孔距，以达到最好的技术与经济效果。孔距的大小可按式（8-23）计算：

$$a = Kd \qquad\qquad (8-23)$$

式中　$a$——孔距，cm，

　　　$d$——孔径，cm；

　　　$K$——破碎系数，普通型破碎剂，混凝土及岩石的 $K$ 值从表 8-20 和表 8-21 中选取。

表 8-20　　　　　　　　混凝土的 $K$ 值（孔径 $d \leqslant 50mm$）

| 混凝土种类 | 含筋率/(kg/m³) | 标准 $K$ 值 |
|---|---|---|
| 素混凝土 | | 10～18 |
| 钢筋混凝土 | 30～60 | 8～10 |
| | 60～100 | 6～8 |
| | ＞100 | 5～7 |

表 8-21　　　　　　　　岩石的 $K$ 值（孔径 $d \leqslant 50mm$）

| 岩石类别 | 莫氏硬度 | 标准 $K$ 值 |
|---|---|---|
| 软岩 | 3～5 | 10～18 |
| 中硬岩 | 5～5 | 8～12 |
| 硬岩 | 7～9 | 5～10 |

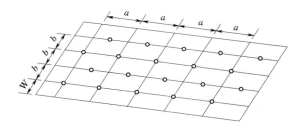

图 8-26　排距与最小抵抗线示意图

4）排距和最小抵抗线。排距的大小与破裂剂膨胀压力的大小、被破碎体的强度和自由面的多少有关。膨胀压力大、被破碎体的强度小和自由面多，可取大值；反之，则取小值。在静态破碎中，最小抵抗线的大小应根据介质的强度、形态大小、孔径、节理以及要求破碎的块度等因素来确定，排距与最小抵抗线见图 8-26，最小抵抗线可参照表 8-22 选取。

表 8-22　　　　　　　　最 小 抵 抗 线 表

| 破碎对象 | 最小抵抗线 $W$/cm | 破碎对象 | 最小抵抗线 $W$/cm |
|---|---|---|---|
| 无筋或少筋混凝土 | 30～40 | 软岩 | 40～60 |
| 多筋混凝土 | 20～30 | 中、硬质岩石 | 30～40 |

5）孔深。炮孔深度与被破碎体的高度（或宽度）有关，当被破碎体的高度和其他条

件相同时，炮孔深度大的比炮孔深度小的更容易开裂，破碎效果也更好。它们之间的关系，可按式（8-24）计算：

$$L = aH \tag{8-24}$$

式中　$L$——孔深，m；

　　　$H$——被破碎体的高度，m；

　　　$a$——孔深系数，与约束条件有关。对于混凝土块或孤石 $a = \frac{2}{3} \sim \frac{3}{4}$；对于原岩，$a = 1.05$；对钢筋混凝土体 $a = 0.95 \sim 1.0$。

静态破碎剂远不如炸药的爆破威力大，要取得较好的破碎效果，应有三个以上的自由面，当自由面外有挡土或其他堆积物时，应在装药前予以清除，以防影响裂缝扩展。

6）破碎剂用量。破碎剂的用量是影响破碎效果的主要因素。当炮孔布置方式和有关的破裂参数确定好以后，用药量可按下面两种方式确定。

按每延米炮孔装药量以式（8-25）计算：

$$Q = (1 + \gamma) \sum L q_1 \tag{8-25}$$

式中　$Q$——一个炮孔的用药量或一次破碎的总用药量，kg；

　　　$\gamma$——损耗率，采用 0.05～0.1；

　　　$\sum L$——一个炮孔的延米数或一个破碎体全部炮孔的总延米数，m；

　　　$q_1$——单位炮孔长的用药量，kg/m，可按表 8-23 所示选取。

表 8-23　　　　　　　　　　　　单位炮孔长度用药量表

| 孔径/mm | 30 | 32 | 34 | 36 | 38 | 40 | 42 | 44 | 46 | 48 | 50 |
|---|---|---|---|---|---|---|---|---|---|---|---|
| 用药量/(kg/m) | 1.1 | 1.3 | 1.5 | 1.7 | 1.9 | 2.1 | 2.3 | 2.5 | 2.7 | 3.0 | 3.3 |

按单位体积耗药量以式（8-26）进行计算：

$$Q = q_2 V \tag{8-26}$$

式中　$Q$——用药量，kg；

　　　$V$——被破碎体体积，m³；

　　　$q_2$——单位体积破碎剂用量，kg/m³，按表 8-24 选用。

表 8-24　　　　　　　　　　　　单位体积破碎剂用量表

| 介质种类 | 破碎剂用量/(kg/m³) | 介质种类 | 破碎剂用量/(kg/m³) |
|---|---|---|---|
| 软质岩石破碎 | 8～10 | 无筋混凝土破碎 | 8～15 |
| 中、硬质岩石破碎 | 10～15 | 钢筋混凝土破碎（配筋少） | 15～20 |
| 硬质岩石破碎 | 12～20 | 钢筋混凝土破碎（配筋多） | 20～30 |
| 岩石切割 | 5～15 | 孤石 | 5～10 |

以上所指的混凝土，主要是素混凝土和一般钢筋混凝土。对于含筋率较高的钢筋混凝土，破碎剂的破碎效果不佳，需采用辅助手段才能奏效。可在靠近钢筋层里密集打孔，先将混凝土保护层胀裂，露出的钢筋切断，解除约束箍筋后，再破碎中间的混凝土。也可局

部凿开钢筋保护层，切断钢筋，在破碎混凝土。

（3）施工工艺。

创建临空面：施工时，应事先开创临空面，大面积施工时，应分区分批装填破碎剂。对于每个临空面，同一批以不大于3排孔为宜待破碎块清理后，再装填下一批破碎孔。不同静态破碎剂破碎设计参数见表8-25。

表8-25　　　　　　　　　不同静态破碎剂破碎设计参数表

| 被破碎物 | 被破碎物体的高度 H 钻孔参数 | | | 破碎剂使用量 /(kg/m³) |
| --- | --- | --- | --- | --- |
| | 孔径/mm | 孔距/mm | 孔深 | |
| 软岩 | 38～50 | 40～60 | $H$ | 8～10 |
| 中硬岩 | 38～50 | 40～60 | $H+5\%H$ | 10～15 |
| 素混凝土、浆砌石 | 38～50 | 40～60 | 80%H | 8～10 |
| 钢筋混凝土 | 38～50 | 15～30 | 90%H | 15～25 |
| 岩石及混凝土切割 | 30～40 | 20～40 | $H$ | 0.5～1.5(MPa) |

钻孔：按设计的破碎参数进行钻孔。钻孔的深度应一致，应保证钻孔精度，才能取得良好的破裂效果。

破碎剂选择：根据气温条件，正确选用不同季节、不同温度的破碎剂。

搅拌：先按设计时确定的水灰比计算用水量和破碎剂的用量，准确称量用水，倒入桶中，再倒入破碎剂，搅拌至均匀，搅拌时间一般为40～60s。

装填：搅拌好的破碎剂浆液，必须在5～10min以内用完，否则会影响流动和破碎效果。灌注浆液时，一定要装填密实，对于垂直炮孔可直接倾倒灌注；不得正对炮孔张望，以免发生浆体喷孔烧伤眼睛。

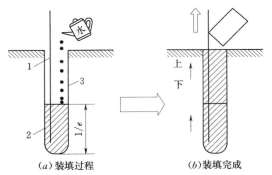

（a）装填过程　　　（b）装填完成

图8-27　颗粒状破碎剂装填法示意图
1—细棍；2—水；3—炮孔

对于颗粒状破裂剂，装填时先在孔中插入一根铁棍，注入半孔水后，一边往孔里装填破碎剂，一边将铁棍轻轻搅动并拔出，以防破碎剂在孔中绷住，颗粒状破碎剂装填法见图8-27。如发现孔中漏水，可事先在孔中装入一薄膜塑料袋，然后将水和破裂剂装入袋中。

养护：装填完浆液后，孔口应当覆盖，以免发生喷孔；冬季，气温过低时，应采取保温措施。

安全注意事项：施工时，为了安全，应戴防护眼镜，如果人体沾上浆液，应立即用清水洗净。

### 8.5.3　药卷型破碎剂性能及工艺

（1）药卷型破碎剂的特点。目前，国内外所生产静态破碎剂的组成成分和配合比例虽有所不同，但都是以石灰系硅酸盐无机化合物为主体，再加入适量的无机物和有机化合物，混合成散装型粉末状或粒状制品。在施工中，静态破碎剂一般要掺入30%～35%的水，搅拌成具有较好流动性的浆液，才能顺利填充进炮孔中。由于各生产厂家的破碎剂都有严格的掺水量要求，一般误差不允许超过2%。因此，使用单位在施工现场都不得不备用量杯和称量器，称量搅拌工作量大时使装药时间延长。

粉粒状散装破碎剂的另一大缺陷是用于水平孔和上向孔时，填装非常困难。为了克服静态破碎剂的喷孔问题，改变装药条件和缩短开裂时间，药卷型静态破碎得以发展。

药卷型静态破碎剂不仅使施工操作更加优化，能够适用于各种方向的炮孔装药，而且能使膨胀压力提高10%～15%，并避免了喷孔现象。

（2）药卷型破碎剂的型号。目前，所研究的药卷破碎剂类型仅适用于普通炮孔，药卷规格见表8-26，药卷型破碎剂的型号及适用条件见表8-27，可根据其施工要求和工作环境温度选择。

表8-26 药卷规格表

| 型号 | 尺寸（外径×长度）/（mm×mm） | 重量/(g/卷) | 备注 |
| --- | --- | --- | --- |
| Ⅰ-3015 | 30×150 | 180 | 普通浅孔用 |
| Ⅰ-3025 | 30×250 | 300 | 普通较深孔用（>1.2m） |

表8-27 药卷型破碎剂的型号及适用条件表

| 型号 | 用途 | 适用气温/℃ | 浸水温度/℃ |
| --- | --- | --- | --- |
| S型 | 夏季用 | 15～40 | <25 |
| W型 | 冬季用 | 0～20 | <20 |

我国幅员辽阔，同一个季节，各地气温都不一样，因此，要以施工现场的环境选择破碎剂的型号。药卷型破碎剂是由塑胶袋包装，只要不受潮，存放一年以上不会变质，其受潮的鉴别方法十分简单，只要药卷外纸壳不被胀破，就可继续使用。

（3）破碎参数。药卷型破碎剂具有适用各种方向炮孔装药的特点，因此，在设计施工方案时，不像设计普通破碎剂那样，必须使炮孔向下，可以直接以工程要求和操作方便为前提，布置水平孔或向上孔。另外，药卷型破碎剂的初期膨胀压力和最高膨胀压力都比普通型破碎剂高10%～15%，因此，按普通破碎剂进行布孔设计，在同等条件下，可使开裂时间提前。为降低工程成本，可适当加大布孔参数。

具体破碎参数设计可参照粉粒状破碎剂参数确定。

（4）药卷型破碎剂施工方法。药卷型破碎剂的施工方法、布孔参数及注意事项可参考散装型的施工方法和要求，其最大的不同是装药简单。装药时，把药卷全部放在水中浸泡2min，取出装入到炮孔中，并用炮棍一节一节地把药卷捣实，炮孔装药见图8-28。

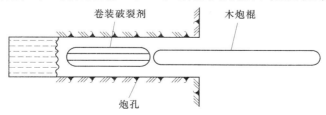

图8-28 炮孔装药示意图

药卷型破碎剂的施工方法比普通破碎剂施工更加方便，炮孔验收后，根据每孔装药量准备药量，装药所用器具仅需普通洗脸盆或大口装水容器一个、炮棍一根、劳保防护眼镜和手表等4种工具。主要步骤如下：①把容器内装一定量的清水，水深以浸泡平放药卷被水完全浸泡为准；②把每孔所需药卷一个个按顺序放入水中，并记下第一个药卷入水时间；③浸水时间到2min后，应按药卷入水顺序一个个取出装入炮孔，每卷都用炮棍捣实；孔口不够1卷长时，可把药卷分成两段分次装入，孔口也可留5～10cm不装药。

药卷型破碎剂浸水2～5min后，吸水率都在26%左右，因此，装药时不必紧张，就是没有装药经验的人，在2min内也是可装完1m深的炮孔。

另外，所有炮棍的长度应满足炮孔深度并有一定多于长度，过细或过粗都会影响捣实要求。

### 8.5.4 快速型破碎剂性能及工艺

（1）性能。快速静态破碎剂是由主体膨胀剂和热敏剂组成，一般采用药卷型，它利用热敏剂热效应大、升温高的特性，来提高主体膨胀剂的反应温度，加速了膨胀压力的增长速度，缩短开裂时间。该破碎剂的最终膨胀压力可达到58.8MPa，可使被破裂体在10～60min开裂。该破碎剂受温度的影响较小，具有适用全天候和可控制调节开裂时间的特点。快速破碎剂性能见表8-28。

表8-28　　　　　　　　　　　　快速破碎剂的性能表

| 成分 | 外观标志 | 尺寸（外径×长）/（mm×mm） | 重量/（g/卷） | 浸水温度 | 浸水时间/min |
|---|---|---|---|---|---|
| 主体膨胀剂 | 白色 | 30×150 | 180 | 30℃以下 | 2～5 |
|  |  | 30×250 | 300 |  |  |
| 热敏剂 | 带红色标 | 30×150 | 180 | 30℃以下 | 2 |

热敏剂具有发热性能兼膨胀性能，但其膨胀压力比主体膨胀剂要小得多，而主体膨胀剂要靠热敏剂改变温度条件，才能快速反应。工程应用中，根据环境温度和施工要求一般取热敏剂的比例为10%～50%，当环境温度低和要求快速开裂时，可取大值；反之，取小值。

（2）设计参数。快速破碎剂的布孔等设计参数与普通破碎剂的基本相同，只是快速破碎剂采用了卷装形式，可以用于水平孔和上向孔，布孔时，仅从工程要求和操作方便方面考虑即可，其钻孔参数可参照普通破裂剂的破碎参数设计。

（3）施工方法。

1）装药结构。快速破碎剂的施工方法，在进行装药结构设计时，可根据气候条件和要求开裂时间采用孔口热敏剂装药或分段间隔热敏剂装药，其装药结构见图8-29。在间隔热敏剂装药时，其间隔长度可根据炮孔深度、气温条件和要求的开裂时间综合得出，也可通过实地试验找出最合理的间隔长度。

2）装药步骤：①根据每孔装药量和装药结构，按顺序准备好药卷，将容器内装入清水（水深以能浸泡平放药卷为准）；②把药卷按装药顺序一卷一卷平放入水中，从第一卷入水时间计算，每卷最好间隔3～10s时间，以便与各药卷的装孔施工操作时间相符；③浸水到2min后，可按入水顺序一节节取出装入炮孔中，每一节药都用炮棍捣实。药卷

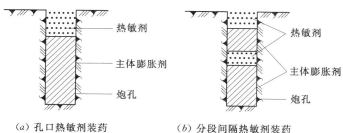

| (a) 孔口热敏剂装药 | (b) 分段间隔热敏剂装药 |

图 8-29　装药结构示意图

快速破裂剂在浸水 2～5min 后，吸水率都在 26％左右，误差不大，但是热敏剂在浸水后温度过高和浸水时间过长时，由于其反应膨胀速度快，容易在水中胀破外壳。因此，热敏剂的浸水温度要控制在 25℃以下，浸水时间为 2min 左右。

为了安全，装药时必须戴防保眼镜，装药后 1h 内，不得靠近孔口直视孔口，以防发生喷孔，伤害眼睛。每个药卷都应捣实，如捣不密实，在孔壁与药卷间留有空气，有发生喷孔的可能。药剂应保存在干燥场所，切勿受潮。

### 8.5.5　工程实例

#### 8.5.5.1　拉西瓦水电站孤石静态爆破

（1）工程概况。拉西瓦水电站位于青海省贵德县与贵南县交界的黄河干流上，是黄河上游龙—青河段规划的第二个大型水电站。2007 年 7 月，左岸缆机平台上部 F29 冲沟下游侧边坡岩体产生局部滑塌，造成左岸缆机平台边坡等部位塌落块石堆积，并危及下部卸料平台、坝肩槽和 17 号坝段施工人员的安全。

考虑到常规爆破块石难免有爆破飞石，势必影响到下部主坝混凝土浇筑和其他作业人员的施工安全。采用静态爆破处理大块石具有无振动、无飞石、无烟尘等特点，因此，决定采用高效静态破碎剂施工。

拉西瓦水电站大部分岩石为中粗粒花岗岩，属坚硬岩石，静态爆破时要求炮孔的间距较小才能有较好的破碎效果。采用 4 种钻孔布置形式，分别为 20cm×20cm、25cm×22cm、30cm×27cm、35cm×32cm，钻孔深度按需要破碎岩块厚度的 80％～90％进行控制。拉西瓦水电站不同参数静态爆破孔爆破效果见表 8-29。

表 8-29　　　　　　　拉西瓦水电站不同参数静态爆破孔爆破效果表

| 孔序 | 间距 $a$×排距 $b$ /(cm×cm) | 抵抗线 $W$ /cm | 爆　破　效　果 |
|---|---|---|---|
| 1 | 20×20 | 25 | 孔与孔之间径向裂开，将整个孤石切成厚 20cm×25cm 的三块板石，面积较大 |
| 2 | 25×22 | 22 | 岩石充分裂开，破碎石渣较小，便于人工清理 |
| 3 | 30×27 | 27 | 岩石充分裂开，破碎石渣稍大，需借助工具处理，耗药量相对较少 |
| 4 | 35×32 | 30 | 岩石充分裂开，破碎石渣较大，难以搬运，需二次破碎处理 |

（2）施工工艺。

1）钻孔布置：布孔前首先要确定至少选择一个以上临空面，钻孔方向尽可能做到与临空面平行，同一排钻孔应尽可能保持在一个平面上。当采用静态爆破对孤石进行解爆时，其钻孔按"梅花形"布置，这种布孔方式更适合不规则的形状岩石。

2）钻孔：钻孔直径与破碎效果有直接关系。钻孔过小，不利于药剂充分发挥效力；钻孔太大，易造成冲孔。采用手风钻进行造孔，炮孔直径38～40mm。孔深按破碎岩石的厚度80%～90%进行控制。

3）装药：①准备工作：装药先确定气温、拌和水温度是否满足要求，静态破碎剂正常使用所要求的温度范围为0～45℃的气温条件，拌和水温度根据季节气温的高低适当调整；同时，应将炮孔内的余水和石粉吹洗干净，并准备好相应器具和防护用品。②搅拌：将高效静态破碎剂（HSCA）重量比为28%～35%的水倒入容器中，然后加入高效静态破碎剂，搅拌成稠度适中，具有流动性的均匀浆液，否则将影响静态破碎剂破裂效果；③装药：炮孔装药长度为孔深的100%；每次装填高效静态破碎剂都要测试天气温度、拌和水的温度是否符合静态破碎剂温度条件。灌装过程中，已经开始发生化学反应的药剂（冒气和温度快速上升）不允许装入孔内。破碎剂从搅拌到装入孔内不能超过5min，时间过长，流动性及破碎效果将降低；垂直孔和倾斜孔装药，将配制好的药剂迅速装入到炮孔内，并确保药剂在孔内处于密实状态。采用药卷装填炮孔时，应逐条装入逐条捣实。对于大块岩石宜采用"由上到下，从边向里，逐层破碎"的施工方式；水平孔和向上方向钻孔，可按5～10kg破碎剂中加水按水灰比0.30～0.33加入到容器内，把破碎剂拌至手捏能成团状，搓条塞入炮孔捣实。如果采用破碎剂袋装药剂，把袋装药剂放入装有洁净水中浸泡30～50s左右，药卷充分湿润而不冒气泡时，逐条装入炮孔中并捣实。垂直炮孔灌满后不必堵塞，水平与倾斜炮孔在装药后要堵塞孔口，以免破碎剂流出。

（3）爆破效果。拉西瓦水电站孤石破碎中累计完成孤石解爆21块，共计127m³，采用静态破碎剂施工方法简单、操作方便、使用安全、易管理。破碎剂破石具有无声、无振动、无飞石、无冲击波、无有毒有害残留物等特点。在拉西瓦水电站左岸缆机平台上部边坡局部岩石滑塌中应用静态破碎剂进行岩石破裂处理，保障了施工安全，避免了施工期间的相互干扰，加快了施工进度，取得了良好的效果。

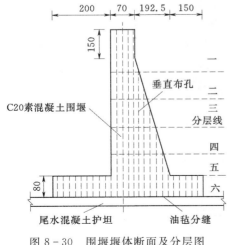

图8-30 围堰堰体断面及分层图
（单位：m）

### 8.5.5.2 甲岩水电站混凝土围堰静态爆破拆除

（1）概况。甲岩水电站位于云南省绿劝县普渡河上，水电站装机容量240MW。该水电站厂区尾水围堰素混凝土结构。围堰顶宽0.7m，堰体底宽2.6m，堰底承台宽6.2m，高0.8m，围堰总高10m，总长36m。堰体为C20素混凝土结构，混凝土围堰拆除工程量为646m³，围堰两端与尾水上下游护岸混凝土墙连接。

（2）钻孔参数。采用分层机械钻孔，使用YT-28手风钻造孔，施工前需进行钻孔布置和分层拆除设计。对厚度大于1.5m的结构需要进行分层，分层高度为1.5～2.0m，围堰堰体断面及分层见图8-30。

钻孔孔径为 32～40mm，外边孔距拆除部位的边界 20cm，中间孔按 20～40cm 的间距梅花形布置，素混凝土孔深 $H$ 按 80% 取值。第一层拆除平面布孔见图 8-31。

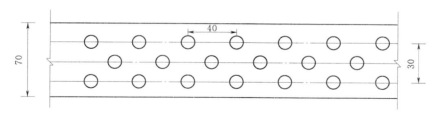

图 8-31　第一层拆除平面布孔示意图（单位：cm）

装入破碎剂前，应用高压风吹出孔内的积水和渣粉，用木杆缠棉纱将孔内存水吸干，确保破碎剂浆体均匀，稠度适中，否则将影响到静态破碎效果。

（3）装药工艺。主要步骤有：① 破碎剂搅拌：先将搅拌水倒入容器中，然后缓缓加入破碎剂，用机械或手工搅拌成均匀的浆液，搅拌过程中严格控制拌和用水量（拌和用水量为破碎剂重量的 28%～33%）；② 充填：充填作业采取直接灌入，搅拌好的浆液在 15min 内灌入孔内。施工中采取多个灌装小组同时作业，每小组由主副两名灌装手组成；各小组采取"同步操作，少拌勤装"的方式操作；③ 养生：灌孔完成后不用覆盖（冬季要覆盖），当裂缝出现后可用水浇灌裂缝，以加速发生膨胀压力的和裂缝的扩大；④ 机械辅助拆除：对已经产生裂缝和破碎的围堰结构，用挖掘机和风镐辅助拆除，并运离现场。

（4）拆除效果。甲岩水电站厂房尾水围堰紧临厂房，厂房正紧张进行机组安装和机电调试，为避免爆破振动影响，采用静态破碎剂拆除，共用 7d 时间完成围堰拆除。整个拆除过程中，灰尘小、无噪声、确保了水电站厂房的机组安装和机电调试，满足了工程进度和防振等安全要求，同时减小了对其他施工项目的干扰。静态破碎工艺作为爆破的重要补充，在特定条件下值得推广应用。

# 9 爆　破　安　全

## 9.1　爆破有害效应及防护

　　爆破利用炸药的爆炸能量对介质做功，达到预定工程目标的作业，如水电工程的岩土爆破、建筑物的拆除爆破等。爆破时对爆区附近的保护对象可能产生的影响和危害，称爆破有害效应，如爆破引起的地震、个别飞散物、空气冲击波、噪声、水中冲击波、动水压力、涌浪、粉尘、有毒气体等。岩土爆破时产生的作用效应见图9-1。

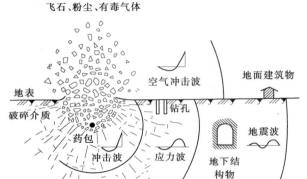

图9-1　岩土爆破时产生的作用效应示意图

　　由图9-1可见，爆破过程中，炸药的爆破能量使岩体产生压缩粉碎区、破坏区和振动区，压缩粉碎区内的岩体完全破碎，这是要求爆除的岩体，破坏区内的岩体产生很多径向和环向的裂缝，岩体的一些物理力学性质发生变化，振动区内的岩体一般不会产生破坏。当炸药埋深不大时，爆炸产物向大气中逸散，产生一系列作用效应：破碎岩石飞散形成飞石和粉尘、爆轰波向大气扩散形成空气冲击波和噪声、炸药化学反应生成的毒气向空气中扩散。

　　水电工程爆破有害效应造成的影响，大致可以归纳为以下几个方面：①爆破地震波对大坝混凝土、厂房、地下洞室、地基基础灌浆体的振动影响；②爆破对边坡稳定的影响；③岩土爆破对大坝及建筑地基的影响；④拆除爆破对保留部分的影响；⑤爆破对各类机械设备、电气仪表、输变电系统的影响；⑥水下爆破水击波、动水压力及涌浪对水生物、船舶、闸门及其他水工建筑物的影响；⑦爆破飞散物、毒气、空气冲击波、噪声等对人体的影响。

　　由于爆破的类型、对象和目的的不同，爆破所产生的危害影响各不相同。爆破危害影响的程序与爆破技术、爆破参数、施工工艺，以及地质构造岩体物理力学性能、建筑物结构特点等众多因素有关。通过大量的工程实践和试验研究，爆破技术不断改进和完善，发明和生产了性能良好的炸药和各类先进的起爆器材，针对不同的岩体地质构造和物理力学性能和各类建筑物的特点，合理选择爆破参数进行爆破设计，采用先进可靠的施工工艺。

在各类工程爆破中，已总体掌握了影响的各因素之间的相互关系以及爆破作用效应的基本规律，可实现即能达到设计所要求的工程爆破效果，又可将爆破危害影响降至最低限度，同时采取有效的防护措施，实现将爆破有害效应控制在安全标准允许的范围之内。

### 9.1.1 爆破振动

（1）爆破振动传播规律。当集中药包炸药爆炸时，炸药化学反应产生的高温和高压气体在岩体中以波动的形式向外传播，在 2～3 倍药包半径范围内产生强大的冲击波。在冲击波和爆轰气体的作用下，岩体熔化流动，压碎破裂，形成压缩粉碎区。约 10～15 倍药包半径范围内冲击波衰减为应力波（或称压缩波），在应力波和弱化的爆轰气体作用下，岩体产生径向和环向裂缝及残余变形，形成破坏区；大于 10～15 倍药包半径范围内，应力波衰减成只能使岩体及地表产生弹性振动的地震波，地震波强度已大为减弱，传播速度与岩体中的声波相同，属振动影响区，在岩体爆破中地震波能量只占炸药总能量的一小部分，为 2%～6%。但地震波衰减较慢，其作用范围比很快衰减的冲击波和应力波要大得多。因此，对规模较大的爆破，往往需要采取措施来确保临近建筑物的安全和减小爆破振动对保留岩体的影响。

地震波的传播遵循几何相似规律，当球状药包在岩体内部爆炸时，可表达为式（9-1）或（9-2）进行计算：

$$\frac{R_1}{R_2} = \sqrt[3]{\frac{Q_1}{Q_2}} \qquad (9-1)$$

$$A_i = f\left(\frac{Q^{\frac{1}{3}}}{R}\right) \qquad (9-2)$$

函数 $f\left(\dfrac{Q^{\frac{1}{3}}}{R}\right)$ 可展成多项式形式，一般工程爆破取下述形式作为衰减规律，按式（9-3）进行计算：

$$A_i = K\left(\frac{Q^{\frac{1}{3}}}{R}\right)^{\alpha} \qquad (9-3)$$

以上三式中　$A_i$——地震波振幅，与地震波三个参数有关：质点振动位移 $A$（mm）、振动速度 $v$（cm/s）、振动加速度 $a$（g）；

　　　　　$R$——距离药包中心的距离，m；

　　　　　$Q$——炸药量，齐发爆破对时取总药量，分段延时爆破时，可取有关段或最大一段的药量，kg；

　　$K$、$\alpha$——与爆破点至保护对象间的场地地形、地质特性、爆破条件，以及爆破区与观测点或建筑物、防护目标相对位置等有关的衰减指数，由爆破试验确定。

工程爆破中主要以爆破质点振动速度 $v$(cm/s) 作为衡量爆破振动影响的主要参数，各类爆破主要以式（9-4）作为质点振动速度传播的经验公式。我国的国家标准和水电行业标准也均推荐按式（9-4）计算：

$$v = K\left(\frac{Q^{\frac{1}{3}}}{R}\right)^{\alpha} \qquad (9-4)$$

式中，当 $K$、$\alpha$ 值没有试验资料时，可参照表 9-1 或通过类似工程进行比较选取。

表 9-1                          $K$、$\alpha$ 值与岩性的关系表

| 岩性 | $K$ | $\alpha$ |
| --- | --- | --- |
| 坚硬岩石 | 50～150 | 1.3～1.5 |
| 中硬岩石 | 50～250 | 1.5～1.8 |
| 软岩石 | 250～350 | 1.8～2.0 |

测量质点爆破振动参数时，应考虑三个方向，即垂直向、水平径向（相对爆源）、水平切向，最大值为三向几何叠加计算。因垂直向测值往往较大，通常以垂直向振动值为主；当防护对象结构比较特殊时，应分析不同方向振动值以及最大值的影响。

当考虑爆破区与观测点或建筑物、防护目标的高程差对质点振动速度传播规律的影响时，可采用式（9-5）进行计算：

$$v = K\left(\frac{Q^{\frac{1}{3}}}{R}\right)^{\alpha}\left(\frac{Q^{\frac{1}{3}}}{H}\right)^{\beta} \tag{9-5}$$

式中　$v$——质量振动速度，cm/s；

$\quad\quad H$——药包中心与测点的高程差，m；

$\quad\quad \beta$——与 $\alpha$ 相似的高程影响衰减指数，由爆破试验确定；

其他符号意义同前。

拆除爆破时，高耸建筑物拆除后，拆除物触地时也将产生振动，如高楼、水塔、烟囱、冷却塔等拆除后，所产生的坍落振动，有时往往大于炸药爆破引起的振动，可采用有关经验公式进行估算，有条件时应进行振动监测。烟囱爆破拆除时实测爆破质点振动波形见图 9-2，图 9-2 中标注了爆破、坐落、闭合、坍落的时间。从波形可见，坍落振动的波幅大于爆破波幅，且振动时间较长，频率较低。高层房屋建筑定向倾倒爆破拆除时实测爆破质点振动波形见图 9-3，在图 9-3 中分别记录了切口爆破振动、后排后座触地扰动、前排触地扰动的时间和波形。

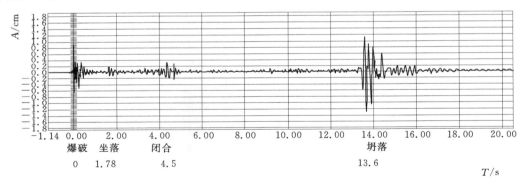

图 9-2　烟囱爆破拆除时实测爆破质点振动波形图

衡量地震波危害作用大小的基本参数是介质质点峰值振幅 $A_m$，$A_m$ 所对应的卓越振动周期 $T$（或频率 $f = \frac{1}{T}$）以及振动持续时间 $t$，地震波波形及基本参数见图 9-4。

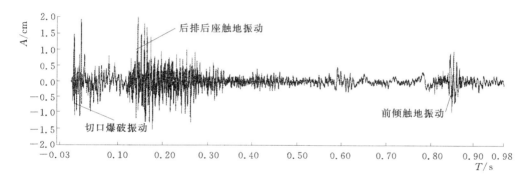

图 9-3　高层房屋建筑定向倾倒爆破拆除时实测爆破质点振动波形图

峰值振幅 $A_m$ 可以用地震波特征参量——峰值位移、速度、加速度表示，它们主要与爆破药量和距爆心距离有关。$A_m$ 也可以取相邻两个最大波峰的一半，地震波参数双振幅读数见图 9-5。$A_m$ 大，表示地震波强度大。

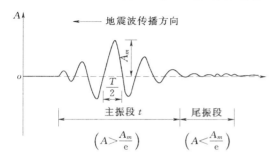

图 9-4　地震波波形及基本参数示意图

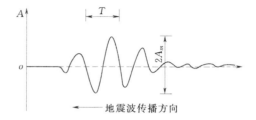

图 9-5　地震波参数双振幅读数示意图

地震波对建筑物的危害，除峰值振幅外，振动周期也是危害的重要因素。如果振动周期与建筑物自振周期接近或相等，将会产生共振现象，这对建筑物是极其不利的。振动周期 $T(s)$ 或频率 $f(Hz)$ 与介质性质有关，它们随距离 $R$ 的变化关系常用式（9-6）表达：

$$T = \frac{1}{f} = \tau \lg R \tag{9-6}$$

式中　$\tau$——取决于介质特性的系数，坚硬岩石为 $0.01 \sim 0.04$，含水土壤为 $0.11 \sim 0.13$，冲积层为 $0.06 \sim 0.08$。

爆破引起介质质点振动频率一般较高，为 $10^1 \sim 10^2$ Hz 量级。

经验关系式（9-6）没有考虑药量大小的影响，似不完善。一般工程爆破，药量大，周期大，频率小；反之亦然。

振动持续时间通常指地震波到达至振幅 $A > A_m/e$ 的主振相作用时间（其中 $e = 2.72$，是自然对数的底）。一般工程爆破用一段雷管起爆时的振动持续时间较短，只有毫秒级，最长也不过 $1 \sim 2s$。持续时间主要取决于爆破药量和介质性质。药量大，持续时间长；药量小则短。介质坚硬（如硬岩），振动频率高，持续时间较短；介质较软（土壤），振动频率低，持续时间较长。当采用多段延时起爆时，作用时间将相应延长。地震波振动持续时间长，对建筑物作用时间长，危害影响就大。

水下爆破时产生的地震效应与陆地不同，主要来自三个方面：一是爆破直接作用形成地震波；二是水中爆破冲击波冲击水底边界产生的冲击地震波；三是爆炸气体在水体中作胀缩上浮运动形成脉冲水压力引起的地震效应。通常以前两者为主。此外，由于水在常压下是不可压缩体，地震波在水下传播时和陆地也有显著差别。

在黄埔港水下炸礁时，对水底垂直向质点振动速度作了大量的观测，平均水深为 7m，礁岩为红砂岩含有砾石、砂质和泥质三种成分，采用 2 号岩石炸药。水下爆破时水底产生的地震波波形和振动持续时间，与陆地爆破基本相似。得到的振动衰减公式分别按式（9-7）～式（9-9）进行计算：

水中爆破： $$v = 94.0\left(\frac{Q^{\frac{1}{3}}}{R}\right)^{0.84} \tag{9-7}$$

水下岩石爆破： $$v = 117.4\left(\frac{Q^{\frac{1}{3}}}{R}\right)^{0.94} \tag{9-8}$$

水下钻孔爆破： $$v = 25.3\left(\frac{Q^{\frac{1}{3}}}{R}\right)^{0.58} \tag{9-9}$$

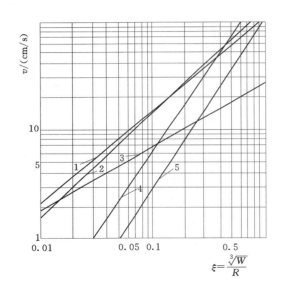

图 9-6　水中爆破与陆地爆破振动衰减比较曲线图
1—$v = 94\rho^{0.82}$（水中爆破）；2—$v = 117.4\rho^{0.94}$（岩面爆破）；
3—$v = 25.3\rho^{0.58}$（水中钻孔爆破）；4—$v = 200\rho^{1.5}$
（陆地爆破土壤）；5—$v = 70\rho^{1.5}$（陆地爆破岩石）

对上述测值采用最小二乘法进行分析处理后，分别绘制在 $v$-$\rho$ 对数坐标上，水下爆破与陆地爆破振动衰减比较曲线见图 9-6，图 9-6 中 $\rho = \frac{Q^{\frac{1}{3}}}{R}$ 称比例药量（或比例距离）。图 9-6 中 1、2、3 为三种不同形式水下爆破时水底垂直向质点振速衰减规律；4、5 分别为以式（9-4）表达时陆地爆破时质点振动衰减规律，其中 4 为土壤，$K$ 为 200；5 为岩石，$K$ 为 70，两者衰减系数 $\alpha$ 均取 1.5。由图 9-6 中可见，水下爆破时，水底质点振动速度比陆地衰减慢，这是水的影响结果。由于水下爆破时，振动规律研究不多，需进一步研究其对水下建筑物的破坏影响规律，以及经过水域传到陆地后的衰减规律等。

岩塞爆破产生的地震波，与一般陆地土岩爆破有相同的传播特性，影响地震效应的因素也相同。但是，由于岩塞爆破是在水下进行的，故不同于陆地爆破所不具备的特点：地震波通过水底岩土传到坝体途中，受到水击波的影响而使其强度变大；岩塞上部水的存在影响爆破抛掷作用，部分抛掷能量转化为岩体内部作用能量形成较强地震波，水越深地震效应越大，有时甚至大几倍。国内岩塞爆破不同部位实测振动速度衰减经验公式中 $K$、$\alpha$ 值见表 9-2。

表 9 - 2　　　　　国内岩塞爆破不同部位实测振动速度衰减公式中 **K、α 值**

| 工程名称 | 地质条件 | 爆破方式 | 部位和方向 | $K$ | $\alpha$ |
|---|---|---|---|---|---|
| 丰满水电站 | 变质砾岩 | 洞室爆破 | 顺河径向 | 907 | 2.17 |
| | | | 顺河垂直向 | 341 | 2.02 |
| 镜泊湖水库 | 闪长岩 | 洞室单层药包爆破 | 地表径向 | 71 | 1.41 |
| | | | 地表垂直向 | 44 | 1.53 |
| 密云水库 | 混合岩 | 钻孔爆破 | 土坝径向 | 40 | 1.42 |
| | | | 土坝垂直向 | 136 | 1.81 |
| | | | 地表径向 | 67 | 1.68 |
| | | | 地表垂直向 | 56 | 1.53 |
| 香山水库 | 粗粒药岗岩 | 钻孔爆破 | 地表径向 | 256 | 1.51 |
| | | | 地表垂直向 | 165 | 1.50 |

分析国内几个岩塞爆破振动观测资料得出以下结论。

1）爆破振动速度变化较复杂。振速的水平径向和垂直向分量大小交织在一起，爆破近区有时径向大，有时相反，远区变化也如此。

2）地表对爆破振动的反应比地下隧洞大。镜泊湖工程的观测资料表明，在地表和地下高差约 200m 的情况下，两者相关约 1～4 倍，说明地下洞室抗震性能比地表好。而且，垂直向分量的差值较径向分量的差值要大，这说明，地下垂直向分量衰减较快，地下的振动频率也比地表高，一般约为 40～90Hz。

3）饱和砂基水库中爆破地震效应较大，衰减也较慢。砂基对地震波高频成分吸收能力较强，使振动周期明显增长，主振频率范围约 10～30Hz；而在岩基水库中则相反。

4）振动持续时间。在地表岩基一般约 0.1～0.7s，地表砂基则较长。地下的振动持续时间较短，一般小于 0.3s。在大坝上记录到的振动持续时间可达 1.1s 左右。

（2）爆破振动安全标准。

1）《爆破安全规程》（GB 6722—2014）规定，爆破振动安全允许标准见表 9 - 3。

表 9 - 3　　　　　　　　　爆破振动安全允许标准表

| 序号 | 保护对象类别 | 安全允许质点振动速度 $v$/(cm/s) | | |
|---|---|---|---|---|
| | | $f \leqslant 10Hz$ | $10Hz < f \leqslant 50Hz$ | $f > 50Hz$ |
| 1 | 土窑洞、土坯房、毛石房屋 | 0.15～0.45 | 0.45～0.9 | 0.9～1.5 |
| 2 | 一般民用建筑物 | 1.5～2.0 | 2.0～2.5 | 2.5～3.0 |
| 3 | 工业和商业建筑物 | 2.5～3.5 | 3.5～4.5 | 4.2～5.0 |
| 4 | 一般古建筑与古迹 | 0.1～0.2 | 0.2～0.3 | 0.3～0.5 |
| 5 | 运行中的水电站及发电厂中心控制室设备 | 0.5～0.6 | 0.6～0.7 | 0.7～0.9 |
| 6 | 水工隧洞 | 7～8 | 8～10 | 10～15 |
| 7 | 交通隧道 | 10～12 | 12～15 | 15～20 |
| 8 | 矿山巷道 | 15～18 | 18～25 | 20～30 |

| 序号 | 保护对象类别 | 安全允许质点振动速度 $v$/(cm/s) | | |
| --- | --- | --- | --- | --- |
| | | $f \leqslant 10Hz$ | $10Hz < f \leqslant 50Hz$ | $f > 50Hz$ |
| 9 | 永久性岩石高边坡 | 5～9 | 8～12 | 10～15 |
| 10 | 新浇大体积混凝土（C20）：<br>龄期：初凝～3d<br>龄期：3～7d<br>龄期：7～28d | 1.5～2.0<br>3.0～4.0<br>7.0～8.0 | 2.0～2.5<br>4.0～5.0<br>8.0～10.0 | 2.5～3.0<br>5.0～7.0<br>10.0～12 |

注 1. 表中质点振动速度为三个分量中的最大值，振动频率为主振频率。

2. 频率范围根据现场实测波形确定或按如下数据选取：洞室爆破 $f < 20Hz$，露天深孔爆破 $f = 10～60Hz$，露天浅孔爆破 $f = 40～100Hz$；地下深孔爆破 $f = 30～100Hz$，地下浅孔爆破 $f = 60～300Hz$。

3. 爆破振动监测应同时测定质点振动相互垂直的三个分量。

按表 9-3 选定安全允许质点振速时，应认真分析以下影响因素：①选取建筑物安全允许质点振速时，应综合考虑建筑物的重要性、建筑质量、新旧程度、自振频率、地基条件等；②省级以上（含省级）重点保护古建筑与古迹的安全允许质点振速，应经专家论证后选取，并报相应文物管理部门批准；③选取隧洞、巷道安全允许质点振速时，应综合考虑构筑物的重要性、围岩分类、支护状况、开挖跨度、埋深大小、爆源方向、周边环境等；④永久性岩石高边坡，应综合考虑边坡的重要性、边坡的初始稳定性、支护状况、开挖高度等；⑤非挡水新浇大体积混凝土的安全允许质点振速按本表给出的上限值选取。

2）结合水电工程特点，《水工建筑物岩石开挖工程施工技术规范》（DL/T 5389）增加了部分爆破振动安全允许标准，其标准分别见表 9-4、表 9-5。

表 9-4　　　　灌浆、预应力锚索（杆）、喷射混凝土爆破振动安全允许标准表　　单位：cm/s

| 序号 | 部 位 | 龄期/d | | | 备 注 |
| --- | --- | --- | --- | --- | --- |
| | | 1～3 | 3～7 | 7～28 | |
| 1 | 灌浆区 | — | 0.5～2.0 | 2.0～5.0 | 3d 内不能受振 |
| 2 | 预应力锚索（锚杆） | 1.0～2.0 | 2.0～5.0 | 5.0～10.0 | 锚杆孔口附近、锚墩 |
| 3 | 喷射混凝土 | 1.0～2.0 | 2.0～5.0 | 5.0～10.0 | 距爆区最近喷射混凝土 |

注　地质缺陷部位一般应进行临时支护后再进行爆破，或适当减小控制标准值。

表 9-5　　　　　　　　机电设备及仪器的爆破振动安全允许标准表

| 序号 | 保护对象类型 | 安全允许振速/（cm/s） | 备注 |
| --- | --- | --- | --- |
| 1 | 水电站及发电厂中心控制室设备 | 0.9 | 运行中 |
| | | 2.5 | 停机 |
| 2 | 计算机等电子仪器 | 2.0 | 运行中 |
| | | 5.0 | 停机 |

3）爆破安全允许距离，可按式（9-10）计算：

$$R = \left( \frac{K}{v} \right)^{\frac{1}{\alpha}} Q^{\frac{1}{3}} \qquad (9-10)$$

式中　$R$——爆破振动安全允许距离，m；

　　　$Q$——炸药量，齐发爆破为总药量，延时爆破为最大单段药量，kg；

　　　$v$——保护对象所在地安全允许质点振速，cm/s；

　　$K$、$\alpha$——与爆破点至保护对象间的地形、地质条件有关的系数和衰减指数，应通过现场试验确定；在无试验数据的条件下，可参考表 9-1 选取。

　4）爆破地震与天然地震的比较。爆破地震与天然地震在地面运动参数（包括位移、速度、加速度等）方面有很大的差别，其振幅、频率、主震时间等有显著差异。天然地震能量巨大，震中位移处于地层下数千米或数十千米，而爆破在地表进行，且能量相对有限，处于地表的地形地质条件下极易衰减，只能传播至有限距离。

　天然地震波频率低，一般主振频率为 0.5～5Hz，与大部分建筑物的固有频率接近，极易发生共振，而爆破地震的主振频率为 5～500Hz，只有药量很大的爆破才会出现较低的频率，与建筑物发生共振的可能性很小。天然地震主震持续时间为数秒至数十秒，甚至更长，而爆破地震持续时间很短，一次振动为几十或几百毫秒，即使多段毫秒延时爆破时，也仅为秒量级，天然地震的破坏能量是要大得多。由于爆破地震具有爆破能源在地表浅层发生，振动持续时间短，主振频率较高，随着与爆源增加很快衰减等特点，产生的破坏现象有很大的不同，当两者振幅相同时，对建筑物所产生的破坏影响有十分的差异。另外，天然地震能量巨大，传播范围很远，破坏范围可达数十甚至数百公里，而爆破地震，即使百吨级洞室爆破其破坏区也仅距爆区百米范围，仅为小范围的振动影响。天然地震烈度见表 9-6。

表 9-6　　　　　　　　　　　天 然 地 震 烈 度 表

| 烈度 | 人的感觉 | 一 般 房 屋 | | 其他现象 | 参考物理指标 | |
| --- | --- | --- | --- | --- | --- | --- |
| | | 大多数房屋震害程度 | 平均震害指数 | | 加速度（水平向）/(cm/s²) | 速度（水平向）/(cm/s) |
| Ⅰ | 无感 | | | | | |
| Ⅱ | 室内个别静止中的人感觉 | | | | | |
| Ⅲ | 室内少数静止中人有感觉 | 门、窗轻微作响 | | 悬挂物微动 | | |
| Ⅳ | 室内多数人、室外少数人感觉，少数人梦中惊醒 | 门、窗作响 | | 悬挂物明显摆动，器皿作响 | | |

| 烈度 | 人的感觉 | 一般房屋 | | 其他现象 | 参考物理指标 | |
|---|---|---|---|---|---|---|
| | | 大多数房屋震害程度 | 平均震害指数 | | 加速度（水平向）/(cm/s²) | 速度（水平向）/(cm/s) |
| V | 室内普遍、室外多数人有感觉，多数人梦中惊醒 | 门窗、屋顶、屋架颤动作响，灰土掉落，抹灰出现微细裂缝，有檐瓦掉落，个别屋顶烟囱掉砖 | | 不稳定器物摇动或翻倒 | 31（22～44） | 3（2～4） |
| VI | 多数人站立不稳，少数人惊逃户外 | 损坏—墙体出现裂缝，檐瓦掉落，少数屋顶烟囱裂缝、掉落 | 0～0.10 | 河岸和松软土上出现裂缝，饱和砂层出现喷砂冒水；有的独立砖烟囱轻度裂缝 | 63（45～89） | 6（5～9） |
| VII | 多数人惊逃户外，骑自行车的人有感觉，行驶中的汽车驾乘人员有感觉 | 轻度破坏—局部破坏、开裂，小修或不需要修理可继续使用 | 0.11～0.30 | 河岸出现坍方；饱和砂层常见喷砂冒水，松软土上地裂缝较多；大多数独立砖烟囱中等破坏 | 125（90～177） | 13（10～18） |
| VIII | 多数人摇晃颠簸，行走困难 | 中等破坏—结构受损，需要修复才能使用 | 0.31～0.50 | 干硬土上亦出现裂缝；大多数独立砖烟囱严重破坏；树梢折断；房屋破坏导致人畜伤亡 | 250（178～353） | 25（19～35） |
| IX | 行动的人摔倒 | 严重破坏—结构严重破坏，局部倒塌，复修困难 | 0.51～0.70 | 干硬土上出现许多地方有裂缝；基岩可能出现裂缝、错动；滑坡坍方常见；独立砖烟囱出现倒塌 | 500（354～707） | 50（36～71） |
| X | 骑自行车的人会摔倒。处不稳状态的人会摔离原地，有抛起感 | 大多数倒塌 | 0.71～0.90 | 山崩和地震断裂出现；基岩上的拱桥破坏；大多数砖烟囱从根部破坏或倒毁 | 1000（708～1414） | 100（72～141） |
| XI | | 普遍倒塌 | 0.91～1.00 | 地震断裂延续很长；大量山崩滑坡 | | |
| XII | | | | 地面剧烈变化，山河改观 | | |

注　1. Ⅰ～Ⅴ度以地面上人的感觉为主；Ⅵ～Ⅹ度以房屋震害为主，人的感觉仅供参考；Ⅺ度、Ⅻ度以地表现象为主。

2. 一般房屋包括用木构架和土、石、砖墙构造的旧式房屋和单层或数层的、未经抗震设计的新式砖房。对于质量特别差或特别好的房屋，可根据具体情况，对表列各烈度的震害程度和震害指数予以提高或降低。

3. 本表引自《中国地震烈度表》（GB/T 17742）。

工程爆破引起的爆破地震烈度参考值见表9-7，可与天然地震烈度作相对比较。

表9-8 工程爆破引起的爆破地震烈度参考值

| 烈度 | 主 要 标 志 | 最大振速 /(cm/s) |
|---|---|---|
| I | 只有仪器才能记录到 | <0.2 |
| II | 个别人静止情况下才能感觉到 | 0.2~0.4 |
| III | 某些人或知道爆破的人才能感觉到 | 0.4~0.8 |
| IV | 多数人感觉到振动，玻璃发响 | 0.8~1.5 |
| V | 陈旧的建筑物损坏，抹灰撒落 | 1.5~3 |
| VI | 抹灰中有细裂缝，建筑物发现变形 | 3~6 |
| VII | 建筑物有中等程度损坏：抹灰中有裂缝，成块的抹灰掉落，墙壁中有细裂缝，炉灶和烟囱中有裂缝 | 6~12 |
| VIII | 建筑物有很大损坏：承重结构和墙壁中有裂缝，间壁墙有大裂缝，烟囱倾倒，抹灰掉落 | 12~24 |
| IX | 建筑物破坏：墙上有大裂缝，砌筑物分离，墙的某些段下沉 | 24~48 |
| X～XII | 建筑物发生破坏和倒塌 | >48 |

地震烈度与质点振动速度的关系可按式（9-11）进行估算：

$$2^N = 14v \qquad (9-11)$$

式中　$N$——地震烈度；

　　　$v$——质点振动速度，cm/s。

（3）控制爆破振动危害的原则。

1）控制爆破振动危害的基本原则。水电工程中的开挖爆破，一般均需进行控制，属于特殊的控制爆破，如大坝基础、地下洞室、岩塞爆破、定向爆破筑坝、拆除爆破等，都要采取有效预防措施，最大限度减小对保留岩体和水工建筑物的影响。控制爆破危害应从减小爆破作用效应和对保护对象实际防护两方面入手，控制爆破危害的4个基本原则为：控制爆破能量、分散装药、缓冲和防护。这4项原则总体上也适应于控制其他爆破有害效应。

2）控制爆炸能量原则。根据爆破对象、条件和要求，设计合理爆破参数（孔深、孔斜、孔径、孔排距、炸药单耗等），采用合适装药结构、起爆方式和炸药品种，力求使每个炮孔中炸药的爆炸能量与破碎该孔周围介质需要的能量相接近，或者只在介质中产生一定宽度的裂缝（如预裂爆破），从而尽量减少剩余能量对保留部位产生不利影响。

3）分散装药原则。将爆破岩体所需的总装药量进行分散与微量化处理，即多钻孔、少装药。通过分批次多段微差起爆，还可减小每段起爆药量。据此，可以减小爆破的一些有害效应。

4）缓冲原则。选择适于控制爆破的炸药，相应改变装药结构，以缓和爆轰波峰值压力对介质的冲击作用，使爆破能量合理分配和利用。或者在开挖爆破区与保留区之间加设缓冲层，以减轻对保留部位的破坏影响。

5）防护原则。在研究爆破理论和分析爆破危害作用特点的基础上，采用有效措施，对爆破的危害进行防护。

（4）控制爆破振动危害方法。根据控制爆破振动影响的原则，可采用相应的技术措施和方法，实现有效控制爆破振动影响的目的。

1）微差起爆减小单段药量。使用毫秒电雷管、导爆管、电子雷管、高精度数码雷管等，采用毫秒微差延时起爆技术，可有效地分散起爆药量，包括进行孔间或孔内分段起爆，减小单段药量，降低爆破质点振动量。分段微差延时爆破的振动波形见图 9-7，图9-7中 A 为分段间隔时间较大时的波形，$T_1$、$T_2$、$T_3$ 均为独立的波形；E 为 $T_1$、$T_2$、$T_3$（B、C、D）三段间隔时间较小时的地震波叠加的波形，其振幅大于前者，增大了爆破振动量。反之利用叠加原理，使用高精度延时雷管，根据爆区的地质地形条件，经精确计算，在爆破过程中，调整分段起爆过程中的段间间隔时间，使其振动量叠加抵消，达到减小爆破振动影响的目的。在国外已有学者开展了此项研究，并取得初步成果。

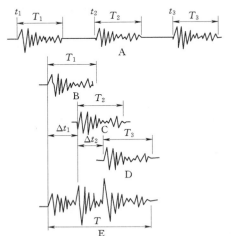

图 9-7　分段微差延时爆破的振动波形图

2）在梯段爆破中采用预裂、光面爆破，获得良好的临空面。与平地起和药室爆破相比，可有效地削减爆破对侧向、后冲及底部岩体的影响。预裂爆破可衰减对保留岩体的振动影响，并获得平整的开挖断面。垂直、水平及各个方向的预裂爆破技术已广泛应用，效果良好。光面爆破由于缓冲孔的弱爆破效果，同样可以有效减小对保留岩体的爆破影响。

3）设置缓冲垫层。炸药与岩体之间设置垫层，可使爆轰波对岩体的作用得到缓冲，减小对岩体的破坏。例如使用小于钻孔直径的炸药，进行不耦合装药的预裂爆破和光面爆破，可减小对钻孔壁面的破坏；炮孔底部设置柔性垫层，可减小爆破对底部岩体的破坏影响，同时有利于克服根底夹制作用，使爆破后的基岩平整减少超欠挖量。基岩保护层一次爆除或不设保护层的基岩爆破技术，钻孔底部设置柔性垫层是一个很重要的措施。

4）设计合理的爆破参数。爆破设计中应尽量利用和设置临空面减小抵抗线，临空面的存在释放爆破能量改善爆破效果，起爆时应按临空面逐排或逐孔起爆；设置合理的毫秒延时间隔时间，合理的间隔时间应使前排爆破后为后排炮孔提供新的临空面，又能使前排起爆的岩块尚未落地之前在空中碰撞，使岩石碰撞利于破碎和减少飞石及空气冲击波，合适的间隔时间可使地震波反向叠加而减小振动量；设计合理的孔网参数，改变孔排距可实现宽孔距小抵抗线爆破，实行 V 形起爆或双临空面的斜线（对角线）起爆等，可充分利用临空面，提高炸药利用率，改善爆破效果，减小爆破对后冲方向的影响。

5）选择合理的爆破器材。采用爆速较低、威力较小的炸药，可减小爆破振动效应；采用聚能药包控制爆破作用方向，如聚能药包预裂爆破，可有效减少炸药量；采用等间隔毫秒延时雷管，也可充分分散炸药量；选择合适的爆破器材，可在确保爆破效果的同时，减小爆破有害效应。

（5）爆破振动安全防护措施。应对爆破振动的影响：采取综合的防护措施，有必要时可采用隔震措施，如常用的预裂隔震，布设一定深度1～2排孔距较密的隔震孔，挖掘一定深度的隔震沟。

在需要进行爆破作业的地带，各种建筑物要远离爆区建造，尽量避免修建高大建筑物。有特殊需要建造的，如水电站基坑附近的砂石筛分系统、拌和系统等，应使其具有良好的抗震性能。爆区附近的临时建筑物，也要牢固可靠。位于地形高处的建筑物不利于抗震，爆区与建筑群之间有沟谷、土堑等相隔物则很有利。所以，要利用有利部位，避开不利部位建造工业与民用建筑。以上情况要统筹规划、合理安排。

相邻隧洞之间爆破，地下厂房爆破，高边坡开挖爆破等，应在已成洞体或边坡段进行衬砌、锚喷加固，可防止爆破破坏。

在建筑近距离的爆破中，爆破时应组织人员撤离至安全地带。精密仪表和电厂高压开关等，应设隔震挡墙装置。

爆破时间选在正午或下班、放学后，以避开人员活动高峰。十分安静的时候不宜放炮。这样可以减轻人们对爆破地震的不适之感。

总之，从事爆破工作的人员，只要做到用科学的方法精心设计、精心施工，爆破地震波的危害影响是可以降至最低限度的。

## 9.1.2 飞石及粉尘

（1）飞石产生的原因。工程爆破破碎岩体或其他介质后产生飞散物，包括飞石和扬尘，由于水电工程地处偏远山区，地广人稀，扬尘主要在警戒范围短时扩散，与人口密集的城镇拆除爆破相比，控制相对简单。但飞石的预防，特别对个别获得较大能量，飞散到爆堆以外的远距离飞石，必须有效地控制。

露天洞室抛掷爆破、定向爆破、深孔爆破、二次爆破破碎大岩块，常会产生飞石。水深不大的水下爆破也会产生飞石。

过多的飞石表明爆破设计不合理。由于采用超过岩体条件所需的单位耗药量，使得炸药爆炸释放的能量，大于开挖要求破碎岩体所需的能量，结果是多余能量作用在岩石上，使岩石获得很大动能和初速度向外飞射。

水电工程基坑开挖爆破中，产生飞石的原因有以下几方面：①装药孔口堵塞质量不好，冲出的高压气体中夹有许多石块，飞扬较远；堵塞段过小时，因孔内装药段过长，造成地面过分爆裂，也会产生飞石；②局部抵抗线太小，沿这个方向产生飞石；③过量装药，爆破荷载过大产生飞石；④岩体不均匀，在断层、夹层等薄弱部位，爆轰气体集中冲出形成飞石；⑤爆破时产生鼓包运动，沿最小抵抗线方向获得较大初速度的个别飞石。

（2）飞石安全距离估算。爆破中产生个别飞石的飞散距离，与爆破参数、堵塞质量、地形、地质构造、气象（风向和风速）等因素有关。当飞石的初速度和抛射角确定后，可算出飞散距离。但是，这两个参数很难确定。目前常用经验式（9-12）估算抛掷爆破个别飞石的安全距离：

$$R_f = 200K_f n^2 W \qquad (9-12)$$

式中　$R_f$——飞石安全距离，m;

$n$——爆破作用系数，$n = r/w$;

$r$——爆破漏斗半径，m;

$W$——最大一个药包的最小抵抗线长度，m;

$K_f$——安全系数，根据地形与不同方向可能生产飞石的条件而定，通常取 $1\sim1.5$;
当风速大而又顺风时采用 $1.5\sim2$; 定向或抛掷爆破正对最小抵抗线方向时
采用 1.5; 山间或垭口地形采用 $1.5\sim2$。

经验式（9-12）对单侧抛掷爆破 $W < 25\text{m}$ 时，符合实际情况。而对双侧抛掷爆破、单侧松动爆破、抵抗线较大的药包爆破以及在土中爆破等，所计算的结果往往偏大。

由于地形和高差的影响，沿山坡爆破飞石向下坠落所增大的距离 $\Delta x$，可按式（9-13）计算（忽略空气阻力影响）：

$$\Delta x = R_f [2\cos^2\alpha(\tan\alpha + \tan\beta) - 1] \qquad (9-13)$$

式中　$\alpha$——最小抵抗线与水平线夹角;

$\beta$——山坡坡角。

水下爆破的飞石，除与爆破药量和方法有关外，主要取决于水深，因为水有阻止飞石飞散的作用。但是，由于水下岩体处于饱和状态，破岩特性与陆地不同。当水深较小时，有时会超过陆地相同药量爆破的飞石距离。估算水下爆破飞石距离的方法为：水深小于 1.5m 时，与陆地爆破相同；水深大于 6m 时，一般水下裸露药包，或浅孔、深孔爆破可不考虑飞石对地面或水面上人员的影响；水深 $1.5\sim6\text{m}$ 时，可参照陆地爆破情况，适当考虑不同程度地减小。

在高山地区进行大爆破，还应考虑爆破岩石沿山沟滚落的危害范围。如某次松动爆破，沿山坡的滚石距离达 700m。当山坡坡降较大，又有较厚积雪时，爆破岩石可滑行很远。如某矿山一次抛掷大爆破，爆破岩石沿两侧山沟形成岩石流向下滑，最远距离达 4km。

按照我国爆破安全规程，一般工程爆破个别飞散物（飞石）对人员的安全距离不应小于表 9-8 的规定。对设备或建（构）物的安全允许距离，应由设计确定。抛掷爆破时，个别飞散物对人员、设备和建筑物的安全允许距离应由设计确定。

表 9-8　　　　　爆破个别飞散物对人员的安全允许距离表

| 爆破类型和方法 | | 最小安全允许距离/m |
|---|---|---|
| 露天岩土爆破 | 浅孔爆破法破大块 | 300 |
| | 浅孔台阶爆破 | 200（复杂地质条件下或未形成台阶工作面时不小于 300） |
| | 深孔台阶爆破 | 按设计，但不小于 200 |
| | 洞室爆破 | 按设计，但不小于 300 |
| 水下爆破 | 水深小于 1.5m 水深大于 1.5m | 与露天岩土爆破相同 由设计确定 |

| 爆破类型和方法 | | 最小安全允许距离/m |
|---|---|---|
| 破冰工程 | 爆破薄冰凌 | 50 |
| | 爆破覆冰 | 100 |
| | 爆破阻塞的流冰 | 200 |
| | 爆破厚度大于 2m 的冰层或爆破阻塞流冰一次用药量超过 300kg | 300 |
| 爆破金属物 | 在露天爆破场 | 1500 |
| | 在装甲爆破坑中 | 150 |
| | 在厂区内的空场中 | 由设计确定 |
| | 爆破热凝结物和爆破压接 | 按设计，但不小于 30 |
| | 爆炸加工 | 由设计确定 |
| 拆除爆破、城镇浅孔爆破及复杂环境深孔爆破 | | 由设计确定 |
| 地震勘探爆破 | 浅井或地表爆破 | 按设计，但不小于 100 |
| | 在深孔中爆破 | 按设计，但不小于 30 |

**注** 沿山坡爆破时，下坡方向的个别飞散物安全允许距离应增大 50%。

关于飞石产生的原因、运动规律、分布密度、危害程度、安全距离估算公式等的观测研究，尚需继续深入开展，因为产生飞石的偶然因素很多，不易正确确定。有些项目的研究还存在一定困难，如飞石运动规律要借助高速摄影来分析，分布密度等项目需作大量统计工作，并要结合爆破设计资料作判断等。这都要求从事爆破工作人员在施工中注意收集资料，不断进行总结分析。

（3）控制飞石的防护措施。控制飞石危害的安全防护措施，包括尽可能控制飞石的产生和对飞石进行必要防护。防止产生飞石的措施如下。

1）控制飞石方向。当爆区有几个临空面时，可安排合适临空面作起爆前沿。爆破时岩石一般倾向于向前沿临空面方向飞散，使侧向、后向要保护的建筑物不受飞石侵害。如果没有合适的临空面，应事先放炮形成爆破前沿，以达到控制飞石方向的目的。

2）改变局部装药结构和加强堵塞。因地形或钻孔衰减造成局部抵抗线过小，或遇有断层、夹层等弱面时，钻孔装药应适当调整，在孔内减少这些部位的药量。

炮孔顶部要有足够的堵塞长度，用砂、岩粉组成的炮泥填满，必要时可用黏土。堵塞过短或堵塞质量不好，会增加飞石。堵塞过长也不妥，因为炸药不能破碎表面岩石，易形成大块。炮孔底部装药过强，往往又导致产生飞石，并产生过强的爆破地震波。露天洞室大爆破和定向爆破，尤其要加强堵塞。此外，爆区岩体表面的浮石，尤其是炮孔孔口附近的浮石必须清除，以免爆破时被抛射很远。

3）合理安排起爆次序和选择间隔时间。实践表明，正确的起爆次序是减少飞石的重要技术措施。爆破时岩石倾向于向前沿临空面方向移动，沿抵抗线裂开的方向，应允许有一定量的抛掷。当抵抗线未完全裂开，或发生一些瞎炮，或爆破中发生迟发错段现象，均会产生大量飞石。这是因为上述因素使部分炮孔受到更大夹制作用，炮孔中那些不足以裂开抵抗线的气体压力即向着孔中地表冲出。可见，爆破时要确保岩石向前沿临空面方向抛掷，必须自前排炮孔开始向后逐排依次起爆。

深孔梯段微差爆破，当各段间隔时间较短时，可以减少飞石。高速摄影证实，各段之间延时越短，岩石保持在一起的效果就越好。相邻两排炮孔之间延时不应大于100ms。如果抵抗线小于1m，梯段高度较小，延时应更短些。各排炮孔之间延时较小，意味着在爆破过程中，先行爆破的岩石对后爆破者有覆盖作用，使之在空中相互碰撞，从而可有效地防止产生大量飞石。当然，选择合理间隔时间还要结合破碎效果和爆破地震效应等因素进行综合考虑。一般深孔梯段微差爆破各段延时以$15\sim50$ms为宜。

为了控制前沿首段爆破的飞石，可在前沿预留一些堆渣。堆渣底宽和高度均小于两倍抵抗线时，一般无需增加梯段爆破总装药量。

4）减小装药集中度。实践证明，大孔径爆破比小孔径更易产生飞石，这主要是每米钻孔装药量大所致。如果采用耦合装药，因单位孔长装药量与孔径平方成正比，在岩体多断层和有孔位误差时，这种高密度集中装药的抛掷效应将会更加显著，甚至很大石块也会抛出很远。采用多打小孔径钻孔分散装药或不耦合装药，就可以避免这种情况。

5）进行覆盖。在飞石有可能危及生命财产安全的爆破施工中，在进行精心爆破设计、施工的同时，可对爆区加以覆盖来制止飞石。

覆盖材料要强度较高、重量大、韧性大、能透气，能相互连接成既厚又大的整体，并能牢固地固定在某一位置上，且孔隙还要多，以便透气。

覆盖材料分为重型覆盖材料和飞石防护材料两类。前者如橡胶防护垫，用环索连接的粗圆木，铁丝网等。后者如工业毡垫、爆破防护网、旧布垫、帆布、高分子材料、草垫等。对于易出飞石事故的工点所进行的控制爆破，需用重型覆盖材料，以确保无飞石。允许有一定的抛散点，则用一些透气的防护材料，以减小飞石抛散距离。

（4）防护措施。对飞石的人身防护是撤离危险区，并加强警戒。当工作需要不能撤离或无法撤离时，可以修建坚固可靠、有足够抵御飞石冲击能力的避炮栅，以便及时躲避。分期施工的水利工程基坑开挖爆破中，应在上、下游最小安全距离以外，设封锁线和信号，以防止飞石对车辆、行人、船舶、木筏的危害。

对建筑物的防护，可用覆盖方法防止飞石危害。爆区附近的房屋顶上可加盖竹笆，或装有锯木屑等松散材料的草袋等。

爆破产生飞石的影响因素很多，飞石的规律尚待进一步研究，但在实际工作中，只要做到精心设计、精心施工，作好防护，还是可以免受其害的。

（5）爆破粉尘防护措施。在施工中凿岩、爆破和其他土石方开挖生产过程中，都会产生粉尘。当施工工序和防尘措施不同，粉尘的数量也不一样。同时，一般生产性粉尘的特性，由浓度、分散度和化学组成来产述。

1）浓度。空气中粉尘浓度越高，危险性越大。在爆破施工中产生的粉尘与凿岩时产生的粉尘相比，虽然与人接触的时间较短，但数量大，爆破后的粉尘浓度每立方米高达数千毫克，其后逐渐下降。同时，爆破后所产生的粉尘的扩散范围较大，不但能危害工作面的工人，还可能危害其他工作的人员。国家有关规定在作业地带空气中无毒粉尘的最高允许浓度是：含游离二氧化硅$10\%$以上的粉尘为$2\text{mg/m}^3$，其余各种粉尘为$10\text{mg/m}^3$。

2）分散度。粉尘颗粒的大小，用分散度来表示。一般同质量的粉尘的颗粒越小，分散度越大；颗粒越大，其分散度越小。粉尘分散度大，在空气中悬浮的时间越长，侵入肌体的机会越多，一般认为 $5\mu m$ 以下的粉尘，90％以上可侵入肺中，对人的危险也最大。爆破后，浮游粉尘的分散度高于凿岩时浮游粉尘的分散度。湿式凿岩的浮游粉尘的平均直径为 $1.16\mu m$，爆破后粉尘的平均直径为 $0.73\mu m$。

3）化学组成。钻孔及爆破粉尘的化学组成比较复杂，有些无机粉尘（如铅、砷等）其溶解度越大，对人体的危险也最大。粉尘中含有游离二氧化硅越多，对人体危害也越大，长期接触，长期接触会引起尘肺病。

4）影响爆破粉尘的因素。影响爆破后产生的粉尘强度及粉尘分散度的因素很多，主要有：① 爆破岩石的物理性质对产生粉尘强度有很大的影响；岩石硬度愈大，爆破后进入空气中的粉尘量也愈大；② 爆破单位体积的围岩所用的单耗炸药量愈多，产生的粉尘愈多；③ 深孔爆破时，产生的粉尘小，浅孔爆破时，产生的粉尘大，二次破碎爆破时产生粉尘，高于深孔和浅孔爆破时产生的粉尘；④ 连续多段位秒差爆破时产生粉尘较高；电力起爆时，产生粉尘较少；微差爆破时，产生的粉尘更低；⑤ 岩石表面、隧洞周边潮湿程度和空气湿度愈小，爆破后工作面的粉尘浓度愈高。爆破前，在隧洞洞壁上洒大量水，使爆破后空气中粉尘含量下降。

5）降低爆破粉尘的措施：① 为了减少钻孔时产生粉尘，钻孔应采用湿式钻机，在钻孔过程中，水和石粉混合成石浆流出，从而避免了粉尘外扬，该方法可降低粉尘量80％；② 在爆破工程施工中，距爆破工作面15～20m处安装除尘喷雾器，用喷雾洒水方法来降低由爆破产生的粉尘；③ 采用水封堵塞爆破孔，用装水塑料袋代替炮泥，在爆破瞬间水袋破裂，化为微细水滴捕吸粉尘，装药量与水袋重量之比常取 2∶1；④ 爆破时应均匀布孔，控制单耗药量、单孔药量与一次起爆药量，提高炸药能量有效利用率；⑤ 根据岩石性质选择相应炸药品种，努力做到波阻抗匹配。

### 9.1.3 空气冲击波及噪声

（1）空气冲击波产生原因。一般情况下炸药在空气或岩石中爆炸时，都会产生空气冲击波。炸药在空气中爆炸，具有高温高压的爆炸产物直接作用在空气介质上；在岩体中爆炸，这种高温高压爆炸产物就在岩体破裂的瞬间冲入大气中。高温高压爆炸产物以极高的速度向周围空气介质飞散，如同一个超音速活塞一样，强烈压缩着空气介质，使其压力、密度、温度和质点运动速度突跃升高，形成初始空气冲击波。与此同时，由于空气介质的初始压力和密度都很低，会有稀疏波从分界面向爆炸产物内传播。

水利水电工程爆破产生空气冲击波的原因如下：①裸露于地面上的炸药爆炸产生空气冲击波，如地上的导爆索，用于二次爆破大块岩石时贴于表面的炸药爆炸等；② 装药孔口堵塞长度不够，堵塞质量不好，高温高压爆炸产物从孔口外溢，产生空气冲击波；③局部抵抗线太小，沿该方向易释放爆炸能量，产生空气冲击波；④ 岩体不均匀，在断层、夹层等薄弱部位，爆炸产物集中喷出形成空气冲击波；⑤ 爆破时岩体沿最小抵抗线方向颤动外移，如大型洞室爆破时，发生鼓包运动，鼓包破裂后冲出气浪，像一个活塞那样压缩空气；以及强烈地振动诱发空气中无数微弱扰动叠加，产生空气冲击波。

此外，炸药库房意外爆炸、露天抛掷大爆破和定向抛掷爆破，都将产生十分强烈的空气冲击波。

研究和实践表明，影响空气冲击波初始能量大小的主要因素是装药量、炸药性质、岩性及构造、炸药与岩石匹配情况、堵塞状况、爆破方法、起爆方式等。

（2）空气冲击波传播特性。

1）空气冲击波的传播。爆破过程中，爆炸产物这个"活塞"，最初以极高速度运动，随后速度迅速衰减到零（这时的爆炸产物膨胀到某一极限体积，压力降至未受扰动时的空气介质的初始压力 $P_0$），波阵面后的压力也急剧下降。此后，由于惯性作用，爆炸产物继续过度膨胀到某一最大容积，其平均压力低于 $P_0$，出现负压。出现负压后，周围空气介质反过来对爆炸产物进行第一次压缩，使其压力不断增加。同样，由于惯性运动，又产生过度压缩，爆炸产物的压力又稍大于 $P_0$，并开始第二次膨胀和压缩的脉动过程。工程中有实际意义的是一次膨胀与压缩的过程。

某点测到的压力 $P$ 随时间 $t$ 变化曲线，称为 $P(t)$ 曲线，其曲线见图 9-8。

空气冲击波压力 $P$ 随距离 $S$ 传播见图 9-9。图 9-9 中 $t_1 \sim t_6$ 分别表示爆炸后的不同时刻。可以看出，空气冲击波传播过程中，波阵面上压力、速度等参量降低很快，其原因如下：①以球面波形式向外扩展的空气冲击波，随着半径的增大，波阵面表面积不断增大，即使没有其他能量损耗，波阵面单位面积的能量也会逐渐减小；柱面波或其他形式的波阵面亦如此；这就是波阵面的空间耗散效应；②由于单位面积能量减小，空气冲击

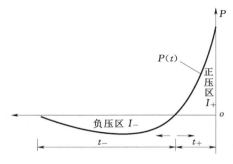

图 9-8　某点实测 $P(t)$ 曲线图
（箭头方向为质点运动方向）

波速度降低，正压区在传播过程中不断拉宽，压缩的空气量不断增加，使得单位质量空气的平均能量下降；③空气冲击波通过时，使空气介质受到冲击绝热压缩，温度升高，消耗了部分冲击波能量。

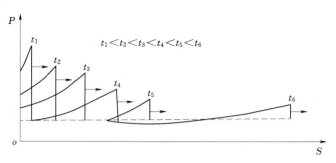

图 9-9　空气冲击波压力 $P$ 随距离 $S$ 传播图
（箭头方向为波阵面行进方向）

空气冲击波传播过程中，由于波阵面上的压力和速度迅速下降，正压区越拉越宽，直至超压趋近于零时，就变成声波。

空气冲击波的传播与爆破地震波一样，遵循几何相似定律，其超压可表达按式（9-14）计算：

$$\Delta P = f\left(\frac{\sqrt[3]{Q}}{R}\right) \qquad (9-14)$$

式中　$\Delta P$——空气冲击波超压，Pa；

　　　　$R$——距药包中心距离，m。

函数 $f\left(\dfrac{\sqrt[3]{Q}}{R}\right)$ 可以展成多项式形式。

空气冲击波阵面后压力 $\Delta P(t)$ 随时间 $t$ 变化的规律，可用指数函数表达，按式（9-15）计算：

$$\Delta P(t) = \Delta P_m e^{-\alpha} \qquad (9-15)$$

式中　$\Delta P_m$——峰值超压，Pa；

　　　　$\alpha$——衰减系数；

　　　　e——自然对数的底，e＝2.72。

空气冲击波传播过程中如遇障碍物，要发生反射和绕射。在反射时具有强烈的叠加作用，反射波波阵面上压力比入射波大，障碍物前空气介质密度也增加。冲击波环绕反射体流动时，其反射压力的持续时间，取决于反射面几何尺寸大小。

在大气中传播的空气冲击波，还要受气象条件，如风向、风速、气温、气压等的影响。

2）空气冲击波的基本参数。空气冲击波的基本参数主要为波阵面压力、波阵面传播速度、正压区作用时间（冲击波延续时间）和空气冲击波冲量。现分别作一介绍，以从估算评价爆破空气冲击波影响时参考。

空气冲击波传播时由正压区（压缩相）极其后的负压区（稀疏相）两部分组成（见图9-8）。多数情况下，冲击波的破坏作用由正压区决定，因为正压比负压大得多。确定正压区破坏作用的特征参数是波阵面上的超压 $\Delta P$，按式（9-16）计算：

$$\Delta P(t) = P - P_0 \qquad (9-16)$$

式中　$P$——波阵面的压力，Pa；

　　　　$P_0$——波阵面的压力，Pa；

超压 $\Delta P$ 与距爆炸中心距离 $R$（m）和装药量 $Q$（kg）关系的经验衰减按式（9-17）进行计算。

TNT 药包在空气中爆炸时按式（9-17）计算：

$$\Delta P = 0.84\frac{Q^{1/3}}{R} + 2.7\frac{Q^{2/3}}{R^2} + 7\frac{Q}{R^3} \qquad (9-17)$$

TNT 药包在地面爆炸时按式（9-18）计算：

$$\Delta P = 1.1\frac{Q^{1/3}}{R} + 4.3\frac{Q^{2/3}}{R^2} + 14\frac{Q}{R^3} \qquad (9-18)$$

以上两式中　$\Delta P$——空气冲击波超压，$10^5$ Pa；

　　　　　　　$Q$——爆破的 TNT 炸药量，毫秒延时爆破时为总药量，秒延时为最大一段药量，kg；

$R$——装药量至保护对象距离，m。

以上两式使用的条件是 $\dfrac{\sqrt[3]{Q}}{R}=0.067\sim1$。当 $\dfrac{\sqrt[3]{Q}}{R}>1$ 时，误差较大。

对于其他炸药，可通过爆热比折算为 TNT 当量 $Q_{当}$，并按式（9-19）计算：

$$Q_{当}=Q_w\frac{Q_i}{Q_T} \tag{9-19}$$

式中　$Q_i$——所使用的炸药爆热，kJ/kg；

$\quad\quad Q_T$——TNT 炸药的爆热，kJ/kg。

$\quad\quad Q_w$——TNT 炸药的爆热，kJ/kg。

空气冲击波波阵面传播速度与波阵面压力有关，压力大，传播速度也大。理论推导的波阵面速度 $D$ 按式（9-20）计算，$C_0$（m/s）是空气中的声速，与空气温度 $T_a$（℃）有关：

$$D=C_0\sqrt{1+0.83\frac{\Delta P}{P_0}} \tag{9-20}$$

$$C_0=331\left(1+\frac{T_a}{546}\right)$$

空气冲击波正压区作用时间是衡量冲击波破坏能力的重要参数，它与药量 $Q$ 和传播距离 $R$ 有关。实验得出的正压区作用时间 $t_+$（s）按经验式（9-21）进行计算。

TNT 药包在空气中爆炸时按式（9-21）计算：

$$t_+=1.5\times10^{-3}\sqrt{R}\sqrt[3]{Q} \tag{9-21}$$

TNT 药包在地面爆炸时按式（9-22）计算：

$$t_+=1.7\times10^{-3}\sqrt{R}\sqrt[3]{Q} \tag{9-22}$$

通常，正压区作用时间不长，在大爆破时，也不过几十毫秒。

空气冲击波的冲量是正压区压力函数对时间的积分值，以 $I_+$ 表示，按式（9-23）计算：

$$I_+=\int_0^{t_+}P(t)\mathrm{d}t\quad(\mathrm{N\cdot s/cm^2}) \tag{9-23}$$

在得到 $P(t)$ 曲线后，可对曲线求积得 $I_+$。试验获得的冲量 $I_+$ 的经验计算式（9-24）～式（9-26）计算。

TNT 药包在空气中爆炸时的冲量 $I_+$ 按式（9-24）计算：

$$I_+=392\frac{Q^{2/3}}{R}\quad(\mathrm{N\cdot s/cm^2}) \tag{9-24}$$

其他炸药 $Q_i$ 在空气中爆炸时的冲量 $I_+$ 按式（9-25）计算：

$$I_+=392\frac{Q^{2/3}}{R}\sqrt{\frac{Q_i}{Q_T}}\quad(\mathrm{N\cdot s/cm^2}) \tag{9-25}$$

TNT 炸药在地面爆炸时的冲量 $I_+$ 按式（9-26）计算：

$$I_+=617\frac{Q^{2/3}}{R}\quad(\mathrm{N\cdot s/cm^2}) \tag{9-26}$$

空气冲击波冲量大小与药包重量、距离爆心距离、炸药性质、爆破条件等有关。

3）空气冲击波在隧洞中的传播。地下爆破所产生的爆炸产物，像管道中的活塞一样，推动隧洞中的空气运动，形成空气冲击波。

隧洞中传播的空气冲击波，由于推动隧洞里的空气一起运动，克服隧洞表面粗糙引起的摩擦力，使隧洞中空气受到绝热压缩而温度升高等，也会不断消耗能量。此外，各种类型隧洞的交接、转弯、断面突然扩大或缩小等引起的局部阻力，使冲击波参数发生变化。空气冲击波沿隧洞的衰减及作用时间有以下规律：① 冲击波超压沿直线隧洞传播时衰减；试验研究表明，隧洞中冲击波超压在爆区附近衰减很快；当距离稍远时，则衰减得比大气中要慢，即超压不大的冲击波可以传播很远距离；当隧洞断面一定时，超压衰减程度主要取决隧洞表面粗糙度。粗糙度大，衰减快；反之亦然；② 冲击波超压通过隧洞分岔和转弯时衰减；冲击波超压通过隧洞分岔口时，沿岔口各自向前传播；在第一条隧洞中都形成一股与没有分岔隧洞的冲击波超压相比的较小的新冲击波；冲击波在转弯隧洞通过时，超压也会减小；试验表明，通过单向转弯时，波阵面超压稍有降低；而通过双向转弯时，超压由大大降低；③ 隧洞断面缩小和扩大对冲击波超压的影响；隧洞断面突然由大变小时，对冲击波来说出现了一个反射面；冲击波遇到反射面要产生一个压缩空气层，此空气层向小断面隧洞流动时，会产生比大断面超压要大的冲击波；当冲击波突然由小断面隧洞进入大断面隧洞时，由于波阵面的迅速扩大，超压很快减小；④ 冲击波冲量沿隧洞的传播；冲击波通过表面凹凸不平的隧洞时，为克服摩擦力消耗了部分能量，致使冲量减弱；隧洞表面粗糙度越大，冲量衰减越快；反之则慢；此外，隧洞断面越小，摩擦损失越大，冲量衰减得也越快。隧洞转弯、交叉也会使冲量减小；⑤ 冲击波沿隧洞传播时的作用时间；冲击波沿隧洞传播时，隧洞中空气吸收了爆炸能量，质量增大，而隧洞面积变化不大；因此，冲击波在隧洞中的作用时间比在大气中要长。根据计算，强度相同的冲击波，在隧洞中传播时，正压区作用时间是大气中的 1.3 倍。

从以上空气冲击波在隧洞中的传播特性可以看出，它比在大气中传播时的影响因素（大气中主要受气象条件影响）要复杂一些。

（3）空气冲击波的破坏影响及安全距离。

1）空气冲击波的破坏影响。空气冲击波的破坏作用主要与波阵面压力、正压区作用时间和冲量有关，也与结构物自振周期、形状、强度有关。例如，如果超压低于目标的强度极限，即使有较大冲量却不会引起严重破坏；如果正压区作用时间不超过目标由弹性变形转变为塑性变形所需的时间，即使有较大超压也不会造成严重破坏。

目标与建筑物有一定距离时，冲击波的破坏作用的计算由结构本身自振周期 $T$ 与正压区作用时间 $t_+$ 确定。如果 $t_+ \leqslant T$，对目标的破坏作用取决于冲量 $I_+$；反之，若 $t_+ \geqslant T$，则取决于超压峰值 $\Delta P_m$。资料表明，按冲量计算要满足 $t_+/T \leqslant 0.25$，按超压峰值计算则应有 $t_+/T \geqslant 10$ 才适用。在 $0.25 < t_+/T < 10$ 范围，按冲量或超压计算的误差很大。

空气冲击波超压对建筑物的破坏等级及程度见表 9-9。隧洞（巷道）内空气冲击波超压与破坏情况见表 9-10。

表 9 - 9 空气冲击波超压对建筑物的破坏等级及程度表

| 破坏等级 | 破 坏 程 度 | $\Delta P/(\times 10^5 Pa)$ |
|---|---|---|
| 1 | 砖木结构完全破坏 | >1.96 |
| 2 | 砖墙部分倒塌或缺裂，土层倒塌 | 0.98～1.96 |
| 3 | 木结构梁柱倾斜，部分折断。砖结构屋顶掀掉，墙部分移动或裂缝。土墙裂开或部分倒塌 | 0.49～0.98 |
| 4 | 木板隔墙破坏，木屋架折断，顶棚部分破坏 | 0.29～0.49 |
| 5 | 门窗破坏，屋面瓦大部分掀掉，顶棚部分破坏 | 0.15～0.29 |
| 6 | 门窗部分破坏，玻璃破碎，屋面瓦部分破坏，顶棚抹灰脱落 | 0.07～0.15 |
| 7 | 砖墙部分破坏，屋面瓦部分移动，顶棚抹灰部分脱落 | 0.02～0.07 |

表 9 - 10　　　　隧洞（巷道）内空气冲击波超压与破坏情况表

| 结构类型 | $\Delta P/(\times 10^5 Pa)$ | 破坏情况 |
|---|---|---|
| 厚25cm的钢筋混凝土挡墙 | 2.74～3.43 | 强烈变形，混凝土脱落，出现大裂缝 |
| 厚30.5cm砖墙 | 0.48～0.55 | 强烈变形，混凝土脱落，出现大裂缝 |
| 厚24～36cm的素混凝土挡墙 | 0.14～0.21 | 出现裂缝，遭到破坏 |
| 直径14～16cm的圆木支撑 | 0.10～0.13 | 因弯曲而破坏 |
| 1t重的设备 | 0.39～0.59 | 被翻倒脱离基础而受到破坏 |
| 提升机械 | 1.37～2.45 | 被翻倒，部分变形的零件损坏 |
| 风管 | 0.15～0.34 | 因支撑折断而变形 |
| 电线 | 0.34～0.41 | 折断 |

空气冲击波超压对人员的杀伤作用是：引起血管破裂致使皮下或内脏出血，内脏（肺、脾、肝等）破裂，肌纤维撕裂，其杀伤程度见表 9 - 11。冲击波对人员的伤害，除超压外，在其后面的气流也很重要，当超压为 0.29～0.39（$\times 10^5 Pa$）时，气流速度达 60～80m/s，这样高速的气流，人员是无法抵御的，加上气流中夹杂着碎石块等物，将加重对人体的损害。

以上列举的一些空气冲击波破坏判据，没有考虑负压的作用，以及建筑物形状大小、强度特性。实践表明，这些都不可忽视。此外，空气冲击波的相频和幅频特性、功率谱与建筑物的反应谱，对冲击波的破坏作用都有直接关系。

表 9 - 11　　　　　　　冲击波超压对人员的杀伤程度表

| $\Delta P/(\times 10^5 Pa)$ | 杀伤程度 |
|---|---|
| 0.20～0.29 | 轻微（轻度挫伤） |
| 0.29～0.49 | 中等（听觉器官损伤、中等挫伤、骨折等） |
| 0.49～0.98 | 严重（内脏严重挫伤，可引起死亡） |
| >0.98 | 极严重（可能大部分死亡） |

2）空气冲击波的安全距离。空气冲击波的安全距离主要与爆破药量有关，可按式

（9－27）计算：

$$R_a = K_a \sqrt{Q} \tag{9-27}$$

式中　$K_a$——安全距离系数，与爆破方式、条件和炸药性质等有关；

　　　$R_a$——安全允许距离，m；

　　　$Q$——爆破炸药量（TNT 炸药），毫秒延时爆破为一次爆破的总药量，秒延时爆破取最大一段药量计算，kg。

根据《爆破安全规程》（GB 6722—2014）的规定，露天裸露爆破大块石时，一次炸药量不应大于 20kg，确定空气冲击波对掩体内避炮作业人员的安全允许距离时 $K_a$ 为 25。

TNT 炸药空气中爆炸时对目标的 $K_a$ 值及破坏程度见表 9-12，露天集中装药松动和抛掷爆破时，不同爆破作用指数 $n$ 和药包布置方式不同时的 $K_a$ 值见表 9-13。如为深孔梯段爆破，$K_a$ 值可适当减小。

表 9－12　　　　　TNT 炸药空气中爆炸时对目标的 $K_a$ 值及破坏程度表

| 目标 | $K_a$ | 破　坏　程　度 |
|---|---|---|
| 装配玻璃 | 7～9 | 破碎 |
| 木板墙 | 0.7 | 破坏，适用于 $W>250$kg |
| 砖墙 | 0.4 | 形成缺口，适用于 $R_a = K_a \sqrt{\dfrac{W}{H}}$，$W>250$kg，$H$ 为墙厚（m） |
| 砖墙 | 0.6 | 形成裂缝，适用于 $R_a = K_a \sqrt{\dfrac{W}{H}}$ |
| 不坚固的木石建筑物 | 2.0 | 破坏 |
| 混凝土板和楼板 | 0.25 | 严重破坏 |

表 9－13　　　　　不同爆破作用指数 $n$ 和药包布置方式不同时的 $K_a$ 值

| $n$ 及药包布置方式<br>建筑物破坏程度 | $n$ | | | 药包布置方式 | |
|---|---|---|---|---|---|
| | 3 | 2 | 1 | 裸露药包 | 全埋入药包 |
| 完全没有破坏 | 5～10 | 2～5 | 1～2 | 50～150 | 10～50 |
| 偶然破坏玻璃 | 2～5 | 1～2 | 破坏限于爆破漏斗内 | 10～50 | 5～10 |
| 玻璃破碎，门窗部分破坏，抹灰脱落 | 1～2 | 0.5～1.0 | 破坏限于爆破漏斗内 | 5～10 | 2～5 |

表 9-13 中的 $K_a$ 值，适用于平坦地形爆破情况。当地形条件不同时，应适当调整。例如，狭谷地带爆破时，沿沟的方向应增大 50%～100%；沿抵抗线方向的影响大于背抵抗线方向，在山坡一侧爆破对山后影响较小。因而处于有利地形时可减小 30%～70%。当防护物与爆区间有天然屏障（如丘陵、密林等），可减小 50%。

此外，气象条件对安全距离的影响也不应忽略，应酌情增减 $K_a$ 值。

特别重要的爆破、地下大爆破以及需特殊保护的建筑物（如历史古迹等），其安全距离应通过试验或邀请专家研究确定。

根据《爆破安全规程》（GB 6722—2014）的规定，空气冲击波安全允许距离，应根据保护对象、所用炸药品种、地形和气象条件由设计确定。

3）空气冲击波安全允许标准。空气冲击波的安全允许标准，对人员为 $2 \times 10^3 \mathrm{Pa}$；对建筑物，其破坏程度与超压关系见表 9-14。

表 9-14　　　　　　　　　　建筑物的破坏程度与超压关系表

| 破坏等级 | | 1 | 2 | 3 | 4 | 5 | 6 | 7 |
|---|---|---|---|---|---|---|---|---|
| 破坏等级名称 | | 基本无破坏 | 次轻度破坏 | 轻度破坏 | 中等破坏 | 次严重破坏 | 严重破坏 | 完全破坏 |
| 超压 $\Delta P$ /($\times 10^5 \mathrm{Pa}$) | | <0.02 | 0.02~0.09 | 0.09~0.25 | 0.25~0.40 | 0.40~0.55 | 0.55~0.76 | >0.76 |
| 建筑物破坏程度 | 玻璃 | 偶然破坏 | 少部分破碎呈大块，大部分呈小块 | 大部分破碎呈小块到粉碎 | 粉碎 | — | — | — |
| | 木门窗 | 无损坏 | 窗扇少量破坏 | 窗扇大量破坏，门扇、窗框破坏 | 窗扇掉落、内倒，窗框、门扇大量破坏 | 门、窗扇摧毁，窗框掉落 | — | — |
| | 砖外墙 | 无损坏 | 无损坏 | 出现小裂缝，宽度小于5mm，稍有倾斜 | 出现较大裂缝，缝宽5~50mm，明显倾斜，砖垛出现小裂缝 | 出现大于50mm的大裂缝，严重倾斜，砖垛出现较大裂缝 | 部分倒塌 | 大部分或全部倒塌 |
| | 木屋盖 | 无损坏 | 无损坏 | 木屋面板变形，偶见折裂 | 木屋面板、木檩条折裂，木屋架支座松动 | 木檩条折断，木屋架杆件偶见折断，支座错位 | 部分倒塌 | 全部倒塌 |
| | 瓦屋面 | 无损坏 | 少量移动 | 大量移动 | 大量移动到全部掀动 | — | — | — |
| | 钢筋混凝土屋盖房 | 无损坏 | 无损坏 | 无损坏 | 出现小于1mm的小裂缝 | 出现1~2mm宽的裂缝，修复后可继续使用 | 出现大于2mm的裂缝 | 承重砖墙全部倒塌，钢筋混凝土承重柱严重破坏 |
| | 顶棚 | 无损坏 | 抹灰少量掉落 | 抹灰大量掉落 | 木龙骨部分破坏，出现下垂缝 | 塌落 | — | — |
| | 内墙 | 无损坏 | 板条墙抹灰少量掉落 | 板条墙抹灰大量掉落 | 砖内墙出现小裂缝 | 砖内墙出现大裂缝 | 砖内墙出现严重裂缝至部分倒塌 | 砖内墙大部分倒塌 |
| | 钢筋混凝土柱 | 无损坏 | 无损坏 | 无损坏 | 无损坏 | 无损坏 | 有倾斜 | 有较大倾斜 |

注　露天及地下爆破作业，对人员和其他保护对象的空气冲击波安全允许距离由设计确定。

（4）空气冲击波防护。

1）采用良好的爆破技术。水利水电工程基坑开挖爆破，应尽量采用深孔梯段微差爆破技术，避免洞室大爆破方法。实践表明，这不仅能改善爆破效果，也是减小空气冲击波的有力措施。深孔梯段微差爆破中，前排炮孔爆破抛掷的岩石，可以用为后排炮孔爆破的屏障，起到削弱冲击波强度的目的。但是，微差时间要选择得当。如果太长，起不到屏障作用；太短，破岩效果不理想。梯段爆破时的排间段间隔时间以 15～50ms 为宜。当排距较小时，应尽量使用短间隔时差。

炮孔中的雷管应放置在药包底部采用反向起爆，可避免爆炸能量过早冲出地面，并能改善爆破效果。施工中应当避免孔顶起爆方法。

2）保持设计抵抗线。准确钻孔可以保持设计抵抗线，钻斜孔时尤其重要。因为孔位偏斜易造成爆炸能量从薄弱部位过早泄漏，产生较强空气冲击波。

露天洞室大爆破和定向爆破，地形测量一定要准确。如果抵抗线出现误差，若偏小，将产生强烈空气冲击波。

3）进行覆盖和堵塞。裸露地面的导爆索，需用砂或土掩盖。二次破碎大块岩石，往往将炸药贴于地面，遇此情况时，需用炮泥覆盖住。

炮孔口段一定要有足够长度的堵塞，一般不应小于抵抗线长度。若孔顶段岩体较破碎，需增强堵塞长度。堵塞材料用粗粒料比细粒料好。堵塞段内充水时，效果更好；但堵塞段充水会造成较大地震波，故施工时应权衡空气冲击波和地震波两者的轻重而为之。露天洞室爆破和定向爆破，更应注意堵塞，否则会产生强烈空气冲击波。

4）注意地质构造影响。局部构造带如夹泥支、节理、裂隙等有可能产生漏气，应当给以补强，或减小这些部位的装药量。

5）控制爆破方向及合理安排爆破时间。高处放炮，如果前沿临空面面临建筑群，应设法改变爆破方向，或减低临空面高度。爆破时间应选择在下班或放学后，以错开人们活动高峰时间。爆破次数也不要太频繁。

6）注意气象条件。清早、黄昏或夜晚，如遇气温逆变，应尽量避免放炮。在大风吹向建筑群的情况下，放炮会增大空气冲击波的影响，也应予以注意。

7）对空气冲击波的防护措施。爆破前，应把人员撤离到安全区，并增加警戒。从事爆破的人员来不及撤离时，应在爆破区附近候选坚固的避炮所，以便及时躲避。

露天或地下大爆破时，可以利用一个或几个反向布置的辅助药包，与主药包同时起爆，以削弱主药包产生的空气冲击波强度（因为彼此反向布置的药包将导致波的相互干涉和部分抵消）。

地下爆破爆区附近隧洞中构筑不同形式和材料（如混凝土、岩石、金属或其他材料）的阻波墙，可以在空气冲击波产生后立即被削弱。据报道，阻波墙可削减冲击波强度98%以上，这样便有效地保护了隧洞中不易撤离的机械、管线等设施免遭其害。当被保护的设施离爆区较远时，也可以巷道不同部位构筑阻波墙，使空气冲击波在传播过程中逐步被削弱。

无论什么材料构筑的阻波墙，都应从经济、安全方面着眼，既可防止和削弱冲击波的破坏作用，又很便宜，爆后还能便于拆除。阻波墙断面要有一定空隙，以允许爆后向隧洞通风排出有毒气体。

（5）爆破噪声。炸药在土岩中爆破，高温高压爆炸产物向空气中扩散，除产生空气冲击波外，还会发出声响形成噪声。在一般爆破作业中，人们听到的爆炸声就是爆破噪声。顾名思义，噪声是一种嘈杂而不悦耳的声音。物理学上，噪声是指声强和频率变化都无规律，杂乱无章的声音。有人把超压衰减到 $1.96N/cm^2$（相当于声压级 180dB）以下的空气冲击波也称为噪声或爆风压。

爆破噪声会危害人体的健康，使人产生不愉快的感觉，听力减弱。频繁的噪声更使人的交感神经紧张，心脏跳动加快，血压升高，并引起大脑皮层变化，影响睡眠和激素分泌。爆破噪声虽然持续时间很短，但当脉冲噪声峰压级较高时，可使耳膜破裂，造成爆振性耳聋。

我国规定，在城镇爆破中第一个脉冲噪声应控制在 120dB 以下，复杂环境条件下，噪声控制由安全评估确定。美国矿务局公布的标准：安全限为 120dB；警戒限为 128～136dB；最大允许值为 136dB；城市控制爆破为不大于 90dB。

爆破所产生的爆风压，对建筑物的危害也不容忽视，爆风压与相对应的声压级对建筑物装置破坏情况见表 9-15。

表 9-15　　　　　　　　爆风压与相对应的声压级对建筑物装置破坏情况表

| 爆风压/($N/cm^2$) | 声压级/[dB(A)] | 建筑物装置 |
|---|---|---|
| 0.59 | 169 | 窗玻璃开始破坏 |
| 0.78～0.98 | 171～174 | 窗玻璃部分损坏 |
| 1.47～1.96 | 177～180 | 窗框和外廊木窗破坏 |

控制爆破噪声危害影响的安全防护措施，与空气冲击波相同，即如果将空气冲击波的危害程度降至最低限度，则爆破噪声的危害也就相应被阻止。

在地下工程施工中，洞内作业地点噪声超过 90dB 时，应采取消音或其他防护措施。仍达不到标准时，噪声与允许接触时间有关系见表 9-16。

表 9-16　　　　　　　　噪声与允许接触时间有关系表

| 每个工作日接触噪音时间/h | 8 | 4 | 2 | 1 | 最高不超过 |
|---|---|---|---|---|---|
| 允许噪声/[dB(A)] | 90 | 93 | 96 | 99 | 115 |

爆破突发噪声判据，采用保护对象所在地最大声级，其控制标准见表 9-17。在表中的 0～2 类区域进行爆破时，应采取降噪措施并进行必要的爆破噪声监测，监测应采用爆破噪声测试专用的 A 计权声压计及记录仪，监测点宜布置在敏感建筑物附近和敏感建筑物室内。

### 9.1.4　水击波及动水压力

（1）水击波及动水压力传播规律。炸药在水中爆炸时，具有高温高压的爆轰波急剧压缩和冲击周围水介质，形成强烈的水中冲击波，向四周传播，由于水几乎是不可压缩的，

表 9 - 17　　　　　　　　　　　　　　　爆破噪声控制标准表

| 声环境功能区类别 | 对　应　区　域 | 不同时段控制标准声压级/[dB(A)] | |
|---|---|---|---|
| | | 昼间 | 夜间 |
| 0 | 康复疗养区、有重病号的医疗卫生区或生活区，进入冬眠期的养殖动物区 | 65 | 55 |
| 1 | 居民住宅、一般医疗卫生、文化教育、科研设计、行政办公为主要功能，需要保持安静的区域 | 90 | 70 |
| 2 | 以商业金融、集市贸易为主要功能，或者居住、商业、工业混杂，需要维护住宅安静的区域；噪声敏感动物集中养殖区，如养鸡场等 | 100 | 80 |
| 3 | 以工业生产、仓储物流为主要功能，需要防止工业噪声对周围环境产生严重影响的区域 | 110 | 85 |
| 4 | 人员警戒边界，非噪声敏感动物集中养殖区，如养猪场等 | 120 | 90 |
| 施工作业区 | 矿山、水利、交通、铁道、基建工程和爆炸加工的施工厂区内 | 125 | 110 |

其密度、波阻抗、惯性均比空气大得多，爆炸产物在水中的膨胀比空气中慢得多，气泡的脉冲次数也随之增加，故水击波的能量衰减较慢，可以传播很远。水击波传播中，衰减后形成动水压力，根据实测波形，水击波为陡峻波头的压缩波，衰减后的动水压力则为较缓波头的压缩波。水击波及动水压力传播过程中，遇有建筑物时如大坝、闸门等，对建筑物产生脉动水压力作用。水下爆破时易对水工建筑物、岸边设施、船舶和水中生物、鱼类以及人体等造成安全影响。岩坡边的大规模陆地爆破，当大方量岩土体抛掷至水中时，也会激起水中冲击波和高速运动水流，并产生涌浪，而造成破坏影响，常有此类工程实例。水击波在不同水域及随时间衰减的波形见图 9-10。

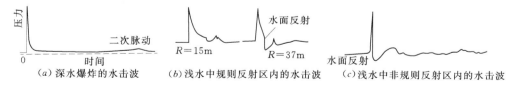

（a）深水爆炸的水击波　　　　（b）浅水中规则反射区内的水击波　　　（c）浅水中非规则反射区内的水击波

图 9-10　水击波在不同水域及随时间衰减的波形图

水击波峰值压力 $P_m$ 与炸药量和距爆心距离之间关系按式（9-28）计算：

$$P_m = K\left(\frac{Q^{\frac{1}{3}}}{R}\right)^\alpha \tag{9-28}$$

式中　$K$、$\alpha$——与爆破方式、炸药性质等有关的系数和衰减指数。

美国学者库尔采用 TNT 集中药包在深水中进行裸露爆破时，爆炸产生的水中冲击波阵面的最大压力按式（9-29）、冲量按式（9-30）计算，距离药包某点的压力，按式（9-31）计算：

$$P_m = 533\left(\frac{Q^{\frac{1}{3}}}{R}\right)^{1.13} \qquad \left(7 \leqslant \frac{R}{R_0} \leqslant 240\right) \tag{9-29}$$

$$I_m = 0.0058\sqrt[3]{Q}\left(\frac{Q^{\frac{1}{3}}}{R}\right)^{0.89} \tag{9-30}$$

$$P=P_m e^{-1/Q}, \theta=0.84\sqrt[3]{Q}\left(\frac{Q^{\frac{1}{3}}}{R}\right)^{-0.23} \tag{9-31}$$

以上三式中　　$P_m$——水击波压力，$10^5$ Pa；

　　　　　　　$P$——距离药包某点的压力，$10^5$ Pa；

　　　　　　　$I_m$——冲量，N·s/cm$^2$；

　　　　　　　$Q$——药量（TNT），kg；

　　　　　　　$\theta$——时间常数，为冲击波压力衰减到峰值压力的 $1/e$ 时所需时间，s；

　　　　　　　$R$——离药包距离，m（$R_0$ 为药包半径）。

　　长江科学院在静态或准静态水域中水深（6～9m），对不同水下爆破形式所测量归纳的一组 3 个水中冲击波衰减式（9-32）、式（9-33）和式（9-34）。

　　水中爆破：

$$P_m=744\left(\frac{Q^{\frac{1}{3}}}{R}\right) \quad (0.02\leqslant\rho\leqslant 0.106) \tag{9-32}$$

　　水底裸露爆破：

$$P_m=1502\left(\frac{Q^{\frac{1}{3}}}{R}\right)^{1.69} \quad (0.02\leqslant\rho\leqslant 0.205) \tag{9-33}$$

　　水底钻孔爆破：

$$P_m=(110\sim 257)\left(\frac{Q^{\frac{1}{3}}}{R}\right)^{1.69} \quad (0.028\leqslant\rho\leqslant 0.209) \tag{9-34}$$

　　在长江动水水域中，流速 1～3m/s，（水深 4～7m），对不同水下爆破形式所测量归纳的一组 3 个水中冲击波衰减式（9-35）～式（9-37）。

　　水中爆破：

$$P_m=2607\left(\frac{Q^{\frac{1}{3}}}{R}\right)^{2.0} \quad (0.023\leqslant\rho\leqslant 0.159) \tag{9-35}$$

　　水底裸露爆破：

$$P_m=1938\left(\frac{Q^{\frac{1}{3}}}{R}\right)^{1.25} \quad (0.023\leqslant\rho\leqslant 0.366) \tag{9-36}$$

　　水底钻孔爆破（孔口水深 0.3～3.8m）：

$$P_m=(17\sim 57.8)\left(\frac{Q^{\frac{1}{3}}}{R}\right)^{1.35} \quad (0.028\leqslant\rho\leqslant 0.400) \tag{9-37}$$

$$\rho=\frac{Q^{\frac{1}{3}}}{R}$$

以上各式中　　$P_m$——水击波压力，$10^5$ Pa；

　　　　　　　$Q$——药量，kg；

　　　　　　　$R$——离药包距离，m。

　　水中冲击波的影响因素很多，如水深、流速、波浪、药包位置、钻孔爆破时的岩石性质、孔深、装药结构、堵塞质量等均对水击波的形成和传播产生影响，应针对具体工程状况分析确定，必要时应进行试验观测。两种炸药爆炸时水中冲击波和相对距离的关系见图 9-11。

水中爆炸时，炸药爆炸后产生的气体具有一定的压力，由于受到水介质的气团和水的扰动，生成的气团具有脉动的特征，脉动压力峰值小、持续时间长、脉动频率低，其脉动能量随着脉动次数的增加而很快被消耗。脉动压力的最大值不到冲击波的 20%，但其作用时间较长。因此，冲击波冲量的作用，加上脉动压力频率低和滞后水流的动力作用，以及气泡浮出水面产生的波浪，对水中结构，包括大坝、闸门、水电站、码头、航标等，以及水上船舶及其内部设备仪表等的安全运行产生破坏和影响。

水中爆炸产生的冲击波，影响安全的主要参数有压力、冲量和作用时间等，由于受水深的影响，以及不同界面的反射、折射影响，水中爆炸产生的冲击波波形和压力参数会有所不同。

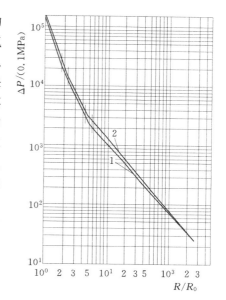

图 9-11　两种炸药爆炸时水中冲击波和相对距离的关系图
1—TNT 炸药；2—太安炸药

水中冲击波激起的涌浪具有极大的冲击动能，对水域中的生物、养殖网箱、船只产生很大的危害，对堤坝上的防护设施，如护坡、绿化带等也会造成损害，当涌浪爬上堤坝后对堤边建筑物产生损坏，大药量的工程爆破时，常发生涌浪破坏影响事故。涌浪的强度与抛入水中爆破岩体的能量、岩块质量、入水速度和高度等因素有关，边界条件将影响涌浪的形态，水域条件影响涌浪的传播距离。涌浪的高度一般与抛掷体参数及入水条件有关，其影响因素众多较难计算，可按式（9-38）进行估算：

$$\Delta H = 0.45 \frac{\lambda L T}{\sqrt[3]{h^2 R B}} \qquad (9-38)$$

式中　$\Delta H$——涌浪高度，m；
　　　$\lambda$——抛掷体前沿宽度，m；
　　　$T$——抛掷体滑动距离，m；
　　　$B$——抛掷堆积水平宽度，m；
　　　$h$——水深，m；
　　　$R$——离开抛掷源的距离，m。

岩塞爆破产生的水中冲击波，与地形、地质条件、岩塞高程及上部水深、装药量、爆破参数、爆破方式等因素有关，其峰值压力约为相同当量炸药在水中爆炸产生压力的 5%～15% 左右。

水击波通常由两部分组成：一部分是爆炸冲击波通过岩水分界面直接透射入水中形成的，波形持续时间很短，一般周期在 2ms 以内；另一部分是爆炸气体膨胀传入水中的压力形成的，波形持续时间较长，一般周期达 10ms 左右。国内几个岩塞爆破中测得的水击波压力波形均反映了上述特点。

水击波及动水压力对附近大坝、闸门等水工建筑物产生的影响，可用峰值压力或冲量的数值进行分析。

水击波波速约大于 1500m/s。而岩塞爆破产生的地震波纵波速度与基岩特性有关，一般约为水击波波速的 2～4 倍。由于水击波持续时间（周期）较短（如上述为 2～10ms），故两种波一前一后并不相遇叠加。因此，当爆源离水工建筑物较远时，对各水工建筑物的整体稳定分析和应力计算，应分别核算。如果岩塞采用钻孔毫秒延时爆破，地震波作用时间延长，当水工建筑物距爆源较近时，则应考虑水击波和地震波的共同作用。

此外，由于水的波阻抗 $\rho_C$ 比坝等水工建筑物混凝土材料的波阻抗小，当水击波对其作用时，透射到混凝土介质中的压力值，将会比入射的水击波压力大。据试验，在水击波向砂浆体中传播时，其透射波的振幅比入射的水击波约增加 160%。因此，计算水击波对水工建筑物的影响时应考虑这一点。

国内几个工程水下岩塞爆破实测水击波压力峰值 $P_m$ 的衰减经验公式为式（9-39）～式（9-41），供应用参考。

丰满水电站：

$$P_m = 630\left(\frac{\sqrt[3]{Q}}{R}\right)^{1.1} \quad (\text{N/cm}^2) \tag{9-39}$$

镜泊湖工程：

$$P_m = 666\left(\frac{\sqrt[3]{Q}}{R}\right)^{1.22} \quad (\text{N/cm}^2) \tag{9-40}$$

密云水库：

$$P_m = 787\left(\frac{\sqrt[3]{Q}}{R}\right)^{1.42} \quad (\text{N/cm}^2) \tag{9-41}$$

（2）水击波（动水压力）的安全允许标准。在水深不大于 30m 的水域内进行水下爆破，水中冲击波的安全允许距离应遵守下列规定。①对人员安全按表 9-18 所示确定；②客船为 1500m；③施工船舶按表 9-19 所示确定；④非施工船舶可参照表 9-19 和式（9-31），根据船舶状况由设计确定。

表 9-18　　　　　　　　人员的水中冲击波安全允许距离表

| 装药及人员状况 | | 炸药量/kg | | |
| --- | --- | --- | --- | --- |
| | | $Q \leqslant 50$ | $50 < Q \leqslant 200$ | $200 < Q \leqslant 1000$ |
| 水中裸露装药/m | 游泳 | 900 | 1400 | 2000 |
| | 潜水 | 1200 | 1800 | 2600 |
| 钻孔或药室装药/m | 游泳 | 500 | 700 | 1100 |
| | 潜水 | 600 | 900 | 1400 |

表 9-19　　　　　　　　施工船舶水中冲击波安全允许距离表

| 装药及船舶类别 | | 炸药量/kg | | |
| --- | --- | --- | --- | --- |
| | | $Q \leqslant 50$ | $50 < Q \leqslant 200$ | $200 < Q \leqslant 1000$ |
| 水中裸露装药/m | 木船 | 200 | 300 | 500 |
| | 铁船 | 100 | 150 | 250 |
| 钻孔或药室装药/m | 木船 | 100 | 150 | 250 |
| | 铁船 | 70 | 100 | 150 |

一次爆破药量大于 1000kg 时，对人员和施工船舶的水中冲击波安全允许距离可按式（9-42）进行计算：

$$R = K_0 \sqrt[3]{Q} \qquad (9-42)$$

式中　$R$——水中冲击波的最小安全允许距离，m；

　　　$Q$——一次起爆的炸药量，kg；

　　　$K_0$——系数，按表 9-20 选取。

表 9-20　　　　　　　　　　　$K_0$ 值选取表

| 装药条件 | 保护人员 | | 保护施工船舶 | |
|---|---|---|---|---|
| | 游泳 | 潜水 | 木船 | 铁船 |
| 裸露装药 | 250 | 320 | 50 | 25 |
| 钻孔或药室装药 | 130 | 160 | 25 | 15 |

在水深大于 30m 的水域内进行水下爆破时，水中冲击波安全允许距离由设计确定。水中冲击波超压峰值对鱼类影响安全控制标准见表 9-21。

表 9-21　　　　　　水中冲击波超压峰值对鱼类影响安全控制标准表　　　　　　单位：$10^5$ Pa

| 敏感程度 | 鱼类品种 | 自然状态 | 网箱养殖 |
|---|---|---|---|
| 高度敏感 | 石首科鱼类 | 0.10 | 0.05 |
| 中度敏感 | 石斑鱼、鲈鱼、梭鱼 | 0.30~0.35 | 0.20~0.25 |
| 低度敏感 | 冬穴鱼、野鲤鱼、鲟鱼、比目鱼 | 0.35~0.50 | 0.25~0.40 |

（3）水击波（动水压力）的安全防护。对水击波危害影响的安全与防护措施，首先，采用合理爆破设计方案，以降低产生水击波压力。其中钻孔装药实行微差爆破，合理的药包布置、起爆次序和装药方式等，均可起到降低水击波压力的作用。其次，水击波一旦产生，也可以采取多种技术措施减轻其危害影响。

1）改善结构物的受力条件。对水下大体积混凝土，如大坝及钢筋混凝土结构等，可在基底加强布置钢筋，以防止水击波压力作用造成开裂或滑动。在水下闸门后边加支撑，使部分水击波压力能量传递到不敏感的结构物或岩基上。进行水下爆破前，减小受防护结构的荷载等。

2）在结构物表面设置防护体。设置防护结构可减缓水击波压力的冲击作用，如保留浇筑模板或布置双层防冲击模板，二层模板之间充填稻草、锯木屑等松散物质；沿结构物周围敷设草帘或泡沫塑料、发泡混凝土等。对特别重要的建筑物，还可设置一道堤坝作防护。

3）设置气泡帷幕。气泡帷幕对削减传播途中的水击波峰值压力有很明显的效果。气泡帷幕是在爆源与被保护目标之间的水中设置的一套气泡发射装置，一般用钢管在其两侧钻两排小孔，向发射装置输入压缩空气后，小孔中便连续不断地发射出无数细小气泡。由于浮力作用，气泡均自水底向水面运动，从而形成一道阻碍水击波的帷幕。在没有压气设备的工点，可以采用二氧化碳（干冰）来形成气泡帷幕，气泡帷幕可以使水击波能量部分消散于杂乱气泡表面的乱反射过程中，部分则因水与气泡间波阻抗的突变，以及气泡受到压缩而消耗。

据黄埔港炸礁工程资料，对船坞坞门采用低压气泡帷幕装置防护后，使水击波作用于坞门中部引起的振动速度，只有无气泡帷幕时的 $1\% \sim 2.5\%$，顶部为 $9\% \sim 11\%$；而对水击波和地震波共同作用引起坞门的基础振动速度，也可衰减到 $14\% \sim 21\%$。

水中气泡多，密度大，帷幕厚，效果好。发射一组气泡帷幕时，实测水中爆破对坞门的振速只有无气泡帷幕时的 $2.5\% \sim 6.5\%$，水下岩面爆破为 $4\%$；发射两组气泡帷幕时，则分别为 $1\% \sim 2.5\%$ 和 $2\%$。这是因为后者气泡多，帷幕厚，提高了衰减效果。

试验研究表明，总容气量相同时，重点布置粗气柱帷幕，不如分散布置断面面积小的气柱有效。

事实上，工程中常用的防护措施是第 3）项及第 2）项的部分措施，第 1）项只是在极特殊或考虑战争的情况下而采用。

应重视对水产资源和水生物的保护，在采取措施控制水下爆破的水击波和涌浪以及岩坡爆破的水中抛掷影响的同时，应评估对水中生态环境的影响，特别当水域内有重点保护生物时，应与环保及生物保护单位管理部门协商保护措施，有必要时可在爆破前驱赶受影响水域内的水生物。

### 9.1.5　爆破有害气体

（1）爆破毒气及其危害。

1）爆破毒气的产生。工程爆破使用的炸药各类虽然很多，但一般都是由碳（C）、氢（H）、氧（O）和氮（N）四种元素组成的。爆炸时发生的主要氧化反应如下：

$$C + O_2 \longrightarrow CO_2$$
$$2C + O_2 \longrightarrow 2CO$$
$$2H_2 + O_2 \longrightarrow 2H_2O$$
$$N_2 + O_2 \longrightarrow 2NO$$
$$N_2 + 2O_2 \longrightarrow 2NO_2$$

这些反应式总的来说要放出大量热量。反应生成物中，一氧化碳和氮氧化物属有毒气体。

炸药爆炸反应过程极快，所需的氧是炸药本身分子中的，而碳和氢是可燃元素，氮是载氧体。炸药的通式可写成 $C_a H_b O_c N_d$。

为避免或减少生成一氧化碳和氮氧化物，应力求使炸药爆炸反应时把碳和氢完全氧化生成二氧化碳和水。这要求：$C + O_2 \longrightarrow CO_2$，$H_2 + 1/2O_2 \longrightarrow H_2O$ 和 $2N \longrightarrow N_2$。由此可见，$a$ 个碳原子需 $2a$ 个氧原子，$b$ 个氢原子要 $b/2$ 个氧原子，或可表示为 $c - (2a + b/2) = 0$。这个式子称为氧平衡式。当式左大于零时称正氧平衡，小于零时称负氧平衡，等于零时称零氧平衡。

正氧平衡的炸药中，多余的氧会与氮化合生成氮氧化物；负氧平衡的炸药，可燃元素没有充分氧化，会生成一氧化碳；它们的热效应都会相应减小。设计混合炸药配比时，应维持或接近零氧平衡，才可避免或减少爆炸生成有毒的一氧化碳和氮氧化物。

工程爆破中即使采用零氧平衡的炸药，因为爆破过程的复杂性，且周围介质也参加反应，仍有可能生成大量的有毒气体。如起爆后部分炸药反应不完全产生毒气；或当爆破介质中含有硫化物，如硫化矿、黄铁太、含黑铁矿的煤炭等时，爆破还会生成硫化氢和二氧化硫等有毒气体，硫化矿矿石在某些特定条件下与硝铵炸药直接接触时，可引起爆燃或燃烧而自爆，产生大量毒气。

2）爆破有害气体的危害。人体内需要的氧气，是由呼吸道进入肺部，再由肺泡进入血液，与红细胞内的血红蛋白（红血球）结合而携带到血液循环系统，供给机体组织细胞以维持生命。氧合血红蛋白具有既容易结合又容易分离的特点，使之能正常给人体供氧。

一氧化碳（CO）与血红蛋白的结合力比氧强 250～300 倍，而分离速度却比氧合血红蛋白慢 3000 多倍。因此，人体吸入一氧化碳后，氧气就无法通过呼吸进入机体，从而造成严重缺氧。一氧化碳中毒者感到头晕、眼花、心跳加快、四肢无力、恶心、呕吐等，严重时皮肤苍白，唇、颊桃红，血压下降，直至窒息死亡。

人处于静止状态时，其中毒程度与一氧化碳浓度的关系见表 9-22。

表 9-22　　　　　　　　　　中毒程度与一氧化碳浓度的关系表

| 中毒程度 | 中毒时间 | 一氧化碳含量 | |
| --- | --- | --- | --- |
| | | 质量浓度/（mg/L） | 体积分数/％ |
| 无征兆或有轻微征兆 | 数小时 | 0.2 | 0.016 |
| 轻微中毒 | 1h 以内 | 0.6 | 0.048 |
| 严重中毒 | 0.5～1h | 1.6 | 0.128 |
| 致命中毒 | 短时间内 | 5.0 | 0.400 |

二氧化氮是炸药爆炸时产生的另一主要有害气体。一般认为：二氧化氮毒性要比一氧化碳的毒性更大，但各国标准不一样，如美国通常认为要大 20 倍，而我国与苏联则规定为 6.5 倍。二氧化氮呈褐红色，有强烈的窒息性，其密度为空气的 1.57 倍，极易溶于水，对眼睛、鼻腔、呼吸道及肺部有强烈的刺激作用。二氧化氮与水结合成硝酸，对肺部组织起破坏作用，引起肺部浮肿。

二氧化氮中毒后经过 6h 甚至更长的时间才能出现中毒的征兆，即使在危险的含量下，最初也只感觉到呼吸道受到刺激，开始出现咳嗽，20～30h 后，即发生较严重的支气管炎、呼吸困难，吐淡黄色痰液，发生肺水肿，呕吐以至死亡。二氧化氮中毒的特征是手指及头发发黄。空气中二氧化氮含量与人体中毒程度的关系见表 9-23。

表 9-23　　　　　　　　空气中二氧化氮含量与人体中毒程度的关系表

| $\varphi(NO_2)/\%$ | 人 体 中 毒 反 应 |
| --- | --- |
| 0.004 | 经过 2～4h 还不会引起显著中毒现象 |
| 0.006 | 短时间内对呼吸器官有刺激作用，咳嗽，胸部发痛 |
| 0.010 | 短时间内对呼吸器起强烈的刺激作用，剧烈咳嗽，声带痉挛性收缩，呕吐，神经系统麻木 |
| 0.025 | 短时间内很快死亡 |

（2）有毒气体的允许浓度及安全距离估算。按《水工建筑物地下开挖工程施工技术规范》（DL/T 5099-2011）的规定，施工过程中洞内氧气按体积计算不应小于20%，其空气中有害物质的最高允许浓度见表9-24。爆破毒气的允许浓度，各个国家有不同的规定，差距较大，尚未有统一标准。

表9-24　　　　　　　　　地下工程施工时空气中有害物质的最高允许浓度表

| 名　　称 | 最高允许含量 | | 备　　注 | |
|---|---|---|---|---|
| | %（按体积计算） | mg/m³ | | |
| 二氧化碳（$CO_2$） | 0.5 | | 一氧化碳的最高允许含量与作业时间 | |
| 氮氧化物（$N_nO_m$） | 0.00025 | 5 | 作业时间 | 最高允许含量/(mg/m³) |
| 一氧化碳（CO） | 0.00240 | 30 | 1h以内 | 50 |
| 氮氧化合物换算成二氧化氮（$NO_2$） | 0.00025 | 5 | 0.5h以内 | 100 |
| 二氧化硫（$SO_2$） | 0.00050 | 15 | 15～20min | 200 |
| 硫化氢（$H_2S$） | 0.00066 | 10 | 反复作业的间隔时间应在2h以上 | |
| 醛类（丙烯醛） | | 0.3 | | |
| 含有10%以上游离二氧化硅（$SiO_2$）的粉尘 | | 2 | 含有80%以上游离二氧脂硅的生产粉尘不宜超过1mg/m³ | |
| 含有10%以下游离二氧化硅（$SiO_2$）的粉尘 | | 6 | | |
| 含有10%以下游离二氧化硅（$SiO_2$）的其他粉尘 | | 10 | | |

爆破时产生有毒气体的危险范围，与总装药量、炸药性质、装药分布情况、地形、气象等因素有关。目前国内外对爆破毒气的扩散规律研究得不多。洞室大爆破毒气安全距离 $R_g$（m）通常按式（9-43）估算：

$$R_g = K_g \sqrt[3]{Q} \tag{9-43}$$

式中　　$K_g$——经验系数，一般取为160；

　　　　$Q$——总装药量，t。

风向对安全距离的影响较大，顺风向时安全距离应增加1倍。例如，我国白银厂一期工程1652t炸药爆破，产生的烟尘顺风向超过8km。

应该指出，氮氧化物比重比空气大，会无孔不入。当爆区附近有井巷、隧洞或独头巷道时，毒气会沿爆破裂隙或爆堆向上述空间扩散。我国有一次定向爆破筑坝，含有较高浓度的爆破毒气从爆堆通过支洞向排水洞泄露，由于排水洞一端堵塞，毒气浓度逐渐增大，观测人员进入后会中毒死亡。这种情况下的事例还有一些。因此，应给予足够的重视，千万不能麻痹大意。

（3）爆破有毒气体的安全防护。

1）减少或阻止产生爆破毒气。为了减轻或消除爆破的有毒气体，首先要设计和选择正确的炸药配方，使炸药为零氧平衡。施工人员对所使用的炸药，特别是新品种炸药的性能与规格必须掌握，有条件时可按工业性试验的要求，检验包括毒气含量在内的各项指标。生产厂家要提供各项性能指标的产品说明书。

其次，要使炸药爆炸反应得以充分进行。炸药的爆轰过程很容易受外界条件的影响，如果外界条件不利于炸药稳定传爆，爆炸反应不完全，将引起毒气生成量增加。实践表明，工业混合炸药粒度越小，各组成分得越均匀；装药直径越大，炸药越能充满炮孔；或外壳约束条件越好时，越有利于炸药爆炸反应的进行，生成毒气量也会减少。当然，有些内容（如装药直径大、炸药充满炮孔）要结合爆破对岩体的破坏和爆破地震波、空气冲击波、飞石等危害进行综合考虑而定。此外，为保证爆炸反应完全，还应根据炸药爆轰性能不同，特别是对感度较低的炸药、硝铵类炸药等，采用较大起爆能量或设中间起爆药包。

2）防护措施。爆破时，应将人员、牲畜撤离危险区。爆破后，对爆区附近洞室、井巷空气中毒气含量进行检查，或放置动物做试验，确认毒气扩散完毕方可允许人员进入。爆破毒气可按《工业炸药爆炸后有毒气体含量测定》（GB 18098）的规定测量。

在洞室或井巷内有毒气，或在里面进行爆破作业，应设置排气管道，进行强力通风，将有毒气体及时排出。正常情况下隧洞施工时，应连续不断向工作面输送足够的新鲜空气，与此同时要加强洒水。洒水后氮氧化物将溶解于水，生成硝酸或亚硝酸，其化学反应式如下：

$$2NO_2 + H_2O \longrightarrow HNO_3 + HNO_2$$

$$N_2O_3 + H_2O \longrightarrow 2HNO_2$$

$$3N_2O_4 + 2H_2O \longrightarrow 4HNO_3 + 2NO$$

其中亚硝酸的成分很不稳定，遇水后将再次分解，生成硝酸（$HNO_3$）和一氧化氮（NO），于是又重新生成有毒气体一氧化氮（NO）。但如果洒入碱性溶液时，可以生成稳定的亚硝酸盐，就避免了不良循环。

氮氧化物比重较大，如 $NO_2$、$N_2O_3$、$N_2O_4$ 分别是空气的 1.59 倍、2.48 倍、3.18 倍。因此，这些气体可以长期埋藏在爆堆的岩石裂隙中，不易被通风所驱散，往往在装渣时随着岩块的移动而散发出来伤人。洒水后可以把它们以及那些不溶于水的 NO 一起从裂隙中赶出，以便随风流排出。可见，洒水对消除爆破毒气，特别是对氮氧化物的化解效果是很明显的。

在隧洞开挖及井巷作业中发生炸药爆燃事故时，应及时组织人员撤离，以免有毒气体扩散造成伤亡。在矿井生产中，有因局部爆燃引起其他部位人员中毒死亡的惨痛教训。

# 9.2 爆破工程安全

## 9.2.1 爆破器材安全管理

按《爆破安全规程》（GB 6722—2014）的规定，爆破器材的安全管理，由拥有爆破器材单位的主要领导人负责，应组织制定爆破器材的发放、使用制度、安全管理制度和安全技术操作规程，建立岗位安全责任制，教育从业人员严格遵守。各级公安机关对管辖地区内的爆破器材的安全管理实施监督检查。

爆破器材的安全管理主要内容包括：爆破器材的购买，爆破器材的运输（包括铁路、水路、航空，以及往爆破作业地点运输等），爆破器材的储存（包括爆破器材库的位置、结构和设施，爆破器材库的照明、通信和防雷设施，爆破器材的储存、收发与库房管理、临时性爆破器材库和临时性存放爆破器材等），爆破器材的检验和销毁，炸药的再加工等。

在《爆破安全规程》（GB 6722—2014）均作为强制性条文，在工程爆破实施过程中，均应严格遵守各项规定。

水电工程规模大，开挖过程中需使用大量的爆破器材，设置爆破器材库时，地面库单一库房最大允许储存药量不应超过表9－25的规定；小型爆破器材库的最大储存量应不超过一个月的用量，并应不大于表9－26的规定；若受条件限制，同库存放不同品种的爆破器材，则应符合表9－27的规定。

表9－25　　　　　　　　　　　单一库房最大允许储存量表

| 序号 | 爆破器材名称 | 单一库房最大允许存药量/t |
|---|---|---|
| 1 | 硝化甘油炸药 | 20 |
| 2 | TNT | 150 |
| 3 | 硝铵类炸药 | 200 |
| 4 | 导爆索 | 30 |
| 5 | 雷管、继爆管、导爆管起爆系统 | 10 |
| 6 | 硝酸铵、硝酸钠 | 500 |

注　雷管、导爆索、继爆管及专用爆破器具按其装药量计算存药量。

表9－26　　　　　　　　　小型爆破器材库单一品种的最大储存量表

| 序号 | 产品类别 | 最大允许储存量 |
|---|---|---|
| 1 | 工业炸药及制品 | 5000kg |
| 2 | 黑火药 | 3000kg |
| 3 | 工业导爆索 | 50000m（计算药量600kg） |
| 4 | 工业雷管 | 20000发（计算药量20kg） |
| 5 | 塑料导爆管 | 100000m |

注　1. 工业炸药及制品包括铵油类炸药、硝化甘油炸药、乳化炸药、水胶炸药、膨化硝铵炸药、射孔弹、起爆药柱、震源药柱等。

　　2. 工业雷管包括电雷管、电子雷管、电磁雷管和导爆管雷管以及继爆管等。

　　3. 工业导爆索包括导爆索和爆裂管等。

　　4. 其他爆破器材按与本表中产品相近特性归类确定储存量；普通型导爆索药量为12g/m，常规雷管药量为1g/发，特殊规格产品的计算药量按照产品说明书给出的数值计算。

表9－27　　　　　　　　　　常用爆破器材允许共存的范围表

| 爆破器材名称 | 雷管类 | 硝铵类炸药 | 属A1级单质炸药类 | 属A2级单质炸药类 | 导爆索类 |
|---|---|---|---|---|---|
| 雷管类 | O | × | × | × | × |
| 硝铵类炸药 | × | O | O | O | O |
| 属A1级单质炸药类 | × | O | O | O | O |
| 属A2级单质炸药类 | × | O | O | O | O |
| 导爆索类 | × | O | O | O | O |

注　1. O表示可同库存放；×表示不应同库存放。

　　2. 雷管类包括电雷管、导爆管雷管。

　　3. 属A1级单质炸药类为RDX、太安、奥克托金和以上述单质炸药为主要成分的混合炸药或炸药柱（块）。

　　4. 属A2级单质炸药类为TNT和苦味酸及以TNT为主要成分的混合炸药或炸药柱（块）。

　　5. 导爆索类包括各种导爆索和以导爆索为主要成分的产品，包括继爆管和爆裂管。

　　6. 硝铵类炸药，包括以硝酸铵为主要组分的各种民用炸药。

对爆破器材有两种片面的认识：不了解或了解不多的人，容易夸大其危险性，产生恐惧心理；常年接触的人，往往有部分对其认识不足，容易麻痹大意。爆破器材虽有易爆炸的危险性，但只要在各个环节中严格遵守安全规章制度和操作规程，加强安全和技术教育，是可以确保安全的。

### 9.2.2 起爆事故及其预防

（1）早爆事故及其预防。由于早爆事故的突发性，多发生在工作面上正在进行施工的操作过程，故其危害性极大，一旦发生将造成人员的伤亡。有多种原因可引发早爆。由于电力起爆具有操作简单、检测方便、成本较低等优点，在工程爆破中使用较多。且我国幅员辽阔，雷雨季节相对较长，工程施工中使用各类电力设备及仪器，因此，由于各种电干扰如雷电、杂散电流、感应电流、静电、射频电、化学电等引起的网路早爆，占了较大的比例。另外，还有起爆器故障、高硫矿中的药包自爆，以及导火索速燃等也引起早爆。现对主要因素引起的早爆及预防措施作一分析。

1）雷电早爆。雷电是常见的自然现象，雷电发生瞬间产生极强的电流和高温，同时产生其他众多的物理化学变化和影响。雷电的巨大能量主要表现为：①冲击电流大，其电流高达几万至几十万安培；②作用时间短，一般分三阶段，先导放电、主放电、余光放电，整个过程不超过 $60\mu s$；③雷电流变化梯度大，电流变化梯度可达 $10kA/\mu s$；④冲击电压高，强大的电流产生高变磁场，感应电压可高达上亿伏。

关于雷电引起早爆的物理过程，有多种理论，分别为直接雷击、静电感应、电磁场感应、电磁波辐射（电击电磁脉冲），以及地电位反击（发生在避雷针、避雷带附近）等。以上解释雷电引爆过程的各种学说都有一定的科学依据，但由于雷电早爆的瞬发性和各类环境的复杂性，其作用机理尚待进一步研究。

实践表明，雷电很少直接击中电爆网路，雷雨云与电爆网路之间一般不是直接放电引爆，而多属间接引爆，占雷击早爆事故的大部分。雷电直接引起炸药早爆的事故，可引发整个爆区，也可只引起局部炮孔早爆。雷电早爆事故多发生在露天爆区，但地下洞室施工中也有雷电引爆事故的报道。

预防雷电早爆的常规措施包括以下内容：①加强天气预报工作，尽量避免在雷雨天爆破；爆破作业如遇雷雨，应立即停止，并将爆破器材撤离爆区；②在雷雨季节可采用非电起爆系统，但雷雨云对地放电也可能引爆个别炮孔，因此，非电起爆系统也不是绝对可靠，仍需采取防雷措施；③做好绝缘，防止电雷管脚线或起爆电线裸露接地；④电爆网路应处于短路状态；⑤采用屏蔽线连接爆破网路；⑥敷设起爆网路前应撤除爆区内其他电线、电缆及金属导体等。

预防雷电早爆的专门措施如下：①在爆区外围设置避雷保护圈；它是一个封闭的避雷针群，避雷针间距应小于其高度的两倍，并用导线互相连接；在低压静电场中，它起到类似屏蔽作用，可使圈内介质保持等电位状态；为提高屏蔽效果，应使导线接地；②在与爆区临近的台阶，设置临时避雷针；避雷针可利用架空高压线柱，并可利用钻孔接地；③加设驱雷放电装置；它是由若干架空线组成，利用专用高压静电设备，加置静电压以消除雷电。

此外，预防雷电早爆的另一个方法是使用雷电预警仪，它可及时探测雷电，使人员提前撤离爆区。

2）外部电源引起的早爆。杂散电流。在施工场地常存在各类外部电流，对电爆网路产生影响而引起早爆事故，主要包括杂散电流、感应电流、静电、高压及射频电、仪表或起爆电流等。杂散电流是指导体因绝缘不良而泄漏出来的，在非指定回路上不规则流动的电流。

在爆区内产生杂散电流的原因有：①直流电器经金属物、岩基等返回大地的电流；②交流电器、照明设备等的线路漏电；③大地自然电流；④化学电。化学电主要是装药过程中撒落的炸药引起的。炸药中的硝酸铵溶解于水后，离解成带正电荷的铵离子 $NH_4^+$ 和带负电荷的硝酸根离子 $NO_3^-$，在大地自然电流作用下，分别趋向负、正级，在铁轨、风水管道等物之间形成电位差。

当杂散电流超过雷管的起爆电流时即引起早爆。特别是在地下隧室开挖中，由于场地狭小，电器线路集中，如动力输电的电缆、轨道、照明电缆、风、水管道等，均可引起杂散电流。研究表明，危及爆破安全的杂散电流，主要存在于导体之间。物体的导电率越高，杂散电流越大，铁轨对电器开关最大，对风、水管及电缆外皮次之，对大地及大地不同测点之间一般则较小。

杂散电流具有脉冲特性，随时间的变化可相差数倍乃至数十倍；电器的启动、关闭和正常运行时差别也十分显著。因此，往往在所测杂散电流较小的情况下，发生意外爆炸事故。可采用杂散电流测定仪，测金属物对金属物、金属物对基础及其他物体的杂散电流。

防止杂散电流的主要措施是：①避免或减少产生杂散电流；爆破时（尤其是地下爆破时）的爆破主线、区域线、连接线等必须悬挂，不得与金属管、物等导电体接触，不得靠近电缆、电线、信号线等；要及时清除撒落的炸药，撤除金属物件；在装药过程中，避免启动或关闭电器，实行局部或全部停电；②采用抗杂散电流雷管，或采用导爆索及塑料导爆管等非电起爆系统。

3）感应电和静电早爆。感应电流产生有两个条件：一是交变电磁场；另一是闭合电路。在动力线变压器、高压电开关和接地的回馈铁轨附近都存在交变电磁场，在感应电压作用下形成感应电流，当电爆网路或电雷管形成闭合电站处在交变电磁场作用范围内时，产生的感应电流大于安全电流时即产生早爆事故。

为防止感应电流对电爆网路的影响，可采取以下措施：①电爆网路附近有输电线时，不得使用普通电雷管；②尽量缩小电爆网路圈定的闭合面积，电爆网路两根主线之间距离不得大于 15cm；③采用导爆管等非电起爆器材。

静电主要有三类，即非金属材料设备和物料静电、人体静电、炸药生产中的药剂粉尘静电。静电引发的爆炸事故也常有发生，因此，爆炸物品在生产、储存、运输及使用过程中，应防止静电产生和减小电荷积聚。

预防静电早爆的方法是采取有效措施消除静电的产生和积累，使静电生成量小，泄放得快。工程爆破现场的最好方法是采用导爆管等非电起爆网路，爆破器材加工或采用机械化装药时，作业人员应穿导电鞋，不穿戴化纤、羊毛等可能产生静电的衣物，以消除人体静电积累，使电位不超过规定的安全值；采用有效接地，如导体接地，在绝缘体设备上测涂敷导电层和导电性地面等静电接地措施，机械化装药时，所有设备必须可靠接地，以防静电积累。

4）高压及射频电早爆。高压输电线路，以及由电台、雷达、电视发射台、高频设备产生的各种电磁波引起的射频电，在它们的周围均存在电场，当电雷管或电爆网路处于强大的工频或射频电场内时，将起到接收天线作用，感生和吸收能量，产生感应电压和电流。电流超过电雷管最小发火电流时，就可能引爆电雷管而造成早爆事故。

根据《爆破安全规程》（GB 6722—2014）的规定，电力起爆时，普通电雷管爆区与高压线间的安全允许距离应按表9-28的规定；与广播电台或电视台发射机的安全允许距离，应按表9-29～表9-31的规定。不得将手持式或其他移动式通信设备带入普通电雷管爆区。

表9-28　　　　　　　　　　爆区与高压线的安全允许距离表

| 电压/kV | | 3～6 | 10 | 20～50 | 50 | 110 | 220 | 400 |
|---|---|---|---|---|---|---|---|---|
| 安全允许距离/m | 普通电雷管 | 20 | 50 | 100 | 100 | — | — | — |
| | 抗杂电雷管 | — | — | — | — | 10 | 10 | 16 |

表9-29　　　　　　　　爆区与中长波电台（AM）的安全允许距离表

| 发射功率/W | 5～25 | 25～50 | 50～100 | 100～250 | 250～500 | 500～1000 |
|---|---|---|---|---|---|---|
| 安全允许距离/m | 30 | 45 | 67 | 100 | 136 | 198 |
| 发射功率/W | 1000～2500 | 2500～5000 | 5000～10000 | 10000～25000 | 25000～50000 | 50000～100000 |
| 安全允许距离/m | 305 | 455 | 670 | 1060 | 1520 | 2130 |

表9-30　　　　　　　爆区与调频（FM）发射机的安全允许距离表

| 发射功率/W | 1～10 | 10～30 | 30～60 | 60～250 | 250～600 |
|---|---|---|---|---|---|
| 安全允许距离/m | 1.5 | 3.0 | 4.5 | 9.0 | 13.0 |

表9-31　爆区与甚高频（VHF）、超高频（UHF）电视发射机的安全允许距离表

| 发射功率/W | 1～10 | 10～100 | 100～1000 | 1000～10000 | 10000～100000 | 100000～1000000 | 1000000～5000000 |
|---|---|---|---|---|---|---|---|
| VHF安全允许距离/m | 1.5 | 6.0 | 18.0 | 60.0 | 182.0 | 609.0 | |
| UHF安全允许距离/m | 0.8 | 2.4 | 7.6 | 24.4 | 76.2 | 244.0 | 609.0 |

在工程爆破施工时，应对高压电、射频电等进行调查，发现冲量时应采取预防或排除措施；禁止流动射频电源进入作业现场，当有无法撤离的射频电源时，装药开始应停止工作，直至爆破结束；爆破网路必须铺平顺直，防止弯曲圈绕而增加回路匝数；雷管脚线和导线不接触任何天线；采用抗射频电雷管或非电导爆雷管等起爆网路。

（2）其他早爆事故。其他原因引起的早爆事故，有起爆器故障早爆、高硫矿药包自爆、导火索速爆燃等。

1）起爆器故障早爆。由于起爆器使用日久，按钮或开关的接触片失去弹性，指示按钮虽断开，接触片却仍处于接触状态。在起爆器或点火机充发电过程中，至一定电流后随

即提前引爆。雷管较多时，可以部分或全部炮孔早爆，造成伤亡或需处理部分瞎炮。因起爆顺序被打乱，有可能增大对基岩的爆破影响和引起飞石事故。

这类早爆事故的预防措施，主要是应经常检查起爆器，尤其是对使用较久的起爆器进行检查，发现问题及时修复，当不易修复时应更换。另外要加强警戒，待人员全部撤离危险区后才能开始充电起爆。

2）高硫矿药包自爆。高硫矿中药包自爆的原因，是由于硝铵炸药与矿粉直接接触所造成的，其条件是：①矿石中硫酸铁和硫化亚铁的铁离子之和（$Fe^{3+} + Fe^{2+}$）高于0.3%；②矿石中水分在3%～14%；③矿石中存在一定浓度的硫酸。在上述条件下，硝铵炸药与矿石接触发生一系列放出大量热量的化学反应，而起互相促进，最终导致药包自爆。

高硫矿中药包自爆的预防措施是：装药前应在药室周围铺上油毡或塑料布，并搞好炸药的包装，严格防止硝铵炸药与矿粉直接接触。

3）导火索速爆燃。这是由于各种原因改变了导火索的性能，使导火索燃速显著变快，在原计划时段内，作业人员尚在现场操作时引发早爆事故。由于我国已禁止使用导火索，也就消除了这一危险因素。

（3）迟爆及其预防。迟爆事故与早爆一样，也是突发性的，一旦发生也将造成严重后果。

迟爆的主要原因是使用变质的雷管。因雷管过期，起爆能量不够，未能及时引爆炸药，仅是炸药燃烧，过一段时间才转为爆炸。使用塑料导爆管时，由于先爆的石渣或飞石砸断导爆管，无法使待后爆的药室炸药起爆。但在先爆炸药室内高温高压的作用下，使未爆药室内的炸药自然而发生爆炸。此外，起爆体炸药变质也会发生迟爆。

避免迟爆事故的防护措施如下：①进行大爆破时，采用复式起爆网路，以增加起爆的可靠性，而不应使用单一起爆网路；起爆体炸药要求质量可靠，不能用变质炸药作起爆体；②严格遵守操作规程，精心施工，加强检查；③规模较大的爆破，爆后应适当推迟进入工作面，当发现爆区内有燃烧迹象时应格外注意。迟爆事故一般在爆后数十分钟内发生，如果不影响施工进度，推迟进入爆区可以防止人员伤亡。

（4）拒爆及其预防。爆破网路连接后，按程序进行起爆，有部分或全部雷管及炸药等爆破器材未发生爆炸的现象，称为拒爆，工程中常称为瞎炮。瞎炮给施工带来潜在威胁，处理瞎炮不当也会酿成事故。因此，瞎炮也是爆破工程安全之一忌。

拒爆事故中雷管及炸药均未发生爆炸时称为药包全拒爆，由爆破网路设计、施工操作失误或起爆器材质量造成；雷管引爆，炸药未爆炸时称为半爆，主要由炸药质量或装药施工因素造成；当炸药爆轰不完全或传爆中断引起药包残留部分炸药未爆的现象称为残爆，主要由炸药质量或装药施工以及炮孔的沟槽效应引发。

1）拒爆的原因。①雷管和炸药质量不好，在储藏中或装药后受潮变质；②网路连接质量差；接线点不牢固或虚接，接线之间有油污或炮泥，脚线接头被硝酸铵腐蚀，线路与大地短路，接线头泡在水中短路，绝缘不好，连接错误等；③导爆索网路中的导爆索受潮、变质，质量较差或连接错误；④同一网路中使用不同厂家或同厂不同批雷管，或雷管品种不同、电阻不一等，使雷管敏感度不够造成部分拒爆；或者使得并联支路电阻不平衡，其中一些支路电流小于极限最小准爆电流而拒爆；⑤ 在施工过程中（如装药、堵塞、人员来往等）损坏了起爆线路、造成断路、短路或导线接地等，引起拒爆；⑥ 药包结构不合理或起爆顺序设计不合理，先爆孔把邻近炮孔中的炸药压死，药包之间不殉爆，炸药被溶解，沟槽效应等引起的拒爆；⑦ 网路电源容量不够，电源不可靠；⑧ 起爆器容量不够或失灵；⑨ 使用非电导爆管网路时：传爆雷管与导爆管连接时，雷管位置不居中，偏向一侧或捆扎不牢，引起部分雷管不爆；网路的导爆管清理不顺，杂乱无章，致使某些导爆管靠近或与连接雷管接触时被炸断而拒爆。

2）防止拒爆的安全措施。防止拒爆的关键是按操作规程操作，其要点如下：① 严格检查雷管、炸药、导爆索、电线等的质量，凡不合格者应预报废；② 严格逐段检查线路质量，凡网路电阻与设计计算值不一致或有异常情况时，不准起爆，待查明原因及时排除后才能起爆；③ 在有水或潮湿部位装药时，应采取有效地防水防潮措施；④ 起爆网路的施工必须认真仔细，严格按操作规程进行；⑤ 检查起爆器及起爆电源，应使其符合设计要求；⑥ 使用非电导爆管网路，连接雷管引爆多根导爆管时，它的位置必须居中，且必须捆牢，可用黑胶布包三层以上。被连接的导爆管应当拉直、理顺，网路顺序清楚，以便检查。不允许绑扎好的连接雷管与其他导爆管接触，其间距应当大于 50cm。当爆区孔眼很密时，连接雷管可采取架空放置在竹架上。

3）瞎炮的处理方法。一旦发生瞎炮，应立即警戒，及时处理。瞎炮的处理方法如下：① 孔深不大于 50cm 的浅孔，可用表面爆破法炸毁；② 稍深的炮孔可用竹、木工具挖开孔口堵塞物，通入有一定压力的水将引爆管冲出；③ 深孔可在近距离（60cm）钻孔爆破，将瞎炮炸毁；打孔时应严格控制孔斜，使其不与原孔相交；④ 有条件的钻孔或药室内的炸药，可以再次引爆；⑤ 硝铵炸药可通水使其溶解后再处理。

### 9.2.3 爆破危险源辨识及评价

（1）爆破危险源辨识。爆破属于高度危险行业。在工程爆破作业过程，存在很多可对人员造成伤亡或对物体造成突发性损害的危险因素，以及影响人体的身体健康，导致疾病或对物体造成慢性损害的有害因素。要防止和消除这些危险及有害因素，应对爆破危险源进行准确地辨识，以便采取应对措施。

根据《生产过程危险和有害因素分类与代码》（GB/T13861）的规定，按导致事故的直接原因进行分类将生产过程中的危险和有害因素分为物理性、化学性、生物性、心理生理性、行为性及其他 6 大类 36 项，其中易燃易爆性物质被列为化学性危险有害因素首位。

参照《企业职工伤亡事故分类》（GB 6441），按事故类别综合考虑起因物、引起事故的诱导性原因、致害物、伤害方式等，将危险因素或事故分为 20 类，分别为：①物体打击；②车辆伤害；③机械伤害；④起重伤害；⑤触电（包括雷击伤亡事故）；⑥淹溺；⑦灼烫；⑧火灾；⑨高处坠落；⑩坍塌；⑪冒顶片帮；⑫透水；⑬爆破，指爆破作业中发生的伤亡事故；⑭火药爆炸，指火药、炸药及其制品在生产、加工、运输、储存中发生的爆炸事故；⑮瓦斯爆炸；⑯锅炉爆炸；⑰容器爆炸；⑱其他爆炸；⑲中毒和窒息；⑳其他伤害。在上述 20 个类别中，除淹溺、锅炉爆炸、容器爆炸等少数项目外，其余几乎都有可能在爆破作业中发生。

参照原卫生部、劳动部、人事部、财政部和中华全国总工会等颁布的《职业病范围和职业病患者处理办法的规定》，将危害因素分为生产性粉尘、毒物、噪声与振动、高温、低温、辐射（电离辐射、非电离辐射）、其他危害因素等 7 类，这些危害因素几乎都与爆破作业有关。

在《水电水利工程施工重大危险源辨识与评价导则》（DL/T 5274）中，水电水利工程施工重大危险源辨识对象与范围为：①施工作业类；包括明挖施工，洞挖施工，石方爆破，填筑工程，灌浆工程，竖井斜井开挖，地质缺陷处理，砂石料生产，混凝土生产，混凝土浇筑，脚手架工程，模板工程，金属结构制作、安装及机电设备安装，建筑物拆除等；②大型设备类；包括通勤车辆，大型施工设备；③设施场所类；包括存弃渣场，爆破器材库，油库油罐区，材料设备仓库，供水系统，供风系统，供电系统，金属结构厂，转轮厂，修理厂及钢筋厂等金属结构制作场所，道路、桥梁、隧洞等；④危险环境类；包括不良地质地段，潜在滑坡区，超标准洪水，粉尘，有毒有害气体及有毒化学品泄露环境等；⑤其他。

在上述 5 类水电工程施工的对象和范围中，其中大部分的重大危险源均与爆破作业相关，属于高风险作业。

按事故发生源分类：有如盲炮、窜段、爆破振动、爆破飞石、空气冲击波、毒气、定向失误、误爆、拒爆以及爆破后建筑物未倒或部分未倒等事故。

（2）爆破危险源评价。爆破属于高风险作业，应进行专项危险源评价。重大危险源应进行预评价和施工期评价。水利水电工程施工中可按照 DL/T 5274 的规定，对与爆破作业有关的重大危险源分类对象进行辨识后作出评价。

水利水电工程施工重大危险源评价可选用安全检查表法、作业条件危险性评价法（LEC）、作业条件—管理因子危险性评价法（LECM）、预先危险性分析法、层次分析法。根据不同的工程施工阶段、层次等用相应的评价方法，必要时可采用不同评价方法相互验证。

1）安全检查表法。适用于施工期评价，分为定性化和半定量化两种安全检查表。定性化安全检查表法列举需查明的所有导致事故的不安全因素，采用提问式检查表；半定量化安全检查表法应根据评价对象及相关法律法规、标准及管理制度要求，编制检查表进行评价。

2）作业条件危险性评价法。适用于各阶段评价，根据发生事故或危险事件的可能性大小、人体暴露于危险环境的频率、危险严重程度，各自根据不同情况确定相应分值，以 3 者乘积来确定危险性大小。

3）作业条件—管理因子危险性评价法。适用于各阶段评价，在作业条件危险性评价法基础上加上管理因子参数，以 4 者乘积确定危险性大小。

4）预先危险性分析法。适用于预评价，评价内容为：了解施工方法、施工环境、施工设备；参照过去同类及相关施工过程发生事故的教训，查明所使用的设备或进行的施工过程是否会出现同样问题；确定能够造成受伤、损失、功能失效或物质损失的初始危险；确定初始危险的起因事件；找出消除或控制危险的可能办法；在危险不能控制的情况下，分析最好的预防损失方法，如隔离、个体防护、救护等；提出采取并完成纠正措施的责任者。

5）层次分析法。适应于施工过程的风险评价，层次分析法按照施工项目中的作业人员、机械设备、材料、环境、安全管理等影响因素，绘制危险源风险评价层次结构图，按层次结构图中的影响因素，分别确定风险分值并制成表格备查，根据各层次的现场检查状态查阅对应分值进行计算，确定评价项目的综合安全指数。

上述评价方法的各因素分值及计算方法，可参照 DL/T 5274 中的规定，结合爆破作业的特点确定。

重大危险源评价应提交评价报告，明确评价结论，评价报告中应阐明以下内容：工程简介、评价方法及标准、辨识及评价、安全对策及措施，以及重大事故应急预案。

# 10 爆 破 测 试

爆破测试的内容包括动态及静态两个方面。一方面是爆破过程由于炸药爆破的作业效应所产生的各类动态物理力学参数的测量，如爆破的冲击波产生的质量振动参数（振动位移、速度、加速度），空气冲击波及噪声，水击波、动水压力及涌浪，动应变、空隙动水压力等；另一方面的爆破产生的破坏及影响范围及程度的测定，在水利水电工程中特别关注爆破对大堤及其他建筑物地基基础的破坏影响，为此而进行的静态测试内容有宏观调查和巡视检查，如声波测试、压水试验、钻孔电视、岩芯获得率和岩芯描述等测试手段。以下对爆破时常用的主要测试方法作一介绍。

## 10.1 爆破动态测试

### 10.1.1 爆破振动测试

（1）测试仪器选择原则。爆破振动测试中采用最多的是电测方法，过去数十年中进行爆破振动测试时，多采用有线测量方式，一般由拾震器、放大器或耦合电路和记录器三部分组成。拾震器种类很多，一般分为磁电式、压电式和应变式，拾震器分为位移、速度和加速度计。放大器或耦合电路一方面起着放大或衰减拾震器输出电信号的作用；另一方面在拾震器的高阻抗输出为低阻抗，以便记录器记录。记录器一般用光线示波器或磁带机进行。随着电子技术的发展，用于爆破振动测试的数字式记录仪器越来越多，这种振动测试仪测量是处理、输出为一体，安装在现场的仪器上，可将爆破振动波自动记录在仪器储存器内，通过计算机专用软件与爆破振动记录仪通信，读取并分析爆破振动波，快速得出振动测试结果。我国也已开发研制了此类先进的测试仪器，可满足各类爆破振动测试的要求。

选择爆破振动测试仪器时，其频率特性及量测等特性均应满足要求，仪器的频带线性范围应覆盖被测物理量的频率，各类爆破质点振动参数频率范围可按表 10-1 选择。记录仪器的采样频率应大于 12 倍被测振动参数物理量的上限主振频率。测振传感器和记录设备的测量幅值范围应满足被测振动参数的预估幅值要求，应使预估值在系统可测范围的 30%～70% 之间，其上限应高于被测信号最大预估值的 20%。多点测量时，应尽量使传感器、二次仪表、记录装置的技术指标相同或接近。对爆破振动自动记录仪，一般选用自动内启动方式，要求启动设置可靠，并有负延时装置，以形成完整的记录波形。

质点振动速度测试导线宜选用屏蔽电缆，质点振动速度测试导线应选用专用屏蔽导线。

| 检测项目 \ 爆破类型 | 洞室爆破 | 深孔爆破 | | 地下开挖爆破 | 拆除爆破及其他 |
|---|---|---|---|---|---|
| 质点振动速度 | 2～50 | 近区 | 30～300 | 20～300 | 2～300 |
| | | 中区 | 10～100 | | |
| | | 远区 | 2～50 | | |
| 质点振动加速度 | 0～300 | 0～1200 | | 0～3000 | 0～1200 |

　　观测仪器使用前应在标准振动台上进行系统标定，测定频率响应曲线和灵敏度，供选择仪器和分析资料时使用。

　　（2）测点布置原则（爆破振动测试设计）。爆破振动测试时应根据工程爆破具体情况，确定检测目的和检测项目，进行爆破振动检测设计。设计内容应包括：测试目的、测试项目、监测断面及测点布置、测试仪器性能及数量、测试进度及预期成果等内容。

　　测点布置应根据测量目的、要求和现场条件确定，例如，为了得到爆破振动衰减规律，要沿爆破区向外布置一条或多条侧线，每条侧线上的点数要足够多，一般不少于 5 点，点与点之间间距应呈对数衰减规律，近爆区密、远爆区稀的原则确定；各测点应放在基岩或同一类地层上。在水利水电工程基坑开挖的梯段爆破中，其后冲向与侧向的振动强度和传播规律不同，一般后冲向大于侧向振动，由于裂缝后的振动特性也将发生改变，要全面掌握其振动转播规律时，则需布置不同的测点。未观测爆破地震对建筑物或构筑物的影响，确定破坏标准，测点应布置在目标附近的地标和目标上，或沿目标不同高程布置。为研究爆破对高边坡的影响，应在坡脚至顶部不同高程布点，特别在危险地段着重布点。高边坡振动监测点布置见图 10－1。为比较地质构造，如断层、裂隙、层面、节理及预裂面等对地震波强度的影响，测点要围绕这些部位布设。确定爆破对隧洞围岩稳定的影响，要在隧洞个断面围岩上及底板布点，地下厂房振动监测点布置见图 10－2，宏观调查点处也要布置仪器观测点。

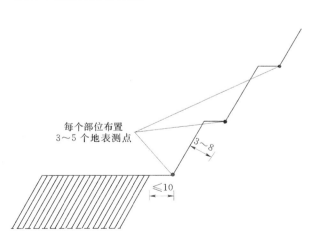

图 10－1　高边坡振动监测点
布置示意图（单位：m）

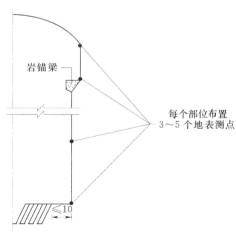

图 10－2　地下厂房振动监测点
布置示意图（单位：m）

每个测点一般布置垂直向、水平径向和水平切向三个方向的测试传感器。

传感器的安装应与测试点固定牢靠，以保证可靠传递振动量，对传感器安装部位的岩石介质或基础选择、清理，速度传感器与被测目标应形成刚性连接，加速度传感器与介质连接时，所有螺栓应与标定时一致。砂土质介质或基础上的传感器安装应将传感器上的长螺栓全部插入介质内，确保紧密连接。固定内部测点传感器的充填材料，其声阻抗应与被测介质一致，可与静态观测仪器一同埋设，传感器安装时，其角度应正确，误差不应大于5°。

（3）爆破振动衰减规律计算。爆破振动参数（常为点振速、质点振动加速度）观测后，属于检测项目时可按照爆破振动安全允许标准对其安全做出评价，评价时也可参考其他观测项目进行比较确定。

测定爆破振动衰减规律时，通常根据计算式（10-1）进行统计分析计算。针对对应测点的药量、距离及各测点测得的质点振动速度进行回归计算，实测数据不能满足爆破振动衰减规律计算条件时，不应进行统计分析。对回归计算结果应进行相关性检验。

在式（10-1）中，$Q$、$R$、$v$均为已知量，$K$、$\alpha$为待求量，计算中可将公式两边取对数如式（10-2），变成线性函数方式：

$$v = K\left(\frac{Q^{\frac{1}{3}}}{R}\right)^{\alpha} \tag{10-1}$$

$$\lg v = \lg K + \alpha \lg\left(\frac{Q^{\frac{1}{3}}}{R}\right) \tag{10-2}$$

令 $y = \lg v$，$b = \lg K$，$a = \alpha$，$x = \lg\left(\frac{Q^{\frac{1}{3}}}{R}\right)$，则式（10-2）为

$$y = b + ax$$

按最小二乘法得：

$$a = \frac{\sum x \sum y - n \sum(xy)}{(\sum x)^2 - n \sum x^2}$$

$$k = \lg^{-1}\left[\frac{1}{n}\left(\sum x - a \sum x\right)\right]$$

上两式中　$n$——测点数。

上述计算在一般计算器中均有编程，只需输入相应数据即可得出结果。

当测点沿边坡高程布置时，可采用式（10-3）进行统计分析计算，此时可用二元线性回归方法得出：

$$v = K\left(\frac{Q^{\frac{1}{3}}}{R}\right)^{\alpha}\left(\frac{Q^{\frac{1}{3}}}{H}\right)^{\beta} \tag{10-3}$$

这里需要说明的是，归纳计算衰减规律时，应对符合相应的地形地质条件的测点，才可进入计算，不同地形地质条件的测点值不得进行统计计算，否则将得出不符实际情况甚至错误的结论。

另外，统计计算各测点时，均应计算相应的$\frac{Q^{\frac{1}{3}}}{R}$值，令$\rho = \frac{Q^{\frac{1}{3}}}{R}$，$\rho$为比例药量（或称比例距离）。根据测点布置原则各个点的$\rho$值各不相同，归纳计算衰减规律的公式应标注$\rho$值所在范围，归纳推算的衰减公式应在该$\rho$值范围内适用。

不少学者根据工程爆破的不同特点，采用了有别于式（10-1）和式（10-3）的不同

表达方式，也可进行类似的分析计算。

爆破振动参数与炸药、钻孔参数、装药结构、起爆方式、地形地质、测试系统等诸多因素相关，即使同一工程相类似的条件下，据测试所得的 $k$、$\alpha$ 值也很难相同，均有一定的差别。因此，采用公式时应留有一定余度。

### 10.1.2　水中冲击波、动水压力及涌浪测试

在重要的水工建筑物、港口、堤坝及水产养殖场附近或其他复杂环境中进行水下爆破，或水面附近陆上实施爆破抛掷岩土至水中时，应进行水中冲击波、动水压力研究监测。

水中冲击波测试系统包括传感器、放大器和记录分析系统三部分。压力传感器要求系统响应频率高，常用压电晶体或陶瓷压电材料，采用的传压方式为压杆式自由场传感器和膜片式传感器，也有应变式和压阻式传感器。压电式水中压力传感器一般配用高阻输入电压放大器或电荷放大器，已有将小型化电压放大器紧随传感器进行无线传输的方式，应变式及压阻式传感器一般配用动态应变仪等测试系统，记录分析系统随着计算机技术的发展，原先采用的示波器、磁带记录仪、瞬态记录仪等已基本淘汰，现在使用的可将连续变化的动态信号模拟量按不同的要求采集并进行量化处理后，以数字化形式直接存储在计算机内，应用相应软件完成分析、计算、绘图工作。目前已使用适合于野外工作的跟随式自记设备，轻巧方便，可避免长距离野外布线，实现小型化、无线化、远距离传输记录。水中冲击波测试装置和实测压力见图 10-3。

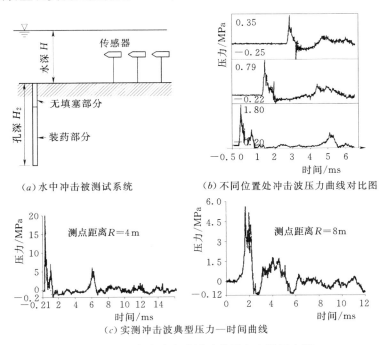

（a）水中冲击被测试系统　　　（b）不同位置处冲击波压力曲线对比图

（c）实测冲击波典型压力—时间曲线

图 10-3　水中冲击波测试装置和实测压力图

水击波传感器的工作频率应不小于 1000kHz；动水压力传感器工作频率应不小于 1kHz，测压量程应大于测点动压力范围。记录设备应采用大容量智能数据采集分析系统，其工作频率范围应满足 0～10MHz，仅用于动水压力测试的工作频率范围应满足 0～10kHz。

水击波及动水压力测试布点时，邻近建筑物的测点宜布置于距建筑物约 0.2m 的迎水面处；结合监测进行爆破水击波传播规律测试时，测点至爆破源的距离，可根据爆破规模参考已有经验公式估算，按近密远疏的对数规律布置，测点应不少于 5 个，测点入水深度宜为（1/3～1/2）水深。

测试水击波及动水压力时应进行各项测试准备工作：结合工程特点及测试目的，确定采用的测试系统，对采用的传感器作系统标定，根据经验或参考有关资料确定采用频率，调整测试信号幅值电压，一般应达到测试量程的 50%～70%。

对于水中爆炸所产生的冲击波及动水压力，影响安全的主要参数为压力、冲量和作用时间等。由于受到不同水深的影响，以及不同界面的反射、折射影响，对于水中爆炸所产生的冲击波波形和压力参数等会有所不同。图 10-4 为长江科学院实测水中冲击波及动水压力波形截屏图。

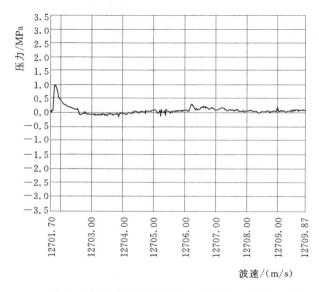

（a）0.5kg 乳化炸药裸露爆破，14m 处实测水击波压力波形

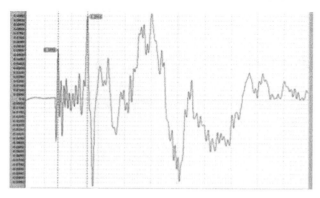

（b）28.5kg 震源药柱，1000m 处实测动水压力波形

图 10-4（一）　长江科学院实测水中冲击波及动水压力波形截屏图

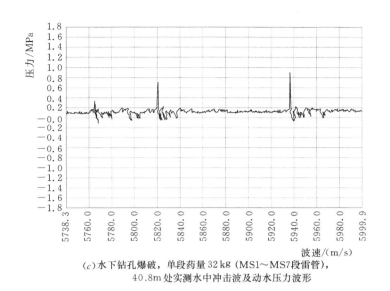

(c) 水下钻孔爆破，单段药量 32 kg（MS1～MS7 段雷管），
40.8m 处实测水中冲击波及动水压力波形

图 10-4（二）　长江科学院实测水中冲击波及动水压力波形截屏图

当水压爆破或水面附近陆上爆破引起的涌浪可能对附近建筑物或岸堤产生危害时应进行爆破涌浪监测。涌浪的测试内容包括涌浪压力、涌浪高度及周期、涌浪爬升高度（对岸坡及建筑物）等。涌浪压力监测应采用脉动压力传感器，宜选用电阻式或压阻式；浪高及周期宜采用测波标杆或测波器测试。涌浪测点宜布置在被保护建筑物的迎水面，水面 1.5m 以下具有代表性的位置。

### 10.1.3　空气冲击波及噪声测试

空气冲击波的起压测试装置由传感器、信号适配器（放大器）、数据采集及处理系统组成。起压测试传感器一般使用压电式和压阻式传感器接受压力信号，电容式和机械式目前已很少采用；信号适配器的选择，压电式传感器需配电荷放大器，压阻式传感器需配数据放大器或动态应变仪；数据采集及处理系统采用通用型动态测试分析仪或外场用远程数据采集器。

空气冲击波中频率在 20Hz 以上成分，或空气冲击波超压衰减到 1.96N/cm²（相当声压级 180dB）以下时，作为噪声，爆破产生的噪声音强和频率变化无规律杂乱无章，属非稳态噪声，是环境噪声中最强大的噪声之一。噪声采用声压计测量，声压计一般由传声器、放大器、衰减器、计权网络、检波器和表头组成，体积小重量轻，现场使用便利；将声压计与便携式磁带记录仪组合，可录制后进行分析处理。

为了得到真实的空气冲击波结果，制造和选择仪器时，应考虑仪器的频响特征。测试冲击波压力时，仪器的固有振动周期应远小于冲击波正压区作用时间，即 $T \ll t_+$，否则，因仪器本身频响范围低，来不及反应冲击波峰值压力，造成失真。测量冲击波冲量时，仪器的固有振动周期应远大于正压区作用时间，即 $T \gg t_+$，否则易引起较大测量误差。

测量冲击波时传感器需要进行标定。标定方法有静态和动态两种。静态简单，但需时间较长，并且，用静态方法标定动态压力测量的传感器也不理想。动态有比较法和激波管法两种。比较法是采用不同参数的标准药包爆炸，得出一系列标准 $P(t)$ 曲线，供与实测值比较。激波管法是采用两段封闭激波管，以膜片分为高压和低压室，向高压室充气时，膜片受压破碎，产生平面冲击波传向低压室，可通过测量平面波速度得到压力值。测定噪声的声压亦应标定，以保证其灵敏度和测试精度。

测定空气冲击波和噪声时，测点布置应根据爆点位置和爆破参数等，确定保护对象区域和方位，选择敏感建筑物或保护区域距离爆破作业区最近的位置；露天测点的传感器应选择在空旷的位置，距周围障碍物大于 1.0m，距地面应大于 1.2m，可固定在三脚架上或悬吊在空中；若要得到冲击波衰减规律，可自爆心附近开始向外布置一条或几条侧线，测点呈对数衰减规律近密远疏设置，不宜少于 5 个测点。井下测试时，可在隧洞底板、侧帮或障碍物上布点。

在地表、隧洞底板或侧帮上埋设的传感器，因冲击波传播方向平行于传感器表面，不会发生反射，所记录的 $P(t)$ 曲线是入射波曲线，传感器表面平行于冲击波传播方向见图 10-5。埋于障碍物壁内或其附近地表的传感器，记录的 $P(t)$ 曲线是反射波曲线，传感器位于障碍物上或其附近地表见图 10-6。

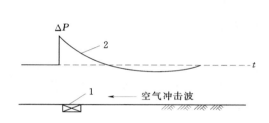

图 10-5  传感器表面平行于冲击波传播方向图　　图 10-6  传感器位于障碍物上或其附近地表图
1—传感器；2—$P(t)$ 曲线　　　　　　　　　　1—传感器；2—$P(t)$ 曲线

反射波图形与入射波类似，不同点只是反射波波阵面压力较大，下降迅速；而入射波和反射波正压区的长度几乎相等。反射波压力大的原因，是因为入射波遇障碍物后，空气质点突然停止运动，空气被压缩，这种运动停止和压缩状态，会以更大速度向与入射波相反方向传播的缘故。

爆破噪声声压级与传感器实测超压，可按式（10-4）进行换算：

$$L_p = 20\lg(P/P_0) \tag{10-4}$$

式中　$L_p$——声压级，dB；

$P$——实测超压，$\mu$Pa；

$P_0$——基准声压，20$\mu$Pa。

### 10.1.4　爆破动应变及孔隙动水压力检测

水电工程爆破中除经常进行的爆破振动、水中冲击波和动水压力、空气冲击波和噪声测试外，有时还会进行爆破动应变监测、爆破孔隙动水压力等监测。

（1）爆破动应变监测。为判断爆破对建筑物结构的影响，需进行动应变测量。动应变测量时在结构张贴电阻片，采用动态应变仪记录。

选择应变片时，应根据被测应变波频率范围，确定应变片长度 $L$，应变片长度应符合下列条件：$L \leqslant C$（波速）$/f$（应变波频率），一般情况下均能满足这一要求。当用于混凝土结构测试时，应变片长度应大于 2 倍最大骨料粒径，以消除骨料对测试结果的影响。记录设备的采样频率应大于 12 倍被测应变波的上限主振频率，量程及存储容量应满足测量要求，应采用多芯屏蔽电缆。动态应变仪的高频响应满足测试要求。

测点应布置在结构关键部位的表面。重要的测点可布置 3 个方向：0°、45°（或135°）、90°，以便计算主应力，有必要时也可于结构内部布置测点；同一测点有质点振动参数等与动态应变测试时，两类传感器应尽量靠近，但不能相互影响。

动应变测量时应变片的张贴安装是确保准确测试的关键，应对被测表面进行平整、防潮处理，将应变片牢靠张贴并做好防护；在结构内部测量时，应将应变片加工成应变元件，应变元件与回填材料的声阻抗应与被测介质相同。

动应变测值可与用声波测量计算的该结构动弹性模量，计算出动应变力，结合其他测试值进行比较分析。

（2）爆破孔隙动水压力监测。在砂基、砂土堤坝附近进行爆破，当爆破振动较大可能造成影响时，应在砂基、砂土堤坝等浸润线以下饱和度大于 95％ 的部位，设置孔隙动水压力及质点振动速度（或加速度）监测点，同时进行监测；并应同步监测爆破前后的地下水位变化过程。孔隙动水压力监测宜采用动孔隙水压力计，如渗压计等，可采用动态应变仪将信号输入到记录设备。

测点布置时，对于确定砂土液化影响范围及深度的监测，应按测点至爆源中心的距离由近及远布置测试端面，并在不同高程布置监测点；当基础下部有易液化的土层时，应在该土层内埋设测点。

孔隙动水压力传感器安装时，宜采用钻孔埋设法。根据孔中埋设的仪器数量，一般采用直径 110mm 以上的钻孔，或孔后在孔底铺设厚 20cm 中粗砂垫层，传感器埋设应自下而上依次进行。用中粗砂封埋侧头，可用膨润土干泥球逐层捣实后封孔。其埋设工艺应符合仪器的要求，传感器的连接电缆应使用软管套护；应对监测对象取样进行密度、级配、含水率等物理性能测试，必要时还应进行力学性能测试，取样点应在测试点附近，样品与测试部位相同。

砂质地基的爆破安全性应同时满足孔隙动水压力和质点振动速度的要求，对挡水堤坝，允许振速为 5cm/s 时，相应的允许孔隙动水压力为 220kPa。

# 10.2 爆破静态测试

## 10.2.1 静态测试方法

为全面了解爆破破坏及影响情况，除进行爆破过程的各项动态测试外，还需进行各类其他测试，相对爆破而言均属静态测试。比较爆破前后的变化，主要手段为对建筑物基地表的宏观调查与巡视检查，钻孔探测内部地基基础等的测试检查，包括岩芯获得率和岩芯描述、压水（或注水）试验、钻孔电视、弹性波（声测）测试、孔内变形模量测试等。

（1）宏观调查与巡视检查。爆破对保护对象如建筑物、地基基础等可能产生危险时，应进行宏观调查与巡视检查。应选取重要部位或有代表性的部位，作爆破前、后的对比检测。

宏观调查与巡视检查的主要检查内容包括：保护对象的外观有无变化；邻近爆区的岩土裂隙层面及需保护建筑物上原有裂缝等的变化；爆破区周围设置的观测标志有无变化；爆破振动、飞石、有害气体、粉尘、空气冲击波、噪声、水击波、涌浪等对人员、生物及相关设施等有无不良影响。

在保护对象相应部位，爆前应设置明显测量标志，对保护对象的整体情况，包括有无裂缝、裂缝位置、裂缝宽度及长度等，进行详细描述记录，必要时还应测图描绘、摄影或录像，爆破调查这些部位的变化情况。这些测量标志点应尽量与爆破动态仪器监测点一致，爆破前后的监测人员及测量工具和方法应保持不变。

测定爆破对基岩影响时，爆破前可在爆区后冲方向或侧向保留岩体上，选择有代表性的地段，将宽 1m 的长条区域内的浮渣清除并冲洗干净作为调查区。调查区长度视爆破规模而定，在节理裂隙上做出测点标记，测量后绘制于一定比例的地质图上，统计其性质产状、宽度、长度。对爆破后相应部位的松动、张开、蠕动及新生裂隙等进行检查描述，裂缝可采用精度 0.01mm 的度数放大镜观测。

根据宏观调查与巡视检查的结果，并对照其他监测成果，评估保护对象受爆破影响的程度，可分为无影响、轻微破坏（爆破影响）、中度破坏、严重破坏等以下四类。

1）无影响。建筑物、基岩完好；原有裂缝无变化，爆破前后读数差值不超过所使用设备的测量不确定度。

2）轻微破坏。建筑物、基岩轻微损坏，如房屋的墙面有少量抹灰脱落；爆破前后原有裂缝的读数差值超过所使用设备的测量不确定度，但不超过 0.5mm，经维修后不影响其使用功能。

3）中度破坏。建筑物、基岩出现破坏，如房屋的墙体错位、掉块；原有裂缝张开延伸，并出现新的细微裂缝等。

4）严重破坏。建筑物严重破坏，原有裂缝张开延伸和错位，出现新的裂缝，甚至房屋倒塌。

宏观调查和地质描述方法判断爆破影响的标准。有下述情况之一时，判断为有爆破影响：① 发现爆破裂隙或裂隙率增大；② 节理裂隙面、层面等弱面张开（或压缩）、错动；③ 地质锤锤击发出空声或哑声。

（2）弹性波测量。弹性波（声波）测量主要指声波法和地震法测量。水电工程中主要使用声波仪进行声波测量，弹性波传播速度及波形等参数与岩体弹性参数和密度有关，主要取决于岩性、岩体构造、风化破碎程度、岩体内应力状态等因素。当岩体坚硬致密、构造不发育、裂隙较少、新鲜完整时，传播速度大，且波形清晰；受到爆破破坏的岩体，上述指标相应降低，波速变小，且波形变化，有时模糊不清。因此，根据爆破前后岩体中的声波差异，可判断爆破破坏影响范围。声波测试时，可测得纵波波速、横波波速和波形变化等参数。因纵波为初至波，速度最快，不受别的波干扰，易分辨，测试精度高，故现场测试中多采用纵波波速，必要时也可测取横波波速并记录波形变化情况。另也可用弹性波在岩体中传播能量测试，但因其测量技术要求很高，工程中很少采用。

弹性波传播时有纵波、横波及面波，其传播次序见图 10-7，纵波首先到达。

工程中的弹性波测试常采用钻孔法，孔中注水测试换能器可做良好的水耦合，可采用单孔平透析射法。使用一发双收换能器，主要反映空内环向裂隙的破坏影响情况，另外使用两孔间的穿透直达波法，分别使用发射和结构换能器。测值反映孔间岩体性能的

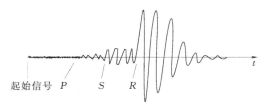

图 10-7　纵波、横波及面波的传播次序图
P—纵波；S—横波；R—面波

变化，采用增压式柱状换能器，也可作一孔发射单孔或多孔接收测量。沿孔深的测点距离可为 10～50cm，视测试精度要求决定，多采用 20cm。重要部位可加密，每个测点应至少重复测量 2 次。应创造条件尽量采用爆破前后的比较测量，其测点位置、仪器、测试人员均应保持不变。在爆区内布置钻孔时，测试后应回填砂子保护以便爆破后冲出砂子继续测试。水平孔应倾斜 3°～5°，以便注水耦合。向上的钻孔应采取密封措施，确保水耦合状态下作声波测量。

工程中测量的纵波和横波波速与所测岩体的动弹性模量和动泊松比有如下关系，如式（10-5）、式（10-6）：

$$v_p = \sqrt{\frac{E_d}{\rho} \frac{1-\mu}{(1+\mu)(1-2\mu)}} \qquad (10-5)$$

$$v_s = \sqrt{\frac{E_d}{\rho} \frac{1}{2(1+\mu)}} \qquad (10-6)$$

即可根据纵波、横波波速测量计算出动弹性模量（$E_d$），按式（10-7）、式（10-8）进行计算，而动泊桑比 $\mu$ 按式（10-9）进行计算：

$$E_d = \rho v_p^2 \frac{(1+\mu)(1-2\mu)}{1+\mu} \times 10^{-3} \qquad (10-7)$$

或

$$E_d = \rho v_s^2 (1+\mu) \times 10^{-3} \qquad (10-8)$$

$$\mu = \frac{(v_p/v_s)^2 - 2}{2[(v_p/v_s)^2 - 1]} \qquad (10-9)$$

以上各式中　$E_d$——动弹性模量，MPa；

　　　　　$\mu$——动泊桑比；

　　　　　$\rho$——岩体密度，g/cm³；

　　　　　$v_p$——纵波波速，m/s；

　　　　　$v_s$——横波波速，m/s。

弹性波测试判断爆破破坏对基岩的影响时，常采用比较法，即以该测点爆破前后纵波波速的变化率来衡量，可按式（10-10）进行计算：

$$\eta = \frac{v_{p1} - v_{p2}}{v_{p1}} \times 100\% \qquad (10-10)$$

式中　$\eta$——变化率，%；

　　　$v_{p1}$——爆破前的纵波速，m/s；

$v_{p2}$——爆破后的纵波速，m/s。

钻孔声波观测方法判断该测点部位爆破影响程度或基础岩体开挖质量的标准，可按同部位的爆后波速小于爆破前波速的变化率 $\eta$ 进行判别，其判断标准见表 10-2。

表 10-2　　　　　　　　　　爆破影响程度声波检测法判断标准表

| 爆破后纵波波速变化率 $\eta$ / % | 破坏情况 |
| --- | --- |
| $\leqslant 10$ | 爆破破坏甚微或未破坏 |
| $10 < \eta \leqslant 15$ | 爆破破坏轻微 |
| $\eta > 15$ | 爆破破坏 |

若只在爆后观测，进行绝对值法测量，可用观测部位附近原始状态的波速作为爆前波速，也可以从观测资料的变化趋势和特点进行判断。

绝对值法是由于各种条件限制只作了爆后测量，可根据测值的分布规律来判别岩体的爆破破坏影响范围。该法测量时要尽量提高测试精度，作穿透测量时孔斜的影响必须修正，特殊地质构造如断层等的影响也要摸清。

绝对值法测量在地下洞室爆破开挖中用得最多，如隧道开挖后，围岩应力状态发生变化，产生位移、变形、松弛等现象。爆破后，隧道围岩声波测量曲线有几种类型（见图10-8），根据其变化规律，可以确定破坏影响范围、原因和性质。

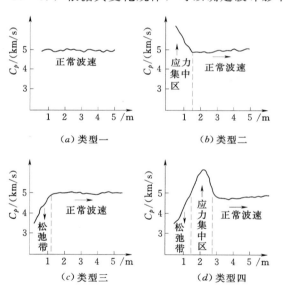

图 10-8　隧道围岩声波测量曲线几种类型图

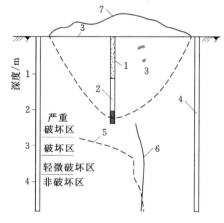

图 10-9　单孔爆破底部岩体影响深度声波测量曲线图

1—堵塞段；2—药包；3—爆破漏斗；4—声波孔；5—爆后声波曲线；6—爆前声波曲线；7—爆堆形状

单孔爆破底部岩体破坏影响深度声波测量曲线见图 10-9。根据测值变化趋势，可直观定出爆破影响界限。

此外，用在现场测量未扰动原状岩体中大量声速的统计平均值，作为判断有无爆破破坏影响的界限也是可取的。爆破后对建基面岩体质量验收中常用这个方法。当测得建基面岩体中声速值与统计平均值接近，认为未受破坏影响；如果远小于平均值，则表面岩石还需清除掉。

### 10.2.2　岩体爆破破坏影响范围

以上介绍的各种观测方法都是独立进行的，相互之间似无什么关系，但通过对观测资料分析比较，可发现所得出的岩体破坏影响范围大体一致。所以，在重要爆破工程中，往往各种方法同时采用，然后进行综合分析判断破坏范围，可以得出较正确的结论。

葛洲坝工程局在软弱层状黏土质粉砂岩中进行梯段爆破时，岩体表面用宏观破坏调查结合垂直向质点振速测量确定的破坏分区标准。岩体内部用了钻孔压水、电视、岩芯获得率、弹性法观测，得出的药包底以下破坏影响界限（见图 10-10），可见所得结果十分相近。

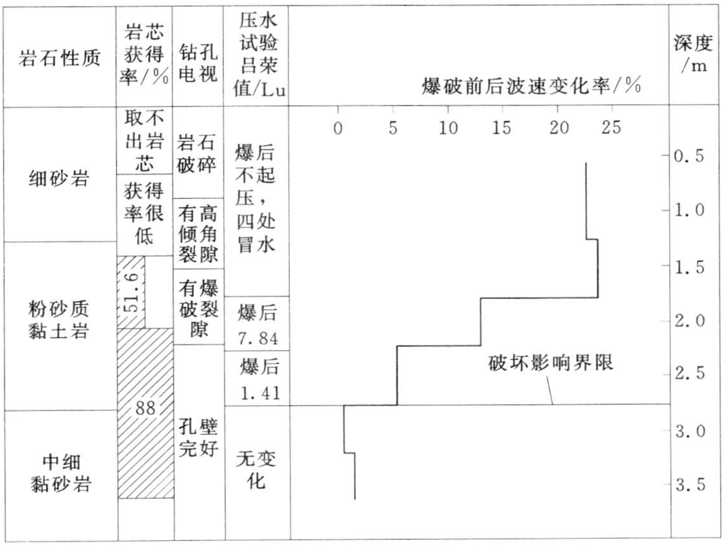

| 岩石性质 | 岩芯获得率/% | 钻孔电视 | 压水试验吕荣值/Lu | 爆破前后波速变化率/% | 深度/m |
|---|---|---|---|---|---|
| 细砂岩 | 取不出岩芯 获得率很低 | 岩石破碎 | 爆后不起压，四处冒水 | | 0.5 1.0 |
| 粉砂质黏土岩 | 51.6 | 有高倾角裂隙 有爆破裂隙 | 爆后 7.84 爆后 1.41 | 破坏影响界限 | 1.5 2.0 2.5 |
| 中细黏砂岩 | 88 | 孔壁完好 | 无变化 | | 3.0 3.5 |

图 10-10　梯段爆破破坏影响深度综合影响测试结果图

根据观测结果确定的岩体内部药包底以下破坏分区标准如下。

（1）严重破坏区。岩体十分破碎，各种观测方法均无法进行。

（2）破坏区。层面发生严重的张开和错动；压水试验时，四处冒水，漏水量很大，有时不起压；取不出岩芯或岩芯获得率很低，岩芯被高倾角裂隙切割的很破碎；钻孔电视发现孔壁破碎，有许多高倾角裂隙；弹性波法测得爆后 $C_p$ 比爆前降低很多，至少降低 10% 以上。

（3）轻微破坏区。压水试验时，渗漏量比爆前增大，岩芯获得率较低，岩芯和钻孔电视都观察到局部有少量细微爆破裂隙；弹性波速度 $C_p$ 爆后比爆前小。

（4）非破坏区。钻孔电视和岩芯上未发现爆破裂隙；压水试验和弹性波法测量结果与爆前一致，岩芯获得率至少大于 70%。

应该指出，爆破破坏范围的两侧对水工建筑物安全是十分重要的。在有条件的情况下，应尽量采用多种方法观测。如无条件，在表面至少要进行宏观破坏调查，因为眼见的破坏情况是最可靠的；在岩体内部，则应进行压水（或注水）检查，因为建基面渗漏量大小是衡量水工建筑物安全与否的一个重要指标。

# 参 考 文 献

[1] 梅锦煜，党立本．水利水电工程施工手册．第2卷　土石方工程．北京：中国电力出版社，2002．

[2] 张正宇．中国爆破新技术．北京：冶金工业出版社，2004．

[3] 张志毅，王中黔．工程爆破研究与实践．北京：中国铁道出版社，2004．

[4] 杨文渊．工程爆破常用数据手册．北京：人民交通出版社，2002．

[5] 汪旭光．中国典型爆破工程与技术．北京：冶金工业出版社，2006．

[6] 于亚伦．工程爆破理论与技术．北京：冶金工业出版社，2004．

[7] 黄绍均．工程爆破设计．北京：兵器工业出版社，2000．

[8] 刘殿中．工程爆破实用手册．北京：冶金工业出版社，1999．

[9] 陈华腾，钮强．爆破计算手册．辽宁：辽宁科学技术出版社，1991．

[10] 王玉杰．拆除工程与一般土岩工程爆破安全技术．北京：冶金工业出版社，2005．

[11] 张永哲．爆破器材经营与管理．北京：冶金工业出版社，2004．

[12] 汪旭光．爆破手册．北京：冶金工业出版社，2010．

[13] 史雅语，等．工程爆破实践．合肥：中国科学技术大学出版社，2002．

[14] 赵根，等．水工围堰拆除爆破．北京：中国水利水电出版社，2009．

[15] 张正宇，等．水利水电工程精细爆破概论．北京：中国水利水电出版社，2008．

[16] 刘运通，高文学，刘宏刚．《现代公路工程爆破》，北京：人民交通出版社，2006．

[17] 张正宇，等．现代水利水电工程爆破．北京：中国水利水电出版社，2002．

[18] 杨享礴．堰塞湖应急排险中的爆破技术．水利水电技术，2008，39（8）．

[19] 张建平，等．冻土层下药包爆破方法．中国爆破新技术．北京：冶金工业出版社，2004．

[20] 胡俊．响洪甸抽水蓄能工程地下厂房原位监测设备的安装埋设及施工期观测水利水电技术，2000（2）．

[21] 许以敏，杨正清．岩塞爆破技术在喀斯特地区的应用．爆破，2000，17（专辑）．

[22] 丁隆灼，郑道明．响洪甸水库水下岩塞爆破施工技术．爆破，2000，17（专辑）．

[23] 郝志信，赵宗棣，等．密云水库水下岩塞爆破技术．水利部基建总局，1980．

[24] 赵连文．东风电站尾水汇水洞出口闸室临时封堵板、墙体拆除爆破，水电工程，1997（1）．

[25] 丁新中．丹江口大坝加高工程老坝体混凝土控制拆除施工技术．葛洲坝集团科技，2009（1）．

[26] 陈金干．原位监测在响洪甸抽水蓄能电站地下厂房施工中的应用．水利水电技术，2000（2）．

[27] 郑道明，丁隆灼．响洪甸岩塞爆破技术简述．水利水电技术，2000（2）．

[28] 何广沂．聚能爆破的研究与实践//全国工程爆破学术会议论文集．新疆：新疆青少年出版社，2001．

[29] 吴涛，应有业．静态爆破在拉西瓦水电站孤石解爆中的应用．水利水电施工，2011（1）．

[30] 杨享礴．新疆吉林台水电站坝料开采爆破试验．工程爆破，2008（1）．

[31] 刘美山，余强，张正宇，赵根．小湾水电站高陡边坡开挖爆破试验．工程爆破，2004（3）．

[32] 黄海．控制加载爆炸挤淤置换法在堤坝工程中的应用．工程爆破，2009（2）．

[33] 朱忠华，胡书兵，谢军兵．锦屏一级水电站拱坝左岸坝基预裂爆破施工技术//中国水利水电第七届全国工程爆破学术会议论文集，2009．

[34] 顾毅成，史雅语，金骥良．工程爆破安全．北京：中国科学技术出版社，2009．

[35] 朱传统，梅锦煜．爆破安全与防护．北京：水利电力出版社，1990．

[36] 张正宇，等．现代水利水电工程爆破．北京：中国水利水电出版社，2003．

[37] 张跃年，张利荣．应急救援实用教材（一）．北京：国防科技大学出版社，2013．